“十二五”普通高等教育本科国家级规划教材

数学教育系列教材

数学教育概论

（第四版）

主　编　张奠宙　宋乃庆　　副主编　吴颖康　陈　婷　张辉蓉

U0350475

中国教育出版传媒集团

高等教育出版社·北京

内容提要

　　本书是"数学教育系列教材"之一，是关于数学教育基本理论与实践的概述，帮助具有数学专业知识的学生获得有关数学教育的基本知识和技能。

　　全书分为理论篇和实践篇。在上一版的基础上，文字内容做了适当的调整，加入了课程改革等内容，个别章节的内容做了较大的变动，如数学文化与数学教育、STEM 与数学教育、数学问题提出等。

　　本书适用于高等师范院校数学系的学生及有志于从事数学教育的大学生，也可作为中小学教师培训和继续教育用书。

图书在版编目（ＣＩＰ）数据

　　数学教育概论/张奠宙,宋乃庆主编;吴颖康,陈婷,张辉蓉副主编. --4 版. --北京:高等教育出版社,2023.8（2024.12重印）

　　ISBN 978-7-04-060569-3

　　Ⅰ. ①数⋯　Ⅱ. ①张⋯ ②宋⋯ ③吴⋯ ④陈⋯ ⑤张⋯　Ⅲ. ①数学教学-概论　Ⅳ. ①O1-4

　　中国国家版本馆 CIP 数据核字（2023）第 099648 号

SHUXUE JIAOYU GAILUN

策划编辑 李 茜	责任编辑 李 茜	封面设计 张 楠	版式设计 马 云
责任绘图 黄云燕	责任校对 吕红颖	责任印制 高 峰	

出版发行	高等教育出版社	网　　址	http://www.hep.edu.cn
社　　址	北京市西城区德外大街 4 号		http://www.hep.com.cn
邮政编码	100120	网上订购	http://www.hepmall.com.cn
印　　刷	北京市艺辉印刷有限公司		http://www.hepmall.com
开　　本	787mm×960mm　1/16		http://www.hepmall.cn
印　　张	24	版　　次	2004 年 1 月第 1 版
字　　数	430 千字		2023 年 8 月第 4 版
购书热线	010-58581118	印　　次	2024 年 12 月第 3 次印刷
咨询电话	400-810-0598	定　　价	48.60 元

本书如有缺页、倒页、脱页等质量问题，请到所购图书销售部门联系调换

版权所有　侵权必究

物 料 号　60569-00

《数学教育概论》（第四版）编写者

主　编

张奠宙（华东师范大学）　　　　　宋乃庆（西南大学）

副主编

吴颖康（华东师范大学）　　　　　陈　婷（西南大学）

张辉蓉（西南大学）

第四版修订人员（按姓氏笔画顺序）

王丽美（西南大学）　　　　　　　刘彩霞（西南大学）

杨慧娟（青岛大学）　　　　　　　吴颖康（华东师范大学）

宋乃庆（西南大学）　　　　　　　宋运明（贵州师范大学）

张　玲（西南大学）　　　　　　　张辉蓉（西南大学）

陈　婷（西南大学）　　　　　　　尚晓青（陕西师范大学）

蒋　秋（西南大学）　　　　　　　裴昌根（西南大学）

魏　佳（渤海大学）

前三版编写主要人员（按姓氏笔画顺序）

马岷兴（四川师范大学）　　　　　王林全（华南师范大学）

付天贵（重庆文理学院）　　　　　巩子坤（杭州师范大学）

任子朝（国家考试中心）　　　　　刘　静（西南大学）

杜玉祥（泰山学院）　　　　　　　李　俊（华东师范大学）

李忠如（西南大学）　　　　　　　吴颖康（华东师范大学）

宋乃庆（西南大学）　　　　　　　宋运明（贵州师范大学）

张思明（北京大学附属中学）　　　张艳霞（邯郸学院）

张景中（中国科学院成都分院、广州大学）

张奠宙（华东师范大学）　　　　　林永伟（杭州师范大学）

罗增儒（陕西师范大学）　　　　　曹　新（赣南师范大学）

曾　峥（佛山科学技术学院）　　　鲍建生（华东师范大学）

第四版前言

本书初版于 2004 年,2009 年推出了第二版,2016 年推出了第三版。5 年来,国内外数学教育又有许多新的发展。因此,2021 年秋启动了第四版的修订工作。

这次修订,秉承前三版的宗旨,继续保持了以下的特点:

第一,分为理论篇和实践篇。这是因为数学教育学已经发展为一门独立的学科,本书的理论篇要阐述数学教育的历史形成、研究领域、基本论题、国内外的发展趋势等理论层面,其基本框架会不同于一般的文件解读或操作说明书。另一方面,数学教育又具有很强的实践性,本书的实践篇包括"听课""写教案""说课""试讲""评课"等环节,希冀有助于读者尤其是职前数学师范生走上讲台。

第二,力求体现当前数学教育改革的指向。进入 21 世纪以来的数学课程改革,提出了许多新理念,增加了新内容,推出了新措施。我们力求反映这些与时俱进的改革成果,但同时也注意到有不同意见的争论,不回避矛盾。

第三,强调数学教育的中国道路。一方面,我们兼容并包地吸取国外的先进数学教育经验,进行全方位的学习借鉴,同时也与极端建构主义、实用主义等偏激的国外教学理论保持距离,努力做出科学的评价。另一方面,充分重视我国在数学教育领域的独特视点和成功经验,正面阐述包括"双基"和"四基"数学教学在内的许多本土化的理论成果。此外,书中大量引用我国第一线教师的教学案例,使得数学教育理论与我国的教学实践密切结合。

在保持本书基本特点的基础上,第四版也做了一些局部的修改。主要是:

1. 《义务教育数学课程标准(2022 年版)》的公布,是我国数学教育的一件大事。在论述课程改革的第六章,对该标准做了重点介绍。

2. 国际数学教育出现了一些新的变化。特别是 2021 年在华东师范大学举办的第十四届国际数学教育大会,有一些新的举措。本书在有关国际视野的论述中做了相应的改动。

3. 第五章第三节"数学史与数学教育"拓展为"数学文化与数学教育"。这是因为《义务教育数学课程标准(2022 版)》指出"数学承载着思想和文化,是人类文明的重要组成部分",同时强调课程内容要"关注数学学科发展前沿与数学文化"。《普通高中数学课程标准(2017年版2020年修订)》也提出将数学文化融入教学活动中的要求。同时,2021年颁布的《中华优秀传统文化进中小学课程教材指南》提出,要"丰富学生对中华数学文化的认识,增强民族自豪感,坚定文化自信"。因此,本节在原有内容的基础上,补充了部分内容,并修改完善了部分语句。

4. 第七章增加了有关"问题提出学"的内容。"问题是数学的灵魂,是数学的心脏",数学的发展始于数学问题的提出。20世纪80年代,美国掀起了以"问题解决"为核心的数学改革运动,"问题提出"也随之成为国内外数学教育研究的热点话题。《义务教育数学课程标准(2022年版)》和《普通高中数学课程标准(2017年版2020年修订)》都把"问题提出"作为总目标提出,并强调培养学生发现问题、提出问题、分析问题和解决问题的能力。因此,将本章第一节"数学问题和数学解题"改为"数学问题、数学解题和问题提出",同时,将第三节"数学问题解决的教学"改为"数学问题提出与问题解决的教学"。

5. STEM教育是以跨学科整合的方式,在现实问题情境中实现科学、技术、数学和工程的深度融合,以培养实践型、创新型和综合型人才。鉴于近年来STEM教育研究的兴起,而数学作为一门研究数量、图形、结构和空间形式的学科,同时也是STEM各领域的基础。因此在第五章新增了一节"STEM与数学教育"。

除此之外,还有一些文字的补充、删节和修正,但整体上没有太大的变化。

一些读者反映,本书的理论篇要求过高,篇幅偏大,有些可以延后到研究生阶段进行学习。我们觉得这是正确的意见和建议。但是,考虑到数学教育理论体系的完整性,提供一本比较完备的教材以供选择,也许是必要的。授课教师可以根据学生的不同需要挑选一部分章节用于本科阶段的教学。

参加第四版修订工作的有:

宋乃庆、陈婷、张辉蓉、裴昌根、张玲、蒋秋、刘彩霞、王丽美(西南大学),吴颖康(华东师范大学),尚晓青(陕西师范大学),宋运明(贵州师范大学),魏佳(渤海大学),杨慧娟(青岛大学)。

张奠宙　宋乃庆
2022年3月15日

第一版序一

刘应明(中国科学院院士 四川大学教授)

数学是人类文明的火车头。古希腊文明时期的数学著作——欧几里得的《原本》成为人类理性精神的典范。它在西方国家的印刷数量,仅次于《圣经》。当历史经过中世纪的漫漫长夜之后,是笛卡儿、费马、牛顿、莱布尼茨创立的微积分,宣告了资本主义文明的科学黄金时代的来临。19世纪发现的非欧几何、高斯-黎曼建立的微分几何进入爱因斯坦的相对论,缔造了物理学革命,成为20世纪文明的标志之一。现在,当人们在普遍享受信息文明的时候,自然会想起为它奠基的数学家的贡献:冯·诺伊曼设计的电子计算机,连同维纳的控制论、香农的信息论,人类终于迎来了航天飞行和手机普及的时代。

数学无处不在,数学无往不利。人类的进步一时一刻也不能离开数学。就单个个人而言,由于数学的严谨与抽象,经过数学的学习和训练,人的思维能力就获得一次升华。学习数学,不仅为学习其他学科打下了扎实基础,而且能够培养人们不迷信权威、不感情用事、不停留于表面现象的思维品质,甚至从数学这无声的音乐、无色的图画中,领略到美的崇高境界。也正因为如此,在世界的所有国家,数学都是主课,学生从一年级入学到中学毕业,一直没有离开数学。重视数学,是一个国家文明的象征,也是一个国家教育进步的标志。

中国的古代数学曾经有过辉煌的成就,以刘徽、祖冲之、秦九韶为代表的中国数学学派,建立了与实践联系紧密且以算法见长的数学体系,但是12世纪之后就渐渐地落伍了。20世纪以来,中国数学家急起直追,努力为世界数学文明做贡献。在当代的数学史上,可以看到陈省身、华罗庚、许宝騄、吴文俊等中华数学家的名字。2002年8月,国际数学家大会在北京举行,这表明中国数学已经进入世界数学的主流,向着21世纪数学大国的目标挺进。

但是,中国还不是数学强国。中国数学离国际先进水平还有较大的距离。在数学研究一线上中国数学家还要继续努力,但更重要的是培养数学后备力量,提高我国公民的数学素养,加强科学技术领域的数学支撑。为此,就要从加强数学教育着手,从娃娃抓起,从青少年的数学培养抓起。

　　我从事数学研究和数学教育多年,对数学教育的重要和艰难,有深切的体会。1993 年,西南师范大学的著名代数学家陈重穆教授亲自到中小学第一线进行数学教育改革,使我十分钦佩。他提出"淡化形式,注重实质"的口号,一时成为国内数学界和数学教育界讨论以至争执的热点。数学的一个特点是形式化,陈重穆教授自然十分清楚。他之所以提出"淡化形式",并非针对数学本身,乃是对人们认识抽象规律的过程,尤其是对儿童青少年学习数学而言,因此我认为他讲得有道理。数学和数学教育是彼此联系又互相不同的学科,数学界应该更加重视数学教育的研究与实践。

　　张奠宙教授和宋乃庆教授都是我熟悉的朋友,他们主持普通高等教育"十五"国家级规划教材——《数学教育概论》的编写,当是 21 世纪中国数学教育的一项有意义的工作。我衷心希望他们能成功。说了以上的感想,权为之序。

2004 年 4 月

第一版序二

徐利治(大连理工大学教授)

记得多年前我曾读过《数学教育学报》上的两篇文章,至今留有深刻印象:一是陈重穆、宋乃庆的《淡化形式,注重实质》的文章,另一是张奠宙论述《数学的学术形态与教育形态》的文章。这两篇文章都具有教育家的真知灼见,故引用者颇不乏人。后来重穆教授已作古,但文章论点始终铭记人心。

最近,从宋乃庆教授处得知,作为普通高等教育"十五"国家级规划教材,即将隆重推出一套《数学教育系列教材》,这套教材正好是由宋乃庆发起,张奠宙教授牵头,联合了全国 20 余所高师院校数学教育方面的部分精英通力合作的成果。

不难看出,作为核心教材的《数学教育概论》(简称《概论》),确实显示出很大的改革力度,且体现出了力图建立一种新的体系以使之成为中学数学教学指导性读物的明确目标。

《概论》既是众志成城的作品,又是集体智慧的结晶,所以它具有某些难能可贵的特色,是理所当然的。

依我看来,那也就是张、宋二位主编所要求的,《概论》的重要特色之一,就是使这样一本培育优秀教师的教材,既具有联系实际的"教育形态",又兼具有反映学科体系的"学术形态"。很明显,书中第 1、3、5、6、7、8、10 诸章中的不少内容题材,都在不同程度上呈现了学术形态。

为了面向教学实践,《概论》分解为"实践篇"与"理论篇"。我想,这是符合学习者与使用者的认识发展规律的,而且对于诱发初学者的学习兴趣也有好处。

作为对这本《概论》最重要的一点评注,我认为必须指出的是,此书的另一重要特色就是客观地反映了数学学科的"历史发展观"。事实上,当我看到了《概论》中有专节论述数学教育的学科发展史、数学观与数学教育观的演化史以及数学课程改革史等,我是特感兴趣的。因为我一贯主张,为了培养具有才、学、识的数学工作者,特别是中学优秀教师,让他们掌握一定深度的科学历史发展观,是一项必要任务。

　　现今,数学教育已经发展成为一门科学学科了。既然《概论》中已经清晰地描述了 20 世纪数学观与数学教育观的演化发展史,那么,我相信从这本书中真正汲取了知识与智慧的读者和使用者们,也将会以历史演化的眼光,试着去展望或预见今后我国数学教育的发展趋势。

　　我乐于为此书作序,并预祝此书及其后继教材的出版,对培育新一代中学优秀数学教师的事业有所帮助,以至成就一项不会磨灭的历史功绩。

2004 年 4 月 5 日

第一版序三

严士健(北京师范大学教授)

我 1948 年进入北京师范大学,迄今五十余年。名为师范圈中人,却一直在做数论、概率论方面的教学和研究,介入数学教育不多。这次承蒙作者盛邀作序,因为毕竟"外行",不胜惶恐。

不过,1988—1995 年间担任中国数学会副理事长的时候,曾让我兼任教育工作委员会的主任。2000 年开始,又和张奠宙、王尚志等同志一道主持《高中数学课程标准》研制工作。这些经历使我对数学教育,多少有了一些实际感受。其中一个突出的感受是,数学教育及其实践,对我们中国来说,是一个值得高度重视(现在还不那么重视!)的领域。动员大量数学教师、数学家、教育工作者形成一支规模宏大的数学教育研究队伍,从数学和数学教育的各个方面进行理论与实践研究,其结果将会直接影响到我们国家的未来,中华民族的振兴。

列入普通高等教育"十五"国家级规划教材的《数学教育概论》,将是一本高规格的书。很高兴能借本书出版的机会,谈一谈我直接接触的、或别人不大谈及的一些历史情况,顺便也谈一些我自己关于数学教育的看法。

首先我要谈及我的老师傅种孙先生。傅先生对希尔伯特的公理化主张以及罗素的逻辑学派有深入的理解。他将维布伦(Veblen)的公理系统整理成论文《初等数学的研究》[①],其中提道:"初等几何及代数各为一科数学,其内容及应用迥不相侔,然就其为学之精神言,则皆纯乎论理之一大盘演绎推测式也,所谓纯乎论理者,其真确自真确,无关于经验,无与于物质,不但放之四海而皆准,即超出于人世间亦不得变者也。"这些话,现在看来,似乎并不深奥,甚至有些极端。但是,在 20 世纪初,能够倡导中国所缺乏"数学理性精神",确实难能可贵。钱学森先生回忆起他在北京师范大学附属中学听傅先生讲授几何课时,深有感慨地说:"听傅老师讲几何课,使我第一次懂得了什么是严谨科学。"

傅先生能够做群论方面的论文,却把一生献给了中学数学教育事业。在新

---

① 现改称《几何基础研究》.北京:北京师范大学出版社,2001,所引文见总论篇。

中国成立前担任北京师范大学数学系主任时,首先设置了系列的"初等数学复习及研究"课,开研究数学教育的先河。傅先生严谨,并不迂腐,而是旁征博引,注重创新。他讲几何课时,用《墨子》中的"一中同长"来刻画圆的特性,挖掘中国古典数学的文化特色。他第一次用现代数学的语言来整理和叙述秦九韶《数书九章》中的"大衍求一术"。新中国成立初,他从国旗上的五角星谈起,讲了许多相关的数学,很有创意。我有幸师从傅先生多年,受益不少。他有一句名言是说:"中学数学本来就是'烧中段'的"。这是一句描述我国以往数学教育状况的大实话。现在回想起来,"烧中段"没有错,毛病出在"只烧中段,不烧头尾"。我个人认为:从历史发展的角度看,这反映我国引进现代数学教育的一个阶段,有它的必然性,在数学教育的发展上有它的贡献。站在新时代,我们应该前进一步,才对得起前人,无愧于时代。

20 世纪 50 年代,我有幸能够师从华罗庚先生学习数论,并在他的指导下开始研究。回想起来,华先生的许多教育观念是非常科学的。我听他讲授"数论导引",一个显著特点是让听讲者能够随着他一起想问题,一起分析问题和解决问题。他总是先将一些容易的、表面的内容弄清楚,然后随着问题的展开而引入必要的概念,尽快接触问题的本质和核心,用华先生的说法就是:"单刀直入,直逼问题",然后分析问题的关键所在,提出新的方法,使整个问题迎刃而解。这种以"问题"驱动的教学理念,与按照书本上演绎方式、照本宣科的讲授方式完全不同。

此外,华先生提倡,在读数学书时先要把书中那些"显然""可以证明""经过计算可以得到"等等略掉之处都补出来,将书中的细节都弄懂。这是将书"读厚"。然后是在读完一章或一本书以后,应该总结反思。弄清这本书的问题是怎样提出的;已经解决到什么程度;在解决问题的过程中,提出了哪些概念和方法。这样也就将书"读薄"了。他还说过,每读一本新书,其中对于自己是全新的内容通常并不多,关键是要把那些新内容"加"到自己原有的知识中去,形成自己的体系。现在我悟到,这不就是现今的所谓建构主义教育观吗?

给我印象最深的是华先生的高瞻远瞩。记得在 1956 年,国家制定第一次科学规划,他主持的"数论导引"讨论班也接近结束。他曾对我说:"经过思考,在二次型、模函数、代数几何和代数数论之间有一些深刻的联系,值得研究,是一个很好的科研方向。"现在看来,他的这种直觉和以后几十年数论的主流发展几乎是一致的。还有一次是在"文化大革命"以后,我们几个学生和晚辈去看望他,他说:"1950 年回国,带回'圆法'这个科研方向(培养了王元、陈景润等名家),要是现在我就不会带这一方向了。"他也评论过:研究费马大定理和哥德巴赫猜想的意义在于方法的发展,如果费马大定理用初等方法解决了,那么也就没有什么意义了。华先生晚年说他是"下棋找高手,弄斧到班门"。我常常想,如果华先生的想法能够及时付诸实施,中国当代数学的历史也许会改写。

华先生关注数学发展,力争走在前沿的治学精神,应该是我们学习和研究数学、数学教育乃至任何科学的榜样。数学教育研究是要揭示如何让人学会数学的规律。华先生的榜样告诉我们,研究数学教育必须懂得数学。只有能够深切了解数学真谛的教师,才能成为数学教育家。大学如此,中学也大抵如此。

我在这里要提到的第三位前辈是何桂莲同志。他是燕京大学 20 世纪 40 年代的毕业生,新中国成立前参加革命。1956 年全国向科学进军的时候,复员到地方。他对数学的价值有很深的印象。尽管那时他在大学所学的数学已经荒疏遗忘,但仍然主动要求到中国科学院数学研究所做业务工作。"大跃进"时代,领导将他调到研制"核弹"的部门,并让他物色科研人员。由于他对数学充满信心和有深刻的认识,他挑选了一批有造诣的中青年理论物理和纯粹数学学者。正是这一批当初对"两弹一星"完全陌生的年轻学者,依靠他们的深刻数学理论修养和深厚业务功底,彻底搞清了原子弹的原理和计算,为我国较快地制造出原子弹、氢弹提供了理论指导和基础。这些学者的大部分后来成了"两弹元勋"和功臣。这是一个中国科技发展如何得力于一位热爱数学和物理基础理论的老干部的真实故事。我想,我们的青年,总不能花了那么多的时间学习数学,到头来只是为了升学。如果全社会的公民,通过数学课的熏陶,都能像何桂莲同志那样,热爱数学,支持数学,运用数学,数学教育的一个重要目标也就达到了。

1992 年我主持的中国数学会教育工作委员会进行了一次讨论,提出了一个《关于中小学数学教育改革的若干建议》的报告。其中一个重要的观点是强调数学应用。第二次世界大战以后数学发生了重大的变化。"一切技术,说到底包含着一种数学技术",一些应用数学的观念已渗透到人们的日常生活之中。1992 年底我和张奠宙、苏式冬提议,在高考题中出一些应用题。考试中心接受了,于是此后的高考试卷中有了许多很好的应用题。

1993 年初,国家教育委员会基础课程教材研究中心召开了两次研讨会,邀请数学家座谈数学课程内容的改革。很多数学家发表了意见,特别是吴文俊先生强调指出数学教育不能从培养数学家的要求出发。我在讨论课程改革中提出,不仅要"烧中段",而且要注意内容的"来龙去脉",要在数学应用的初步训练的基础上,培养"应用意识"。以后,随着创新工程的提出和素质教育的进一步强调,以及讨论的深入,又提出了在数学教育中加强培养"创新意识""数学意识",不仅要培养学生的逻辑思维,更应该从广泛的角度培养"数学思维",使学生经过长期熏陶后,能够将数学思维逐步运用于其他领域。

对于提倡"数学意识",得到张奠宙教授的支持。他曾经借用袁枚的提法:

"学如弓弩,才如箭镞,识以领之,方能中鹄",阐述数学意识的重要性。至于"数学意识"的实际作用,以上何桂莲同志的故事是一个很好的诠释。

近几年来,我们常常谈到中国数学教育中的"双基"问题。我以为基础并非多多益善,基础也有好坏之分。记得陈省身先生在很多场合(其中有一次是祝贺我国中学生获得奥林匹克金牌的会上)谈到"应当了解什么是好的数学,什么是不好的或不大好的数学",他还举出拿破仑定理(即在任意三角形的三边上各作等边三角形,这三个等边三角形的重心的连线仍然是一个等边三角形)就不是好的数学。我也记得华罗庚先生在 20 世纪 50 年代的一次评论。他在看完一位自学成材的很有能力的学者的文章以后,曾经对我说过:有人说他会成为华罗庚第二,我看不会,因为他选择的方向不对,方法也不行。他们的意思是相同的。我们应该发扬我国"双基"中好的部分,剔除那些过时的、烦琐的、无意义的部分。

从历史和现实看,数学在西方能够受到重视,其原因在于哲学思维。西欧诸国,一批有重要影响的哲学家及其流派认为数学对自然、社会的规律性认识有密切的关系,因而对自然和社会的改造有重要的作用。这种思想从古希腊时代、文艺复兴时代、工业革命时代一直到现在的信息时代都是如此。即令像 20 世纪前期,形式主义盛行、纯粹数学快速发展的时候,数学仍然对自然科学(如相对论、量子力学)、社会科学(如诺贝尔经济奖)和技术科学(如计算机技术)有巨大的应用。反观我国的情况,虽然我国古代有光辉的数学成就和卓越的算法思想,但是只是作为一种实用的方法和技术,并没有进入哲学和学术的主流。而我们建立的近代数学教育,局限于数学学科本身的知识和技能,在思维训练方面,缺乏广阔的视野,忽视创新的前瞻。思维被弱化为"逻辑训练",一般人只不过把数学当作思维体操而已。

因此,我以为我们现今的数学教育并没有给予人们关于数学与自然、社会等各方面的关系的比较完整的认识,只是把数学看成附加于社会的一种知识、技能和工具。如何让数学融入我国固有的文化传统,从而改善我们的文化传统,使我国的思想和文化传统真正地现代化,也许是我国引进现代数学教育以来又一个里程碑式的艰巨任务。

数学教育是一门比较年轻的而需要深入研究的学问。张奠宙和宋乃庆两位教授,与我相识多年,他们主编的书将要出版,我非常希望他们编写的书能够对我国数学教育做出新的贡献。

说了以上的一大篇话,权作为序。

2004 年 4 月

目 录

理 论 篇

实　践　篇

第九章　数学课堂教学观摩与评析 …………………………… 241

第十章　数学课堂教学基本技能训练 ………………………… 296

第十一章　数学教学设计 ……………………………………… 316

第十二章　数学教育实习前的准备 …………………………… 346

第一章　绪论：为什么要学习数学教育学

读者打开本书,也许首先会问:作为一个数学教师,为什么要学习数学教育学? 常见的疑问有以下三种:

- "数学教师是讲数学的,只要懂得数学就一定能够上好数学课,何必学数学教育?"
- "我从小学一年级就上数学课,怎么上数学课还能不知道?"
- "教育学就那么几条规律,我都知道了,数学教育还会有什么新花样?"

本章我们将陆续回答这些问题。

第一节　数学教育成为一个专业的历史

数学教师是一种职业,是一种需要特殊培养的专业人士。让我们来回顾一下历史。

在古代,学校(尤其是政府开办的学校)教育的主要目的是培养大大小小的官吏、僧侣和文职人员。为了将学生培养成统治者,"读、写、算"(西方称之为3R's教育,即 Reading,Writing,Arithmetic)是最基本的。无论在古埃及、巴比伦和中国等文明古国,还是在稍后崛起的古希腊和古罗马,经世致用的数学都是学校启蒙教育中一个必不可少的内容。

在西方,数学教育主要是为了训练学生的心智,在"七艺"教育(文法、修辞、逻辑学、算术、几何、天文、音乐)中,几何和天文学的地位排在文法、修辞与逻辑学之后。在中国,古代算学以测量田亩、计算税收等为目的,主要用于国家管理。汉代以后,独尊儒术。虽然数学也属"六艺"教育(礼、乐、射、御、书、数)之一艺,但正如南北朝时期的颜之推所说"算术亦是六艺要事,自古儒士论天道定律历者皆学通之,然可以兼明,不可以专业",甚至于出现了"后世数则委之商贾贩鬻辈,学士大夫耻言之,皆以为不足学,故传者益鲜"的局面。可见,中国古代数学教育的主要目的是经世致用,地位不高。唐代还曾设"算学博士",宋时已废。

明清两代，知识分子只攻四书五经，数学几乎停止发展，数学教育更谈不上了。

进入 19 世纪，西方国家的科学技术迅速发展，但传统的人文学科依然在学校教育中占领着统治地位。于是，古典教育和科学教育之间展开了一场比以往任何时候都更为激烈的斗争。坚持古典教育的人，自诩其教学几门课程便能给予人的心智以一般的训练，并使得能力能够迁移到后来的学习中去。他们攻击科学教育课程只重视琐碎的事实，担负不起道德培养的重任。而倡导科学教育的人则强烈要求将近代科学引进学校教育，坚持自然科学知识应占最重要的地位，应以实用的知识代替那些传统的不切实际的装饰性知识。这场斗争中，科学教育思想首先在产业革命的发祥地——英国战胜了古典教育思想，接着，在其他工业大国，如德国、法国和美国，也都相继建立起以科学为中心的学校课程体系。数学因其与自然科学有着密不可分的联系，从此在学校教育中占有了重要地位。

这一历史时期，中国的社会、学校教育也发生了极大的变化。早在明末清初，西方传教士就带来了《原本》等数学著作。这种不用筹算，不用珠算，而用笔算的抽象的系统的数学，令中国数学家耳目一新。徐光启非常推崇《原本》，他认为这是一本训练思维的好书，"举世无一人不当学"。不过，当时能够读懂《原本》的人很少。

1840 年鸦片战争以后，中国社会开始沦为半殖民地半封建社会。当时，来华的西方传教士不再满足于翻译介绍西方数学，它们在中国兴办教会学校，编写宗教用书和数理化教科书。用美国传教士狄考文的话说，就是"如果我们要取儒学的地位而代之，我们就要准备好自己的人们，用基督教和科学来教育他们，使他们能胜过中国的旧士大夫，因而取得旧士大夫阶级所占的统治地位"。与此同时，清朝统治者中的有识之士也注意到了办学之重要。魏源提出的"师夷长技以制夷"的主张，得到许多朝野人士的响应。闽浙总督和船政大臣沈葆桢启奏皇帝："水师之强弱，以炮船为宗；炮船之巧拙，以算学为本。"但是，真正在学校中普及数学是在辛亥革命，特别是五四运动以后的事情。

根据杰里米·基尔帕特里克在《一份数学教育研究的历史》中的介绍，除了数学还要懂得教学法才能胜任数学教师工作，这一点直到 19 世纪末才被人们充分认识到。诸如"会数学不一定会教数学""数学教师是有别于数学家的另一种职业"这样的观念开始逐渐被认同。为了满足社会对教师尤其是受过良好训练的教师的需求，在一些国家的大学里，除了要求未来的教师学习数学课程，还安排他们学习数学教学法，了解一些课堂教学的原理、课堂管理的技能等。

众所周知，1911 年，哥廷根大学的鲁道夫成为第一个数学教育博士，其导师是德国著名数学家克莱因。克莱因是一代几何学权威。1872 年发表了著名的几何学"埃尔朗根纲领",用运动群下的不变量对几何学进行分类,成为划时代的数学里程碑。他后来是世界数学中心——哥廷根大学的数学领导人。事实上,在我们的大学里,确实有一些优秀的数学家是优秀的教育工作者,但是,也有一些人数学研究做得很好,讲课却并不令人满意。数学教育是一门学问,我们应该走克莱因指出的道路。下一节我们还要进一步阐述他在数学教育上的贡献。

克莱因(Felix Klein,
1849—1925)

进入 20 世纪,各国培养教师计划中重视和加强教学法培训的倾向更加明显了,数学教育逐渐成长为一个需要具备一定特殊技能的专业。

第二节　数学教育成为一门科学学科的历史

杰里米·基尔帕特里克在上文中还指出:专业人员对学校数学教育的有关现象开展研究大约起于一百年前。有两门学科对数学教育研究有过根本性的影响,它们就是数学和心理学。下面,我们分别以克莱因和皮亚杰为例,说明数学家和心理学家所产生的影响。

1908 年,在第四届国际数学家大会上成立了国际数学联盟(IMU)的一个新的下属组织——国际数学教育委员会(ICMI),克莱因当选为该委员会的第一任主席。他是一位热心倡导数学教育改革的数学家,在 1900 年之后,他在演讲和著作中一再强调:

(1)数学教师应具备较高的数学观点,只有观点高了,事物才能显得明了而简单。一个称职的教师应当掌握或了解数学的各种概念、方法及其发展与完善的过程以及数学教育演化的经过。

皮亚杰(Jean Piaget,
1896—1980)

(2)教育应该是发生性的,所以空间的直观、数学上的应用、函数的概念是非常必要的。教几何学,在教科书的卷首上应该写上"欧几里得不是为孩子写这本书的"。

(3)应该用综合起来的一般概念和方法来解决问题,而不要去深钻那种特殊的解法。

(4)应该把算术、代数和几何学方面的内容,用几何的形式以函数为中心观念综合起来。

他的改革计划主要是关于教学内容的,虽然一百多年过去了,但在我们当前的课程改革进程中,他的很多观点依然能引起我们的共鸣。也许是过于超前,这些改革建议并没有被当时的普鲁士政府所采纳,但是体现这些改革思想的《近代主义数学教科书》于 1915 年被日本翻译出版,用作教材。

数学家对数学教育的影响主要体现在教学内容的选取和安排上,心理学家的影响则主要体现在研究方法指导上。不过,像皮亚杰等心理学家对一部分小学数学内容也进行过深入而细致的研究,对这些内容的教学提出了他们的看法。

我们知道,实验心理学要求以数据(证据)为基础得出结论。法国第一个心理实验室的主任艾尔弗雷德·比内曾经提出教育研究有三种主要方法:问卷、观察和实验。之后,曾经在艾尔弗雷德·比内实验室工作过的瑞士心理学家皮亚杰曾就儿童的数、度量和机会等概念使用他创立的临床法(因该方法与精神病的诊疗过程相似而得名)做过经典的研究。皮亚杰的研究通常是一个研究者和一个儿童坐在一个安静的房间里进行的,桌上摆放着一些研究者事先准备好的材料。首先,研究者给儿童一项认知任务(问题),儿童作出一个回答以后,研究者根据这个回答继续向儿童提出另一个问题,有时只是在同一个背景下改变一下任务,有时则是在一个新的背景下提供一个类似的任务,有时则是追问理由,等等,如此继续下去,希望能够比较深入地了解儿童的认知结构和过程。现在我们也常称这样的研究形式为访谈。

我国心理学工作者曹子方曾经运用皮亚杰的方法,对幼儿计数的认知发展做过具体研究(表 1-1)。结果发现,3~7 岁幼儿计数能力的发展顺序是:口头数数,按物点数,说出总数,按数取物。所谓"口头数数"是指幼儿只是像背儿歌似的"唱数",一般只会从"1"开始,不会倒着数;"按物点数"是指幼儿能够做到口手一致地点数,在这之前,儿童会出现口手点数速度不一致、手无规则地乱点数等现象;"说出总数"自然是按物点数后能够说出所数对象的总数,在这之前,有的儿童会将数到的那个数的下一个数说成是总数,有的则点数完后不管结果,总是报某一个固定的数作为总数;最后"按数取物"是按一定的数目拿出同样多的物体。

表 1-1　杭州地区幼儿计数的平均成绩(最高能数到的数目)

儿童年龄	3 岁	4 岁	5 岁	6 岁
口头数数	7	22	59	100
按物点数	4	20	50	100
说出总数	3	15	47	100
按数取物	3	9	37	100

数数这么一个每个人都经历过的概念发展过程,在使用科学方法加以研究之后才变得如此清晰。这些结果是我们把自己关在书房里做思辨式的研究所不可能发现的。

这就表明,数学教学需要进行科学的研究,取得深刻的理性认识。只凭自己在中小学的一些经验是远远不够的。我们这里举的例子还只涉及幼儿的数学教育心理,至于中学生的数学教育心理,则更为复杂。许多数学教育的科学问题,包括数学高级思维的心理学研究,还远远没有弄清楚,等待我们年轻的数学教育工作者去研究、开拓。

第三节　数学教育研究热点的演变

数学教育研究开展的时间还不长。2000 年,在第九届国际数学教育大会(ICME-9)上,莫恩斯·尼斯作了题为《数学教育研究的主要问题与趋势》的大会报告,他说:"1972 年,在第二届国际数学教育大会(ICME-2)上,杰弗里·豪森称数学教育还只是处在形成期,就像一个孩子,一个青少年,但是,现在我们可以称数学教育为年轻人了,可以考虑和探讨数学教育的发展、特点和成就了。"

在报告中,他首先回顾了历史上数学教育研究过的问题和对象。他发现,首先,数学教育研究关注的对象年龄范围在逐渐扩大,从主要关注中学教育到小学和中学以后的教育,到教师教育、学前教育、大学教育,再到研究生教育,研究已经涉及各个年龄层次和群体的数学教育问题。其次,他发现数学教育研究关注的问题范围在拓展。从课程问题(教什么,怎么呈现)到教师教育问题(如何做好教师的职前和在职培训),到学习问题(怎么学,真实的学习过程和学习结果是怎样的,导致错误的因素和机制是什么,概念是如何形成的,如何培养问题解决的良好行为和策略,认知发展的结构和过程是怎样的,学习数学的情感问题,学生对数学的看法,等等),到课堂教学问题(课堂上怎么教,师生之间、生生之间如何互相影响和交流),到社会、文化、语言问题(社会经济、科技、政治、文化、性别、宗教、母语、习惯、传统、民族数学、日常数学等方面对数学教育的影响)和评价问题(课堂内外的评价以及应该如何评价),研究涉及的领域相当广泛。如果说得更小更具体一点的话,数学教育研究关注过符号化和形式化、问题解决、应用和建模、证明和论证、各个学习领域(代数、几何、微积分、概率统计)的教与学和各个教育层次(从学前到研究生)的数学教育问题。

接着,他提到了数学教育研究方法的多样性。比如,可以通过说理来阐明观点、想法和计划,可以展示来自教学实际的经验,可以对自己或别人的经验和印象做系统的反思,可以做逻辑和哲学层面的观念分析,可以通过纪实录像收集数据,可以对测试答卷做定性或定量的数据分析和解释,可以借助心理学、哲学、历史、人类学或社会学方法做相应的研究,也可以对数学本质做纯粹研究。

关于数学教育研究的热点问题,他指出:20世纪六七十年代以研究教育体制、课程、教学经验或大规模的课程实验为主,使用统计分析方法的定量的比较研究较多。到了20世纪70年代后期,对个别人或少数学生的小型的定性的研究明显增加,这种研究在20世纪八九十年代更加盛行。20世纪80年代之后,受皮亚杰和维果斯基等心理学家的影响,解释学生理解的理论及相应的思想学派变得兴旺起来。

当然,上述回顾和总结是从国际视角给出的,其实,从细处看,各国的情况还有很多区别。数学教育正在成为各国竞相研究的热点。

第四节 几个数学教育研究的案例

数学教育研究已经有相当多的成果。在国内外都有许多杂志,刊登重要的研究论文。国际上最重要的杂志之一是《数学教育研究》(*EDUCATIONAL STUDIES IN MATHEMATICS*),国内则有《数学教育学报》。当然,国内还有一些实践性很强的数学教育类杂志,更加直接地反映数学课堂教学的经验和问题。中学数学教师是这些杂志的主要作者,比较重要的有北京的《数学通报》、上海的《数学教学》、西安的《中学数学教学参考》、重庆的《数学教学通讯》等。

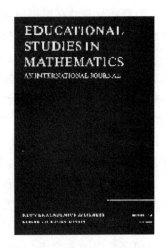

杂志 *EDUCATIONAL STUDIES IN MATHEMATICS* 封面

中学数学教师面对生动活泼的课堂,每天都会发现一些数学教学中的新问题和新现象,提出一些引人深思的研究课题。这些来自数学教学第一线的案例报告,是数学教育学理论的源泉。案例,已经成为我们观察、分析研究数学课堂教学的重要形式。一般教育学是总结教育过程的一般规律。数学教育学则要研究数学教育的特殊规律。数学教育当然要受一般教育规律的制约,反过来,特殊规律又会成为更新颖、更深刻的一般规律的出发点。正如一般科学与数学、物理学、化学等学科的关系一样,我们不能因为了解了一般教育学,就不再研究数学教育学了。

下面介绍四个研究的案例,意在对数学教育研究领域有更为具体的了解和认识。限于篇幅,这里只能做比较概括的介绍。

案例1 通过访谈了解学生的想法

本案例选自英国中学数学与科学中的概念(Concepts in Secondary Mathematics and Science,简称 CSMS)研究项目中对学生错误的一个研究片段。该项目是由英国伦敦大学在 1974—1979 年主持的,其数学组在组长哈特(Hart)博士的带领下就中学课程中度量、数的运算、位值与小数、分数、正负数、比与比例、代数、图像、反射与对称、向量与矩阵等课题作了非常深入细致的研究,其研究成果集中地反映在哈特博士等撰写的《孩子们的数学理解:11~16 岁》这本引用率很高的著作中。

书中记录了访谈者与一个孩子之间的这样一段对话:

访谈者:10 粒糖在两个男孩之间分,要求一个男孩多分得 4 粒,他们俩每人分得几粒?

孩子:他们应该各得几粒?

访谈者:是啊,如果要求一个男孩比另一个多分得 4 粒。

孩子:一个拿 9 粒一个拿 1 粒。

访谈者:这样就一个男孩比另一个多 4 粒了?

孩子:是啊,因为 10 粒糖分给 2 个男孩,所以一个得 9 粒,一个得 1 粒。

访谈者:噢,那么哪个男孩多得了 4 粒呢?

孩子:(指着"9")。

访谈者:他是多得了 4 粒吗?

孩子:是的。

访谈者:你怎么知道他多得了 4 粒呢?

孩子:因为他得了 9 粒而另一个得了 1 粒呀。

访谈者:他这是比他多 4 粒吗?

孩子:是的。

访谈者:为什么?

孩子:我是算出来的。如果有 10 粒,除以 2,得 5,而一个人要多得 4 粒,他就得得到 9 粒,所以另一个人就是 1 粒。

访谈者:为什么另一个人就是 1 粒呢?

孩子:因为只剩下 1 粒了。

访谈者:现在那个男孩比那个男孩多 4 粒?

孩子:是的。

访谈者:那个分得 9 粒的男孩比那个分得 1 粒的男孩多得 4 粒?

孩子:是的。

也许在我们看来这个孩子的答案 9 粒和 1 粒太荒唐,干脆明明白白告诉他错了!然后给他演示正确的计算应该怎么进行。但是,访谈者没有这样做。看得出来,访谈者并不认为这个出乎意料的答案是由于孩子粗心造成的,访谈者试图通过访谈了解孩子是怎么得出这个错误答案的,从而更加准确地了解这个孩子对于数的运算的理解水平。

分析这个案例,我们看到孩子荒唐的答案背后确实有其合理的成分:两个人之间平分就是除以 2,多 4 粒就是加 4。如果孩子头脑中对多 4 的认识比较丰富,那么就会想到平分后+2 与−2 得到的两个数也相差 4。

如果拿这个问题去试着问问别人,你会发现解决这个问题可以有很多种方法,比如,配成 10 的数对有 9,1;8,2;7,3,等等,其中 7,3 就恰好满足要求。也可以先给甲 4 粒,然后轮流地给甲 1 粒给乙 1 粒,直至分完。用算术的方法可以这样计算:$(10-4)\div 2$,用代数的方法可以这样列方程:$x+(x+4)=10$,等等。具有不同经验或思维特点的学生会给出不同的解法,所以,在我们试图纠正学生的错误或者启发学生的解题思路时,如果要想取得好的教学效果,那么最好不要用一种解题思路去束缚学生。

这个案例中研究者使用的是访谈法,目的是想通过访谈,比较深入地了解学生是怎样思考的,产生错误认知和差错的主要原因是什么,克服它们的有效措施是什么,等等。通过研究,希望提炼出可供教材编写人员和教师参考的建议。访谈法是研究数学教育心理学的学者在了解和分析学生思考过程时常用的一种方法。

◖ 案例 2　观察一堂以师生问答为主的课

这是一堂由中年女教师上的初二几何新授课,课题是正方形的定义和性质。原文作者周卫根据课堂录像记录,对这节课中的教师提问作了重点分析。教学程序是这样展开的:(1)复习提问(3 分 50 秒),提问了 20 个问题。(2)讲授新课(9 分 37 秒),提问了 26 个问题。(3)例题讲解(11 分 40 秒),提问了 27 个问题。(4)巩固练习(17 分 40 秒),提问了 30 个问题。(5)课堂小结(3 分 37

秒），提问了 12 个问题。（6）布置作业（6 秒）。细细算来，师生问答共计占了 25 分 37 秒，占整节课时间的 55%，因此，这是一堂以师生问答为主的课。根据课堂的现场观察，个别提问 24 人次，提问学生 21 人，占到全班 38 个学生的 55%，提问对象包括了不同学业成绩的学生。下面表 1-2 是对教师在本节课中各种提问行为类别频次进行的统计：

表 1-2　各种提问行为类别频次统计表

行　为　类　别	百分比/%
A. 提出问题的类型	
1. 常规管理性问题	3
2. 记忆性问题	74
3. 推理性问题	21
4. 创造性问题	2
5. 批判性问题	0
B. 挑选回答问题方式	
1. 提问前,先点名	0
2. 提问后,让学生齐答	42
3. 提问后,叫举手者答	54
4. 提问后,叫未举手者答	1
5. 提问后,改问其他同学	3
C. 教师处理方式	
1. 打断学生回答,或自己代答	11
2. 对学生回答不理睬,或消极批评	2
3. 重复自己的问题或学生答案	13
4. 对学生回答鼓励、称赞	74
5. 鼓励学生提出问题	0
D. 学生回答的类型	
1. 无回答	2
2. 机械判断是否	38
3. 认知记忆性回答	42
4. 推理性回答	17
5. 创造评价性回答	1

续表

行　为　类　别	百分比/%
E. 停顿	
1. 提问后,没有停顿或不足 3 秒	87
2. 提问后,停顿过长	4
3. 提问后,适当停顿 3~5 秒	8
4. 学生答不出来,耐心等待几秒	1
5. 对特殊需要的学生,适当多等几秒	0

从这些数据可以看出,这节课以教师边讲边问为主,提问之频繁可谓"高密度",但教师所提问题有以下三多:记忆性的多、要求迅速作答的多、要求集体回答的多。虽然学生通过回答老师提问参与了教学,但是教师完全控制了课的进程。教师对学生的回答经常及时鼓励和称赞,但是似乎对学生回答中错误或不足之处点评不够(原文未加统计,所以这里只能说"似乎")。提问后教师让举手者回答较多,也未鼓励学生提问,所以学生中的问题可能暴露不够。在文章的最后,原文作者提出,虽然这节课教师运用边讲边问,启发思考,集中注意,师生共同参与,取代了教师的满堂灌,但是,也反映出教师注意结论的识记,忽视对知识发生过程和思维方法探究的教学观,缺乏对学生自主精神、创新意识的尊重与关怀。他强调要教会学生研究性学习,首先教师要学会研究性学习。另外,他还呼吁要重视对提问技巧的研究。

原文作者可能在听课时就强烈地感觉到学生参与教学仅仅停留在表面,于是,为了有力地表明和支持自己的论点,他采取了录像带分析技术,将课堂里发生的细节用文字和数字反映出来,这种努力不仅印证了他的感觉,而且从这些客观而具体的数据中还引发出执教老师、原文作者以及读者的种种反思。当然,要获得有说服力的证据,关在书房里是不行的,作者必须走进课堂,走近学生,走近老师。注重实证的研究已经成为当今国际上教育研究中的主流形式。

◢ 案例 3　通过教学实验检验理论

"让学生在发现和创造中学数学"是一个诱人的数学教学境界。布鲁纳认为"发现法"具有两个效用:一是给心灵带来愉快,二是促使能力获得迁移。为了检验布鲁纳的这些看法,马鞍山市第十三中学冯建国老师在初一的两个平行班级的数学课中进行了两次实验。第一次教学实验,甲班用发现法,乙班用一般方法。第二次教学实验则轮换一下,乙班用发现法,甲班用一般方法。两次课的内容是连续的,一前一后依次是合并同类项和去括号。

在合并同类项这节课上,乙班的教学环节是:给出同类项的定义—举例说明并熟悉定义—给出合并同类项法则—举例说明如何应用法则—布置作业。甲班的教学则强调激发学生的学习需要,从解决如何化简几个具体的多项式(例如 $5x^2+2x-3x$)问题入手,让学生自己发现同类项的定义和法则。课后的第二天,在两个班进行了 20 分钟的测验,A 组题目都是已授的习题(例如:$8xy+2xy$),B组题目则是未授过的习题(例如:$7(x-y)^2+2(x^2-y^2)+3(x-y)^2$)。

去括号这节课的教学内容是解决括号前不带系数的去括号问题。甲班的教学环节是从

$$
\left.
\begin{array}{l}
8a+(5a-a)=8a+4a=12a \\
8a+5a-a=13a-a=12a
\end{array}
\right\} \Rightarrow 8a+(5a-a)=8a+5a-a,
$$

$$
\left.
\begin{array}{l}
15b-(9b-2b)=15b-7b=8b \\
15b-9b+2b=6b+2b=8b
\end{array}
\right\} \Rightarrow 15b-(9b-2b)=15b-9b+2b
$$

归纳得到去括号的法则,再举例应用。乙班则以解决问题为手段,激发学生的学习动机,通过引导学生回忆、类比正负数的运算法则,猜想得到去括号法则,再加以验证、归纳。两个班都进行了 15 分钟的当堂测验,测验题目仍然按相同要求分为 A、B 两组。测验结果如表 1-3 所示:

表 1-3　两次教学实验的数据

实验	教学方法及人数	课堂上举手要求回答的人次	A 组题得分情况			B 组题得分情况			两组卷面均分（各占50%）
			平均分	满分人数	30分以下人数	平均分	满分人数	得分人数	
第一次	甲班:发现法55 人	169	85.4	22	4	38.2	7	37	61.8
	乙班:一般法57 人	73	86.2	18	1	24.8	0	32	55.5

续表

实验	教学方法及人数	课堂上举手要求回答的人次	A组题得分情况			B组题得分情况			两组卷面均分（各占50%）
			平均分	满分人数	30分以下人数	平均分	满分人数	得分人数	
第二次	甲班：一般法55人	42	87.1	35	2	8.2	1	8	47.7
	乙班：发现法57人	69	86	36	5	10.7	2	11	48.4

根据这些数据，原文作者得出以下三个结论：

第一，布鲁纳所说的"愉快"是存在的，这从两次发现课举手要求回答的总人次为238，而两次一般课相应数据为115，以及从课堂气氛等教学现象中可以看出。

第二，布鲁纳所说的"迁移"能力提高也是正确的，这从学生在完成B组题目上的表现可以看出，两次发现课中，学生在B组得到的平均分累计为48.9，而两次一般课的相应分数仅为33。

第三，发现法有利于对基础好、智力好的学生进行教学，但也容易产生全班成绩的两极分化。比如，在A组题中，两次发现课得满分的总人数和30分以下的总人数依次是58人和9人，但相应的一般课数据则为53人和3人。

这个研究案例采用的是轮组实验法，意在控制无关变量（如教师的素质、学生的态度、能力等）带来的影响，是教学研究中常用的一种实验方法。

案例4　对教师课堂教学用语的调查研究

课堂教学中语言是不可或缺的一种人际交流工具。然而，从学校的课堂教学实践看，教师的课堂教学用语似乎还难尽如人意。教师课堂教学用语的现状究竟如何，学生最喜欢和最厌恶的教师课堂教学用语是什么，教师课堂教学用语在教师魅力诸方面中的地位如何，浙江方桥初中的张菊飞等老师就此进行了一番调查研究。

他们首先通过召开教师座谈会和在全校学生中征集教师典型课堂教学用语

的途径,广泛收集教师课堂教学用语。然后他们对收集到的这些用语进行整理、归类,编制成学生问卷调查表进行调查。在对调查问卷进行汇总、分析后,他们又召开了学生座谈会,深入了解学生对教师课堂教学用语的理解和心理感受情况。下面是他们的调查结果:

调查表明绝大多数教师在课堂教学中用语规范、得体,表现出教师崇高的师德和良好的语言基本功。在调查表"你认为教师课堂用语中哪些话对你的帮助、鼓励最大,最有利于你进步"一栏中,学生填写了下列几类教师用语:① 表扬、肯定性的话。如"现在你已经有了一定的进步,要继续加油""这个问题问得有水平""在我们班教书,我感到很满意"等。② 鼓动、激励性的话。如"老师相信你会成功""举手不要怕,说错不要紧""这个同学还大有潜力可挖"等。③ 富有哲理性的话。如"学得踏实,玩得痛快""老师是资源,要靠你们自己去开凿,你们要善于发问""做事要有信心,做事还要有恒心"等。④ 彬彬有礼的话。如"老师想请你回答,你愿意吗?""答不上来不要紧,请坐下慢慢再想"等。

但也有部分教师的教学用语存在着很大的问题。学生在调查表"你认为教师在课堂语言中哪些话最不中听,对你的刺激最大"一栏中,填写了下列几类教师用语:① 讽刺挖苦性的话。如"我叫你回答,就知道你答不上来"。② 训斥责骂性的话。如"你这个人真笨""这样简单的题目都不会做,你上课听了没有"。③ 污辱人格的话。如"我看你应该进弱智儿童学校"。④ 否定整个班集体的话。如"我教了这么多年的书,从来没见过像你们这样的班级"。⑤ 批评涉及父母的话。如"有其子,必有其父"。⑥ 蔑视、歧视的话。如"你连最基础的题目都做不出,去看难的题目干什么"。

当问及最喜欢和最厌恶的课堂教学用语时,初一、初二、初三年级各两个班共270名学生作了如下的回答(表1-4,表1-5)。

表 1-4　你最喜欢教师的哪些课堂教学语言 (可选 1~3 项)

逻辑严密的	激励性的	激情性的	鞭策性的	赞赏性的	激将性的	幽默风趣的	关心爱护的	简洁明了的
54	79	17	35	61	12	226	101	79

表 1-5　你最厌恶教师的哪些课堂教学语言 (可选 1~3 项)

讽刺挖苦的	重复啰唆的	语无伦次的	空讲道理的	训斥责骂的	污辱人格的	涉及父母的	蔑视、歧视的
163	69	30	63	62	165	48	102

调查结果表明:① 学生对教师课堂教学用语的要求较高,不仅要求具有启发性,而且要值得回味,留有思考的余地。② 初中学生正处在个性形成和发展阶段,心理上还比较脆弱,迫切需要教师的关爱,非常希望得到教师的激励。③ 学生具有极强的自尊心,把自己的人格放在首位,他们有维护自尊的意识和要求,他们希望教师能以平等、真诚的态度来对待他们。相比之下,学生对"训斥责骂的"语言的承受力要大于"污辱人格的"和"讽刺挖苦的"语言的承受力,这种语言已见不到教师的丝毫"爱心",留给学生的只是心灵的"痛楚"。

对学生来说,教师最大的魅力是什么? 教师课堂用语在其中的地位又如何? 调查结果表明:学生最看重的是教师的教学水平和教学能力,其次是优美的语言、渊博的知识、丰富的感情和热情的态度。所以,提高自己的教学水平和能力是教师的首要任务,但是,优美的语言对于学生的情感、态度等也有很大的作用。

除了大面积的问卷调查,张菊飞等老师还召开了学生座谈会。会上,有一位学生向大家动情地回忆了一段自己的亲身经历。有一次,该同学由于遗忘而没有完成老师前一天布置的家庭作业,老师了解这一情况后,只在课堂上和颜悦色地对这位同学说:"我真没有想到这次作业你没交。"这普通的一句话,让他感受到老师批评之中隐含着肯定,老师没有因为他这一次的错误而否定了他以前按时交作业的好行为。他接受批评,愉快地补上了作业。还有几位学生谈到他们发现有的老师总是说"我们班……",而有的教师则喜欢用"你们班……",虽一字之差,但他们觉得说"我们班"的老师亲切,因为教师已把自己看作是班集体中的一员了。还有一位同学回忆道,有一次,同桌同学自己不小心摔倒在地,任课教师走过来,不分青红皂白呵斥他"像你这样的人还会做出好事来",一句话深深地刺伤了那个同学的心,从此,他自暴自弃,不求上进,成绩也越来越差。

原文作者最后感叹道:语言作为人与人之间交流思想、表达情感的主要渠道,说话人不应只图自己说得痛快,也应该为听话人着想。在课堂里,教师交流的对象是性格爱好、心理素质都还不成熟的中小学生,教师一言一行更应该多考虑学生的心理感受和承受能力。教师应善待学生,宽容学生,关爱学生,激励学生。

这个研究案例的作者针对日常教学中每天都在发生的现象——教师使用教学用语的情况,主要使用了大范围的问卷调查方法。这种方法因其成本低、速度快、调查面广而成为众多研究者喜欢使用的一种研究方法。

以上使用的教育研究方法,对一切学科都适用,没有数学学科的特征。本书以后各章,还会涉及大量的数学教育所特有的研究方法。数学与教育学的结合,造就了数学教育这门交叉学科。

好了,我们现在可以回答本章一开始提出的问题了。数学教师的数学专业基础是根本,但是必须学习数学教育,关注数学教育,研究数学教育。忽视数学基础和忽视数学教育研究,都是错误的。数学教育是一门科学,光凭自己做学生时对数学教育的直观认识是远远不够的。一般教育学知识固然重要,数学教育学则是我们进行数学教学实践的理论指导,也是数学教师专业发展的科学领域。我们应该让历经 10 多年数学学习获得的数学基础,插上"数学教育学"的翅膀,在今后的数学教育天地里高飞远航。

思考与练习

1. 说说你对数学教育学的认识。
2. 数学和数学教育的关系如何?
3. 读了第四节所举的 4 个案例有什么体会?

参 考 文 献

[1] 钟启泉.现代课程论[M].上海:上海教育出版社,1989.

[2] 严敦杰.中国数学教育简史[J].数学通报,1965(8/9).

[3] 莫由,许慎.中国现代数学史话[M].南宁:广西教育出版社,1987.

[4] 格劳斯.数学教与学研究手册[M].上海:上海教育出版社,1999.

[5] 张奠宙.数学教育研究导引[M].南京:江苏教育出版社,1994.

[6] 陈昌平.数学教育比较与研究[M].上海:华东师范大学出版社,2000.

[7] 刘范,张增杰.儿童认知发展与教育[M].北京:人民教育出版社,1984.

[8] NISS M. Key issues and trends in research on mathematical education[C]. Dordrecht:Kluwer Academic Publishers, 2004.

[9] HART K M,et al. Children's understanding of mathematics[M]. London:John Murray (Publishers) Ltd,1981.

[10] 周卫.一堂几何课的现场观察与诊断[J].上海教育,1999(11).

[11] 冯建国.从两次实验看"发现法"的利弊[J].中学数学教学,1984(1).

理　论　篇

第二章　与时俱进的数学教育

> 人们创立了数学,就有传承数学的需要,数学教育也就出现了。经过几千年的人类文明发展,数学渐渐成为公民教育中的核心成分。时至今日,世界各国都设置了 9 年以上的学校数学课程。数学,也成为最具国际可比性的一门教育学科。在这一章,我们将对数学教育的历史发展(纵向)和国际视野(横向)做一些介绍,并对某些基本问题做一些初步的理论性探讨。

第一节　20 世纪数学观的变化

数学教育研究的核心课题之一,是要把人类创立的数学文明中的精华部分,以符合时代精神的方式,构建数学课程,通过教师的示范和引导,让学生理解、吸收和掌握这些优秀的数学。

那么,什么是数学的精华? 今天的时代精神有哪些? 什么数学属于优秀的部分? 又有哪些内容是今天学生应当学习的? 对上述问题的评判标准是"与时俱进",因地而异的。这一节,我们将从 20 世纪数学观的变化,来考察 21 世纪我国的中小学数学课程应当包括哪些内容,以及数学教师应该具备怎样的数学观。

数学,一种古老而又年轻的文化。人类从蛮荒时代的结绳计数,到如今用电子计算机指挥宇宙航行,无时无刻不受到数学的恩惠和影响。一个发达的社会,没有强盛的数学研究是不可想象的。

历史为我们作出了答复。古埃及尼罗河边的几何学为金字塔的辉煌催生。伴随古希腊文明出现的是《原本》。漫漫的中世纪长夜,欧洲数学归于沉寂。文艺复兴的来临,涌现出开普勒、笛卡儿、帕斯卡、费马这样的数学天才。17 世纪的伟大科学革命,始自牛顿———一位伟大的物理学家,也是一位数学家———微积分的发明者。拿破仑的凯旋,孕育了法国数学学派。大数学家高斯、黎曼、克莱因、希尔伯特,随着德意志资产阶级的兴盛而成长。当 1933 年希特勒葬送德国数学之后,世界数学中心移到美国的普林斯顿。改变人类生活的电子计算机,出现于 20 世纪 40 年代的美国,它的设计者是一位数学家:冯·诺伊曼。

2000 年 8 月,在日本东京举行了国际数学教育大会,大会主席藤田宏教授提到数学发展史上的四个高峰(引用时有所修改):

(1) 以《原本》为代表的古希腊的公理化数学(公元前 700—300);

(2) 以牛顿发明微积分为代表的无穷小算法数学(17—18 世纪);

(3) 以希尔伯特为代表的现代公理化数学(19—20 世纪中叶);

(4) 以现代计算机技术为代表的信息时代数学(20 世纪中叶—今天)。

以上的四个数学发展阶段,显示出“数学应用”和严密的“公理化”这两种思潮是交互出现的:

- 古希腊“公理化”时期;
- 牛顿的不严密的无穷小算法时期;
- 希尔伯特的严密的现代公理化时期;
- 信息时代的计算机算法时期。

一部数学发展史,呈现出螺旋上升波浪式前进的特点。

现在已经是 21 世纪,社会已经进入信息时代。但是,我们的数学观是否能够“与时俱进”呢? 对数学和数学教育的价值,还时有争论。例如:

- 什么是数学? 形式主义的数学,还是现实主义的数学?
- 数学的教育价值何在? 数学是思维的体操? 数学是产生经济效益的技术?
- 数学是绝对真理吗? 数学是经验的,还是理性的? 我们能不能相信自己的眼睛?

在回答这些问题的时候,许多数学教育工作者的数学观,往往还停留在“现代公理化”时期,认为提倡数学应用是“实用主义”“短视行为”,数学能力的核心是数学逻辑思维能力,考试不宜出数学应用题等,就是典型的代表。但是,我们也不能走向另一个极端,以为数学必须从学生的日常生活实际出发,把“量一量”“做一做”当作数学证明,忽视数学的抽象性特征。这些,我们在后面还要展开。

以下,我们就数学发展过程中的一些现象做一些说明。

大家知道,第一个高峰的古希腊数学是从公理系统出发用逻辑方法演绎出来的知识体系。但是,第二个高峰时期的微积分方法,则是不严密的。什么是无穷小? 当时并没有严密的定义。可是,不严密的数学却非常有用。用无穷小算法算出来的结果可以解释许多物理学和几何学的结果,在工程技术、天文、航海等学科得到十分重要的应用。这样,我们就看到了两种不同的数学。严密的古希腊数学和不严密但有用的微积分。

19世纪的数学,在继续解决电磁学、热力学、流体力学中数学问题的同时,致力于数学基础的严格化,进入第三个高峰的现代公理化数学的时期。非欧几何的公理化分析、群的公理化定义、复数以及四元数的公理化处理,严格的微积分基础归根结底在于建立严密的公理化实数理论,特别是希尔伯特将欧氏几何绝对严密化,于1899年出版了《几何基础》的著作,使得形式主义的公理化方法风靡世界,一时成为数学界的主流思想。20世纪布尔巴基学派的“结构主义”数学,更把形式主义数学推向新的高峰。

形式主义数学观认为,数学是从一组相容的、独立的、完备的公理体系出发,按照一定逻辑方式推理出来的一堆“形式”,与现实无关。只要形式一样,内容是无所谓的。就平面几何而论,用“点、线、面”,还是用“桌子、椅子、啤酒瓶”的词汇来叙述,都无关紧要,关键是彼此之间满足公理规定的关系。这种数学哲学观点对数学教育的影响,便是只讲纯粹数学的定义、法则、逻辑推演,不重视数学联系实际。

形式主义数学体系的目的是构造出一组“数学公理”,一切数学命题都能由这组公理判定其是否成立,数学就建筑在这一公理体系之上。但是,20世纪30年代,大数学家哥德尔证明:任何包含自然数在内的公理体系,总有一个命题,既不能证其“真”,也不能判其“假”。于是,形式主义的理想破灭了。20世纪40年代以后,数学和计算机技术结合,广泛地应用于各行各业,解决了自然科学、工程技术乃至人文科学的各个领域的许多问题,数学应用成为数学发展的主流。不过,尽管数学不能完全形式化,但是,信息时代仍然保持着应有的严谨性要求。纯粹数学,依然是数学的核心课题。例如费马定理的证明,哥德巴赫猜想的研究等,仍为世人瞩目。

第三个数学高峰留给人们许多数学精品。抽象的数学成为人类思维能力的最高典范。但是,现实世界在不断地向数学提出新的挑战。20世纪40年代以来,特别是1946年电子计算机的出现,使得数学发生嬗变,进入了新的历史时期,出现了第四个数学高峰。

在第二次世界大战期间,许多数学家投入了反对法西斯轴心国集团的努力,一大批直接服务于战争需要的数学技术随之产生。

- 1939年起,波兰和英国的数学家帮助英国情报部门成功破译德军密码。美军破译日军密码电报,击落日本海军大将山本五十六的座机。
- 1940年,英国和美国海军为了对付德国潜艇的威胁,创立了运筹学。在不增加设备的情况下,依靠数学智力,运筹学可以帮助提高设备的效能。
- 1942年,苏联的柯尔莫哥洛夫和美国的维纳分别研究火炮的自动跟踪装置,发展了随机过程的预测和滤波理论,提高了空防效率。

- 1944 年,冯·诺伊曼创立的对策论用于太平洋战争的战术决策。

数学在反法西斯战争中卓有成效的应用,极大地改造了数学本身。战后和平时期的数学技术,基于计算机的应用在更广阔的范围内展开。

美国政府组织的"应用数学小组(AMP)",参与空中火箭发射、水下弹道、B-52 轰炸机的计算等。数学家参与原子弹的研制。波兰裔数学家乌拉姆为氢弹研制作出了关键贡献。

1946 年,冯·诺伊曼设计的电子计算机方案得以实施。1948 年,维纳发表《控制论》,香农发表《通信的数学理论》。1950 年用计算机首次进行数值天气预报。这些标志性的事件,揭开了新时代数学的序幕。

第四个数学高峰,以计算机技术为标志。时至今日,数学已从幕后走到台前,成为一门可以直接产生经济效益的数学技术。

计算机模拟技术使得飞机设计不必都在风洞中做实验,测试大炮性能不必都采用实弹射击,原子弹等地下核试验可以在计算机上模拟,甚至可以在计算机上进行军事演习。

1979 年的诺贝尔生理学或医学奖授予美国的柯马克和英国的亨斯菲尔德,褒奖他们运用数学上的拉东变换原理,设计了 CT 层析仪。人体层析摄影技术能够造福千千万万的人群,说到底乃是一种数学技术的成功。

工业管理的自动化,除自动化设备之外,往往还有一项价值上百万的"说明书",其实就是一个"数学模型",一些数据而已。

人们享受的数学文明可以说无处不在。飞机起飞降落定位需要卡尔曼滤波技术,汽车设计需要计算机模拟,企业管理使用数学模型,医院看病使用数学技术,药品效果有赖统计分析,股票涨落需要数学估算,计算机设计使用二进制数,软件设计依赖离散数学,信息传输依赖小波分析,搜索引擎基于随机……

在社会科学方面,人口预测、环境控制、保险精算、交通管理、社会发展模型,都离不开数学的参与。《红楼梦》的作者是谁?统计学家能作出有根据的判断。

当然,数学进步的推动力,总有两个部分:数学内部问题的驱动和数学外部问题的推动。第四个数学高峰时期,同样有拓扑学、大范围微分几何学、指标定理、费马大定理证明等许多杰出的纯粹数学工作出现。

核心数学的发展趋势至少有以下特点:

- 从线性到非线性,混沌、分形、动力系统等研究迅速发展;
- 从交换到非交换,矩阵、算子的乘法都是不可交换的;
- 从一维数学到高维数学,特别是四维和无穷维;
- 随机数学和确定性数学、离散和连续、局部性质和整体性质间的对立与整合。

综上所述,数学观出现了以下的变化:

(1)公理化方法、形式演绎仍然是数学的特征之一,但是数学不等于形式。数学正在走出形式主义的光环。

(2)在计算机技术的支持下,数学注重应用。"数学在 20 世纪下半叶有很大的发展,其中最大的一个发展是应用。跟第二次世界大战前不一样,现在到处在用,更多的地方在试图用数学。"(姜伯驹在国家数学与力学教学指导委员会上的讲话。《中国数学会通讯》1996 年第 9 期。)

(3)数学不等于逻辑,要做"好"的数学。大数学家外尔指出,逻辑是数学家为了保持数学健康而实行的卫生规则。陈省身说:"有些数学有开创性,有发展前途,是好的数学。还有一些数学也蛮有意思,但渐渐地变成一种游戏了。"(1992 年在庆祝中国自然科学基金会成立 10 周年学术讨论会上的讲话。)

因此,端正我们的数学观,实在是十分必要的。

第二节　作为社会文化的数学教育

随着 20 世纪数学观与数学教育观的变化,人们越来越深刻而明确地认识到,数学是人类文化的重要组成部分。正如音乐不仅仅是音符节拍,绘画不仅仅是线条和颜色,数学也不仅仅是公式、规则、方程式的堆砌。数学和其他人类创建的文明一样,具有特定的文化价值。

数学是一个开放的系统,有来自内部和外部的文化基因。一方面,数学的内容、思想、方法和语言,深刻地影响着人类文明的进步。另一方面,数学又从一般文化的发展中汲取营养,受到所处时代文化的制约。从这个意义上说,数学教育是数学文化的教育。

有一种错觉,以为"数学文化"就是数学史,讲点数学故事就行了。其实,数学文化就在数学里面。如果简单地陈述数学概念、数学定理,似乎没有文化意味。但是,只要问"为什么要研究这些概念、这些定理?",马上就会涉及文化价值。例如,函数是数集之间的一种对应,表面好像没有文化意义。但是,为什么要研究函数? 函数为什么重要? 你就会看到社会的需要,牛顿创立的微积分,哲学上关于物质运动的学说,宏观的变量说、微观的对应说、形式的关系说等。函数的文化底蕴就在其中了。与此相反,如果只是把历史上数学家给出的各种函数的定义罗列一下,实际上并没有揭示函数概念的文化价值。因此,研究数学文化,应该从数学思想方法和一般文化互动的过程中展开。

文化通常被理解成与自然相对的概念,它是指通过人的活动对自然状态的变革而创造的成果,即一切非自然的、由人类所创造的事物或对象。

数学是人创造的。正如克莱因所说:"数学是人类最高超的智力成就,也是人类心灵最独特的创作,音乐能激发或抚慰情怀,绘画使人赏心悦目,诗歌能动人心弦,哲学使人获得智慧,科学可以改善物质生活,但数学能给予以上一切。"数学家在研究现实世界的数量关系和空间形式的时候,不可避免地打上那个时期的文化烙印。数学家的创造,是他所处时代的文化产物,反过来又丰富了那个时代的文化。我们应该从这样的互动中认识数学的文化本质,并且在数学教学中揭示数学的文化意义,使学生受到深刻的文化感染。

1. 数学是人类文明的火车头

人类文明往往以数学成就作为特殊的标志。古希腊文明博大精深,但是传留于世的一个标志性著作是欧几里得(约公元前 330—前 275)的《原本》,它的印刷量仅次于圣经。17 世纪的资本主义文明,是以牛顿的科学成就作为标志的。他所创立的微积分成为那个科学黄金时代的基础。以爱因斯坦的相对论为代表的现代科学文明,则建立在黎曼几何之上。20 世纪下半叶开始的信息时代,则以数学信息论、数学控制论以及电子计算机的冯·诺伊曼方案为代表。

从人类文明的高度来审视数学,就不会再简单地把数学看成逻辑。数学是人类文明史上美丽的女王。如果把数学看作是逻辑的堆砌,就等于将女王用 X 射线透视,看到的只是一副骨架!我们讨论数学文化,就是要把数学看成有血有肉的、光彩照人的、活生生的"科学女王"。

2. 数学打上了人类各个文化发展阶段的烙印

这里,我们以古希腊的数学和中国古代数学为例,说明不同的民族文化会产生不同风格的数学,它们都具有鲜明的时代文化烙印。

让我们从"对顶角相等"是否需要证明谈起。

两条直线相交,形成四个角,共两对。彼此相对着的一对角称为对顶角。古希腊数学家欧几里得撰写的《原本》里证明了一个定理:

"对顶角相等"。在图 2-1 上,即指 $A = B$。

嗨!这算什么定理?一眼就看出来了,证明这么简单明了的结论,岂不是庸人自扰,故弄玄虚?

且慢。先看看《原本》里怎么证明的。

图 2-1

命题:对顶角相等。

证明:因为 $A + C = B + C = $ 平角,根据公理 3:等量减等量,其差相等。因此,$A = B$。

这是典型的用公理进行逻辑推演的结果,展现了古希腊文明在探求真理上的理性思维,现已成为人类最宝贵的精神财富。

同样,中国古代数学也具有光辉的成就。标志性的著作《九章算术》在春秋战国时期已经初步形成。书中有丈量田亩的"方田"等共九章,因而得名。然而,我们翻开《九章算术》根本看不到"对顶角相等"这样的命题,甚至没有明确地提到"角"的概念。

这究竟是为什么呢? 主要在于古希腊数学和中国古代数学是在两种不同文化的影响下产生的。

中国古代数学崇尚实用。《九章算术》中的问题,多半是谋士(包括数学家)向君王建议管理国家的理念和数学方法。比如,为了核实财产,需要丈量田亩;为了抽税,需要比例计算;为了水利工程,需要计算土方;为了测量天文和地理,需要解方程。计算的便捷和精确,成为中国数学的特征。这样一来,中国的传统数学成了"管理国家"的"文书"。如果说,中国数学是世界上"管理数学"的最早文献,大概是不会错的。也正因为如此,诸如"对顶角相等"这样的问题,和管理数学没有什么关系,自然就不在研究的范围之中了。

然而,古希腊的城邦实行"奴隶主的民主政治"。那里由男性奴隶主选举执政官,提出预算,决定是否宣战等重大问题。虽然这是少数人的民主,对大多数奴隶来说,并无民主可言,但是在这种"小民主"制度下毕竟要选举,于是有了在选举中说服对方,争取选票的需要。反映在文化上,便有了"说服"对方,进行证明的动机。他们认为,证明的最好途径是从大家公认的真理(公理)出发,通过逻辑推演得到结论。在这样的文化背景下,用"等量减等量"的公理证明"对顶角相等",就是很自然的事了。

不同的文化孕育了不同的数学。古希腊的数学闪耀着理性思维的光辉,不迷信权威,不感情用事,不人云亦云,而是客观地、冷静地、逻辑地进行思考,探求真理。这就是我们应该向古希腊文明学习的地方,也是我们学习几何证明的重要目的之一。

那么,中国传统数学就不重要吗? 不。中国传统数学以计算见长,具有"算法数学"和"数学机械化"的特征。祖冲之(429—500)在这个基础上,计算出圆周率在 3.141 592 6 和 3.141 592 7 之间,两个近似值是约率(22/7)和密率(355/113)。这是数学史上一个重大的贡献。到了 2000 年,吴文俊因"数学机械化方法"的重大数学成果获得首届"国家最高科学技术奖"。他的贡献之一是用计算机能够证明所有已知的平面几何定理,而且发现一些新的定理。他是在信息时代既能继承中国古代"算法数学"传统,又能发展古希腊数学精神的典范。

学习和吸收人类一切优秀的文化遗产,继承和发展中华优秀传统文化,是我们永远需要坚持的方向。

从这个例子可以看出,学习数学不能脱离有关的文化背景。

3. 数学应从社会文化中汲取营养

数学家在创立数学的时候,不断地从一般文化中汲取营养。许多数学的本原思想和人类普通的思想是相通的。让我们先看一个例子:守恒。

在变化中找到保持不变的规律,称为守恒。

中国的社会在不断发展进步,一切事物都在与时俱进。但是,在巨大的社会变革中,有些是不变的。例如,中华民族传统文化中的热爱祖国、崇尚和平、寻求大同、宣扬美德等,都是不变的。在改革开放的今天,保持这些传统的精华,乃是一种文化的守恒。

数学上的"对称"和文学中的"对仗"是相通的。数学上的对称,是指在运动变化中保持的某种不变性。所谓"对仗",则是在上联变到下联的过程中,保持着意境、语词的某种不变性。"明月松间照,清泉石上流",是王维的诗句,对仗十分工整。文学通过这样的"守恒",体现睿智和均衡的美。

在物理上,我们已经知道有能量守恒定律。在保守力场中,一个运动着的物体,它的动能和势能的总和是一个不变的常量。动能多了,势能就少了,反之也是这样。守恒定律是力学真理,有了它,人们对运动着的客观事物有了更深的认识。

总之,守恒是客观规律,发现守恒是科学的胜利,认识守恒是一种美的享受。

那么,数学又是怎样和守恒连在一起的呢?

其实,从小学起,我们就在和守恒打交道。数字相加和相乘的交换律就是守恒定律,位置交换了,但是它们的"和"与"积"不变。

$$a+b=b+a, \quad a \cdot b=b \cdot a。$$

再如分数 $\frac{1}{2} = \frac{2}{4} = \frac{3}{6} = \cdots$,这些分数的形式各不相同,面貌变了,但是它们表示的数值大小没有变,都是 0.5 。这当然也是守恒。利用分数表示的守恒规则,我们可以通分,进行分数的加、减、乘、除。

在几何上,两个全等的图形,它们的长度、角度、面积等都不变。这就是说,全等图形经过运动之后,长度、角度、面积是守恒的。至于相似,也是一种守恒。不过它只有角度不变,而长度和面积变了,不能有"相等性"的守恒了。但是,我们还可以用"长度之比"是一个常数(相似比)来说明它的守恒特征。最后,我们要说到方程。解方程的过程,就是将等式不断变形,使得方程的根保持不变。

数学,以发现变化中的不变量,作为自己的一项重要任务。在现代数学中,代数不变量、几何不变量、拓扑不变量、指标不变量……的发现,往往是一门学科的开端。

　　数学思想的建立离不开人类文化的进步。在本原的思想上,许多学科之间都彼此相通。数学课上指出这一点,就会增加学生对数学的亲切感。与此同时,学生也就更容易理解数学的真谛。

　　4. 数学思维方式对人类文化的独特贡献

　　数学的科学抽象,可以说形成了一个人工的宇宙。一般来说,抽象是人类认识世界的方式之一。恩格斯曾经说过:"数学是一种研究思想事物的抽象的科学。"从 0,1,2,3,… 的自然数开始,一切数学内容都是以抽象的形式出现的。也正因为如此,数学为人类提供了用高度抽象思维把握现实存在的文化范例。

　　如果说,哲学是自然科学和社会科学的概括,那么,数学则是这两大科学在数量上的抽象概括。数学是世界的抽象化、符号化描述。数学世界是一个由人类来编织的、有自己严密的组织与系统的、超物质的理性思辨体系。数学的这一特质,成为人类思维的象征。数学理性成为人类文明的核心部分之一。实际上,这也是数学成为学校最重要课程之一的原因。让我们看一些例子。

　　● 数学理性思维的产物:数的世界。老子《道德经》中说:"道生一,一生二,二生三,三生万物。"数学上的自然数体系与《道德经》在意境上相通,但是更加严密化了。

　　● 数学是人类思维的精致化。徐利治先生引用"孤帆远影碧空尽,唯见长江天际流"的名句,描绘数学上"极限"的意境,可称绝妙。初唐诗人陈子昂有诗云:"前不见古人,后不见来者。念天地之悠悠,独怆然而涕下。"他给我们描述了一维的时间,三维的天地。数学,则将它精致化为时间直线和三维的欧氏几何。解析几何则使之可以用数量进行描述。数学理性并不是天上掉下来的,是人们日常思维的精致化。

　　● 数学抽象的又一个重要台阶是无理数的发现。这是人类跨越无限的第一个胜利。它不是来自直观,而是理性思维的结果。接着,微积分的发明,再次跨越无限,催生了科学的黄金时代。学习微积分,就是学习人类如何跨越有限,掌握无限。康托尔向无限进军,创造了无限集合的超限数理论,达到了理性思维的新高峰。希尔伯特的形式主义数学体系以及哥德尔论证形式主义体系的两个不完备性定理,成为人类理性思维的伟大结晶。

　　● 数学理性的又一个伟大胜利是非欧几何的创立。人类摆脱直觉的限制,建立了理性的几何世界。复数和四元数的发现,抽象群论的建立,无限小分析的严密化,终于创立了纯粹数学理性的王国。

- 数学理性的新境界,则是数学模拟世界。数学模型将自然世界中的原型抽象为用符号表示的数量和结构,运用数学的抽象工具加以分析,并将得出的结果还原为现实。数学模型是理解自然现象的钥匙。近年来,借助计算机技术创立的模拟实验、模拟战场、模拟社会,使得数学理性世界和现实世界紧密结合,成为人类改造自然的利器。

由上述若干例子可见,数学是从数量(广义的)侧面观察事物。数学抽象和数学理性的世界是非自然的、人文的,具有文化的形态,正如科学和艺术也在构造自己的思维方式。例如,艺术构造的世界包括:用音符写成音乐;用笔绘成图画;用泥构作雕塑;用构件孕育建筑。艺术家用形象思维使得艺术作品具有人文价值,折射出世间万象,从而形成艺术上的文化形态。

5. 数学成为描述自然和社会的语言

数学是一种语言,一种普遍使用的科学的语言。数学语言中要使用一部分自然语言,其含义有的和日常使用的语言相同,有的略有差异。与此同时,数学家也创造出许多单独的数学词汇,如方程、函数。数学更多使用符号、图像语言,以及特有的句式,符合逻辑的严密性。正是由于数学语言的特定的简约性,才成为人类用于描述自然和社会规律的通用语言。正如1965年诺贝尔奖得主费曼所说:"要是没有数学语言,宇宙似乎是不可描述的。"

马克思关于"一门科学只有成功地运用数学来表达时才会成熟"的论断,表明了数学语言的伟大价值。事实上,影响世界的划时代的科学工作,许多是由数学方程来描述的。麦克斯韦电磁学方程,爱因斯坦方程,杨振宁-米尔斯方程等就是如此。

另一方面,数学又对自然语言产生了重大影响。在中国,"不管三七二十一""二一添作五"等口诀,已经成为日常语言的一部分。现在,直线上升、指数爆炸、分形艺术、机器证明、小幅震荡、随机预测等数学术语,渐渐为媒体广泛使用。没有一点数学文化的修养,已经不能适应社会的发展了。

以上这五个方面的数学文化视点,已经清楚地表明,数学本身具有广泛而深刻的文化内涵和人文价值,只是以往我们正视不够、不注意发掘而已。

数学文化的教学,应该有利于基本数学知识和基本数学技能的学习。例如,在"指数"一节,就应该联系"指数爆炸""人口爆炸""文献爆炸""知识爆炸"等进行教学。三角函数则和周期现象发生联系。在学习"迭代算法"时,很自然地联系到分形艺术的产生。这样做,有利于学生理解数学,喜欢数学,欣赏数学的人文价值。当然,我们也不排斥用单独的一节课甚至几节课,研究一段数学内容的文化内涵,写成数学作文。

第三节　20世纪我国数学教育观的变化

随着时代的发展和科学技术的进步,人们的学科教育观念也在变化。

20世纪90年代以前,我国数学教育研究的成果,主要体现在教育部历次颁布的数学教学大纲之中,"数学教材教法"课程则是它的说明和实施建议。自从国家提出素质教育和创新教育的理念以后,数学教育研究开始走上学术研究的道路。与此同时,国际上的数学教育理论和经验,也先后介绍到国内来。数学教育研究呈现蓬勃发展的态势,研究领域大为拓展。

1992年,全国的部分数学教育工作者参加教育部人事司组织资助的数学教育高级研讨班。研讨班的"纪要"即《数学素质教育设计(草案)》。在这份文件中,提到了许多新问题和新观点。其中有:

(1) 可贵的国际测试高分下隐伏的危机;

(2) 儒家考试文化下的中国数学教育;

(3) 高考指挥棒可能走向"八股化";

(4) 从英才数学教育到大众数学教育;

(5) 让孩子们喜欢数学;

(6) "数学素质"需要设计;

(7) 数学应用意识的失落;

(8) 突破口:数学问题解决;

(9) 观念变化:允许非形式化;

(10) 把学习的主动权交给学生;

(11) 薄弱环节:数学学习心理学;

(12) 数学教育中德育新思路;

(13) 紧迫课题:计算器进入课堂;

(14) 适度性原则:不要走极端;

(15) 中国数学教育正在走向世界。

这些问题和见解,在此前的数学教育研究上很少触及。回顾起来,当时的许多预言和期望,都为后来的事件所证实。数学教育理论和数学教学实践得到了更好的结合,令人鼓舞。

更为重要的是,进入21世纪之后,《全日制义务教育数学课程标准(实验稿)》《义务教育数学课程标准(2011年版)》和《义务教育数学课程标准(2022年版)》,以及《普通高中数学课程标准(实验稿)》《普通高中数学课程标准

(2017年版2020年修订)》相继颁布。这些"标准"中蕴含了许多深刻的数学教育观念,包括一些数学教学的具体建议。

这一节,我们结合历次数学课程标准(教学大纲)的变化,阐述数学教育理念的发展。

一、由关心教师的"教"转向也关注学生的"学"

新中国成立之初,我国数学教育界主要关心教师如何教好数学,现在我们仍然关心教,但更关心学生如何学好数学。

1951年,我国发布新中国首个《中学数学科课程标准草案》,该草案在"关于教授的说明"中列举了六项:1. 设备;2. 准备;3. 讲授;4. 课外活动;5. 作业的指定和检查;6. 考试。可见当时把课堂教学等同于"讲授"。对课堂教学的基本要求是:"讲授需依教案进行,并需随时注意班情,加以变通。口齿要清楚,板书要整齐,画图要正确而有普遍性。多发问题,随机开导。上堂时需照顾前课,下堂时需总结大纲。"

1963年,《全日制中学数学教学大纲(草案)》发表,除了列举各分科的教学内容外,主要叙述如下四项:1. 教学的目的与要求;2. 教学内容;3. 教学内容的安排;4. 教学中应该注意的几点。教学大纲主要论述教的问题,很少直接论述学生的数学学习问题,以"教"为主的思想比较突出。

1982年,我国公布《全日制六年制重点中学数学教学大纲(草案)(征求意见稿)》,提出了"教学中应该注意的几点"是:1. 要用辩证唯物主义观点阐述教学内容;2. 要面向全体学生,因材施教;3. 要调动学生的学习积极性;4. 要遵循认识规律进行教学;5. 要注意突出重点、解决难点、抓住关键;6. 要注意能力的培养。从上述大纲可见,当时我国教育界已经对学生的学习积极性、认识规律以及能力的发展表示了较大的关注。

1996年,我国发表《全日制普通高级中学数学教学大纲(供试验用)》,该大纲指出:"数学教学是以数学思维活动为核心的教学,教学过程也是学生的认识过程。在教学中,教师起主导作用,学生是学习的主体。教学要按照学生的学习规律和特点,从学生的实际出发,调动学生学习的主动性,使他们积极地参与教学活动。"由该大纲可见,20世纪末,学生在教学中的主体地位已经明确。

进入21世纪之后,更加强调数学教学中学生的主体地位。例如,《普通高中数学课程标准(2017年版2020年修订)》指出"在教学实践中,要不断探索和创新教学方式,不仅重视如何教,更要重视如何学,引导学生会学数学,养成良好的学习习惯;要努力激发学生数学学习的兴趣,促使更多的学生热爱数学。"近年来,许多学校把教师写教案改成为学生写"学案",进一步关注学生的"学"。

二、从"双基"与"三大能力"观点的形成,发展到更宽广的能力观和素质观

20世纪50年代,我国重视讲授"数量计算,空间形式及其相互关系之普通知识"。1954年发布的《中学数学教学大纲(修订草案)》指出,"中学数学教学的目的是教给学生数学的基础知识,并且培养他们应用这种知识来解决各种实际问题所必需的技能和熟练技巧。"当时人们把基础知识和上述的技能技巧简称为"双基"。

1963年,《全日制中学数学教学大纲(草案)》已经指出中学数学教学目的,是使学生"牢固地掌握"中学数学的基础知识,"培养学生正确而迅速的计算能力、逻辑推理能力和空间想象能力",我们把上述三种能力概括为"三大能力"。从60年代开始,"双基"和"三大能力"一直成为我国数学教学的基本要求。

1982年,《全日制六年制重点中学数学教学大纲(草案)(征求意见稿)》明确地指出了"双基"和"三大能力"的关系:"通过基础知识的教学和基本技能的训练,要重视培养学生的运算能力、逻辑思维能力和空间想象能力。同时,要注意培养学生获得数学知识和运用数学知识的能力,使学生逐步掌握数学中的一些思想方法。"从上述大纲可见,在20世纪80年代,我国不但重视"双基"和"三大能力",对数学思想方法的学习,也提出了明确的要求。

1996年,《全日制普通高级中学数学教学大纲(供试验用)》对"基础知识"和"基本技能"的学习要求分别给予了明确的界定,对原有的思维能力、运算能力、空间想象能力等"三大能力"的要求进一步明确化。该大纲中增加了培养学生"分析和解决实际问题的能力"的提法。

进入21世纪,新的数学课程标准相继颁布。新课标对数学能力的界定和要求有了进一步拓展,突破了原有"三大能力"的界限,提出新的数学能力观。例如,《义务教育数学课程标准(2011年版)》指出,"应当注重发展学生的数感、符号意识、空间观念、几何直观、数据分析观念、运算能力、推理能力和模型思想。为了适应时代发展对人才培养的需要,数学课程还要特别注重发展学生的应用意识和创新意识。"随着新课程改革的推进,在数学能力要求的基础上,《义务教育数学课程标准(2022年版)》和《普通高中数学课程标准(2017年版2020年修订)》提出要通过数学学习使学生逐步形成正确价值观、必备品格和关键能力,即数学核心素养。

三、从听课、阅读、演题,到提倡实验、讨论、探索的学习方式

半个多世纪以来,我国的数学学习理念也发生了显著的变化,从传统阅读、听课、理解、演练型的学习,到提倡实验性的研究探索型学习。

1. 重视解题训练,要求逐步明确

20世纪50~90年代,我国一直把解题训练视为数学教学的重要组成部分。

1951年,《中学数学科课程标准草案》指出,关于数学学习,必须注意四事:听讲、温习、演题和参考预习,其中关于"演题"的要求是"演题是透彻理论、熟练方法、触类旁通、学以致用的不二法门,学者必须认真耐烦,及时演就,妥善保存"。

1963年,《全日制中学数学教学大纲(草案)》对于数学练习的处理做了更详细的说明。① 明确了数学练习的目的,指出这是帮助学生掌握基础知识,发展三大能力,灵活运用所学知识的必需步骤;② 指出了数学练习的分量应该适当控制,"练得少,就不可能达到熟练。但是也不宜盲目地多练,给学生增加不必要的负担。练习题数量的多少,应该根据每一部分教材的教学要求而定";③ 阐述了练习的组织安排,即先复习,再练习,循序渐进,先做基本题,再做综合题;④ 提出了保证练习收到效果的要领,包括仔细审题,独立思考,格式规范,认真批改,及时纠正。

2. 提倡实验与探索,鼓励合作与交流

进入21世纪以来,我国数学课程中关于数学学习的理念发生了显著的变化,开始注重创新意识和探索能力的培养。2000年,《全日制普通高级中学数学教学大纲(试验修订版)》对于数学学习中的"创新意识"作了界定,它主要是指"对自然界和社会中的数学现象具有好奇心,不断追求新知,独立思考,会从数学的角度发现和提出问题,进行探索和研究。"

《义务教育数学课程标准(2022年版)》对于新的历史条件下的数学教与学的理念与方法进行了较为全面的阐述,它指出:"学生的学习应是一个主动的过程,认真听讲、独立思考、动手实践、自主探索、合作交流等是学习数学的重要方式。"《普通高中数学课程标准(2017年版2020年修订)》也明确指出"提倡独立思考、自主学习、合作交流等多种学习方式。"

综上所述,近六十年来,我国的数学学习理念发生了显著的变化,见表2-1。

表2-1　我国数学学习理念的显著变化

时　　　代	20世纪50年代	21世纪前后至今
课内的学习	听讲:看清、听清、问清、记清	不应仅限于接受、记忆,还应主动地进行观察、实验、猜测、验证、推理与交流
教师与学生	教师讲清、讲透,学生学好、练好	学生是数学学习的主体;教师是数学学习的组织者、引导者和合作者,发挥主导作用

续表

时　　代	20世纪50年代	21世纪前后至今
练习与活动	严格要求学生按时并独立地完成作业,严禁互相抄袭和用集体讨论的办法来做题	教师激发学生学习的积极性,提供从事数学活动的机会,帮助他们自主探索与合作交流

四、从仅看重数学的抽象和严谨,到关注数学文化、数学探究和数学应用

东方的数学传统是重视数学的实际应用,而西方的数学传统是重视数学的思维训练。20世纪以来,中国的传统数学影响几乎消退殆尽,西方数学中的形式主义数学观占据统治地位。新中国成立以来,数学教学中一直坚持实行理论联系实际的原则。于是,强调思维训练价值和强调数学应用价值的两种取向,对中国现代数学教育都有显著的影响。在我国现代数学教育进程中,经常反映出这两种思潮的冲突和对峙。

1951年,《中学数学科课程标准草案》在数学课程的"目标"一项指出:"本科教学需训练学生熟习工具(名词、记号、定理、公式、方法)使能准确计算,精密绘图,稳健地应用它们去解决(在日常生活、社会经济及自然环境中所遇到的)有关形与数的实际问题。"该标准同时又指出:"数学是学习科学的基本工具,锻炼思想的体操,中学的主科之一。"可见该标准对数学的应用价值以及它的思维训练价值都给予同样的重视。

1963年,《全日制中学数学教学大纲(草案)》对于数学教学中理论联系实际的问题作了适当的调整。该大纲指出:"在数学教学中必须适当地联系实际。除了应该适当地联系一些学生所能理解的工农业生产的实际,还应当适当地与物理化学等科的内容相联系……应该注意不要超过学生的程度,更不要勉强联系实际,以致削弱基础知识的学习。"实际上,大纲中的这一段话,是对1958—1962年牵强盲目地联系实际的一种批评与反思。

在1966—1976年,我国教育经历了一场浩劫。直到1976年"文化大革命"结束,1977年恢复高考,学校的教学秩序才得以正常。

1992年,《九年义务教育全日制初级中学数学教学大纲》反映了人们对理论联系实际的新认识。① 它阐述了理论联系实际的意义,"是为了使学生更好地理解和掌握知识,学会用数学知识解决简单的实际问题";② 它说明了数学教学中理论联系实际的要领,就是"从学生所熟悉的生活、生产和其他学科的实际问题出发,进行抽象、概括和必要的逻辑推理,得出数学的概念和规律";③ 它明确了要"使学生受到把实际问题抽象成数学问题的训练";④ 它指出了理论联系实际的可行途径是"引导学生把数学知识运用到生活和生产的实际,包括商品经

济的实际中去"。为了落实理论联系实际的要求,大纲设置了实习作业。

《义务教育数学课程标准(2011 年版)》继承了这一做法,并从两个方面对应用意识进行了说明:"一方面,有意识利用数学的概念、原理和方法解释现实世界中的现象,解决现实世界中的问题;另一方面,认识到现实生活中蕴涵着大量与数量和图形有关的问题,这些问题可以抽象成数学问题,用数学的方法予以解决。在整个数学教育的过程中都应该培养学生的应用意识,综合实践活动是培养应用意识很好的载体。"

《普通高中数学课程标准(2017 年版 2020 年修订)》将数学建模活动和数学探究活动作为高中数学课程内容的五条主线之一。前者要求学生基于数学思维运用数学模型解决实际问题,后者要求学生运用数学知识解决数学问题,两者适合以课题研究的形式实施,都是综合实践类活动。

综上所述,新中国成立以来,我国数学教育理念随着国家的发展,科学技术的进步而不断完善:从注重课堂教学质量的提高,到注重学生数学学习的效果;从注重知识的掌握,到注重能力的形成、素养和观念的发展。理念的发展意味着人们认识上的飞跃,然而,如何在数学教学中体现这些理念,则是更有意义、更为艰苦的工作。

第四节　国际视野下的中国数学教育

由于交通的便捷和信息交流的频繁,世界正在变小。我国加入 WTO,正在参与世界经济一体化的进程。一个国家的教育,必须体现国家的意志、民族的特征,不可能实现全球一体化。但是,教育的国际交流也在加速。我国向国外的大学派遣留学生已经有很长的历史,最近更有许多学生到国外的中学读书。国内为外国儿童开设的中学和小学也有不少。可以预料教育的国际交流将会越来越频繁。

至于学科教育之间的国际比较,数学处于最前端。与语文、历史、政治、外语等学科相比,数学是最有国际可比性的学科。这一节,我们将简要描述国际数学教育的状况,并用国际视野观察中国数学教育。

国际数学教育交流,始于 1908 年成立的国际数学教育委员会(International Commission on Mathematical Instruction,简称 ICMI)。第一任主席是著名数学家克莱因。那时,国际性的活动只限于各国数学教学计划和教学大纲的交换。第二次世界大战之后,数学教育的国际化程度明显加强。1958 年,美国为了实行"国防教育法",推行"新数学"运动,在西方国家掀起数学教育改革的国际性浪潮。"新数学"运动的主张是让学生学习更多、更难的数学,离开学生的日常生活经验,学习"交换律""结合律"等抽象的数学结构,结果是以失败告终。

1967年至1970年,荷兰数学家弗赖登塔尔担任国际数学教育委员会的主席。他倡导数学教育研究,组织了国际数学教育大会(International Congress on Mathematical Education,简称 ICME)。第一届大会于1969年在法国里昂举行。1980年举行第四届,中国首次派出代表团去美国加州伯克利参加大会,华罗庚应邀做大会报告。1986年中国在 ICMI 的代表权获得正式解决。我国学者随后参加了第六届(1988,匈牙利布达佩斯),第七届(1992,加拿大魁北克),第八届(1996,西班牙塞维利亚),第九届(2000,日本东京),第十届(2004,丹麦哥本哈根),第十一届(2008,墨西哥蒙特雷),第十二届(2012,韩国首尔),第十三届(2016,德国汉堡),第十四届(2021,中国上海)。

张奠宙(1995—1998)、王建磐(1999—2002)、梁贯成(2003—2009)、张英伯(2010—2012)和徐斌艳(2017—2020)先后当选 ICMI 执行委员,梁贯成(2021—2024)当选 ICMI 主席,进入 ICMI 的领导机构。

张奠宙、王长沛、郑毓信、鲍建生、李士锜、徐斌艳、郭玉峰分别担任第八届、第九届、第十届、第十一届、第十二届、第十三届和第十四届国际数学教育大会国际程序委员会委员。

我国学者积极参与大会学术活动,多人应邀做45分钟的报告,担任许多分组的召集人。

大会上还有一些华人单独的活动。2000年在东京、2012年在首尔先后举行"华人数学教育论坛"。在此基础上,范良火等主编的《华人如何学习数学》英文版(*How Chinese Learn Mathematics*)于2004年在新加坡问世,中文版则于2005年由江苏教育出版社刊行。2015年,其姐妹篇《华人如何教数学》(*How Chinese Teach Mathematics*)也已问世。

在2008年的墨西哥大会上,中国进行"数学教育的国家展示",向世界全面介绍中国的数学教育的历史与现状。展示的内容收入王建磐组织国内学者编写的《中国数学教育:传统与现实》(江苏教育出版社,2009),英文版则于2012年在新加坡出版。

香港大学梁贯成于2013年获得了 ICMI 颁授的弗赖登塔尔奖,成为自2002年该奖项设立以来首位获奖的亚洲学者。他的突出贡献在于利用儒家传统文化解释东亚地区学生在国际数学成就测试中的优秀表现。

第十四届国际数学教育大会(ICME-14)于2021年7月11—18日在华东师范大学召开。这是国际数学教育大会自1969年召开以来首次在中国举办。大会期间,全球 129 个国家和地区的 3 100 多名数学家和数学教育工作者注册并参会,国际覆盖面为历届之最;其中中国代表达到了 1 641 人,超过了历届 ICME 大会中国参会者总和的两倍之多。大会共组织开展了 4 个大会报告(plenary lectures)、3 个大会团队报告(plenary panels)、4 个专题调查组报告(survey teams)、5 个 ICMI 获奖者报告(ICMI award lectures)、66 场邀请报告(invited lectures)、62 个专题研究组(topic study groups)、15 个讨论组(discussion groups)、27 个工作坊(workshops)和 4 个国家或区域主持的国家展示活动(national presentations)。另外,大会还收到 200 多份学术墙报。我国的 13 个团队以特色主题活动(thematic afternoon)的形式汇报了研究成果,向世界呈现了中国数学教育的特色与经验。

"青浦实验"的开创者、华东师范大学特聘教授顾泠沅做了大会报告:《45 年:一项数学教改实验》。这是继华罗庚先生在 ICME-4 上做大会报告之后,时隔 41 年,再次由中国学者在国际数学教育大会上做大会报告。

专题研究组和讨论组是大会交流的两种主要组织形式。专题研究组主要是为对某一主题感兴趣的参与者交流关于这一主题的各种观点而设置。在本届大会上共设置了 62 个专题研究组,专题研究组规模历届第一。它们的主题分别为

一、专题研究组

（1）学前数学教育

（2）大学阶段的数学教育

（3）资优学生的数学教育

（4）特殊学生的数学教育

（5）数和运算的教与学

（6）小学代数的教与学

（7）中学代数的教与学

（8）小学几何的教与学

（9）中学几何的教与学

（10）测量的教与学

（11）概率的教与学

（12）统计的教与学

（13）微积分的教与学

（14）编程与算法的教与学

（15）离散数学的教与学

（16）数学教育中的推理、论证和证明

（17）数学问题提出与解决

（18）学生对数学及其学习的认同感、动机和态度

（19）数学素养

（20）数学学习与认知（包括学习科学）

（21）神经科学和数学教育/认知科学

（22）数学应用与建模

（23）数学教与学中的可视化

（24）技术与小学数学教与学

（25）技术与初中数学教与学

（26）技术与高中数学教与学

（27）数学史与数学教育

（28）小学数学教师的职前教育

（29）中学数学教师的职前教育

（30）小学数学教师在职教育和专业发展

（31）中学数学教师在职教育和专业发展

（32）教小学数学所需的知识

（33）教中学数学所需的知识

（34）数学教师的情感、信念和认同感

（35）数学教师教育者的知识与实践

（36）小学课堂实践研究

（37）中学课堂实践研究

（38）任务设计与分析

（39）数学课堂中的语言与交流

（40）数学课程研究与开发

（41）数学教科书及资源的研究与开发

（42）数学教育评估的研究与开发

（43）数学教育测试的研究与开发

（44）数学与跨学科教育

（45）大学公共数学

（46）数学竞赛和其他挑战性活动

（47）多语言环境下的数学教育

（48）多元文化环境下的数学教育

（49）数学远程学习、在线学习和混合学习

（50）职业中的数学教育、数学继续教育包括成人教育

（51）少数民族数学教育

（52）民俗数学与数学教育

（53）数学教育中的公平

（54）数学教育的社会和政治维度

（55）数学教与学的历史

（56）数学哲学与数学教育

（57）数学教育理论的多样性

（58）数学教育中的实证方法与方法论

（59）数学与创造力

（60）数学教育中的符号学

（61）数学教育的国际合作

（62）数学普及

二、讨论组

为了激发与会者对数学教育领域中富有争议的、难以决断的、具有挑战性的问题进行深入讨论，第十二届国际数学教育大会首次提出由与会者自行组成不超过五人的小组并递交讨论主题给大会的国际程序委员会审批。程序委员会会根据递交主题的重要性、组织小组成员的多样化和专业化程度等因素决定是否接受该主题讨论组。第十四届国际数学教育大会共形成了如下所示的十五个讨论主题。这些主题具有较强的研究特色，有助于不同数学教育研究群体之间的相互学习和促进，从而推动数学教育的共同发展。

（1）学校数学课程中的计算和算法思维、编程和编码：分享对实践的思考和启示

（2）世界各地的数学馆和数学博物馆

（3）再探舒尔曼的教学推理概念：回顾与展望

（4）数学家在数学教育中的角色

（5）中国中小学数学教科书 70 年的发展

（6）任务变式和任务链

（7）数学教育研究展望

（8）通过跨文化项目培养教师的专业能力，提高教师的教学实践

（9）非本科院校的高等数学教育：一个新兴的研究领域

（10）线性代数的教与学

（11）身体运动和人工制品是如何出现在数学教育中的

（12）亚洲地区学校数学课程改革的驱动因素

（13）国家数学教育委员会能力和网络项目的可持续性及未来的发展方向

（14）江苏省的数学教育与教师专业发展体系

（15）数学教师教育研究与课堂评价新范式探索

由此可见，国际性的数学教育研究活动已经十分广泛，讨论的课题相当深入。

一个令人瞩目的现实是，中国的学生在世界性的数学测试中一直名列前茅。众所周知，在国际中学生数学奥林匹克竞赛中，我国选手的团体总分大多位居第一或第二。1989 年，在 13 岁学生的国际数学测试（IAEP）中，中国大陆以 80 分的正确率位居第一位，中国台湾和韩国并列第二（73 分）。在 1996 年举行的国际数学与科学研究（TIMSS）中，新加坡名列第一位，中国台湾、中国香港分列第二、第四位。

由经济合作与发展组织（OECD）发起的国际学生评估项目（Programme for International Student Assessment，简称 PISA）自 2000 年开始举办，每三年一次，涉及数学、科学和阅读三个领域，其目的是评估接近完成义务教育阶段的 15 岁孩子是否具备了应对未来生活挑战的能力。上海于 2009 年首次参加 PISA，并在数学、科学和阅读三个领域都获平均成绩第一的殊荣；2012 年上海再次参加 PISA，三个领域的平均成绩再列榜首；2018 年，以北京、上海、江苏、浙江组队作为代表的中国，在这三个领域的平均成绩又勇夺桂冠。中国的 PISA 成绩引起世界关注。

事实上，中国的中小学数学教育在世界上享有很高的声誉，尤其在基础知识和基本技能的掌握上，具有自己独特的成功之处。十分有必要总结其中内在的教学规律，使之上升为理论，加强国际交流与合作，对于树立数学教育的民族自信具有重要的意义。但是，中国数学教育也有许多弱点。学生的数学学业负担过重，升学考试中的过度竞争，数学创新思维能力不足都是我们面对的重要问题。

于是，在国际的数学教育界，就出现了这样的悖论。一方面，中国学生的数学学习成绩十分优良。另一方面，西方的学者又认为中国的数学学习是"学生被动地接受"，"常规问题的反复演练"，教学观念陈旧。那么究竟应该怎样看待中国的数学教育呢？

为了建设具有我国特色、世界先进水平的中国数学教育，我们必须用国际比较的观点，进一步分析我国数学教育的现状，找出我国的优势与不足，从而明确努力方向。

近现代以来，东西方的数学教育都在各自的社会文化环境下学习对方，互相靠拢。我们的数学教材从"一纲一本"到"一纲多本"，数学课程改革倡导"自主，合作,探究"的教学理念,采用"问题解决"的方式进行教学,引入估算、数感等名词,倡导"数学建模"过程等,都是借鉴了西方数学教育改革成果。

值得注意的是,欧美发达国家的数学教育,也开始认识到自身的缺点,觉得需要向东方学习。例如,上海在 PISA 考试中获得优良成绩之后,一些欧美国家就曾陆续派出政府官员、数学教育专家学者以及一线教师来上海考察学习。

以下介绍近年来美国数学教育改革的一些情况,以资比较。

美国在历次学生数学成就国际评价中的表现不佳,不仅落后于中国、新加坡、韩国、日本等亚洲国家,也落后于芬兰等欧洲国家。在 20 世纪末,一部分著名数学家激烈抨击美国数学教育的顽疾。认为美国的学校教育,过分强调自主自由的教学方式,忽略了掌握数学知识和数学技能的基础要求,并嘲笑美国中小学的数学内容是"一英里宽、一英寸深"。这场批评世称美国的"数学战争"。与此同时,我国旅美学者,马立平博士撰写的著作《小学数学的掌握和教学》(中译本由华东师范大学出版社于 2012 年出版)对中国和美国的小学数学教师所掌握的数学知识进行比较研究,发现尽管美国同行的学历很高,但在数学知识的掌握上缺陷很多,远不及只有中师学历的中国小学数学教师。这些批评,促使美国数学教育进行教学改革,在某种程度上向东方靠拢。

美国自 2008 年以来,出台了一系列计划致力于改善基础教育质量的措施。2010 年,为了改革数学和英语两科的教学,颁布了"州立共同核心课程标准"(Common Core State Standards,简称 CCSS)。这标志着美国各州的数学教学内容走向统一的开始。

"州立共同核心课程标准——数学"(以下简称 CCSSM)呈现出以下三个主要变化。

第一,关注焦点内容。为解决以往课程中出现的为了容纳更多知识点而产生的"一英里宽、一英寸深"问题,CCSSM 强调要聚焦在重要的数学内容上,并且在标准中规定了焦点内容,比如说,七年级的焦点内容是比和比例关系以及有理数的算术运算,八年级的焦点内容是线性代数和线性方程。

第二,讲求内容和思维方式在不同年级间的连贯性。CCSSM 中内容的顺序安排要符合数学学科本身的逻辑发展顺序,不同知识内容之间的组织和关联要依赖于这些知识内容所蕴含的本质数学思想,比如说,要以运算法则或位值制这样本质的数学思想方法为依托来安排具体的整数或分数的运算。与此同时,数学内容的顺序安排还参考了与学生数学知识、技能和理解如何发展有关的实证研究的成果,有助于把新知识的学习建立在已有知识经验的基础上。

第三,强调概念性理解、程序性技能和数学应用并重。CCSSM 明确指出运用数学知识解决具体问题的能力需要概念性理解和程序性技能作为支撑,概念性理解的获得需要多角度的呈现概念,程序性技能的熟练掌握需要反复演练。

总体地看,美国 CCSSM 的出台及其呈现出的变化反映出美国正尝试建立统一的、强调基本概念和基本技能的、具有较强学科体系的数学课程。可以说这是西方数学教育向东方靠拢的一个标记,一定程度上和我国一向强调的数学"双基"教学特色非常相似。

然而,美国的这次课程改革,仍然具有自己的传统,有许多独到的见解。尤其是提出了关于实施 CCSSM 的八条实践标准,值得我们关注。这八条实践标准描述了所有年级学生在数学学习中为确保达到数学深刻理解应具有的思维过程或态度倾向。它们是:

- 理解问题并在问题解决的过程中坚持不懈(Make sense of problems and persevere in solving them);
- 抽象地和量化地进行数学推理(Reason abstractly and quantitatively);
- 建立可行的推断且评判他人的数学推理(Construct viable arguments and critique the reasoning of others);
- 数学建模(Model with mathematics);
- 有策略地使用适当的工具(Use appropriate tools strategically);
- 注意精确性(Attend to precision);
- 寻找和利用结构(Look for and make use of structure);
- 在重复推理中寻找和表示规律(Look for and express regularity in repeated reasoning)。

附录:我国影响较大的几次数学教改实验

一、"尝试指导、效果回授教学法"

这是上海青浦县 1977 年至 1992 年,通过在全县进行的旨在大面积提高中学数学教学质量的教改实验总结出来的新的教学方法。该项实验从改革教学方法入手,提高教师的业务水平和激发学生的学习兴趣,让所有学生都有效地学习,对当时我国的数学教育状况很有针对性。这种教学方法一般分为六个步骤:启发诱导,创设问题情境;探究知识的尝试;归纳结论,纳入知识系统;变式练习的尝试;回授尝试效果;阶段教学结果的回授调节。

这一实验已经结束三十余年。它的许多成果已经为其他教学改革项目所吸收,并得到新的发展。主要著作为顾泠沅的《学会教学》(北京:教育科学出版社,1996)。

二、"数学开放题"的教学模式

1997年,原浙江教育学院戴再平主持的"开放题——数学教学的新模式"研究项目,正式列入全国"九五"教育科学研究规划的重点课题。1998年10月和2003年11月,先后在上海举行全国性的"数学开放题及其教学"的学术讨论会。开放题教学形成了全国性的热点。国家课程标准、相关的教育文件、各种教科书一再提到"数学开放题"对培养学生发散思维和创新精神的作用。更值得注意的是,高考和中考试卷中陆续出现开放题。考试的"指挥棒"作用使得开放题教学直接影响到课堂教学。

开放题教学是国际上数学教育研究的热点之一。中国的研究具有自己的特色。主要是开放题密切结合"双基",因而贴近日常的数学教学。由于开放题进入考试的试卷,开放题的评价问题也得到了长足的发展。

数学开放题的教学还在进一步发展之中。代表性作品有戴再平主编的《中小学数学开放题丛书》(上海:上海教育出版社,2001年第一版,2004年第二版)。

三、提高课堂效益的初中数学教改实验

1992年以来,在陈重穆和宋乃庆的倡导下,原西南师范大学数学系开展了"提高课堂效益的初中数学教改实验",简称GX实验。("G""X"分别为"高""效"的汉语拼音的首位字母。)实验以"减轻师生负担,提高课堂效益"为主旨,以"积极前进,循环上升;淡化形式,注重实质;开门见山,适当集中;先做后说,师生共作"作为教学的指导思想、原则和方法。

"积极前进",只要中等学生理解基本事实,对之有所领悟,会基本操作,就可前进。"循环上升",用循环来加深认识,针对存在的问题分层次处理,在前进中解决问题。"淡化形式,注重实质",不要求学生死记硬背数学概念的条条款款,重在让学生理解数学符号的意义及其运用。在新课的引入中,常常采取"开门见山",单刀直入,迅速达到核心的做法,能够事半功倍。在教学中,常常采取"适当集中"的做法,"集中讲,对比练"。集中讲,以点带面,对比练,综合应用。将一些意义接近的内容集中在一起让学生学习,做练习时,要根据所学的内容进行分析,寻找恰当的解题方法。重视师生双边活动的开展,强调"先做后说,师生共作"。

GX实验的代表作有《淡化形式,注重实质》(详见《数学教育学报》1993(2))。

这一实验主要在于数学教学思想和教学方法的改革,没有涉及教学内容。

四、"情境—问题"数学学习模式

这是贵州师范大学于 2000 年提出的一种数学教学模式。它是根据国际数学教育发展的趋势和国内基础教育课程改革的形势,为了实现培养学生的创新意识和实践能力,全面推进素质教育而进行的一项数学教学改革实验。

1. "情境—问题"数学学习

"情境—问题"数学学习是"数学情境与提出问题"数学学习的简称。它是学生在教师的指导下,从熟悉或感兴趣的数学情境中,通过主动探究、提出问题、研究问题和解决问题,获得适应未来社会生活和进一步发展所必需的数学知识、数学思想方法和应用技能,培养勇于探索、创新的科学精神的学习活动。实验特别强调创设问题情境,把从情境中探索和提出数学问题作为教学的出发点。以"问题"为"红线"组织教学,在解决问题和数学应用的过程中又会引发出新的情境,从而又产生出深一层次的数学问题,形成了"情境—问题"学习链,更利于培养学生的创新意识和实践能力。

2. "情境—问题"数学学习的基本模式

这个数学学习的基本模式如图 2-2 所示:

这一实验突出了"情境—问题"在数学教学中的地位和作用,符合现代数学教育的理念。当然,这只是数学教学的一个方面,并不能代替所有的教学环节。

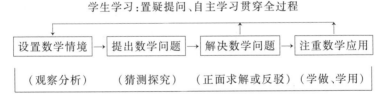

图 2-2

五、数学方法论的教育方式

1989 年 8 月,江苏无锡市原教育科学研究所开展了"贯彻数学方法论的教育方式,全面提高学生素质"数学教育实验(简称 MM 实验),经过五年三轮,在数十个教学班的系统实验,1994 年 8 月通过严格的鉴定产生了 MM 教育方式,并进入边实验、边推广的阶段。

MM 教育方式就是:教师在数学教学的全过程中,充分发挥数学教育的两个功能,自觉地遵循两条基本原则,瞄准三项具体目标,恰当地操作八个变量(运用八项教学措施），从而达到全面提高学生素质的目的。其含义是：

两个功能：技术教育功能，文化教育功能；

两条基本原则：既教证明，又教猜想原则和教学、学习、研究（发现）同步协调原则；

三项具体目标：引导学生自我增进一般科学素养，自我提高社会文化修养，自我形成和发展数学品质；

八个变量：数学返璞归真教育，数学审美教育，数学发现法教育，数学家人品教育，数学史志教育，演绎推理教学，合情推理教学和一般解题方法的教学。

MM 实验的宗旨是将数学教学的目标从单纯的知识传授提升到数学思想方法的层面。这一由徐利治教授倡导的理念已经在中国数学教育界得到广泛传播。不过，这一数学教育实验的具体操作，显得比较难以把握（详细的介绍见《数学教育学报》2002（3））。

六、尝试教学法

尝试教学法由邱学华特级教师创立。经过 40 多年的实践和研究，在全国小学数学界产生了重大影响，并扩展到其他学科。基本观点是"学生能尝试，尝试能成功，成功能创新"，特征是"先试后导、先练后讲"。其教学程序分七步：① 准备练习；② 出示尝试题；③ 自学课本；④ 尝试练习；⑤ 学生讨论；⑥ 教师讲解；⑦ 再次尝试。

尝试教学是在反对灌输式教学的过程中发展起来的。学生对教师提出的问题，尝试性地进行解决，充分体现学生在学习中的主体作用。另一方面，由于尝试可能成功，也可能不成功，因而需要教师的帮助，在尝试中也要发挥教师的主导作用。与国外倡导的要求学生如同科学家那样进行探究与发现的教学理论相比较，尝试教学的提法更适合学生的实际，教学实践中收效明显，因而受到广泛欢迎。

思考与练习

1. 试概述数学发展的各个时期的特点及其对数学教学的影响。
2. 20 世纪数学观的发展有何特点？在数学教学中如何反映这些特点？
3. 试分析数学与社会文化的相互关系。
4. 在数学教学中如何弘扬数学文化的作用？
5. 20 世纪我国数学教育观有什么重要变化？
6. 为实现信息技术与数学课程的整合，需要解决什么问题？

7. 试分析第十四届国际数学教育大会讨论组的主题,它们是否在我国引起同样的关注?

8. 你认为我国中学数学教育面临哪些挑战和问题?

9. 当前我国数学教育出现了哪些新气象? 试举例说明。

10. 我国在数学课程改革中面临哪些问题与挑战?

11. 作为未来的数学教师,我们应该如何看待东西方数学教育的差异?

第三章 数学教育的基本理论

数学教育作为一门学科,始于 20 世纪初,至今不过一百多年。1908 年成立国际数学教育委员会,数学教育成为国际性的事务。第二次世界大战之前,数学教育的研究只限于各国的"数学教学大纲""数学教学计划"等文件的交流,尚无数学教育的理论著作问世。第二次世界大战结束之后,数学教育进入一个迅猛发展的时期,各种数学教育的著作大量出现。但是,真正形成数学教育理论形态的研究并不多,其中弗赖登塔尔和波利亚两位数学家的工作得到比较广泛的承认;心理学家皮亚杰倡导的建构主义学说,对数学教育有很大影响;中国的"双基"数学教育,积累了丰富的经验。以上四个方面,将在本章分四节加以叙述。

第一节 弗赖登塔尔的数学教育理论

弗赖登塔尔(Hans Freudenthal,1905—1990)是世界著名的数学家和数学教育家。他曾经是荷兰皇家科学院的院士和数学教育研究所的所长,专长为李群和拓扑学。1960 年以后,研究重心转向数学教育。1967 年至 1970 年任"国际数学教育委员会"主席。在他的倡议下,召开了第一届"国际数学教育大会"。在此次会议上,他倡导数学教育研究要像数学研究一样,以科学论文的形式交流研究心得,即前人做了什么,我发现了什么,证据是什么,并有详细的文献支持,这使得数学教育研究不再只停留在经验交流的水平上。这是一个重大的变革,中国数学教育正在逐渐适应这场具有历史性转折的进步。他一生为国际数学教育事业作出了巨大贡献。尤其令人敬佩的是,即使在 80 岁高龄时,他依然在不断地思考着数学教育中的问题,关心着孩子们的成长和发展。1987 年,已经 82 岁的弗赖登塔尔应华东师范大学邀请,在上海讲学两周,之后又顺访北京。1990年,弗赖登塔尔去世。他在中国讲学的讲稿《数学教育再探——在中国的讲学》于 1999 年在中国出版。

对于数学教育,弗赖登塔尔有他自己独到的认识,并出版了许多数学教育理论著作。他的主要观点在《作为教育任务的数学》《除草与播种》以及《数学教育再探——在中国的讲学》中有系统阐述,其中《作为教育任务的数学》是一个总体的叙述,另外两本是更加具体的分析。

总体上讲,弗赖登塔尔所认识的数学教育有五个主要特征:

- 情境问题是教学的平台;
- 数学化是数学教育的目标;
- 学生通过自己努力得到的结论和创造是教育内容的一部分;
- "互动"是主要的学习方式;
- 学科交织是数学教育内容的呈现方式。

这些特征又可以用三个词概括:现实、数学化和再创造。

1. 现实

弗赖登塔尔认为,数学来源于现实,存在于现实,并且应用于现实,而且每个学生有各自不同的"数学现实"。"数学现实"不等同于"客观现实",是学生从客观现实中抽象、整理出来的数学知识及其现实背景的总和。数学教师的任务之一是帮助学生构造数学现实,并在此基础上发展他们的数学现实。因此,在教学过程中,教师应该充分利用学生的认知规律、已有的生活经验和数学的实际,灵活处理教材,根据实际需要对原材料进行优化组合。这也就是弗赖登塔尔常常说的"数学教育即是现实的数学教育"。

关于情境问题,弗赖登塔尔认为,数学教育要引导学生了解周围的世界。周围的世界是学生探索的源泉,而数学课本从结构上应当从与学生生活体验密切相关的问题开始,发现数学概念和解决实际问题,实现数学化。

情境问题与传统数学课本中的例子有相通之处,即它们都被用来作为引入数学概念和理解数学方法的基础。区别之处在于,传统的数学课本一般都按照科学的体系展开,不大重视属于学生自己的一些非正规的数学知识的作用。而弗赖登塔尔所倡导的情境问题则是直观的、容易引起想象的数学问题,隐含在这些数学问题中的数学背景应是学生熟悉的事物和具体情境,要与学生已经了解或学习过的数学知识相关联,特别是要与学生生活中积累的常识性知识以及学生已经具有的、但未经训练和不那么严格的数学体验相关联。

在运用"现实的数学"进行教学时,必须明确认识以下几点:

第一,数学的概念、数学的运算法则以及数学的命题,归根结底都是来自现实世界的实际需要,是现实世界的抽象反映和人类经验的总结。因此,数学教学内容来自现实世界。要把那些最能反映现代生产、现代社会生活需要的最基本、最核心的数学知识和技能作为数学教育的内容。

第二,数学研究的对象,是现实世界同一类事物或现象抽象而成的量化模式。现实世界事物、现象之间充满了各种各样的关系和联系,因此,数学教育的内容包括数学与外部的联系以及数学内部的内在联系。就中学数学教学内容来讲,不能只考虑代数、几何、三角之间的联系,还应该研究数学与现实世界各种不同领域的外部关系和联系。如与日常生活、工农业生产、货币流通和商品生产经营以及其他学科等联系。

第三,社会需要的人才是多方面的,不同层次、不同专业所需的数学知识不尽相同。因而,数学教育应为不同的人提供不同层次的数学知识。也就是说,不同的人需要不同的"现实的数学"。数学教育所提供的内容应该是学生的各自的"数学现实",即"学生自己的数学"。通过"现实的数学教学",学生就可以通过自己的认知活动,构建自己的数学观,促进数学知识结构的优化。

2. 数学化

什么是数学化呢? 弗赖登塔尔认为,人们在观察、认识和改造客观世界的过程中,运用数学的思想和方法来分析和研究客观世界的种种现象并加以整理和组织的过程,就叫作数学化。简言之,数学地组织现实世界的过程就是数学化。

一提到数学化,人们就会联想到数学的"科学性"和"严谨性",感觉它距离我们很遥远。实际上,数学化是一个由浅入深,具有不同层次、不断发展的过程。一般来讲,数学化的对象,一是数学本身;二是现实客观事物。对数学本身的数学化,就是深化数学知识,或者使数学知识系统化,形成不同层次的公理体系和形式体系。对现实客观事物的数学化,就是形成数学概念、运算法则、数学命题、数学定理,以及为解决实际问题而构造的数学模型等。

事实上,在高等学校里,数学系的学生要学普通物理,物理系的学生要学高等数学。研究化学反应时,把参加反应的物质的浓度、温度等作为变量,用方程表示它们的变化规律,通过方程的"稳定解"来研究化学反应。这里不仅要应用基础数学,而且要应用"前沿上的""发展中的"数学。不仅要用加、减、乘、除来处理,而且要用复杂的"微分方程"来描述。研究这样的问题,离不开方程、数据、函数曲线、计算机等。正是各门科学数学化到一定程度,它们才得以发展到一个又一个新的阶段。正如苏联数学家格涅坚科(Б.В.Гнеденко)所说,当今的世界"不仅仅是科学在数学化,而且绝大多数实践活动也在数学化""我们的时代是知识数学化的时代"。

既然任何数学分支都是数学化的结果,各门科学的发展都有数学化的功劳,那么在数学教育过程中,让学生学会数学地思考与研究各种现象,形成数学的概念、运算的法则、构造数学模型、经历一个数学化的过程,就是理所当然的事情。正如弗赖登塔尔所说:"数学教学必须通过数学化来进行"。

学习"数学化",并不是不要数学学科的"科学性"和"严谨性"。在现实数学教育者的眼里,学习者从一个具体的情境问题开始到得出一个抽象数学概念的教育全过程就是数学化的过程,学生对数学的"再发现"就是"数学化"。

需要强调的是,数学化是一个过程,是一个从问题开始,由实际问题到数学问题,由具体问题到抽象概念,由解决问题到更进一步应用的教育全过程,而不是方程、函数等具体的数学素材。传统数学课本是"教给"学生数学现成结果的教材,最容易忽略的就是过程。把数学化作为数学课本内容的一部分,是要使课本成为学生自己去"发现"一些已有数学结果的辅导书。通过一个充满探索的过程去学习数学,让已经存在于学生头脑中的那些非正规的数学知识和数学体验上升为科学的结论,从中感受数学发现的乐趣,增进学好数学的信心,形成应用意识、创新意识,从而达到素质教育的目的。

具体说来,现实数学教育所说的数学化有两种形式:一是实际问题转化为数学问题的数学化,即发现实际问题中的数学成分,并对这些成分作符号化处理;二是从符号到概念的数学化,即在数学范畴之内对已经符号化了的问题做进一步抽象化处理。

对于前者,基本流程是:

(1)确定一个具体问题中所包含的数学成分;

(2)建立这些数学成分与学生已知的数学模型之间的联系;

(3)通过不同方法使这些数学成分形象化、符号化和公式化;

(4)找出蕴含其中的关系和规则;

(5)考虑相同数学成分在其他数学知识领域方面的体现;

(6)作出形式化的表述。

对于后者,基本流程是:

(1)用数学公式表示关系;

(2)对有关规则作出证明;

(3)尝试建立和使用不同的数学模型;

(4)对得出的数学模型进行调整和加工;

(5)综合不同数学模型的共性,形成功能更强的新模型;

(6)用已知数学公式和语言尽量准确地描述得到的新概念和新方法;

(7)作一般化的处理、推广。

通过"数学化"得到一个新的数学概念之后,还需要对已经得到的概念、模型、技巧作进一步的整理和把握,即解释和说明得出的结果;讨论新模型或方法的适用范围;回顾、总结和分析已经完成的数学化过程;应用。

可以看到,一个现实情境所提供的信息是现实数学教育的基础。而情境问题与数学化是结合在一起的。在"一浪接一浪"的数学化进程中,学习者经历了一个又一个由现实的情境问题到数学问题,由不那么严格的数学体验到严格的数学系统,由数学的"再发现"到数学的具体应用的过程。

3. 再创造

学生"再创造"学习数学的过程实际上就是一个"做数学"的过程,这是目前数学教育的一个重要观点。它强调学生学习数学是一个经验、理解和反思的过程,强调以学生为主体的学习活动对学生理解数学的重要性,强调激发学生主动学习的重要性,并认为"做数学"是学生理解数学的重要条件。弗赖登塔尔说的"再创造",其核心是数学过程再现。这就要求教师"设想你当时已经有了现在的知识,你将是怎样发现那些成果的;或者设想一个学生学习过程得到指导时,他是应该怎样发现的"。教师不能简单地放手不管,由学生本人把学的东西自己去发现或创造出来,教师的任务是引导和帮助学生去进行这种再创造的工作。

需要特别注意的是,弗赖登塔尔的数学教育理论不是"教育学+数学例子"式的论述,而是抓住数学教育的特征,紧扣数学教育的特殊过程,因而有"数学现实""数学化""数学反思""思辨数学"等诸多特有的概念。他的著作多数根据自己研究数学的体会,以及观察儿童学习数学的经历而写成,思辨性的论述比较多。于是,有人批评说弗赖登塔尔的数学教育理论缺乏实践背景和实验数据,其实不然,他的许多研究成果尚未被大家仔细研究。

第二节   波利亚的解题理论

数学学习者大多都有过这样的经历:一道题,自己百思不得其解,而老师却给出了一个绝妙的解法。这时候,我们最想知道"老师是怎么想出这个解法的",如果这个解法不是很难,我们也许会问"自己完全可以想出,但为什么我没有想到呢?"这就需要研究"解决数学问题"的规律。

美籍匈牙利数学家乔治·波利亚(George Polya,1887—1985)在该领域做出了许多奠基性的工作。波利亚是法国科学院、美国科学院和匈牙利科学院的院士,1887年出生在匈牙利,青年时期曾在布达佩斯、维也纳、哥廷根、巴黎等地攻读数学、物理和哲学,获博士学位。1914年在苏黎世著名的瑞士联邦理工学院任教。1940年移居美国,1942年起任美国斯坦福大学教授。他一生发表两百多篇论文和许多专著。他在数学的广阔领域内有精深的造诣,对实变函数、复变函数、组合论、概率论、数论、几何等若干分支领域都做出了开创性的贡献,一些术语和定理都以他的名字命名。由于他在数学教育方面所取得的成就和对世界数学教育所产生的影响,在他 93 岁高龄时,还被 ICME 聘为名誉主席。

《怎样解题》(1944)、《数学的发现》(1954)和《数学与猜想》(1961)这三本书就是他智慧的结晶。这些书被译成很多国家的文字出版,其中《怎样解题》一书被译成 17 种文字,仅平装本就销售了一百万册以上。著名数学家范·德·瓦尔登 1952 年 2 月 2 日在瑞士苏黎世大学的会议致辞中说:"每个大学生,每个学者,特别是每个老师都应该读读这本引人入胜的书。"

1. 波利亚的数学教育观

在从事数学研究、亲自编写教材、开展教师培训的过程中,波利亚形成了自己的数学教育观。即便是几十年后的今天,展卷细读波利亚的教育思想,仍新鲜如昨,如沐春风。

波利亚认为,中学数学教育的根本目的是"教会学生思考"。"教会学生思考"意味着数学教师不只是传授知识,还应努力发展学生运用所学知识的能力,应强调技能、技巧、有益的思考方式和理想的思维习惯。而为了教会学生思考,教师在教学时要遵循学习过程的三个原则(这也可看作教学过程的三个原则),即主动学习、最佳动机、循序渐进。

(1)主动学习。"学东西的最好方式是发现它""亲自发现能够在你脑海里留下一条小路;今后一旦需要,你便可以再次利用它"。因而,教师应该"尽量让学生在现有条件下亲自发现尽可能多的东西"。思想应在学生头脑里产生,教师则只起助产士的作用。

(2)最佳动机。为了使学习富有成效,学生应该对学习倍感兴趣并且在学习活动中寻求欢乐。最佳的刺激应该是对所学知识的兴趣。另外,还可以在学生做题之前,让他们猜测学习的结果。在科学家的工作中,猜想几乎是证明的先导。

(3)循序渐进。学习过程是从行动和感知开始的,进而发展到词语和概念,以养成合理的思维习惯而结束。第一个阶段是探索,它联系着行动和感知,并且是在直觉和启发的水平上发展的;第二个阶段是阐明,包括引进术语、定义、证明等,提高到概念的水平上;第三个阶段是吸收,即把所学的知识都在头脑里消化了,然后吸收到自己的知识系统中来,扩大智力的范围。以上三个阶段应该贯穿到教师的日常工作中,这有助于他们成为更好的教师。

波利亚建议,要成为一名好的数学教师,必须具备两方面的知识,一是数学内容的知识。一般中学数学教师最大的缺陷在于,他没有主动完成数学工作的经验。二是数学教学法的知识。具体而言,正如下面要介绍的"怎样解题"表一样,波利亚给数学教师提出了"十条建议":

(1)对自己的科目要有兴趣;

(2)熟知自己的科目;

（3）懂得学习的途径，学习任何东西的最佳途径是亲自独立地发现其中的奥妙；

（4）努力观察学生的面部表情，察觉他们的期望和困难，设身处地地为他们考虑；

（5）不仅要传授知识，还要传授技能技巧，培养思维方式及科学的工作习惯；

（6）让学生学会猜想问题；

（7）让学生学会证明问题；

（8）从手头上的题目中寻找出一些可能用于解今后题目的特征，揭示出存在于具体情况下的一般模式；

（9）不要把你的全部秘诀一下子倒给学生，让他们猜测一番，然后再讲给他们听，让他独立地找出尽可能多的东西；

（10）启发问题，而不要填鸭式地塞给学生。

2. 波利亚关于解题的研究

为了回答"一个好的解法是如何想出来的"这个令人困惑的问题，波利亚专门研究了解题的思维过程，并把研究所得写成《怎样解题》一书。这本书的核心是他分析解题的思维过程得到的一张"怎样解题"表（见表3-1），并以例题表明这张表的实际应用。书中各部分基本上是配合这张表的，也可以说是对该表的进一步阐述和注释。在这张包括"了解问题""拟订计划""实行计划"和"回顾"四大步骤的解题全过程的解题表中，对第二步即"拟订计划"的分析是最为引人入胜的。他指出，寻找解法实际上就是"找出已知数与未知数之间的关系，如果找不出直接关系，你可能不得不考虑辅助问题，最终得出一个求解计划"。波利亚认为，"对你自己提出问题是解决问题的开始""当你有目的地向自己提出问题时，它就变作你的问题""假使你能适当地应用这些问句和提示来问你自己，它们可以帮助你解决你的问题。假使你能适当地应用同样的问句和提示来问你的学生，你就可以帮助他解决他的问题"。他还把寻找并发现解法的思维过程分解为5条建议和23个具有启发性的问题，它们就好比是寻找和发现解法的思维过程的"慢镜头"，使我们对解题的思维过程看得见、摸得着。

表 3-1   波利亚提供的"怎样解题"表

	了解问题
第一步，必须了解问题	△ 未知数是什么？已知数是什么？条件是什么？ △ 可能满足什么条件？ △ 画一个图，引入适当的符号。

续表

	拟订计划
第二步,找出已知数和未知数间的关系。假使你不能找出关系,就得考虑辅助问题,最后应想出一个计划	△　你以前见过它吗? △　你知道什么与此有关的问题吗? △　看着未知数! 试想出一个有相同或相似的未知数的熟悉的问题。 △　这里有一个与你有关而且以前解过的问题,你能应用它吗? △　你可以改述这个问题吗? 回到定义! △　你若不能解这个问题,试先解一个有关的问题。你能想出一个更容易着手的有关问题吗? 一个更一般的问题? 一个更特殊的问题? 一个类似的问题? 你能解问题的一部分吗? △　你用了全部条件吗?
第三步,实行你的计划	实行计划 △　实行你的解决计划,校核每一个步骤。
第四步,校核所得的解答	回顾 △　你能校核结果吗? 你能校核论证吗? △　你能用不同的方法得出结果吗? △　你能应用这结果或方法到别的问题上去吗?

　　波利亚的"怎样解题"表的精髓是启发你去联想。联想什么? 怎样联想? 可以通过一连串建议性或启发性问题来加以回答。"你以前见过它吗? 你是否见过相同的问题而形式稍有不同? 你是否知道与此有关的问题? 你是否知道一个可能用得上的定理? 看着未知数! 试想出一个具有相同或相似的未知数的熟悉的问题。这里有一个与你现在的问题有联系且早已解决的问题,你能不能利用它? 你能利用它的结果吗? 你能利用它的方法吗? 为了能利用它,你是否应该引入某些辅助元素? 你能不能重新叙述这个问题? 你能不能用不同的方式重新叙述它? ……"

　　波利亚说,他在写这些东西时,脑子里重现了他过去在研究数学时解决问题的过程,实际上这是他研究解决问题时的思维过程的总结。这正是数学家在研究数学教育,特别是研究解题教学时的优势所在,绝非"纸上谈兵"。仔细想一想,我们在解题时,为了找到解法,实际上也思考过表中的某些问题,只不过不自觉、没有意识到罢了。

　　从"怎样解题"表中,我们可以看出,其中的问句与提示是用来促发念头的。

"有某种念头来开始着手工作,这是很大的优点";"如果你有一个念头,你就够幸运的了";"如果你走运的话,你或许能找到另一个念头";在这个过程中,至少你会增进对问题的认识与理解;"或者在明显失败的尝试和一度犹豫不决之后,突然闪出一个'好念头'"。真正糟糕的是,"我们根本就没有念头",因为"想不起什么念头,我们只有对问题感到疲倦的危险"。这时,"任何一个可能指明问题新方面的问题,都值得欢迎,因为它可以引起我们的兴趣,可以使我们继续工作,继续思索"。

下面是实践波利亚解题表的一个示例,借以展示波利亚解题风格的心路历程。

例　给定正四棱台的高 h,上底的边长为 a 和下底的边长为 b,求正四棱台的体积 F。(学生已学过棱柱、棱锥的体积。)

讲解　第一,了解问题。

问题 1:你要求解的是什么?

要求解的是几何体的体积,在思维中的位置用一个单点 F 象征性地表示出来(图 3-1)。

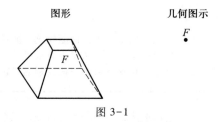

图 3-1

问题 2:你有些什么?

一方面是题目条件中给出的三个已知量 a,b,h;另一方面是已学过棱柱、棱锥的体积公式,并积累有求体积公式的初步经验。把已知的三个量添到图示处(图 3-2),就得到新添的三个点 a,b,h;它们与 F 之间有一条鸿沟,象征问题尚未解决,我们的任务就是将未知量与已知量联系起来。

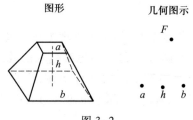

图 3-2

第二,拟订计划。

问题 3：怎样才能求得 F？

由于我们已经知道棱柱、棱锥的体积公式，而棱台的几何结构（棱台的定义）告诉我们，棱台是"用一个平行于底面的平面去截棱锥"，从一个大棱锥中截去一个小棱锥所生成的。如果知道了相应两棱锥的体积 B 和 A，我们就能求出棱台的体积

$$F = B - A。\qquad ①$$

我们在图示上引进两个新的点 A 和 B，用斜线把它们与 F 联结起来，以此表示这三个量之间的联系（图 3-3，即①式的几何图示）。这就把求 F 转化为求 A, B。

图形　　　　　　　几何图示

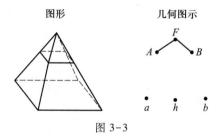

图 3-3

问题 4：怎样才能求得 A 与 B？

依据棱锥的体积公式 $\left(V = \dfrac{1}{3}SH\right)$，底面积可由已知条件直接求得，关键是如何求出两个棱锥的高。并且，一旦求出小棱锥的高 x，大棱锥的高也就求出，为 $x+h$。

我们在图示上引进一个新的点 x，用斜线把 A 与 x, a 联结起来，表示 A 能由 a, x 得出，$A = \dfrac{1}{3}a^2x$；类似地，用斜线把 B 与 b, h, x 联结起来，表示 B 可由 b, h, x 得出，$B = \dfrac{1}{3}b^2(x+h)$（图 3-4），这就把求 A, B 转化为求 x。

图形　　　　　　　几何图示

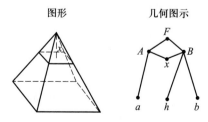

图 3-4

问题 5：怎样才能求得 x？

为了使未知数 x 与已知数 a,b,h 联系起来,建立起一个等量关系,我们回忆处理立体几何问题的基本经验,进行"平面化"的思考。用一个通过高线以及底面一边上中点(图3-5中,点 Q)的平面去截两个棱锥,在这个截面上有两个相似三角形能把 a,b,h,x 联系起来(转化为平面几何问题),由 $\triangle VPO_1 \backsim \triangle VQO_2$ 得

$$\frac{x}{x+h}=\frac{a}{b}。 \qquad ②$$

这就将一个几何问题最终转化为代数方程的求解,解方程②便可由 a,b,h 表示 x,在图示中便可用斜线将 x 与 a,b,h 联结起来。至此,我们已在 F 与已知数 a,b,h 之间建立起了一个不中断的联络网,解题思路全部沟通。

图形　　　　　　　　　　几何图示

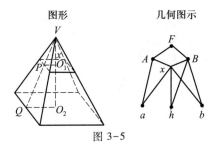

图 3-5

第三,实行计划。

作辅助线(过程略)如图3-5所示,由相似三角形的性质,得

$$\frac{x}{x+h}=\frac{a}{b},$$

解得

$$x=\frac{ah}{b-a}。$$

进而得两锥体的体积为

$$A=\frac{1}{3}a^2x=\frac{a^3h}{3(b-a)},$$

$$B=\frac{1}{3}b^2(x+h)=\frac{b^3h}{3(b-a)},$$

得棱台体积为

$$F=B-A=\frac{(b^3-a^3)h}{3(b-a)}=\frac{a^2+ab+b^2}{3}h。 \qquad ③$$

第四,回顾。

(1)正面检验每一步,推理是有效的,演算是准确的。再作特殊性检验,令

$a\to0$，由③式可得正四棱锥体的体积公式；令 $a\to b$，由③式可得正四棱柱体的体积公式。这既反映了新知识与原有知识的相容性，又显示出棱台体积公式的一般性；既沟通了三类几何体极限状态间的知识联系，又可增进三个体积公式之间联系的记忆。

（2）回顾这个解题过程可以看到，解题首先要弄清题意，从中捕捉有用的信息（如图 3-2 所示，有棱台，a,b,h,F 共 5 条信息），同时又要及时提取记忆网络中的有关信息（如回想：棱台的定义、棱锥的体积公式、相似三角形的性质定理、反映几何结构的运算、调动求解立体几何问题的经验积累 5 条信息），并相应将两组信息资源作合乎逻辑的有效组合。这当中，起调控作用的关键是如何构思出一个成功的计划（包括解题策略）。由这一案例，每一个解题者可以根据自己的知识经验各自进一步领悟关于如何制订计划的普遍建议或模式。

（3）在解题方法上，这个案例是分析法的一次成功应用，从结论出发由后往前找成立的充分条件。为了求 F，我们只需求 A,B（由棱台体积到棱锥体积的转化——由未知到已知，化归）；为了求 A,B，我们只需求 x（由体积计算到线段计算的转化——由复杂到简单，降维）；为了求 x，我们只需建立关于 x 的方程（由几何到代数的转化——数形结合）；最后，解方程求 x，解题的思路就畅通了。在当初各自孤立而空旷的画面上（图 3-1），形成了一个联结未知与已知间的不中断网络（图 3-5）。书写只不过是循相反次序将网络图作一叙述。这个过程显示了分析与综合的关系，"分析自然先行，综合后继；分析是创造，综合是执行；分析是制订一个计划，综合是执行这个计划"。

（4）在思维策略上，这个案例是"三层次解决"的一次成功应用。首先是一般性解决（策略水平上的解决），把 F 转化为 A,B 的求解（$F=B-A$），就明确了解题的总体方向；其次是功能性解决（方法水平上的解决），发挥组合与分解、相似形、解方程等方法的解题功能；最后是特殊性解决（技能水平上的解决），比如按照棱台的几何结构作图、添辅助线找出相似三角形、求出方程的解、具体演算体积公式等，是对推理步骤和运算细节作实际完成。

（5）在心理机制上，这个案例呈现出"激活—扩散"的基本过程。首先在正四棱台（条件）求体积（结论）的启发下，激活了记忆网络中棱台的几何结构和棱锥的体积公式。然后，沿着体积计算的接线向外扩散，依次激活截面知识、相似三角形知识、解方程知识（参见图 3-1～图 3-5）……直到条件与结论之间的网络沟通。这种"激活—扩散"的观点，正是数学证明思维中心理过程的一种解释。

（6）在立体几何学科方法上，这是"组合与分解"的一次成功应用。首先把棱台补充（组合）为棱锥，然后再把棱锥截成（分解）棱台并作出截面，这种做法在求棱锥体积时曾经用过(先组合成一个棱柱、再分解为三个棱锥),它又一次向我们展示"能割善补"是解决立体几何问题的一个诀窍,而"平面化"的思考则是沟通立体几何与平面几何的一座重要桥梁。这些都可以用于求解其他立体几何问题,并且作为一般化的思想(化归、降维)还可以用于其他学科。

(7)"你能否用别的方法导出这个结果?"在信念上,我们应该永远而坚定地作出肯定的回答,操作上未实现只是能力问题或暂时现象。对于本例,按照化棱台为棱锥的同样想法,可以有下面的解法。

如图 3-6 所示,正四棱台 $ABCD\text{-}A_1B_1C_1D_1$ 中,联结 DA_1,DB_1,DC_1,DB,将其分成三个四棱锥 $D\text{-}A_1B_1C_1D_1$,$D\text{-}AA_1B_1B$,$D\text{-}BB_1C_1C$,其中

$$V_{D\text{-}A_1B_1C_1D_1} = \frac{1}{3}b^2h,$$

$$V_{D\text{-}AA_1B_1B} = V_{D\text{-}BB_1C_1C}(\text{等底等高})。$$

为了求 $V_{D\text{-}AA_1B_1B}$,我们联结 AB_1,将其分为两个三棱锥 $D\text{-}ABB_1$ 与 $D\text{-}AA_1B_1$(图 3-7),因

$$S_{\triangle AA_1B_1} = \frac{b}{a}S_{\triangle ABB_1},$$

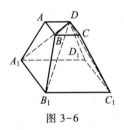

图 3-6

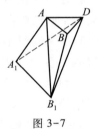

图 3-7

故

$$V_{D\text{-}AA_1B_1} = \frac{b}{a}V_{D\text{-}ABB_1},$$

但

$$V_{D\text{-}ABB_1} = V_{B_1\text{-}ABD} = \frac{1}{3} \cdot \frac{1}{2}a^2h = \frac{a^2}{6}h,$$

故

$$V_{D\text{-}AA_1B_1B} = V_{D\text{-}ABB_1} + V_{D\text{-}AA_1B_1}$$

$$= \frac{a^2}{6}h + \frac{b}{a} \cdot \frac{a^2}{6}h$$

$$= \frac{a^2 + ab}{6} h,$$

从而

$$V_{ABCD-A_1B_1C_1D} = V_{D-AA_1B_1B} + V_{D-BB_1C_1C} + V_{D-A_1B_1C_1D_1}$$

$$= \frac{a^2+ab}{6}h + \frac{a^2+ab}{6}h + \frac{b^2}{3}h$$

$$= \frac{a^2+ab+b^2}{3}h。$$

（8）"你能不能把这一结果或方法用于其他问题?"能,至少我们可以由正四棱台体积公式一般化为棱台体积公式(方法是一样的)。注意到

$$a^2 = S_1, \quad b^2 = S_2, \quad ab = \sqrt{S_1 S_2},$$

可得出一般棱台的体积公式为

$$V_台 = \frac{1}{3}(S_1 + \sqrt{S_1 S_2} + S_2)h。$$

"怎样解题"表就"怎样解题""教师应教学生做些什么"等问题,把"解题中典型有用的智力活动",按照正常人解决问题时思维的自然过程分成四个阶段:了解问题、拟订计划、实行计划、回顾,从而描绘出解题理论的一个总体轮廓,也组成了一个完整的解题教学系统。既体现常识性,又体现由常识上升为理论(普遍性)的自觉努力。

这四个阶段中"实行计划"虽为主体工作,但较为容易,是思路打通之后具体实施信息资源的逻辑配置,"我们所需要的只是耐心";"了解问题"是认识并对问题进行表征的过程,是成功解决问题的一个必要前提;与前两者相比,"回顾"是最容易被忽视的阶段,波利亚将其作为解题的必要环节而固定下来,是一个有远见的做法,在整个解题表中"拟订计划"是关键环节和核心内容。

"拟订计划"的过程是探索解题思路的过程,波利亚建议分两步走:第一,努力在已知与未知之间找出直接的联系(模式识别等);第二,如果找不出直接的联系,就对原来的问题作出某些必要的变更或修改,引进辅助问题。为此,波利亚又进一步建议:看着未知数,回到定义去,重新表述问题,考虑相关问题,分解或重新组合,特殊化、一般化、类比等,积极激发思维,努力变化问题。这实际上是阐述和应用解题策略,并进行资源的提取与分配,基础是"过去的经验和已有的知识"(也是一种解题力量)。

于是,这个系统就集解题程序、解题基础、解题策略、解题方法等于一身,融理论与实践于一体。

第三节　建构主义的数学教育理论

建构主义（constructivism）的教育理论，从哲学上看，是一种认识论。它是认知心理学的新发展，在教育学领域中具有方法论上的意义。

建构主义是一种关于人如何学习的理论，其中的三个最重要的认识论信念是：

- 知识不是通过感官或交流被动获得的，而是通过认识主体的反省抽象①来主动建构的。

- 学习者是带着个人的经验和已有的知识进入新的学习情景的，这些经验和知识在新的学习中具有重要的作用。

- 学习是一个自我适应（同化与顺应）的过程。儿童在与周围环境相互作用的过程中，逐步建构起关于外部世界的知识，从而使自身认知结构得到发展。

基于上述三个信念，演变出了许多不同的建构主义理论，如以皮亚杰和凯里（Kelly）为代表的个体建构主义；以冯·格拉斯菲尔德为代表的激进建构主义；以索鲁门（Joan Soloman）为代表的社会建构论；以杰根（K. J. Gergen）为代表的社会建构主义；以泰勒（P. C. Taylor）为代表的批评建构主义和以科本（W. W. Cobem）为代表的情境建构主义。

建构主义在数学教育中的应用起始于 20 世纪的 80 年代末，哥登把它归结为六条教学原则：（1）数学是一种人类创造或建构的产物，而不是一种客观的真理；（2）数学的意义是学习者自我建构的，而不是教师传授的；（3）数学学习的有效途径是通过有指导的发现、有意义的应用和问题解决；（4）数学学习需要深层次的评价，而不是简单的技能测验；（5）课堂教学中最重要的是创设有效的学习环境；（6）教师教育的目标是让教师理解数学知识的建构特征。美国数学教师协会在 1989 年出版的《中小学数学课程与评价标准》被看作是建构主义的产物。

以下简要阐述建构主义理论涉及数学教育的一些论述。

一、什么是数学知识

建构主义学说认为，数学知识并非绝对真理，即不是现实世界的纯粹客观的反映。数学只不过是人们对客观世界的一种解释、假设或假说，并将随着人们认

---

① 所谓反省抽象是人们对客体操作的内化过程，而不仅是对客体的一系列观察过程。

识程度的深入而不断地变革、升华和改写,直至出现新的解释和假设。

举例来说,欧氏几何学中的点没有大小,边没有宽度。但是,黑板上画的三角形,线条却有宽度,也不笔直,都不是抽象的几何意义上的三角形。每个人头脑中的三角形的大小、形状是不一样的。各人有各人对三角形的不同解释,但是彼此能够理解。这种几何学的三角形,只存在于人的头脑之中,是人的头脑主动建构的结果。

学习某些数学内容,很像学习下象棋。那些走棋的规则、输赢的判定,都不是来源于现实,而是人们之间的一种约定。作为一种约定的数学,也只能靠主观建构。这就是说,人脑不是"照相机",数学知识经过了人脑的加工,在很大程度上是人的思维的产物。马克思主义认识论一向主张"能动的反映论",反对"机械反映论"。但是,一部分建构主义学者认为,数学知识依个人的主观认识而定,任何知识在为个体接受之前,对个体来说是没有什么意义的,也无权威可言。人的认识是否符合客观现实,是不能检验的,也不必要检验。这就会导向"不可知论"。实际上,经过人们反复实践的检验,现实世界是可以认识的,科学真理(包括数学真理)确实是现实世界的反映。人的能动性反映在于对客观真理的发现、整理、抽象、组织和系统化。如果听信某些极端建构主义学者的观点,就会走向主观唯心主义,需要注意分辨。

二、什么是数学理解

既然建构主义学说认为"数学知识不可能以实体的形式存在于个体之外",那么真正的理解只能是由学习者自身基于自己的经验背景而建构起来。理解,取决于个人特定情况下的学习活动过程,否则就是死记硬背或生吞活剥,是被动的复制式的学习。按照建构主义的观点,数学课本上的知识,只是一种关于某种现象的较为可靠的解释或假设,并不是解释现实世界的"绝对参照"。

建构主义在这里强调"学生是学习的主体"。学生的理解只能由学生自己去进行,而且要通过对新知识进行分析、检验和批判才能真正做到理解,这无疑是正确的。例如,三角形内角和为180°,可以量一量就相信了。但是,要真正理解它,则必须批判用"量"的论证方法是不严密的,通过平行公理推论之后,才是可靠的数学结论,批判之后才会有真正的"理解"。因而,现在教科书中,用量一量的办法来说明三角形内角和定理的正确性,只不过是一种"解释"而已,不是绝对参照。

建构主义的有些观点,我们需要进行分析。例如,一些学者认为,任何知识在为个体接受之前,对个体来说没有什么意义,也无权威可言。所以,教学不能把知识作为预先决定了的东西教给学生,不要以我们对知识的理解方式来作为让学生接受的理由,用社会性的权威去压服学生。依照这种观点,完全排除了人类积累的知识的权威性,否定"接受性"学习,否定教科书的重要性,否定教师的主导作用,那就会走向主观唯心的误区。

三、儿童如何学习数学

建构主义者认为,学习有两种方式:一种是复制式(transcriptive),另一种是建构式(constructive)。

建构主义教育理论批评以前的数学教学,只是通过教师讲授、学生练习,最后用测试手段检查学生是否掌握就完了。这种教学法假定学生能在自己头脑中建立教师观念的完整的复制品。然而,事实是,儿童常常出现系统错误和误解,其原因在于他们不能建构地理解数学,因而执行了不正确的演算过程。

建构主义学者还通过大量案例分析发现:儿童入学前就发展了许多非形式数学知识,这些知识对儿童来说很有意义,也很有趣味;非形式数学常常是主动建构而不是被动接受的。儿童入学后才学习用符号写成的形式数学。然而,研究表明,"儿童常常不按照教师的方式去做数学"。也就是说,儿童不只是模仿和接受成人的策略和思维模式,他们要用自己经验中已有的数学知识去过滤和解释新信息,以致同化它。如果儿童看不出教师所呈现的信息和他们已有的数学知识之间的联系,那么,教师的讲授如对牛弹琴。

比如,美国有一个学生,认为"6是奇数",理由是"6可以写成2×3,而3是奇数,所以6是奇数"。这就是说,这位学生有他自己关于"奇数"的定义,他根据自己学习数学的经验,用自己的方式理解数学。这表明,我们只是按照教师自己理解的方式,强迫学生接受是不可取的。

建构主义的这些观点,当然有一定的道理。数学教学应该符合学生的年龄特征、知识基础以及个性特点,不能不顾教学对象盲目施教。但是,大多数学生的数学基础、思维习惯、认知规律还是相仿的,有共同的一般规律,这是学校教学的主要依据。个别教育可以做一些,但要和班级的集体教学互相配合与补充,完全否定集体教学也是不对的。

四、教师如何开展课堂教学

目前大多数学校里的教学程序是:复习(介绍性地)、讲解新课、课堂练习(个别)。这种教学法受到建构主义者的批评。他们认为,传统教学方式不仅不能向学生提供使用高认知水平技能的场所,而且容易使学生产生误解。

建构主义强调,儿童并不是空着脑袋进入学习情境中的。儿童和成人(专家)对同一数学观念的理解有很大差别,基于不同体验和材料,观念具有不同的形式。但是，人们的主观建构是不可知的。教师无法确切地知道学生的建构是怎么样的。我们能够做的是相互交流，尽可能找到一部分的共同点。正如前面提到的下象棋一样，数学规则的掌握，也是依靠交流，彼此遵守一些约定，能够寻求某些共识。具体做法包括：(1)通过使用的语言、选择的参照、选取的例子来评估他们结构之间的一致性；(2)通过考虑那些内在一致的结构之间的表面水平来评估另一个人的建构能力。不管他们表面形式多么不同，教师必须尽可能考虑学生的建构，以便提供有效的合理的指导。

这样一来，数学教师就不能无视学习者的已有知识经验，简单地从外部对学习者进行"填灌"，而应把学习者原有的知识经验作为新知识的生长点，引导学习者从原有的知识经验中，生长新的知识经验。在建构主义的课堂上，教师不应仅仅作为知识的呈现者，也不是知识权威的象征，而应该重视学生自己对各种现象的理解，倾听他们的看法，思考他们这些想法的由来，并以此为据引导学生丰富或调整自己的解释。总之，教学不是教师简单地告诉学生就可以奏效和完成的。

与传统教学的三个假设相对应的，建构主义指导下的课堂教学基于如下三个基本假设：

教师必须建立学生理解的数学模式，教师应该建立反映每个同学建构状况的"卷宗"，以便判定每个学生建构能力的强弱；

教学是师生、生生之间的互动；

学生自己决定建构是否合理。

根据上述教学目的和假设，一个数学教师在建构主义的课堂上要做以下六件事：

- 加强学生的自我管理和激励他们为自己的学习负责；
- 发展学生的反省思维；
- 建立学生建构数学的"卷宗"；
- 观察且参与学生尝试、辨认与选择解题途径的活动；
- 反思与回顾解题途径；
- 明确活动、学习材料的目的。

这些都说明，教师要关注学生的思想以及他们对自己研究的问题建构的数学意义，鼓励学生提出多种解题的方式，寻求对别人解法的理解，承担发现和改正错误的责任。为了适应建构主义指导下的数学教学，教师必须理解学生的数学现实、理解人类思考数学的现实、理解教学现实。

这样的教学方式，完全是个性化的教学，符合自主探索、创新的学习诉求。但是，这样的教学如果取消了班级授课和共同练习，不再进行集体检测和评价，教学效率就会降低。因此,实际上是否可行,值得怀疑。

五、谨慎地吸收建构主义的合理成分

我们要再次提出,建构主义确实对人的认识过程,包括学生的学习过程进行了认识论的分析,具有一定的科学价值。但是,正如我们前面所提到的那样,建构主义在哲学上具有主观唯心主义的成分,在如何将建构主义运用到数学教学时,更有一些过分极端的提法。例如,在美国的《数学论坛》网站上对"什么是建构主义"的回答是:

"学生需要对每一个数学概念构造自己的理解,使得'教'的作用不再是演讲、解释,或者企图去'传送'知识,而是为促使学生进行心智建构创设学习环境和条件。这种教学方法的关键,是将每一个数学概念按皮亚杰的知识理论分解成许多发展性的步骤,这些步骤的确定要基于对学生的观察和谈话。"

按照这样的定义,教师不要演讲了,也不能传送知识了,教师只要创设环境让学生去建构就行了。于是,教师在课堂上的"主导作用""示范作用"不再提了,教师只能是旁观的"组织者、合作者、引导者",这样的提法是有害的。

事实上,我们同样主张"学生是学习的主体",拒绝"学生头脑是一只空桶,可以往里面注入知识"的说法。俗话说"师傅领进门,修行在个人",也是这个意思。但是,教师有传承前人经验的任务,教师在课堂上赋有"传授"知识的任务,也具有主导课堂教学的责任。所需要的是,教学应当运用启发式,符合学生主体认识的规律。

此外,建构主义毕竟只是一种认识论,教学过程不能等同于认识论。认识论研究只关注如何认识事物,却不管认识的速度和效率,而教学则是有目的、有计划、按照"课程标准"目标实行的班级集体认识活动。数学课程的目标,是要把几千年来人类积累的数学知识的基础部分,在短短的十来年中让学生学习并能理解和掌握,这需要很高的教学效率。但是,建构主义教学任凭学生的兴趣,自由摸索,却根本不谈认识效率。没有效率的教学是走不远的。

总之,对于建构主义学说,我们应当吸取其中的精华,拒绝一些"极端的""唯心的"成分,才能真正有助于我国的教育改革。

第四节　数学教育的中国道路

清末民初,我国从西方引进基础教育的数学课程体系。一百多年来,兼收并蓄、博采众长,逐渐形成了一条具有中国特色的数学教育道路。进入 21 世纪,中

国数学教育已经成为世界同行关注的一个焦点。中国数学教育正在大步走向世界。这一节,我们将探讨数学教育的中国道路的形成,研究其基本理念,总结我国数学课堂教学有别于西方的主要特征。

一、中国数学教育道路的基本内涵

辛亥革命以后,我们先学日本,辗转引进赫尔巴特的教育学说。继之学习欧美,包括美国杜威的进步主义教育。1949 年新中国成立之后,又曾全面学习苏联(一个数学超级大国)的经验。实行改革开放政策之后,也是全方位地引进欧美数学教育理念。可以说,世界上没有哪一个国家,像中国这样,既具有悠久的数学教育文化积淀,又能全方位地从包括苏联和美国在内的国外数学教育吸取营养。

世界认识中国数学教育,是从中学生参加国际数学奥林匹克竞赛开始的。从 1989 年开始,中国在多数年份获得这一项竞赛的总分第一,为世界瞩目。至于中国数学教育大面积的状况,则以 1989 年的国际教育测试 IAEP(International Assessment of Education Progress)为肇始。在那次周密组织的抽样测试中,中国大陆 13 岁学生的数学成绩以 80 分的正确率位居第一,领先于第二位的韩国和中国台湾(73 分)。中国上海参加国际 PISA 测试,2009 年和 2012 年数学成绩连续居于第一位;中国北京、上海、江苏、浙江组队参加 2018 年国际 PISA 测试,数学成绩再夺第一。

这一现象,很自然地引起国外教育界对中国数学教育的关注。1996 年,曾在香港任教的澳大利亚著名学者维金斯和别格斯合著的《中国学习者》(The Chinese Learner),提出了一个问题:"为什么中国学习者能够取得优良的学习成绩,但是他们的教学过程却看起来非常陈旧?"这就是所谓的"中国学习者悖论"。西方学者无法理解,为什么教育经费投入严重不足的中国,却能够取得优良的国际测试成绩?为什么中国数学教育方式看起来属于死记硬背一类,中小学生却能够在数学理解上超过他们的国外同辈?西方发达国家建立了许多数学教育理论,固然能够揭示一些数学认知的普适规律,但却无法解释中国数学教育所取得的成就,因而称之为"悖论"。

实际上,中国数学教育能够有成功的一面,并不是不能解释的"悖论"。只是由于没有系统地研究中国数学教育的特殊道路,因而无法加以解释而已。

这里,我们不妨回忆一位老教育家的真知灼见。华东师范大学刘佛年教授这样说过:

我从旧中国的教育看到新中国的教育,经历过几十年来的风风雨雨。教育无非是两种。一种是讲授式,教师以高水平、启发式的讲解,让学生容易接受。

代表人物是赫尔巴特、夸美纽斯和苏联的凯洛夫。另一种是活动式,创设情境,让学生在活动中探索,主动地获得知识。代表人物是杜威。两者各有长短。那么我们中国应该采取什么态度呢?那就是兼容并包,不能走极端。

这就是说,兼容并包,把国际上的各种优秀教育理念,综合地进行理论分析和实践检验,中国数学教育已经走出了一条具有东方智慧的道路。

那么,现代中国数学教育如何定位?数学教育的"中国道路"应该怎样表述?我们不妨做如下的概括:

中国数学教育,以人的全面发展理论为指导,继承了中国几千年来的优秀教育传统,采取了兼容并包、博采众长、扎根本土、勇于实践的态度,进行了百年实践。

中国数学教育特色的核心是:"在良好的数学基础上谋求学生的数学发展。"这里的"数学基础"主要是指数学基础知识、基本技能以及三大数学能力(数学运算能力、空间想象能力、逻辑思维能力);数学发展是指:注重基本数学活动经验的积累,提高学生用基本数学思想方法分析问题和解决问题能力,促进学生在德、智、体等各方面的全面发展。这一内涵,现在简称为"四基"数学教育。

中国数学教育避免走极端。主张教师主导作用与学生主体性的辩证统一,打好基础与创新发展的有效平衡,接受性学习和探究性学习的适度对接,数学思维中理解与熟练的交互影响,数学学科知识与教学知识的有机结合。

与此相应的教学方式突出"数学内容本质的理解",其主要特征包括:数学新知的导入教学、数学尝试教学、教师主导下的师班互动教学、数学变式教学、数学思想方法教学等。

我们将在下面进一步论述数学教育的中国道路的理念和特征。

二、中国数学教育道路的文化背景

中国的数学教育,重视基本知识和基本技能的教学,并坚持在此基础上谋求学生的全面发展。形成这样的理念绝非偶然,这是几千年来中华文明发展的必然结果。

首先是农耕文化的影响。中国历史上,从天子亲耕,皇后亲蚕,到循吏劝农,无非就是要调动农民的生产积极性,使农民勤于生产。中国农民在田地里的辛勤劳动美德,为中国读书人提供了"勤奋"的榜样。勤劳的美德移到教育上来,就是强调"苦读"。精耕细作的勤奋,反映在数学教育上,就会倡导熟能生巧,要求背诵"九九表",熟悉算法,注重解题。

其次是儒家文化中的演绎思考的影响。儒家学说在整体上作为演绎体系呈现。这就是说,儒家经典相当于公理;大学问家的注释,相当于由公理出发进行的推理;读书人写八股文章,只是将公理和推理拼接起来的一个作业。因此,在学术逻辑架构上,数学和儒家并不发生抵触。事实上,清朝统治者从来没有害怕过西方数学,更没有反对过西方数学。

第三是考试文化对数学教学具有正面和负面的作用。正面作用是:激励机制,明确方向;重视基础,鼓励书面表达,完美准确地给出答案。负面作用在于功利主义倾向,如"书中自有黄金屋""学而优则仕"等。

第四是考据文化对数学教育的影响。清代中叶以戴震、阮元等为代表的考据学派,注重证据的考证研究方法,与数学的逻辑严谨性十分接近。考据学派中的相当一部分人都是数学家,并非偶然。

最后则是中华教育文化的影响。其中既有"教学相长""温故知新""举一反三""诲人不倦""传道、授业、解惑"等经典传统的影响,也包括"熟能生巧""台上一分钟、台下十年功""师父领进门,修行在个人"等民间俗谚的影响。

以上这些文化背景,已经深入到中国广大数学教育工作者的血液之中,成为支配自己教育行为的一项指针。

三、中国数学教育道路的历史形成

中国的现代数学教育和整个教育的前进步伐一样,一方面以实事求是和兼容并包的方式,吸取国际上的优秀经验;另一方面又按照固有教育文化传统的浸润,进行本土化的改造。这一进程共分四个阶段:

第一阶段(1911—1949),引进国外各种不同的教育学说,以及20世纪初国际数学教育改革的进展信息,初建中国数学教育。

第二阶段(1949—1966),在学习苏联的环境下,经过1958年教育革命的曲折,总结自己的实践经验,初步形成了中国数学教育的特色。

第三阶段(1966—2000),对"文化大革命"十年的拨乱反正,引进欧美教育理论,提出素质教育。中国数学教育坚持"双基数学教学",开创数学思想方法的教学。

第四阶段(2000—)新世纪的课程改革自上而下地提出"自主、探究、合作"的教学模式,通过不断地实践、辩论、调整,《义务教育数学课程标准(2011年版)》获得了适度的平衡,倡导"四基"数学教学。

中国的数学教育一直处在改革的漩涡之中。确实,要前进就必须改革。但是,教育改革不能折腾。这方面我们既有正面的经验,也有反面的教训。以下让我们聚焦于几个重要的数学教育事件。

1. 关于杜威教育学说对数学教育的影响

约翰·杜威(John Dewey,1859—1952)是美国实用主义教育运动的代表。

1919 年,杜威来华访问,足迹遍及 14 个省市。"五四"前后,杜威的实用主义教育思想是当时最重要的教育思潮。影响之大,超乎寻常。

杜威的学生、美国教育家克伯屈(W.H.Kilpatrick)提出"设计教学法",帕克赫斯特(H.H.Parkhurst)倡导"道尔顿制"、华虚朋(C.W.Washburne)则有"文纳特卡制"等具体的教学模式。帕克赫斯特、克伯屈、华虚朋还先后于 1925 年 7 月、1927 年 3 月和 1931 年 2 月访问中国,宣传他们的教育理论和方法。杜威的一些学生先后在北京、南京、上海、苏州等地开办了一些实验学校。

但是,中国教育家对杜威教育思想和教学实验进行了筛选,抵制了其中的一些错误做法。我国近现代著名教育家廖世承,将东南大学附属中学的道尔顿制实验班与普通班进行了对比研究,写成《东大附中道尔顿制实验报告》一书。结论是:

优点方面,道尔顿制较能适应学生个性;教员可以因此经常与学生接触;劣等学生可多得指导的机会;大多数学生因之而增加自学的能力。缺点是费时;不经济;练习簿先后交免不了抄袭;懒惰者不易督促。困难在于因学生学程前后参差不齐,有时牵动太多,不免增加教师与办事人员的困难;教师特别费力、费时。……道尔顿制的特色"在自由与合作",但根据我国具体条件很难实行,"班级教学虽然有缺点,但也有它的特色"。

这一报告,显示了杜威的实用主义教育理论在教学层面并不成功。1926 年以后,中国的道尔顿制实验热潮急速衰退,名噪一时的道尔顿制实验从此偃旗息鼓。

杜威的实用主义教育,只认可满足日常生活需要的"消费数学",全盘排斥充满理性精神的古希腊数学,甚至根本否认中小学课程包含"几何学""代数学"的必要性。

克伯屈原是一位数学教师,后来投入杜威门下。他在 20 世纪 20 年代曾有两段十分惊人的话:"就日常生活中的思维类型而言,数学害大于利。现有中学的代数学和几何学的学习不应继续下去。""我们过去教的代数和几何,不是太少,而是太多了"。克伯屈在中国演讲中甚至明确地说:"有许多科目,例如代数、几何、论理学学科,若不是为了升学起见,完全无用。宜选用适合中国国情的课程。"这种排斥几何学的观点,受到中国数学教育界的抵制。

傅种孙先生(1898—1962)是民国时期中国数学教育的领袖人物。20 世纪 20 年代初,傅种孙曾在北京师范大学附属中学兼课。钱学森回忆说:"听傅(种孙)老师讲几何课,使我第一次懂得了什么是严谨科学"。

美国实用主义教育对数学教育的歧视,也受到我国著名数学家陈建功的批评与调侃:

哥伦比亚大学教育学教授司内屯竟这样说:"'消费者的数学'——算术的一部分——自然人人所必需不可以省略,但是中学校的代数和几何,未必人人所必需,不必作为正科,应改为随意科(选修课)。至于数学的陶冶价值,几乎无穷小"……我们于此可以断言:美国数学教育的特色,是在培养"小市民性"。美国的数学教科书,是富于小市民的实用性和学习心理的色彩。

仔细寻味可知,这些把数学仅仅用于消费性商业、为小市民服务的错误主张,正是杜威的实用主义教育观念所派生出来的。所幸的是,我国虽然曾经大规模推行杜威的实用主义教育,却没有完全跟着走。数学教育课程没有沦落为"小市民性"的消费数学。

2. 关于学习苏联数学教育的得与失

20 世纪 50 年代初,全面向苏联学习是国策之一,数学教育自不例外。初期的学习不免带有盲目的教条主义地照搬的缺陷。例如,苏联的中小学学制是 10 年,而我们的学制则是 12 年。1948 年东北人民政府教育部编译的苏联中小学数学教科书,除个别文字改动之外,将 10 年的内容全盘翻译过来作为我国 12 年的教学内容,这显然是不正确的。

但是,苏联的数学教材,秉承赫尔巴特学派的教育理念,追随培利改革运动,实践克莱因的先进数学教育主张。较之我国此前选用的来自英美的中学数学教材,显得更加系统、严谨、精练。这里我们仅以译自美国的《范氏大代数》和苏联教材做一比较,就会感觉到彼此的重大差异。

1951 年《范氏大代数》还在高中使用。高中的内容是:

基本演算,一元一次方程。联立一次方程系。除法变形。有理整式之因式。最高公因式和最低公倍式。有理分式。对称函数。二项式定理。开方。无理数、根式与分指数。二次方程式,二次方程之讨论,极大与极小。用二次方程可解之方程。联立方程能以二次方程解之者。不等式。不定一次方程式。比及比例。变数法。等差级数,等比级数,调和级数。递差法,高阶等差级数,插入法(删),对数。排列及组合。多项式定理。可能率。算学归纳法。方程论。

这里,函数称为"变数法"仅占很小比例,而且只是一种方法而已,没有放在中心地位。整体上还是反映了"以方程为纲"的思想。相比之下,苏联数学教材在初中就引入"函数"概念,介绍函数的三种表示,具体研究正比例函数和反比例函数。高中则加强函数教学,突出指数函数、对数函数、三角函数的教学,这些现在看来很自然的处理,在 20 世纪 50 年代却是一个根本的转变,一次数学思想上的革新。

总的来说,学习苏联数学教育使得我国的数学教育跟上了国际数学教育的前进步伐,培育了严谨、理性的学术风格;数学教学十分注意基础知识和基本技能的教学,强调逻辑思维、加强直观教学、重视联系实际。这些教学经验为以后数学"双基"教学的形成奠定了基础。

至于开始时全盘照搬苏联的教育体制和课程教材的做法,我们自己很快就纠正了。例如,苏联凯洛夫《教育学》(1948)的主张,我们开始时是全盘接受的。但是,不过十年光景,到了1958年开展教育革命,就开始批判凯洛夫的《教育学》了。当时提出的口号是"教育为无产阶级政治服务,与生产劳动相结合"。既然是"革命",就要全盘否定此前的教育体系。于是,提出打倒"欧家店"(欧几里得);开门办学把学校办到工厂、农村,以劳动代替学习。"破除师道尊严",鼓励由学生编教材。否定知识系统性,主张从生产实际和生活实际中进行教学。这时的数学教育,出现了"公社数学""车间数学"等名目。学生在生产劳动中学习数学,几何证明等理性思维内容全部废弃,甚至提倡学生编教材。这些做法,已经和苏联的凯洛夫的主张决裂。在某种程度上,倒是和以学生为中心、教育即社会的杜威教育主张有所契合。

"文化大革命"十年动乱,是又一次更大的折腾,内容依然是批判"教师中心""书本中心""课堂中心",实际上倡导的是"学生中心""活动中心""生产中心"。算术变成算账,几何变成画线,代数改为配置农药等。1979年开始拨乱反正,回到动乱之前。1963年的大纲再次成为数学教学的指导性文件。总之,新中国成立前30年,是在"折腾"中吸收苏联数学教育之长,又摒弃其缺点,兼收并蓄实行本土化的过程。"文化大革命"以后经过拨乱反正,倡导数学素质教育,数学教育的中国道路逐渐形成。21世纪初进行的课程改革,又引起了一场争论,经过十年实践达到了新的平衡(详见本书第六章)。

由以上的几个案例可见,中国数学教育在动荡中不断地寻求科学合理的中间地带,形成适度的均衡,任何偏激的做法都是行不通的。

四、中国数学教育秉承的基本理念

数学教育和其他学科教育一样,都需要处理好一些基本的关系。在这些关系上,东方和西方的见解不尽相同。大体上是各执一端,都具有一定的片面性。在实践中,需要及时、适度的调整,取得平衡。中国数学教育,面对这些相互矛盾又相互依存的关系,兼容并包地形成了自己的一些认识。这些认识是:

- 教师主导与学生主体的辩证统一
- 打好基础与创新发展的有效平衡
- 数学思维中熟练与理解的交互作用
- 接受性学习与自主探究学习的适度对接
- 数学学科知识与教学知识的有机结合

以下我们分别加以论述。

1. 教师主导与学生主体的辩证统一

数学教学和所有教学过程一样,最基本关系是教师与学生的关系。赫尔巴特的经典教学理论,主张"教师中心",杜威实用主义教育理论则主张"学生中心",彼此各执一端。现代中国的教学理论则兼容并包,力求辩证统一的认识。一个比较完整的提法是:"在尊重教师主导作用的同时,更加注重培育学生的主动精神,鼓励学生的创造性思维。"(胡锦涛在两院院士大会上的讲话(2006))

在我国,教师在教学过程中是否起关键作用,早先并无大的争执。多年来,我们在教学中一向主张"学生是学习的主体"。按照马克思的能动的反映论,也从来反对"学生头脑是一只空桶,可以往里面注入知识"的说法。教师有传承前人经验和"传授"知识的任务,也具有主导课堂教学的责任。与此同时,教学应当运用启发式,使得教学符合学生主体认识的规律。可是,当20世纪90年代引进建构主义教育理念之后,由于对其无原则地追捧,才形成了否定教师主导作用的思潮。

然而,建构主义只是一种认识论。认识论研究只关注如何认识事物,怎么认识深刻就怎么去做,却不管认识的速度和效率。至于教学过程,则是有目的、有计划的,按照数学课程标准的目标要求实行的班级集体认识活动。数学课程的目标,是要把几千年来人类积累的数学知识的基础部分,在短短的10来年中让学生学习并能理解和掌握,这需要很高的教学效率。建构主义教学任凭学生的兴趣所至,自由摸索,不谈认识效率,因而是走不远的。

中国的主流教育观念,仍然认为教师应起主导作用,也就是领导和支配的作用。韩愈《师说》中的"传道、授业、解惑",尽管一些教育家认为这是"以教师为中心"的理念,应当废弃。但从社会层面看,这一论述仍然是民众的共识。

2. 打好基础与创新发展的有效平衡

基础与创新是一个恒久的话题。近代的数学教育历史表明,重大的数学教育改革,往往是以强调"打好基础",还是强调"提倡创新"为线索展开。例如美国先是在20世纪60年代搞"新数学"运动,强调发现创新;失败后在20世纪70年代主张"回到基础";20世纪80年代提出"问题解决",再次倡导创新发展;2008年,美国总统任命的一个数学教育研究小组,经过两年的调查研究,正式公布的一项文件,题目是"为了成功需要基础"。这是美国的"翻烧饼"式折腾。

中国的情况也差不多。1958年"大跃进",提出"教育与生产劳动相结合"的教育革命,把课堂搬到车间田头;1960年则回到"数学双基教学"。随后的"文化大革命"年代,又将几何学改为"画线制图",最后由于缺乏系统的知识,削弱了基础,20世纪80年代经过拨乱反正,又回到基础。

中小学教育是基础教育,要使学生在良好的基础上谋求发展。创新需要以坚实的基本知识和基本技能为基础,而建立基础又需要创新精神引领。因此,打好基础和谋求发展,正如鱼和熊掌,必须兼得。事实上,"优质教育＝坚实基础＋发展创新"。我们反对"在花岗岩基础上盖茅草房",也反对"在沙滩上盖高楼大厦"。如果要说中国数学教育与欧美国家有什么区别,最显著的特征之一在于对基础的态度。流光溢彩的上层建筑往往掩盖了朴实无华的基础,以致在提倡创新的时候,往往会忽略基础的重要性。伟大的智者常常提醒我们要重视基础。牛顿说:"如果说我看得比别人更远些,那是因为我站在巨人的肩膀上。"巨人的肩膀,就是牛顿创新的基础。

华罗庚先生这样论述基础的重要性:

"有人说,基础、基础,何时是了?天天打基础,何时是够?据我看来,要真正打好基础,有两个必经的过程:即'由薄到厚'和'由厚到薄'的过程。'由薄到厚'是学习接受的过程,'由厚到薄'是消化、提炼的过程。"

"经过由薄到厚和由厚到薄的过程,对所学的东西做到懂,彻底懂,经过消化的懂,我们的基础就算是真正地打好了,有了这个基础,以后的学习速度就可以大大加快,这个过程也体现了学习和科学研究上循序渐进的规律。"

吴文俊先生则认为:

"我非常赞成和推崇'推陈出新'这句话。有了陈才有新,不能都讲新,没有陈哪来新!创新是要有基础的,只有了解得透,有较宽的知识面,才会有洞见,才有底气,才可能创新!"

两位数学大师的论述表明,学生的创新,主要在于把"陈"了解得透,把"厚书"读"薄"。

3. 数学思维中熟练与理解的交互作用

西方的数学教育讲究理解,认为熟练的演算和解题没有什么价值。但是中国的教育名言是"熟能生巧",认为要创新,必须熟练。两者的强调重点不同。事实上,熟练和理解之间具有交互作用,两者是相辅相成的。

熟练需要必要的记忆,大多数中国教师认为要"先记忆,然后逐步理解它"。比如,虽然孩子们不理解为什么钢琴的指法练习要这样规定,但必须先记住它,然后再逐渐地理解它。与之相仿,我们起先并不了解语法,仅仅依靠记忆和模仿来学说母语。在中国的小学里,快速而精确地进行整数、小数和分数的计算,是一道靓丽的风景。

熟练才能提高效率。数学"双基"教学的一个重要理念是:为了提高数学思考的效率,我们必须有足够的计算速度。实践表明,必要的心算速度,能节省工作记忆的空间,以支持更高水平的数学思考。

　　熟能生巧是中国的教育古训,中国的一些著名科学家和数学家都能认同。其中的原因值得思考。

　　2004年9月13日,物理学大师杨振宁在清华大学给本科生讲"基础物理",再次引发了学术界对"基础课"的重视。杨振宁有句话说:"对于基本概念的理解要变为直觉。"这是对"熟能生巧"的一种现代诠释。杨振宁的这句话告诉我们,对基本概念的理解,只做到说得清、道得明,会判别对象是否符合概念定义那是不够的。理解要达到"直觉"的程度,就要做到:无须停顿下来思考,就能够直接做出判断。

　　2004年11月11日,数学大师陈省身接受中央电视台记者的采访。面对成功,陈省身说他只是熟能生巧而已。陈省身进一步阐述说:

　　　　所有这些东西一定要做得多了,比较熟练了,对于它的奥妙有了解,就有意思,所以比方说在厨房里头炒菜,炒个木须肉,这个菜炒了几十年以后,才能了解得很清楚。数学也是这样子,有些工作一定要重复,才能够精,才能够创新,才能做新的东西。

　　这就是说,从事数学研究,必须对研究的内容非常熟悉。一旦有一个思想火花,就会觉得眼前一亮,觉察出它与现存的认识有别,随即迅速思考,进行突破。如果基础不牢,就难以识别一些微小的变化,找到打开创新之门的缝隙。这是一个由"重复"到"精"再到"新"的过程。学习数学何尝不是如此?掌握一种数学思想方法,不能刚刚接触一个概念,就在那里讲创新。必须弄熟弄透,快速计算,走向理解。当然,这里的"熟",不仅是滚瓜烂熟的"烂熟",而是透彻理解的"精熟"。熟能生巧,是和刻苦钻研分不开的。

　　4. 接受性学习与自主探究学习的适度对接

　　耶鲁大学华裔教授蔡美儿的《虎妈战歌》,激起了东西方教育文化差异的热议。究其实质,无非是"家长严厉管制、孩子被动接受"和"家长宽松管理、孩子自主成长"的理念争执。

　　看东方:严管、纪律、苦读、作业、考试、技能、成绩,结果是善于自律具有文化修养的人(也可能只是善于考试、缺乏创意)。

　　看西方:自主、兴趣、选择、愉快、探究、创意,结果是善于思考具有创新精神的人(也可能导致放纵自流、虚度青春)。

　　数学教育,需要使得接受性学习和自主探究教学方式得到均衡发展。中小学课程里有大量的基本技能训练要求,在一开始时无法说清为什么要这样做,只能当作平台接受下来。例如初中的"有理数运算"法则、幂、指数,以及有理式的四则运算规则,合并同类项、配方、因式分解等技能,都需要先接受下来,以后慢慢消化理解。

就因式分解而论,为什么要将一个多项式分成两个多项式的乘积? 这在一开始是无法说明白的。我们只能从"和差化积""积化和差"这种哲学上的"互逆"机制上加以解释。只是到了求解一元二次方程时才显示出,将一个二次三项式分解为两个一次式的乘积就可以求出两个根。其作用才得到初步显现。这就是说,在教学过程中,先知其然而后再知其所以然,是不可避免的事情。中国数学教育,要求教师善于用启发式的方法让学生有意义地、某种程度上是被动接受地进行学习;与此同时,适度地提倡探究性学习,使二者得到有效平衡。

5. 数学学科知识与教学知识的有机结合

在数学专业与教育修养的关系上,一般地说,中国强调教师的数学素养,而西方更强调教师的教育素养。中国数学老师认为数学是本体。我们常说"要给学生一杯水,自己就要有一桶水"。所谓"一桶水"就是指教师要有高标准的数学理解。在学科和教育两者之间,学科是本位的。教什么永远比怎么教更重要,就像吃什么比怎样吃(刀叉还是筷子)更重要一样。这种认识一直受到一些教育家的批评,但是我们仍然坚持着。

马立平博士的《小学数学的掌握与教学》,将中国和美国小学教师关于数学理解的不同做了比较。这里让我们摘引书中"引言"中的一段话,以及一个令人惊异的案例。

中国学生在数学能力国际比较研究中明显地优于美国。然而相矛盾的是,中国教师接受的数学教育却远远少于美国教师。大部分的中国小学教师只接受过 11 到 12 年的中小学教育——他们完成初中学习后,到师范学校学习两到三年。相反,大部分的美国教师接受 16 到 18 年的正规教育——获得大学的学士学位,再进行一到两年的后继学习。

中国教师在开始他们的教学生涯时,对数学的理解就要比美国的教师好。他们对所教数学内容的理解,以及同样重要的对初等数学的教学方式的理解,在他们整个的职业生涯中继续不断加深。的确,大约 10% 的中国教师,尽管缺乏正规教育,却仍然表现出对数学的深刻理解,而这些是美国教师极其缺乏的。

设想你正在教分数除法。为了让孩子理解意义,许多教师尝试把数学和其他的事物联系起来。我曾问:"为了教 $\frac{13}{4} \div \frac{1}{2}$,怎么样的故事或模型较好?"我为美国老师对这个问题的回答感到特别震惊。极少有教师能给出正确的回答。100 多位职前教师、新教师以及有经验的教师中的绝大部分,虚构出的故事是表示了 $\frac{13}{4} \times \frac{1}{2}$,或者是 $\frac{13}{4} \div 2$。其他的许多教师还编不出来。

这些访谈让我想起,当时我作为一个上海的小学生是如何学习分数除法的。

老师帮助我们理解分数除法和正整数除法的关系——除法是乘法的逆运算,但分数除法推广了整数除法的意义:有包含模型$\left(在\frac{13}{4}中有多少个\frac{1}{2}\right)$及等分模型$\left(求一个数使得它的一半是\frac{13}{4}\right)$。后来,我自己成了一名小学教师,我的小学老师对分数除法的理解,是我的同事们的典型理解。然而,怎么会有这么多美国教师不能表现出这样的理解?

马立平博士的论述,已经鲜明地揭示了中国数学教育的一个特征:必须充分重视教师的学科知识,教育学知识必须和数学学科知识有机结合。这是提高数学教学质量的根本之路。

正是以上 5 个基本理念上的差异,形成了数学教育的中国特色。

五、中国数学课堂教学的 6 个特征

中国数学教育具有 6 个特征,这就是:导入教学、尝试教学、师班互动、变式练习、提炼数学思想方法,以及正在发展为"四基"的双基教学。

这 6 个特征的一个特点是,贯穿于课堂教学的始终。晚近以来提倡的"自主、合作、探究"的教学理念,实际上只关注了认知过程的前半段。难道学习者一旦"探究"出来,学习过程就结束了?事实上,学习过程还有后半段,即巩固、小结和升华。变式练习、数学思想方法的提炼、推陈出新的反思,是必须强调的重要措施。这 6 个特征,有些与国外的某些数学教育理念相类似,但是具有自己的特色,更加具体,具有可操作性;有一些则是国外所没有的创新。下面我们分别加以论述。

1. 数学新知的"导入"艺术丰富了情境创设的教学内涵

导入教学,是在课堂教学开始的适宜时刻、用适当的方式和适当的时间成本,可操作性地运用于课堂教学,是一种本土化了的教学艺术。导入方式,除了现实"情境呈现"之外,还包括"假想模拟""悬念设置""故事陈述""旧课复习""提问诱导""习题评点""搭桥""比较剖析"等手段。

情境创设多半用在课堂教学的开始阶段,因而情境创设可以成为导入教学的一种特定方式。但是,由于数学的抽象特性,就中小学数学教学内容而言,能够设置与学生的日常生活相联系的"情境",毕竟是少数,而且多半是一些消费数学——买卖东西情境。许多数学课的内容,尤其是大量的"数与式"的运算规则的程序性数学内容,包括有理数运算规则、因式分解、合并同类项、配方、幂和指数运算法则等内容,很难设置现实生活的情境;即使设计出来,也十分勉强。"负负得正"的计算规则,至今也没有一个为大家公认的"生活情境"加以支持。

但是,导入教学则可以十分灵活地加以设计运用。恰当地运用"导入"教学,乃是一门丰富多彩的教学艺术。中国数学教育在这方面积累了大量的实践经验。

2."尝试教学"体现了学生进行数学"探究"的教学特点

中国数学教育实行尝试教学。20世纪80年代,顾泠沅领导的"青浦经验",提出"尝试指导、效果回授"的教学策略。邱学华倡导的"尝试教学法",主张"学生能尝试,尝试能成功,成功能创新",特征是"先试后导、先练后讲",具有全国性重大影响。西南地区进行过大规模实践的"GX数学教学实验",领导者陈重穆教授的32字诀里有"先做后说,师生共作"一句。这也是倡导学生先"做",然后老师再说。这里同样是让学生先尝试一下。因此,中国传统的数学教学,并非如某些人一味批评的只有"机械记忆""灌输模仿"。我们有自己的具有"探究性"的传统。尝试,较之探究,时间成本低得多,运用更加灵活,因而更加切合教学实际。

3."师班互动"体现了适合中国国情的合作交流

中国的课堂人数相对较多。一般是40人,多的达60人。这样的大班上课,用分组讨论、汇报交流的教学方式,十分困难。那么,数学课堂如何避免"满堂灌",实现师生互动呢?在长期的实践中,广大数学教师采用了"设计提问""学生口述""教师引导""全班讨论""黑板书写""严谨表达""互相纠正"等措施,进行合作学习。师生之间通过猜想、探究与"心算",用数学语言进行"大声说"的交流,最后达成共识。这是一个具有中国特色的创造。据调查,"师班互动"是课堂师生互动的主要类型。

4."变式练习"化解了重复操作的弊端

变式练习是中国数学教育的一个创造。中国数学教学中强调练习。在经历了尝试、探究过程之后,所获得的知识还必须加以巩固,拓广运用。此外,在练习中又要求有一定的强度、速度、深度,主张熟能生巧。但是,这种练习并非简单重复,而是依赖变式处理,获得新意。

数学的变式教学就是通过不同的角度、不同的侧面、不同的背景从多个方面变更所提供的数学对象的某些内涵以及数学问题的呈现形式,使数学内容的非本质特征时隐时现而本质特征保持不变的教学形式。

5.数学教学中关注数学思想方法的提炼

20世纪80年代,徐利治提出了"数学思想方法"理论。可贵的是,这些数学思想方法不是停留在理论探讨上,而是付诸实践,成为每一个中国数学教师的共识。数学教师普遍具有数学思想方法的教学意识,注重掌握数学思想方法的内涵,将数学思想方法用于解题,并能够用数学思想方法进行总结和反思。这是中国数学教育的重要特征。到现在为止,西方的数学教育界还没有像我们这样地关注数学思想方法,也还没有能够直接与之对应的数学教育研究领域。

6."四基"数学教学

晚近以来,许多有识之士建议将"双基"扩展为"四基",即在数学基本知识和数学基本技能之上,再增加基本思想方法和基本活动经验。现在,这一建议已经写进《义务教育数学课程标准(2011年版)》。"四基"教学的核心依然是"在坚实的数学基础上谋求学生的全面发展"。"四基"之间相互关联的教学理论正在构建之中。一个初步的解释如图3-8所示的立方体。它的"长"与"宽"分别表示要让学生掌握基本知识,以及熟能生巧地习得基本技能;第三维的"高"则要求在知识和技能的基础上提炼、升华为数学思想方法。在形成这三项"基础"的过程中,注意数学基本经验的积累,在图示中的位置则是充填于三维体之内部。数学活动无处不在。

图 3-8

以上的特征,标志着中国数学教育不仅有独特的教学理念,还有在实践中形成的整套教学设计。

数学教育中国特色,是无数前辈学者的实践经验和理论探索的结晶,弥足珍贵,值得我们继承发扬。在进一步从理论上加以总结之后,平等地和国际数学教育界同行进行交流,为国际数学教育事业贡献我们的一份力量。与此同时,我们永远要虚心向世界上一切先进的成就学习,锐意改革,努力开创中国数学教育的新局面。

思考与练习

1. 弗赖登塔尔的教学理论是否符合你的教学理念?为什么?
2. 设计一个解决某类问题的解题表。
3. 根据你的解题经历,选一个典型的例子,详细介绍解题的具体过程。
4. 利用解题表,求解下题:如果3个有相同半径的圆过一点,则通过它们的另外3个交点的圆具有相同的半径。
5. 对解题表,谈谈你的看法,写一篇不少于1 000字的小论文。
6. 你是否赞同建构主义数学教学理论?说说自己的看法。
7. 中国的双基数学教学应该怎样发展?如何避免它的异化?
8. 中国的数学教育有哪些特色?你的感受如何?

参 考 文 献

[1]　课程教材研究所.20世纪中国中小学课程标准·教学大纲汇编:数学卷[M].北京:人民教育出版社,2001.

[2]　中华人民共和国教育部.全日制义务教育数学课程标准(实验稿)[S].北京:北京师范大学出版社,2001.

[3]　张奠宙.中国数学双基教学[M].上海:上海教育出版社,2006.

[4]　张奠宙,唐瑞芬,刘鸿坤.数学教育学[M].南昌:江西教育出版社,1991.

[5]　顾明远.教育大辞典[M].上海:上海教育出版社,1999.

[6]　教育部基础教育司.全日制义务教育数学课程标准(实验稿)解读[M].北京:北京师范大学出版社,2002.

[7]　顾泠沅,黄荣金,费兰伦斯·马顿.变式教学:促进有效的数学学习的中国方式[J].云南教育(中学教师),2007(3).

[8]　中国珠算协会三算教学研究会.三算结合教改实验的由来、现状和发展趋势[J].人民教育,1990(1).

[9]　张奠宙,于波.数学教育的"中国道路"[M].上海:上海教育出版社,2013.

[10]　郑毓信,梁贯成.认知科学,建构主义与数学教育[M].上海:上海教育出版社,2002.

[11]　徐斌艳.数学教育展望[M].上海:华东师范大学出版社,2001.

[12]　GOLDIN G A. Epistemology,constructivism,and discovery learning in mathematics[J].Journal for Research in Mathematics Education Monograph No. 4:Constructivist Views on the Teaching and Learning of Mathematics,National Council of Teachers of Mathematics,1990.

[13]　DAVID A W, JOHN B B. The Chinese Learner:Cultural,Psychological and Contexual Influences[M]. Hong Kong:CERC & ACER,1996.

[14]　单中惠.杜威教育思想与近代中国教育[J].教育史研究,2002,(1).

[15]　单中惠.杜威在中国[N].中国教育报,2007-06-15(4).

[16]　汤才伯.现代教育宗师,办教育者楷模——纪念我国著名教育家、心理学家廖世承诞辰120周年[N].文汇报,2012-06-11("文汇学人"专栏).

[17]　KILPATRICK W H. The Problem of Mathematics in Secondary Education:A Report of the Commission on the Reorganization of Secondary Education[R].Washington Government Printing Office. Bulletin,1920,No.1.

[18]　胡教昇,张鸣新.中国当前之教育问题[J].教育杂志,19(5,6).

[19] 祁淑英,魏根发.钱学森[M].石家庄:花山文艺出版社,1997.

[20] 陈建功.二十世纪的数学教育[J].中国数学杂志,1952(2).

[21] National Mathematics Advisory Panel. Foundations for Success:The Final Report of the National Mathematics Advisory Panel[R].Washington D.C.:U.S. Department of Education,2008.

[22] 吴文俊.推陈出新 始能创新[N].文汇报,2007-11-14(6).

[23] LIPING MA. 小学数学的掌握和教学[M].李士锜,吴颖康,等,译.上海:华东师范大学出版社,2011.

[24] 青浦县数学教改实验小组.学会教学[M].北京:人民教育出版社,1991.

[25] 邱学华.尝试教学法[M].福州:福建教育出版社,1995.

[26] 曹一鸣,贺晨.初中数学课堂师生互动行为主体类型研究[J].数学教育学报,2009(5).

[27] 张奠宙,郑振初."四基"数学教学模块的构建——兼谈数学思想方法的教学[J].数学教育学报,2011(10).

第四章　数学教育的核心内容

前面两章从宏观的角度,审视了数学教育的历史发展和国际比较,并介绍了一些理论性的研究成果。但是,作为一门科学学科的数学教育,涉及面很广。除了宏观思考之外,还需要微观的剖析,形成可操作性的具体实践。

数学教育,是整个教育的组成部分。数学教育,特别是数学课堂教学,必然要受一般教育规律的指导。先进的教育学理念,对于数学教育实践,有重要的指导作用。"一般教育学+数学例子"的阐述是必要的研究工作。但是,我们不能仅限于此。数学教育有其与一般教育学相适应却又独特的规律。一门学科如果没有自己的独特规律,也就没有存在的必要了。

数学教育研究的核心内容有以下 10 个方面。

1. 数学教育目标。
2. 数学教学原则。
3. 数学知识的学术形态与教育形态。
4. 数学能力与数学技能。
5. 数学思想方法的教学。
6. 数学活动的组织。
7. 数学教学模式。
8. 数学教学的德育功能。
9. 数学课程设置。
10. 数学解题与数学教育评价。

这一章,我们将讨论前 8 个领域。数学课程与数学问题解决,由于其特殊重要性,分别在第六章和第七章单独陈述。

第一节　数学教育目标的确定

"为什么要学习数学?""为什么学那么多的数学?""为什么世界各国都把本

国语言和数学作为最重要的学习科目?"这就涉及数学教育目标的确定。如果到大街上问行人:"为什么要学习数学?"回答可能是:

- "数学有用"。俗话说:"学了语文会写信,学了数学会算账。"
- "数学能训练人的思维"。一句名言说:"数学是思维的体操。"
- "数学是升学的主课"。常言道:"数学是筛选人才的过滤器。"

以上是关于数学教育目标的很有代表性的通俗回答。以下我们做比较深入的剖析。

一、数学教育的基本功能

数学教育目标,要服从于我国整体教育的培养目标。对基础教育来说,就是要实施素质教育,培养有社会主义觉悟的,德、智、体、美、劳全面发展的公民。

数学教育的目标,可以具体地落实为以下三种功能:

1. 实用性功能。例如,数学在日常生活中有用,在今后就业时会有用,在从事科学技术活动中有用。还有,数学是科学的语言,数学模型是描述自然现象和社会现象的工具,数学是能够产生经济效益的技术,等等。通过这些论述,强调数学教育的实用性。

2. 思维训练功能。例如,数学能够提升人的思维品质,养成严谨、准确、符合逻辑的思维习惯,形成科学的思维方法,培育正确的世界观,以及欣赏数学的美学价值,等等。这些论述,强调数学教育的思维训练和公民素质养成。

3. 选拔性功能。例如,数学使人聪明,数学智力是其他智力的基础。数学成绩好的人,物理、化学、计算机科学的成绩也往往会好。升学选拔以"语文、数学、外语"为主要科目。数学教育承担为高一级学校输送人才的任务。奥林匹克数学竞赛可以发现优秀人才。这些论述,强调数学教育在人才选拔中的特殊作用。

二、我国关于数学教育目的(目标)[①]的各种提法

1. 1922 年 11 月 1 日公布《学校系统改革令》,1923 年 6 月公布《初级中学算学课程纲要》,其中规定的教学目的是:

(1)使学生依据数理关系,推出事物的当然结果;

(2)供给研究自然科学的工具;

(3)适应社会上生活的需要;

---

① 对于这个词,许多教育文件和论著都会提到,"教育目标""教学目标""课程目标"等,有的把"目标"说成是"目的"。本书不把目标和目的加以区别。

（4）以数学的方法发展学生的论理能力。

2. 1951 年的《中学数学科课程标准草案》规定的教学目的是：

（1）形数知识。本科以讲授数量计算、空间形式及其相互关系的普通知识为主。

（2）科学习惯。本科教学须因数理之谨严以培养学生观察、分析、归纳、判断、推理等科学习惯，以及探讨的精神，系统的好风尚。

（3）辩证思想。本科教学须相机指示因某数量（或形式）的变化所引起的量变与质变，借以启发学生的辩证思想。

（4）应用技能。本科教学须训练学生熟悉工具（名词、记号、定理、公式、方法），使能准确计算、精密绘图，稳健地应用它们去解决（在日常生活、社会经济及自然环境所遇到的）有关形与数的实际问题。

这一提法仍然分为四条。既有日常生活、社会经济的应用，也有与函数概念有关的辩证思想，既讲明是"普通知识"又强调"系统学习"。总的来看，还是相当不错的一种提法。

3. 1963 年，数学教学目的提法的重点有变化。

《全日制中学数学教学大纲（草案）》规定，数学教学的目的是："使学生牢固地掌握代数、平面几何、立体几何、三角和平面解析几何的基础知识，培养学生正确而且迅速的计算能力、逻辑推理能力和空间想象能力，以适应参加生产劳动和进一步学习的需要。"

这一提法中，数学教育就是掌握知识，至于它的来源，与现实的关系，如何去运用，都没有提，重点突出的是著名的"三大能力"。至于如何适应参加生产劳动的需要，没有具体的说明，也没有认真研究过这种需要究竟是什么。这一目的的提法，实用功能减弱，思维素质培养的功能加强。

4. 20 世纪 80 年代，拨乱反正，依然回到 1963 年的提法。由于社会上追求升学率的驱使，在人们的心目中，数学教育的选拔性功能日益加强。

5. 20 世纪 90 年代，我国数学教学目标着重反映学生数学素质与能力的发展，中华人民共和国教育部颁布的《九年义务教育全日制初级中学数学教学大纲》规定了义务教育阶段初中数学的教学目的：使学生学好当代社会中每一个公民适应日常生活、参加生产和进一步学习所必需的代数、几何的基础知识与基本技能，进一步培养运算能力，发展思维能力和空间观念，使他们能够运用所学知识解决简单的实际问题，并逐步形成数学创新意识。培养学生良好的个性品质和初步的辩证唯物主义的观点。不难看出，这一数学教学目的的提出，依然保留 1963 年教学大纲的基本精神。

6. 2001 年颁布的《全日制义务教育数学课程标准（实验稿）》设置的总体目

标是:通过义务教育阶段的数学学习,使学生能够

（1）获得适应未来社会生活和进一步发展所必需的重要数学知识(包括数学事实、数学活动经验)以及基本的数学思想方法和必要的应用技能;

（2）初步学会运用数学的思维方式去观察、分析现实社会,去解决日常生活中和其他学科学习中的问题,增强应用数学的意识;

（3）体会数学与自然及人类社会的密切联系,了解数学的价值,增进对数学的理解和学好数学的信心;

（4）具有初步的创新精神和实践能力,在情感态度和一般能力方面都能得到充分发展。

这一总体目标的提法,在实用功能和思维培养功能上得到比较好的平衡,在了解数学价值、情感态度、实践能力上都有新的提法。

2011 年颁布的《义务教育数学课程标准(2011 年版)》设置的总目标是:

通过义务教育阶段的数学学习,学生能

（1）获得适应社会生活和进一步发展所必需的数学的基础知识、基本技能、基本思想、基本活动经验。

（2）体会数学知识之间、数学与其他学科之间、数学与生活之间的联系,运用数学的思维方式进行思考,增强发现和提出问题的能力、分析和解决问题的能力。

（3）了解数学的价值,提高学习数学的兴趣,增强学好数学的信心,养成良好的学习习惯,具有初步的创新意识和科学态度。

这一总目标的提法,明确将"双基"发展为"四基"(基础知识、基本技能、基本思想、基本活动经验),将"双能"发展为"四能"(发现和提出问题的能力、分析和解决问题的能力),比 2001 年的课程标准更明确,易操作。

7. 2020 年的《普通高中数学课程标准(2017 年版 2020 年修订)》的课程目标是:

通过高中数学课程的学习,学生能获得进一步学习以及未来发展所必需的数学基础知识、基本技能、基本思想、基本活动经验(简称"四基");提高从数学角度发现问题和提出问题的能力、分析和解决问题的能力(简称"四能")。

在学习数学和应用数学的过程中,学生能发展数学抽象、逻辑推理、数学建模、直观想象、数学运算、数据分析等数学学科核心素养。

通过高中数学课程的学习,学生能提高学习数学的兴趣,增强学好数学的自信心,养成良好的数学学习习惯,发展自主学习的能力;树立敢于质疑、善于思考、严谨求实的科学精神;不断提高实践能力,提升创新意识;认识数学的科学价值、应用价值、文化价值和审美价值。

这一提法不仅进一步明确了"四基"和"四能"的要求,而且在科学精神、认识数学价值等方面有新发展,还特别提出在学习数学和应用数学过程中发展学生六大数学核心素养的目标。应该说,课程目标在思维培养功能和实用功能上得到很好的平衡。

数学教育的目标,世界各国的提法并不相同,我国在各个历史阶段的侧重点也不完全一样。应该说,数学教育目标是一个"与时俱进"的、动态的、变化着的研究课题。不能说哪种提法就绝对正确,我们应该进行具体的分析研究。

三、确定中学数学教学目的的主要依据

各门学科的教育目标均服从于总的教育目标,并为完成总体教育目标服务。因此,数学教育必须服从总目标:全面推进素质教育就是要"造就数以亿计的高素质劳动者、数以千万计的专门人才和一大批拔尖创新人才"。培养的人才"都应该有理想、有道德、有文化、有纪律,热爱社会主义祖国和社会主义事业,具有为国家富强和人民富裕而艰苦奋斗的献身精神,都应该不断追求新知,具有实事求是、独立思考、勇于创新的科学精神"。

数学教育要适应社会的需求。教育的作用是要把自然的人培养成社会的人,使其成为社会生产力的组成部分。所以,社会的政治经济发展、科学技术的需求在很大程度上影响着数学课程的目标和内容。

数学学科的特点决定着数学教育目标的达成。数学是关于现实世界数量关系和空间形式的科学,也是关于模式的科学。数学本身的特点包括模型化、数量化、算法化,论述的逻辑严谨性、语言表达的简约性,解决问题的思维过程、辩证因素等诸多方面。让学生学习和理解这些特点,是数学教育应当努力达到的目标。

学生的年龄特征是决定数学教育目标的主要依据。在数学教学过程中,学生既是教学的客体,又是学习的主体。因此确定数学教育目标,必须慎重考虑学生的年龄特征和认知水平。如果教学内容超过了学生的认知水平,学生就学不会。如果教学要求过低,学生会觉得缺乏挑战性。这都是不可取的。在大众数学时代,学生的认知水平尤其值得注意。

第二节　数学教学原则

教学原则,是一切教学活动的总纲。数学教学原则,当然必须符合一般教学原则。不过,由于数学学科的特殊性,数学教学原则具有鲜明的特点。

一、一般的教学原则

我国古代教学思想丰富璀璨,教学原则确切朴实,如因材施教、循序渐进、启发诱导、教学相长等。在近现代,教育家陶行知还提出了"教学做合一"的原则,这些教学原则对当今的教学仍具有深刻的影响。当前,我国的一般教学原则在以往的基础上有所发展,一个权威的提法是以下八条:(1)思想性和科学性统一的原则;(2)理论联系实际的原则;(3)教师主导作用和学生主动性统一的原则;(4)系统性原则;(5)直观性原则;(6)巩固性原则;(7)量力性原则;(8)因材施教原则。

西方关于教学原则的提法多种多样。20世纪40年代苏联凯洛夫主编的《教育学》对我国建国初期影响很大,该书提出了五条教学原则,即"直观性""自觉性与积极性""巩固性""系统性""可接受性"。布鲁纳的教学原则体系包括:动机原则、结构原则、程序原则、强化原则。其他的提法还有:以自然适应性为基础原则,多方面兴趣原则,自觉性,积极性,动机、结构、程序、反馈原则,高难度、高速度进行教学,教学过程最优化,知识结构和学生认知结构相统一等。这些教学原则都在一定程度上反映了客观教学规律,数学教学当然应当遵循。

数学学科的特殊性,要求数学教学原则必须具有鲜明的数学特点。长期流传的提法是:具体与抽象相结合,理论与实践相结合,严谨性与量力性相结合,巩固与发展相结合。其他著作的提法还有:传授知识与发展能力相结合,面向全体学生和因材施教、展现思维过程,积极性,培养性,科学性等。

二、数学教学原则体系的构建

数学教育学经过一百年的发展,已经具有自己特有的研究对象和特定的研究课题,渐渐从一般教育学中独立出来。

我们首先注意到,有关数学学科的特征,已经从"抽象性、严谨性和广泛应用性"的粗疏描摹,向更加精细的方向前进。仅仅说"抽象"是不够的,数学是一种模式,学习数学是学习数学化的过程;仅仅说"严谨"也不够全面,数学是形式化的科学,数学教学则必须适度形式化,即形式化和"非形式化"的统一;只是说数学有广泛应用性,未免空泛。数学是一种模型,数学活动的重要方式是数学建模,数学呈现形式是符号语言表达的数学问题。

数学教学研究的成果表明,数学学习是再创造的过程。数学是"做"出来的,学生通过做题,找到知识之间的内部联系,整体地看待数学,提炼其中的数学思想方法,形成数学思维品质,并服务于社会现实需要。

因此,就数学教学的实际过程而言,数学教学原则可以概括为:

- 学习数学化原则；
- 适度形式化原则；
- 问题驱动原则；
- 渗透数学思想方法原则。

三、数学教学原则的论述

我们来分别论述上述四个数学教学原则。

1. 学习数学化原则

数学化是弗赖登塔尔提出来的(见第三章第一节)。他认为,数学作为人类的一种活动,它的主要特征就是数学化,数学学习的过程就是数学化的过程。"与其说学习数学,不如说学习数学化"。数学化,就是学会用数学的观点考察现实,运用数学的方法解决问题。

当我们面对一个情境,如果是一个小学生,必须会区分该情境究竟是"加法"问题,还是"减法"问题;一个中学生则要看得出这是方程问题呢,还是函数问题。也许它是一个概率问题,或者可以归结为一个几何问题。接着,还要判断这个问题是否有解,如何解,解答是否符合实际,不断调整和反思。这种数学化的学习,和单纯记忆"知识点",背诵题型,搞题海战术的教学是不同的。

将这一原则运用在课堂教学上,就是要正确设定教学目标,突出所教内容的数学本质,显示课程所具有的数学价值。举例来说,如果教学内容是"方程"。那么按照关肇直先生的建议,就要揭示方程概念的实质:为了寻求未知数,在已知数和未知数之间建立起来的一种等式关系。学生有了这样的数学化观念,就能将许多现实问题列为方程,做到数学化。

数学化和数学建模有密切关系。我们在教学改革中,强调数学情境的创设,数据的采集、选择和转换,数学模型的建立,数学方法合理性分析,以及数学解答的检验等,都是符合数学化原则的。将问题数学化,形成数学问题,获取数学知识的现实本源,是数学教学必须坚持的基本原则之一。

数学化是从数学整体出发学习数学。实际上,数学本身是用数学化方法组织的一个内部联系密切的领域。没有纵向的数学化,数学知识就像一盘散沙,缺乏系统化和合理化,适用性不强。

数学化能力是由数学的抽象、形式化的语言特征决定的一种特殊能力。用数学解决实际问题,首先就是要将实际问题转化为用数学语言描述的数学模式。

2. 适度形式化原则

形式化是数学的特征。自从 20 世纪初,大数学家希尔伯特提出形式主义数学哲学观以来,数学的形式化特征更加浓烈。形式化有助于数学理论体系的简单化、严格化和系统化。由于形式化能够简洁明了地表示纯粹的数量关系,因而可以帮助不断澄清思想、理出线索,寻找本质联系。形式化的另一重要作用,是有助于数学的发现和创造。已有数学知识的形式结构,可以为探索和确定未知的数学形式结构提供猜想、类比的基础或借鉴的模型。

数学的形式化包括"符号化、逻辑化和公理化"三个层面。

数学是符号化的形式化语言。用一套表意的数学符号,去表达数学对象的结构和规律,从而把对具体数学对象的研究转化为对符号的研究,并生成演绎的体系。这就是数学的形式化。

数学符号化是数学形式化的基础,如果说,语文是方块字符号按汉语语法组成的篇章,那么数学就是用数字、字母和运算符号,依照逻辑联结,描述数量关系和空间形式的知识体系。可以说,数学的世界是一个符号化的世界。

数学教学的重要目标是会使用符号。从小学开始,加减乘除运算符号、等号的使用,交换律、分配律的表达、应用题列等式,都是符号教学的重要内容。进入初中阶段,文字代表数、式的运算、列方程、建立函数关系、几何证明的书写等,符号表示起关键作用。高中阶段以上,则需要使用集合语言,对数、指数、正弦、余弦等符号,以及微分、积分、向量、矩阵等运算符号。这些符号的学习,与方块汉字的识字教学有许多共同之处。

将数学对象和数学符号用逻辑方法写成数学语言,构作数学命题,并将其中最基本的一部分组成公理化体系。于是就形成了一门门的数学学科。例如欧氏几何,由五组公理组成。在形式主义者看来,欧氏几何并没有实质内容。其中的点、线、面,如果换成桌子、椅子、啤酒瓶也可以。只要保持彼此间的形式关系就行。

但是,数学毕竟不是形式,生动活泼的数学内涵不能淹没在形式主义的海洋里。20世纪中叶以后,人们渐渐觉得,形式化固然是数学的基本特征,但不能走极端,使得数学变得枯燥无味、远离大众、脱离现实。过分强调数学的抽象语言而忽视其思想内容,就会把光彩照人的"数学女王"拍成 X 射线照片下的一副"骨架"。于是,就产生了数学教学中"非形式化"的研究。

3. 问题驱动原则

"问题驱动"是由数学的特征所确定的。在各门科学中,数学主要以"问题"的方式呈现。所以我们常说:"问题是数学的心脏。"数学问题是数学发展的原始驱动力。中国古代数学经典《九章算术》就是一本问题集。1900 年希尔伯特的 23 个问题,曾预言了数学的发展方向,成为 20 世纪数学家奋斗的目标。费马猜想、庞加莱猜想的解决,更被当作人类智慧的象征。

作为对照,语文教学则更多以阅读为基础,用情意驱动,体会表达思想感情的方式方法,借以抒发自己的内心感受,并达到与别人进行交流的目的;历史教学,则是以历史事实的叙述和评论为线索展开,最终形成正确的历史观。至于物理、化学、生物等学科,虽然也要揭示大自然的奥秘,解答许许多多的问题,但是它们多半从自然现象和实验结果出发,以物质运动的各种形态的研究为依归。以上学科中虽然也有许多问题,但是许多不能以"问题驱动"为原则进行教学。

正因为数学是由问题驱动的,所以数学教学也必须用问题驱动。在数学教学实践中,问题驱动是十分有效的教学方式。西方在数学教育改革中提出"问题解决"的口号,并非偶然。

从学习的角度看,"数学是做出来的"。数学学习是解决问题,课后练习是演练问题,数学考试是回答问题,研究性学习也是研究问题。数学教学既要让学生会解常规问题,也能解决非常规问题,在解决问题的过程中学习数学。可以说,解决问题是贯穿数学教学活动的一条主线,是学生学习数学的驱动力之一。

4. 渗透数学思想方法原则

数学思想方法的教学是中国数学教学的特色之一。人们所学到的数学概念、数学定理、数学公式,经过很长一段时间之后,往往会遗忘。但是永远留在记忆之中的,正是数学思想方法。古人云:"授人以鱼,不如授之以渔。"这句至理名言也道出了数学思想方法的重要性。

中学数学内容丰富多样,彼此之间存在着内在联系,呈现出很强的层次性和系统性。那么怎样把一些看起来互不相关的数学内容整合在一起呢? 一个重要的方面就是提炼数学思想方法。如果把数学问题比作一颗颗珍珠,用数学联结和数学思想方法串起来,则会变成一件美轮美奂的艺术品。数学思想是一种隐性的数学知识,要在反复的体验和实践中才能使个体逐渐认识、理解、内化为认知结构。

数学教学要具有创新意义,必须探究和解决非常规数学问题,并在大量的数学实践活动中,从整体上把握数学内部的联结,理解和运用数学思想方法。总之,在数学教学中注意内容的彼此关联,努力渗透并提炼数学思想方法,是我们应当努力运用的原则。

以上提出的四项数学教学原则是彼此联系,环环相扣,层次递进,浑然一体的。我们的总目标是数学化,但是数学化的过程是用形式化的数学进行表述和前进的。人们掌握符号化、逻辑化的数学基本知识和基本技能,就能解决一个个的问题。于是用系列化的问题驱动,通过数学问题的变式,以问题解决的过程展开教学。当人们在这一系列的数学活动中获得智力的提升,用数学思想方法加以统帅的时候,数学教学的图景就会变得清晰而美丽。

第三节　数学知识的教学

自从 19 世纪下半叶以来,数学的呈现方式日趋形式化。定义、定理、证明、推论等均以简洁而抽象的方式加以陈述。弗赖登塔尔这样说过:"没有一种数学思想如当初刚被发现时那样发表出来。一旦问题解决了,思考的程序便颠倒过来,把火热的思考变成冰冷的美丽。"

我们可以说,书本上陈述的那些数学过程,是一种严密的学术形态,呈现出冰冷的美丽。我们数学教师的任务,是把它重新颠倒过来,使它呈现出学生容易接受的教育形态,即将冰冷的美丽变成火热的思考。

中小学是基础教育。一些数学优秀生可以轻松地跨过"抽象"的门槛,严密地按照形式化的叙述把握数学含义。但是,有相当多的学生,不能接受这样的数学,总是把数学看成"天书",和自己的思维挂不上钩。人是社会的动物,人的认知过程是一个整体。人文的、科学的、生活的、数学的种种认识,相互交织在一起。因此,学生要理解数学,总是从个人的社会经历以及精神生活中寻求思维的契合点,实现数学思维的建构。现在的教学理论,要求学生动手操作、创设实际情境,联系日常生活,这样做的目的就是把各个学科的学术形态转变为教育形态。

现在的问题在于,并非所有的数学都能有实际的生活情境给予支持。联系学生的日常生活,不是越具体、越生活化越好。值得注意的是,火热的数学思考,往往来源于许多人文的"意境"。学生一旦找到了这种意境,就会有豁然开朗的感觉,好像把"窗户纸"捅破了,看到了数学的本质。人性化的数学,不该是很干巴、冰冷的。

因此,"适度形式化"的数学教学原则就应运而生。缺乏经验的数学教师,很容易照本宣科,把书上的内容重复一遍,抄在黑板上,就算"教"过了。优秀的教师,就不只是讲推理,更要讲道理,把印在书上的形式化的数学知识转化为适合学生建构的非形式化形态。这种教育形态的数学知识,散发着巨大的魅力。教师通过展示数学的美感,体现数学的价值,揭示数学的本质,感染学生,激励学生。

把数学知识转化为教育形态,一是靠对数学的深入理解,二是要借助人文精神的融合。数学理解不深入,心里发虚,讲起课来淡而无味。人文修养不足,只能就事论事,没有文采和深邃的数学文化,结果成了干巴巴的教条,学生学而无趣,最终不得已成为考试的奴隶。

下面,我们用一些案例说明进行数学"适度形式化"教学的一些策略。

案例 1　关于 0 是自然数

自然数系一向从 1 开始。然而,从 20 世纪下半叶开始,许多专家逐渐认为 0 也是自然数,而且是第一个自然数。1993 年,国家语言文字工作委员会也正式宣布这一结论,并据此改编数学课程。

自然数从 0 开始,许多人不习惯。其实,从人文意境上看,是可以找到契合点的。我们这里举出三种不同的思考意境。

- 一个盒子里原来是空的,后来才放进一块糖,再放第二块、第三块……所以在意境上考察,一开始总先是"没有",再出现"有"。这就是说从 0 开始,原来是很自然的。

- 老子《道德经》有"道生一,一生二,二生三,三生万物"。宇宙本来只有虚无的"道",然后才产生具体的实在"一",接着是二、三,乃至无穷。道相当于 0。

- 冯·诺伊曼用集合的语言,特别是"集合组成的集合"和"存在空集"这两个约定,简约、清晰、准确地构建了自然数体系。具体步骤如下:

第一个序数是空集∅;　　　　　　　　　　　　　　　　　　　　（表示 0）

第二个序数是以空集为元素的集合{∅},即{0};　　　　　　　　（表示 1）

第三个序数是以空集∅和{∅}为元素的集合{∅,{∅}},即{0,1};

　　　　　　　　　　　　　　　　　　　　　　　　　　　　　（表示 2）

第四个序数是以前三个序数为元素的集合{∅,{∅},{∅,{∅}}},即{0, 1,2}……　　　　　　　　　　　　　　　　　　　　　　　（表示 3）

这样不断继续,得到全体自然数。于是自然数是从空集∅(相当于 0)开始的。

以上三个例子,都是关于"0"是第一个自然数的情境。

案例 2　负数教学中的"抵消"

负数是中国古代数学的辉煌成就之一,并不难懂。足球比赛的输赢,个人财务中的收入和支出,都是现成的模型。现在都用温度计横摆引入负数,乃是败笔。负数之难学,在于运算。温度不便计算,例如,−2 ℃不能看成减少2 ℃,所以不是好模型。

负数的加减,有许多用黑体字书写的规则,综述如下:

如果是同号两数相加,取相同的符号,并把绝对值相加。如果是异号两数相加,应先判别绝对值的大小关系,如果绝对值相等,则和为0;如果绝对值不相等,则和的符号取绝对值较大的加数的符号,和的绝对值就是较大的绝对值与较小的绝对值的差。一个数与0相加,仍得这个数。

总之,按照课本,首先要了解绝对值,然后把用黑体字写出来的正、负数加减运算的规则,背诵记住,练习操作。其实,一个正数和一个负数的加减规则,用一个词"抵消",就全明白了。一场足球赛,对方进球5个为−5,我方进球3个为+3,"抵消"之后,当然是输两个,结果是−5+3=−2。与其死记那些黑体字,用"抵消"这样的教育形态,要容易理解得多了。再看看教师自己头脑中的正、负数加减规则,实际上,也是"抵消"在支撑着,并不会想到"绝对值"之类的黑体字。

"抵消"就是正、负加减的教育形态,进行火热数学思考的意境。

案例3　玩坐标,用以表示几何图形

坐标的作用,现在都说是表示位置。"第几排、第几座""东西路和南北路"的交叉路口等。这当然也是一种教育形态。不过,这样做,还没有触及坐标方法的本质。上海长宁区教师们的做法则要进一步。他们把两根标有红色箭头的塑料长绳带进教室,让一位学生做原点,垂直地作成坐标系。每一个学生有一对坐标,每对坐标对应一个学生。但是更重要的是,他们请横、纵坐标都是正的同学站起来(第一象限),横、纵坐标一样的同学站起来(一条直线)。这样的"玩",才把坐标的价值刻画出来了。

笛卡儿当初引进坐标系,就是想使得几何量可以运算,不仅仅是为了确定位置。他指出:"数学研究一切事物的次序和度量性质,无论它们来自数、图形、星辰、声音或其他涉及度量的事物,都是如此。"

案例4　三角比是一种折扣

三角比的引入,教材上往往是照定义抄写。角 A 的正弦 $\sin A$ 就是直角三

形的对边比斜边,余弦cos A 就是邻边比斜边。反复背诵。其实,正弦和余弦的含义就是投影后所打折扣的折扣率。正如梯子架在墙上,它在地面和墙上的影子均比梯子短,短多少,和梯子与地面的角度 A 有关。假定梯子的长度是 l,那么地面和墙上的影子长度分别为 $l\cos A, l\sin A$。与这个折扣相应的折扣率就是三角比的意义。

平面直角坐标系上,单位圆上点的坐标,就是圆半径在两个坐标轴上的投影,其长度短于半径,所打的折扣就是正弦和余弦。单位圆上单位向量旋转时,它的两个投影变化的规律,就是三角函数 $\sin A, \cos A$ 的图像。

折扣是一种生活常识,以折扣率来描述正弦、余弦,就找到了容易理解的教育形态。

第四节　数学能力的界定

数学教育的目的,过去注重的是向学生传授数学知识。现在大家都认为,数学教育的目的应是培养学生的数学能力。数学考试命题的原则,也从知识立意转向能力立意。那么什么是数学能力呢? 让我们看看各种提法。

一、形式主义数学观影响下的数学能力观

一本具有国际权威的著作是苏联克鲁捷茨基的《中小学生数学能力心理学》。其中确定数学能力的组成部分是:

(1) 把数学材料形式化;

(2) 概括数学材料发现共同点;

(3) 运用数学符号进行运算;

(4) 连贯而有节奏的逻辑推理;

(5) 缩短推理结构进行简洁推理;

(6) 逆向思维能力;

(7) 思维的灵活性;

(8) 数字记忆;

(9) 空间概念。

这九种能力,总起来就是"形式化"的抽象能力、记忆能力和推理能力。它没有包括数学建模、数学应用的能力,显然这是在数学形式主义的观点下进行数学能力的考察。

关于数学能力,我国长期流行的提法是"三大能力":数学运算能力、空间想

象能力和逻辑思维能力。有人认为"数学能力的核心是逻辑思维能力"。这一提法有很强的概括力,但是,它同样突出逻辑的地位,忽视数学的应用。

1992年,高等教育出版社出版的《数学教育学导论》提出了六种数学能力:

(1)数学材料形式化;

(2)对数学对象、空间关系的抽象概括能力;

(3)运用数学符号进行推理的能力;

(4)运用数学符号进行数学运算的能力;

(5)思维转换能力;

(6)记忆特定的数学符号、原理方法、抽象结构的能力。

显然,这六种能力脱胎于克鲁捷茨基的说法,没有本质的改变。

二、20世纪90年代以来我国数学能力观的变化

20世纪90年代,中国教育发生了深刻的变化。它是渐进的,人们往往难以觉察。但是回头一望,已经有了巨大的改变。国家整体上提倡"素质教育"和"创新教育",中国数学界强调数学应用的重要性,社会进步把数学教学带入了计算机时代。数学教育界看到了"应用意识的失落",提出了"淡化形式,注重实质"的口号,注意把学习的主动权交给学生。数学应用题终于重新进入高考,而且大量的数学新题型出现了。于是,数学能力的提法也逐步有了变化。

1992年数学教学大纲继续提出三大能力,但是加上了"用所学知识解决简单的实际问题"。这里注意到了"实际问题",但限于"简单的"。1996年的大纲,将"逻辑思维能力"改成"思维能力",理由是数学思维不仅是逻辑思维,还包括归纳、猜想、发散思维、形象思维等非逻辑思维成分;另外,在三大能力之外,提出了"逐步培养分析和解决实际问题的能力"。这进一步注意到解决实际问题的能力,可惜还是"逐步培养"。

1997年以后,创新教育的口号极大地促进了数学能力的研究。大学里纷纷开设"数学建模""数学实验"等课程。数学建模竞赛、应用数学知识竞赛也应运而生。相应地,高考、中考的数学新题型层出不穷。应用题、开放题、情境题、探索题大量涌现。这一切,都对数学能力的培养提出了新的要求。

20世纪80年代,徐利治先生在《数学方法论选讲》中就提出了"建立数学模型"的方法,但是在中学界反应平平。大量的数学方法论著作集中在波利亚的纯粹数学题的求解。一切都归结为用"化归"方法解数学题。这种情况到了20世纪90年代后期开始改变。戴再平先生提倡的"开放题数学教学"一时风靡大江南北。此外,研究性学习像一把火,为数学创新能力的提高开辟了新路。

三、进入 21 世纪之后,国内外关于数学能力的提法的变化

2000 年,美国数学教师协会发布《数学课程标准》,其中提到六项能力:

(1) 数的运算能力;

(2) 问题解决的能力;

(3) 逻辑推理能力;

(4) 数学联结能力;

(5) 数学交流能力;

(6) 数学表示能力。

后面的三条我们很少提到。仔细想来,还是很有道理的。数学是一个整体,数形结合就是数学联结。数学是科学的语言,数学交流能力当然非常重要。表示能力是我国数学教育很少提到的能力,其实数学建模就是表示问题。

奚定华等编写的《高中数学能力型问题研究》中,强调在高考中要着重考察"一般数学能力",其中包括以下四项:学习数学新知识的能力,探究数学问题的能力,应用数学知识解决实际问题的能力,数学创新能力。这些能力已经实际地反映在上海的高考命题之中。上海"能力立意"的考试命题方针,目的是使得单纯依靠"大运动量训练"的教学方法占不到便宜。以上四种能力,把"数学"两字换成"语文""物理",也同样适用。因此,我们称之为"一般数学能力",和传统的"三大能力"不属于同一个范畴。

2002 年颁布的《全日制普通高级中学数学教学大纲》,对高中学生应具备的数学能力有了更细致的描述。除了提到一般数学能力之外,更明确地界定了唯有数学学科才有的"数学思维能力"。它包括:空间想象、直觉猜想、归纳抽象、符号表示、运算求解、演绎证明、体系构建等诸多方面。这一提法,涵盖了三大能力,但更全面、更具体、更明确。它体现了数学思维从直观想象和猜想开始,通过抽象表示和运算,用证明演绎方法加以论证,乃至构成学科体系的全过程。

四、常规数学思维能力的界定

2002 年颁布的《全日制普通高级中学数学教学大纲》对常规的数学思维能力作了界定。沿着这一思路作更具体的阐述,可以有以下十个方面:

(1) 数学感觉与判断。一个问题摆在面前,首先要判断它是不是数学问题,是哪一类数学问题。包括要能察觉其中的数学因素,例如方程求解、函数变化(微积分)、随机现象、几何描述、优化决策、计算算法等。能够对数学的本质有所理解,从宏观上能够进行大体的判断。

(2) 数据收集与分析。数字化时代,数据无处不在。能够收集数据、关注数据、

分析数据、驾驭数据,用各种数学方法,特别是数理统计方法指导自己的行动决策。

（3）几何直观和空间想象。能够感受物质存在的位置关系,构作几何图形,正确地加以描绘,并能体会其中的本质。

（4）数学表示与数学建模。会使用数学原理、符号、公式抽象地表示客观事物的发展规律,能够将具体的数量关系抽象为可以运算的数学模型。

（5）数学运算和数学变换。会按照运算规则熟练而准确地对数字和符号进行运算。理解等价、全等、相似、不等、恒等、恒不等、同构。掌握几何变换以及变换中的不变量。

（6）归纳猜想与合情推理。善于运用类比、联想、归纳等一般科学方法,观察数量关系,做出猜想。

（7）逻辑思考与演绎证明。逻辑分类、排序、关系、流程。数学证明和科学证实的区别,演绎证明的价值。

（8）数学联结与数学洞察。返璞归真,掌握数学的本质,提炼数学思想方法,欣赏数学的魅力。

（9）理性思维与构建体系。掌握数学的理性思维特征,不迷信权威,不感情用事,不含糊马虎。在日常生活中能够数学地思考问题,并和别人进行数学交流,最终形成比较完整的数学思想体系。

五、数学创新能力

数学创新能力,属于一般的创新能力。那么数学创新有什么特点?还应该有更进一步的阐述。具体说来,可分为以下十点:

（1）提出数学问题和质疑能力(具有能疑、善思、敢想的品质);

（2）建立新的数学模型并用于实践的能力;

（3）发现数学规律的能力(包括提出定义、定理、公式);

（4）推广现有数学结论的能力(包括放松条件或加强结论);

（5）构作新数学对象(概念、理论、关系)的能力;

（6）将不同领域的知识进行数学联结的能力;

（7）总结已有数学成果达到新认知水平的能力;

（8）巧妙地进行逻辑联结做出严密论证的能力;

（9）善于运用计算机技术展现信息时代的数学风貌;

（10）知道什么是"好"的数学,什么是"不大好"的数学。

数学能力的培养需要数学意识的指导,需要通过学生的自我建构,需要在教师指导下进行练习。我们在这里就不做讨论了。

第五节　数学思想方法的教学

数学教育的任务,是让学生学习和掌握数学科学。因此,数学教育不能只谈教育,不谈数学。一个数学教师,必须具备丰富的数学知识,掌握数学技能,更重要的是理解数学的本质,掌握数学思想方法。只有这样,学生才能受到数学科学的熏染,了解数学科学体系,体会数学科学的精髓。

从 20 世纪 90 年代以来,重视数学思想方法的教学已经成为中国数学教育的一大特色。继承和发扬这一优势,是 21 世纪数学教育工作者的一项重要任务。

评价一堂数学课的质量,首先要关注教学过程是否揭示了数学的本质,让学生理解数学内容的精神。这里所说的本质与精神,就是数学思想方法。一堂数学课,能够使学生体会到其中的数学思想和方法,属于高品位的数学教学。

哲学是自然科学和社会科学的概括。数学是自然科学和社会科学中数量关系的概括。因此,我们可以从宏观到微观地将数学方法分成以下的四个层次。

1. 基本的和重大的数学思想方法

这是一种宏观的数学思考,往往是一个数学学科的出发点,也会依托于一种哲学范畴的数量化。

● 形式和内容是一对哲学范畴。世间万物都有自己的物质运动形式,或者物理运动,或者化学运动,或者社会运动,等等。但是数学是纯粹的形式。0,1,2,3,4,…这样的自然数,就是一种抛开具体内容的纯粹的数量形式。但是,形式并非自由意志的创造物,形式服从内容。所以,数学要联系实际,反映现实世界中运动的关系,用于实际的应用。

● 运动与静止也是一对哲学范畴,它的数量化就是常量数学和变量数学。函数思想反映物质运动时变量之间的依赖关系,微积分思想则是跨越无限,成为研究函数变化率的锐利工具。中学里学习变量、函数,研究函数的性质,把函数作为一种模型,就是为了从数量上把握运动。

● 偶然与必然。这对哲学范畴的数量化,形成了确定性数学和随机性数学。概率论是研究随机现象的数学,数理统计则是通过分析数据的随机性产生的学科。今天,我们重视概率与统计方法,正因为世界上充满着偶然性,而且偶然性后面具有某种必然性。掷硬币可以随机地出现两种情况,但是在大量的投掷下,最后呈现各为 $\frac{1}{2}$ 的概率。人们设法用背后存在着的必然规律把握偶然,认识偶然。

- 现象与本质。任何事物都有现象和本质两个方面。在数量关系上也是如此。给定一个情境,其中有各种量以及各种量之间的关系。那么,哪些量是重要的、本质的? 哪些量是无关的、可以忽略的? 哪些关系反映了数量变化的本质? 这就是数学模型方法。数学建模过程,就是透过现象看本质,建立起一种可以进行分析研究的模型,借以观察变化,获取特性,推测未来。一个著名的例子是欧拉的多面体定理。不管一个多面体的形状多么奇特,尺寸如何变化,总有公式:点数+面数-棱数=2。多面体的外形是现象,它的拓扑特性才是本质。

- 原因与结果。世界上万物都有一定的因果关系。揭示因果关系是各门学科的任务。数学承担的任务是揭示彼此间的逻辑关系。它可以不管哪个原因导致哪个结果,却是一般地讨论因果之间的逻辑联系:充分条件、必要条件、排中律、传递性等。

其他如精确与近似(计算数学)、整体与局部(函数的整体性质与局部性质)、同一与差异(模糊数学)等,都是考察重大数学思想方法的视角。这些重大的数学思想方法,是作为一个数学教师的重要修养。我们在大学读了很多的高等数学,打好数学基础,就是为了用高观点来指导我们的数学教学,以免"一叶障目",迷失大方向。要掌握这些宏观的数学思想方法,多半需要教师有意识地加以阐述,将自己的深入理解,渗透在课堂教学之中。教学时应充满感情,言简意赅地加以点拨,所费时间不多。

2. 与一般科学方法相应的数学方法

数学方法是一般科学方法的特例。自古以来,人类在认识世界的过程中积累了许多科学方法。数学也可以拿来使用,不过数学还有自己的特点。

- 分析与综合。对一个事物进行分析,首先要进行分类。数学的分类强调"不重不漏"。这是为了保证数学结论的完备性和独立性。比如要考察一个有关实数 x 的结论,你就得讨论 $x>0, x=0, x<0$ 三种情形,彼此不重复也不遗漏。数学分析学是一个庞大的数学分支。这是指无穷小的分析,是其他学科所没有的。数学的综合,更多的是体现在数学学科之间的交融,例如代数学与几何学的综合,即常说的数形结合的方法。此外,如微分几何学则是微分学和几何学的综合,等等。

- 归纳与演绎。数学是一门演绎的科学,主要是运用演绎论证,达到数学的真理性。同时,数学也使用一般的归纳法。在进行数学猜想的时候,就要根据已知的事实,归纳得到一些结果,然后再进行演绎的论证。"合情推理"正是建筑在归纳的基础上。此外,体现数学"演绎"特征的数学归纳法是跨越无限的思想实验。由于在描述具体事物时通常只能进行有限的归纳,因此这是数学所特有的。

其他如观察、类比、联想等一般科学方法，都可以用于数学。至于野外考察、用仪器做实验、社会调查等方法，数学就用得比较少。实际上数学也有实验，不过多半是思想实验，即假定某条件，那么会有某结果，因而可以达到目的或者否定命题。近几年，由于计算机和计算器技术的使用，我们也常常做一些计算性的检验，通过计算一些特例得到普遍的猜想，甚至用近似方法逼近最后的结果。方兴未艾的"计算机模拟实验"正在成为一种常用的数学方法。例如，问"100以内的自然数，有哪些能够表示为自然数的等差数列之和？"计算机用枚举法就可以把所有的解找出来。这就是实验。

关于分析与综合、归纳与演绎等数学方法，是在教学过程中潜移默化地进行的。"润物细无声"，单靠讲解是没有用的，只能在教学实践中慢慢体会，逐步形成。

3. 数学中特有的方法

数学科学所使用的方法中，有许多是数学特有的。这种方法，不仅需要了解，还需要单独的训练，成为数学技能的一部分。

最重要的是公理化方法。欧氏几何公理体系是公理化方法的典范。自然数公理、实数系公理、复数系公理，也是大家熟知的。代数学中"群"的定义，实际上是"群"的公理。

数学中最常用的是化归方法。即把需要解决的问题经过逻辑和等价的变换，归结为已知的事实。中学数学解题多半要用化归方法加以证明和求解。例如，分式方程、无理方程等往往化成一元二次方程来处理。徐利治先生的一项创造性的概括——"关系、映射、反演"方法，也是一种化归，为大家所一致重视，并得以广泛应用。例如，为了计算两数的乘法（关系），用对数（映射）将它化为两个数的加法，再用反对数求得结果（反演）。值得指出的是，关键在于映射的选取，要使得映射的前后能够保持某种性质的不变性，例如同构。同构也是一种重要的数学方法。对数映射将数的乘法对应为数的加法，这是同构。没有同构，反演也就无从说起了。

中国数学教学中，借助坐标系实行数形结合和转换的方法，因华罗庚先生的提倡广为流传，事实上这也是对数学教学十分有用的方法。这是中国数学教学中一个突出的特点，值得多多研究与发扬。

前面说过，函数思想和极限方法，成为中学数学思想的一个主题。这种处理无限过程的思想方法，是人类理性思维的巨大胜利。

方程思想是永恒的"好"数学。当人们寻求未知量的时候，就会想起方程。方程从简单到复杂，一直到微分方程、积分方程。它的意义绝不仅仅是会按程式解几个方程,而是在于把未知量和已知量联系起来的等式模型。

概率统计方法。这是处理随机现象的数学思想方法,十分重要。

可以说,函数思想、方程思想和概率统计思想,是中学数学教学中最重要的三种基本思想方法。其他如数学不变量(守恒)方法、数学表示方法、逐步逼近方法等也主要在数学中产生和使用(当然也可部分地迁移到其他科学)。这种数学所特有的方法,需要有目的地加以培养。它们是普通民众数学素质的组成部分。学习数学的目的,不仅仅是解题。当人们离开学校以后,数学公式可以忘记,恰恰是这些数学思想方法将会长期地起作用。

4. 中学数学中的解题方法

中学数学解题方法,是解题策略的选择。这方面有专门的著作,可以设置专门的选修课。这里我们叙述一些基本的原理和步骤。

第一步,判断问题的类型,找出问题的数学核心所在。如前所说,面对一个数学问题,首先要判断它属于哪一类问题,是函数问题、方程问题还是概率问题,它所问的实质是什么,是证明、化归、定值、轨迹、优化等的哪一类。这些大方向的判断,需要平时具有运用数学思想方法的经验积累。方向正确了,解题才能应付自如。

第二步,掌握一些基本的原则。其中包括:

(1)模型化原则。把一个问题进一步抽象概括成一种数学模型,这里既有数学应用的模型,也有纯粹数学问题的进一步抽象。

(2)简单化原则。这就是把一个复杂问题拆成几个简单问题,或者选择一个特例寻求其规律,还可以在诸多条件中抓住关键等。

(3)等价变换原则。这就是前面说过的化归方法。把一个未解决的问题化成一个已知的情形,保持问题的性质不变,答案不变。

(4)映射反演原则(RMI)。在一个领域内难以处理的问题,通过映射转移到另一个领域去处理。数形结合是通常使用的一种。

(5)逐次逼近原则。当一个问题的解答不能满足问题的所有要求的时候,可以先满足第一个要求,再满足第二个要求……逐步接近最后的解答。当然也包括求近似解,逼近到一定的程度,就算符合要求。

第三步,选择适当的技巧。包括因式分解方法、配方法、待定系数法、换元法、降维法和消元法、不等式的放大缩小法、参数方法、枚举法、计数方法等。这些方法,都必须通过实际演算逐步地领悟,并能灵活运用。

上述四个层次,从重大数学思想到具体数学技巧,各有特点和变化规律。大量的解题案例,需要专门的著作加以阐述。读者可以参考有关的书籍。

第六节　数学活动经验

新一轮的义务教育数学课程标准与高中数学课程标准,都比较注重基础知识、基本技能、基本数学思想和基本数学活动经验。这一"四基"的提法,在中小学数学教育的理论和实践界已得到广泛认同。

一、什么是基本数学活动经验

数学教学要创设源于学生生活的情境,尽量贴近学生的日常生活经验。这已经成为大家的共识。但是,数学其实不完全是从现实生活情境中直接产生的。人们基于日常生活经验,还必须通过一些感性或理性的特有数学活动,才能把握数学的本质,理解数学的意义。所谓基本数学活动经验,是指在数学目标的指引下,通过对具体事物进行实际操作、考察和思考,从感性向理性飞跃时所形成的认识。数学活动经验的积累过程是学生主动探索的过程。

基本数学活动经验有以下的特征。

1. 基本数学活动经验,是具有数学目标的主动学习的结果。数学经验来源于日常生活经验,却高于日常生活经验。比如,同样是折纸,可以是美学欣赏,可以是技能训练,但也可以是数学操作。作为数学活动的折纸,其目的是学习数学,包括学习轴对称概念、图形的运动、图形的不变特征等。没有数学目标的活动,不是数学活动。

2. 基本数学活动经验,专指对具体、形象的事物进行具体操作和探究所获得的经验,以区别于广义的抽象数学思维所获得的经验。如果把抽象思维都算作"数学活动",那就过于泛化了。例如,将一堆纽扣进行分类,可列入基本数学活动,但把自然数分为质数与合数,就属于抽象思维活动。

3. 基本数学活动经验,是人们的"数学现实"最贴近现实的部分。人们学习数学,逐步形成了个人的数学现实。数学现实像一座金字塔,从与生活现实密切相关的底层开始,一步步抽象,直到上层的数学现实。高度抽象的数学概念,无法在具体的生活现实中找到原型,从素数、合数直到哥德巴赫猜想,已经没有直接的生活原型了。学生学习数学,要把握一大批从生活现实上升为数学现实的完整认识过程。

4. 学生积累的丰富的数学活动经验,需要和探究性学习联系在一起,使其善于发现日常生活中的数学问题,提出问题,解决问题。学生在发现问题、提出问题和解决问题的过程中,又获得一定的数学活动经验。

二、基本数学活动经验的类型

数学经验,依赖所从事的数学活动具有不同的形式。大体上可以有以下不同的类型。

1. 直接数学活动经验:直接联系日常生活经验的数学活动所获得的经验。

这种经验是日常生活经验的扩充,但是具有一定的数学目标。小学生往往不能回答什么是"0.1",却能够说出:"0.1元就是1角。"可见,学生掌握的数学知识中,有相当一部分直接来源于日常生活现实。我们应该主动地设计源于实际生活的数学活动,让学生体察其中的数学底蕴,获得相应的数学经验。例如,

- 三角形分类和日常生活中具体对象的分类。
- 从平面上位置的确定发展为平面坐标系。
- 根据银行信息计算各种利息。
- 组织旅游活动时制订预算。
- 通过摸球活动体会随机事件的概率。
- 收集本班同学身高的信息,进行初步数据处理。
- 梯子的数学。考察梯子斜靠在墙上形成的直角三角形,从中可以研究投影、斜率、三角比等一系列的数学问题。

这些活动,已经出现在"数学课程标准"以及大量的课案当中,渐渐地成为大家的共识。需要注意的是,这类直接源于生活经验的数学活动,必须有明确的数学目标,体现数学本质,不能停留在原来的生活经验上,下面还会论及。

2. 间接数学活动经验:创设实际情境构建数学模型所获得的数学经验。

这些情境,依时间地点的不同和教师的关注程度,组织起适当的数学活动,最后以数学建模的方式,获得应用数学解决问题的实际经验。由于实际情况非常复杂,课堂上使用的情境,经过提炼、简化、筛选,距离实际状况有一定的距离,但是仍然是密切结合实际的数学体验。

- 鸡兔同笼的模型,学习算术解法或者方程解法。
- 在矩形场地上,以一半面积设计花坛,要求美观。
- 结合嫦娥登月工程,学习椭圆知识。
- 用多媒体手段,观察掷硬币时有数字一面向上的统计规律,体验大数定律的意义。
- 三角函数周期性图像的获得。

这类活动的特征是模拟。我们面对一个真实的"鸡兔同笼",不会只知其总头数和总脚数而不知道各自的头数。这是一个想象的模型。嫦娥登月工程不是我们设计、操作的,是在假想的模型中进行观察和探索。

　　3. 专门设计的数学活动经验：由纯粹的数学活动所获得的经验。

　　这类活动，是具体的数学操作，专门为数学学习而设计的。它们是具体的、形象的、肢体的活动，却充满着数学意味。例如，

- 扳手指头数数。
- 用算盘学习位置计数制。
- 测量三角形内角和。
- 研究任意三根棒能否构成三角形。
- 尺规作图。
- 通过测量给出圆周率的近似值。
- 制作立体几何模型。
- 用计算器作数学运算。

　　这些活动，在生活现实中是没有的，只有学习数学和运用数学时才遇到。我们把它看作日常生活现实在数学上的扩充。例如尺规作图，是纯粹的数学操作，但是有肢体活动，有形象显示，能够促进数学思考。这些活动，在历来的教学大纲中多有提及，只是缺乏明确的规定和实施的指导。我们应当有意识地加以积累，使之成为数学学习的有机组成部分。

　　4. 意境联结性数学活动经验：通过实际情境与意境的沟通，借助想象体验数学概念和数学思想的本质。

　　这类数学活动经验，不是直接产生于某种实际活动，而是将抽象的数学概念和法则，借助举例、比喻、联想等方法，寻求某种具体的形象化的支撑，获得具体的意象固着点，获得某种相对现实的数学经验。

　　例如，

- 正负数的加减运算，规则很多，实际的生活原型是"抵消"。3-4 正负抵消之后，剩下的是-1。
- 向量的数量积：购货时的付款金额就是"数量向量"和"价格向量"的数量积。
- $\sqrt{2}$ 是实际存在的量：边长为 1 的正方形的对角线长度。
- 多米诺骨牌与数学归纳法。
- 轴对称运动与诗词上下联的对仗，都是在变化中保持某种不变性。
- 极限的文学意境："一尺之棰，日取其半，万世不竭"，以及"孤帆远影碧空尽"的动态过程。
- 方程、函数与"关系"。

　　尽管以上的分类不是完全的，但是已经可以看到基本数学活动多种多样、内容十分丰富。我们的任务是在适当的数学课堂教学中设计和运用这些基本活动

经验,使得学生能够为抽象的数学找到具体形象的原型,增进数学理解。

三、积累数学活动经验的教学策略

如何积累基本的数学活动经验,使之成为学生形成数学现实、构建数学认知的现实基础,是数学教学贯彻素质教育的重要课题。

1. 数学活动应该成为数学学习的有机组成部分,不能可有可无。

总结精选课题,形成一批具有保留价值的经典案例。例如,经典情境创设:巨人的手(弗赖登塔尔经典情境):昨晚,外星人访问我们学校,在黑板上留下了巨人的手印,今晚他还会来,请你设计巨人使用的书籍、桌子和椅子的尺寸。

显然,这是一个学生喜闻乐见的故事。要求学生从事有关"相似"以及"比和比例"的数学活动。活动内容包括度量"巨人"和"我"的手(例如中指),找出两者的比值,然后按这个比值,放大我们的书籍以及桌椅的尺寸。

数学教学中,让学生用刻度尺度量是常有的活动。这个经典活动的特点是:学生们通过度量活动不只是得出一些尺寸数据,而是紧紧围绕"比值"不变的思想,将度量和几何上相似的概念密切结合起来。这样量,量得有价值、有意义。可以相信,这种自己动手、探究体察出来的数学经验,将会长远地保存在记忆里,成为"比例""相似"等数学概念的现实基础。

2. 数学活动来源于日常生活,但是高于日常生活。

我们常常看到一些教学活动,把大量的时间花在重复日常生活经验之上,不能高于生活,失去了数学活动的意义,于是也得不到正确有效的数学经验。

例如,在初中阶段,坐标系的价值不再集中于描述"位置",而是用来表示数学对象,这样的数学活动才能获得有价值的数学经验。

3. 拓展生活现实领域,扩大数学经验的范围。

我们应该深入挖掘数学活动的现实源泉,通过联结与想象,使得抽象的数学找到现实的固着点,包括在意境上彼此沟通,从而获得有益的数学经验。前已提及,学生会认为"0.1 元是 1 角"。这一事例再清楚不过地表明了抽象数学需要一个生活上的固着点。

总之,积累"基本数学活动经验",形成比较完整的数学认识过程,构建比较全面的数学现实,对于提高我国的数学教学质量,帮助学生获得良好的数学教育,具有重要的意义,值得我们认真加以研究、贯彻实施。

第七节　　数学教学模式

前面几节,我们从数学教育的目标设置,教学原则的确立开始,就数学知识、数学能力、数学思想方法、数学活动这四个维度提出了进行有效合理的数学教学的建议。这一节,我们将阐述数学教学中经常使用的数学教学模式。

俗话说"教无定法"。研究了解数学教学模式,不是为了"套用模式",而是为了"运用模式",最终实现教师的教学从"有模式的"教学向"无固定模式的"教学转化。

一、几种基本的数学教学模式

教学实践是数学教学模式理论生成的逻辑起点。数学教学模式作为教学模式在学科教学中的具体存在形式,是在一定的数学教育思想指导下,以实践为基础形成的。数学教学模式通常是将一些优秀数学教师的教学方法加以概括、规范,使之更为成熟、完善,并上升为一种行之有效的理论体系,体现了数学教育理论与实践的统一。

这里,我们依照教师在课堂上所起作用的强弱、学生参与程度的大小分为以下五个基本教学模式。这些模式适用于所有课程,并不是数学所特有。但是,在具体运用上,需要对数学有深入的了解。

1. 讲授式教学模式

讲授式教学模式也被称为"讲解—传授"模式或"讲解—接受"模式,自 20 世纪 50 年代以来,一直在我国中小学数学课堂教学中占有重要的位置。在这种教学模式下,教师的教学活动主要表现为对数学知识的系统讲解和数学基本技能的传授,学生则通过听讲理解新知识,掌握数学的基础知识和基本技能,发展数学能力。讲授模式的具体操作过程有五个教学环节:组织教学,引入新课,讲授新课,巩固练习,布置作业。

讲授式教学模式是一种以教师为中心的"传授知识"型的教学模式,其主要特点是注重知识传授的系统性和教师的主导地位,通常适用于概念性强、综合性强或者比较陌生的课题教学中。最大的益处就是教师能通过示范在单位时间里向学生迅速传递较多的知识。建构主义教育学者反对这一模式,认为这使学生处于被动的学习状态之中,乃是机械学习。

事实上,有意义的接受性学习依然是教育的一种主流方式。我国自孔子开始,就坚持运用启发式教学,主张举一反三,使得讲授的内容能够为听众主动接受。许多重大会议上的讲话、优秀的讲座、电视节目中的"演讲节目",都是受欢迎、有效率的讲授。我国的数学教学中,有一种"大容量、快节奏、高密度"的演讲式解题教学,在复习课中大量采用。如果教师对所讲数学内容有深入的了解,学生对解题有迫切的需要,这种教学可以收到很好的效果。在教学中,教师若能将有潜在意义的学习材料同学生已有的认知结构联系起来,而且学生也已具备意义学习的倾向,那么,我们的讲授就是意义讲授,而学生的学习就是意义学习。

但是,讲授式教学,毕竟只是讲授者单方面的活动,听讲者不能参与,相对处于被动地位。因此,局限性很大。这种被称为"满堂灌"的教学方法,对于年龄较小的学生来说,效果尤其不好。

2. 讨论式教学模式

讨论式教学模式自古就有,孔子与门徒讨论,苏格拉底和学生对话,都是讨论。我国数学教学中,从20世纪50年代起,就有课堂上的问答讨论,曾经出现"讲讲、议议、练练"的教学模式。20世纪90年代以来,为了减少"讲授法"的滥用,大力提倡师生谈话模式。它主要是通过师生之间问答式的谈话来完成教学任务。通常,谈话的主要方式是教师提问学生回答,但有时也可以是教师指导下学生之间的相互问答。其主要步骤有:

(1)提出要谈的问题;

(2)将未数学化的问题数学化,并在需要时对问题进行解释;

(3)组织谈话,鼓励学生讨论与争辩,对学生有突破性的建议及时认可;

(4)逐个考察全班学生初步认可的建议的可行性,圆满解决问题后,请学生总结经验和教训,并对曾提出的各种建议作评价,以积累发现的经验。

与讲授式教学模式相比,讨论式教学模式的特点主要表现为在教学中教师和学生的角色发生了转变,即教师由知识的"代言人"变成了教学活动的组织者,学生由知识的被动接受者变成了某种程度知识的建构者。讨论式教学仍然可以由教师为主导。教师提出问题,决定解决问题的导向,归纳讨论的结果等,还是教师起决定作用。

但是,这种教学模式可能走向极端,把"满堂灌"变成"满堂问",学生依然缺乏自主思考的时间,效果同样不好。

3. 学生活动式教学模式

活动式教学模式就是学生在教师的指导下,通过实验、游戏、参观、看电影和幻灯片等活动形式,包括通过感官和肢体操作,全身心地投入数学活动,以获取数学知识、提高数学能力的一种教学模式。其活动单位既可以是一个班的学生,也可以是部分学生,活动场所既可以是课堂,也可以是课外。

其活动方式主要有:量长度、数数目、称体重、画图、做模型、估计、听录音、看教学电影、比较、分类、处理数据、发现规律等。一种比较现代化的活动是使用计算机课件。比如在课堂上,学生两人一组利用几何画板的移动、作图、度量功能动手实验,并在讨论的基础上对实验结果加以描述,提出猜想。然后,教师组织学生用实验数据验证猜想,并最后证明猜想。

除了数学实验形式以外,带有竞争性的游戏也是活动式教学模式的一种主要形式。游戏活动的种类很多,有用于概念学习的,有用于训练推理的,有用于练习几何图形变式的,还有用于练习计算方法的。

例1　教师发给每个学生一张卡片,上面写着一个代数单项式,然后请同学们找自己的"同类项"。

例2　立体几何课要求学生用球体、台体、锥体做年级运动会的奖杯。要写出每个几何体的尺寸和特征。

例3　一位教师在"三角形全等的判定"教学活动中,为了让学生"确定最少需要几个元素对应相等,就可以判定两个三角形全等",采用了"画图游戏"的活动形式进行教学。在课堂上,教师通过投影提供如下材料:

已知:$\triangle ABC$,$AB = 7.3$ cm,$BC = 10$ cm,$CA = 9.0$ cm。$\angle A = 75°$,$\angle B = 60°$,$\angle C = 45°$。要求:

(1)任选已知条件画出和$\triangle ABC$全等的三角形,并用标准图检验。

(2)任选最少的已知条件画出和$\triangle ABC$全等的三角形并用标准图检验。

把满足以上条件的标准图形($\triangle ABC$)印发给每个学生一张,并提供给每人空白白纸(16 开)五张。学生通过"画图游戏"的不断深入,在基本确信了"最少需要三个已知条件才能画出与$\triangle ABC$全等的三角形"的信念,并总结出"两边及夹角相等"条件后,教师开始引入"三角形全等的判定"……

活动式教学模式的一个显著特点是注重直观性,因此,容易提高学生的学习兴趣。通常更适用于较低学段或者是某些较为抽象的数学概念或定理的教学。

活动式教学模式由于所花的时间较多,而且也容易使学生过于关注活动的外在形式,忽视活动本身蕴含着的数学内容,因此不宜在教学中频繁使用。

4. 探究式教学模式

探究式教学模式也称为"引导—发现"模式,其主要目标是学习发现问题的方法,培养、提高创造性思维能力。主要操作步骤有:

(1)教师精心设置问题链;

(2)学生基于对问题的分析,提出假设;

(3)在教师的引导下,学生对问题进行论证,形成确切概念;

(4)学生通过实例来证明或辨认所获得的概念;

(5)教师引导学生分析思维过程,形成新的认知结构。

例4　探究储蓄利率以及"分期付款"的公式。

例5　探索纽约到北京的航线距离。

教师在教学中运用探究式教学模式,不仅使学生体验数学再创造的思维过程,而且还培养了创新意识和科学精神。目前,这种教学模式在高中阶段的研究性学习和课题学习中广泛使用。由于"研究性学习"作为数学课程的一部分列入正式课表,探究式教学正在迅速发展。

5. 发现式教学模式

发现式教学模式是指学生在教师的指导下,通过阅读、观察、实验、思考、讨论等方式,像数学家那样去发现问题、研究问题,进而解决问题、总结规律,成为知识的发现者。其基本程序是创设情境,分析研究,猜测归纳,验证反思。其显著特点就是注重数学知识的发生、发展过程,让学生自己发现问题,主动获取知识。因而,有利于体现学生的主体地位和解决问题的方法,一般适用于新课讲授、解题教学等课堂教学,也可用于课外教学活动。

教师在一些重要的定义、定理、公式、法则等新知识的教学中,让学生去揭示结论的探索过程,并积极为学生创设再发现的机会和条件,使学生在探索发现过程中得到思维能力和创新精神的培养。在课外活动中,可以让学生根据自己已有的知识经验去发现和探索现实生活中的数学问题。

例 6 以小组为单位,让学生运用所学的数学知识调查,进而发现所在城市某路段一天车流量的高峰和低峰时段的基本情况,在此基础上,设计一张公交车辆运营调度表,给交通管理部门献计献策。

例 7 农村地区的学生可以调查某村、某寨的蔬菜和水果的种植与销售情况,根据调查结果,发现种植与销售环节之间存在的问题,提出一个种植与销售"一条龙"服务的计划。

例 8 探索"单摆"和三角函数的关系。

发现式教学模式的好处就是能使学生在发现中产生"兴奋感",从"化意外性和复杂性为可预料性和简单性"的行动中获得理智的满足,同时获得具有"迁移性"的数学能力,达到举一反三的效果。不过,由于这种教学模式主要用于一些思维价值较高的课例教学中,因此,只适合在程度较好的班级中实施,而不宜在程度较差的班级中采用。由于"发现式学习"所需时间较"系统学习"多,因此,这种教学模式也不宜频繁使用。

二、当前我国数学教学模式的发展趋势

当前,我国广大数学教育工作者在教学实践中对教学模式进行了大量的探索和研究,呈现出以下趋势:

(1)教学模式的理论基础进一步加强。现代教学模式的心理学色彩越来越浓厚,特别是对建构主义的研究的兴起,以及现代教育心理学的研究成果和对数学哲学观、数学方法论的研究,使数学教学模式得到了很大的发展。这在小学阶段比较明显。对于中学阶段的"高级数学思维"来说,现代心理学研究还无法有效进入。

（2）教学模式由"以教师为中心"，逐步转向更多的"学生参与"。这种发展趋势主要是由于建构主义学习理论，特别是以人的发展为本的教育思想的影响，使得教师与学生在教学中的关系发生了许多变化。但是，学生如何真正参与，而不是只图表面热闹，还需要不断努力研究解决。

（3）现代教育技术成为改变传统教学模式的一个突破口。在现代教育技术下，不仅教学信息的显现呈现多媒体化，学生对网络信息择录的个性化得到加强，而且学生面对丰富友好的人机交互界面，其主体性也得到充分的发挥。

（4）教学模式由单一化走向多样化和综合化。传统数学教学模式与新的数学教学模式相比尽管有自身的不足，但决不能简单地抛弃。事实上，在我们所研究过的教学模式中，没有一种教学模式比其他教学模式都要优越，以至成为达到特定教育目标的唯一途径。因此，在数学教学中，提倡多种数学教学模式的互补融合，而这同时也是实现数学新课程知识与技能、过程与方法、情感态度与价值观目标体系的需要。

（5）研究性学习列入课程之后，随着"创新教育"的倡导，探究和发现的数学教学模式将会有一个大的发展。

第八节　数学教学的德育功能

学校里，课堂教学是实施教育的主渠道，德育自然也要借助各门学科的教学实施。社会科学的德育内涵比较明显，知识和品德的融合相对较为容易。至于自然科学的各门学科，由于反映的是大自然的客观规律，而规律本身没有阶级性，也不因民族的不同、国家的差异、人品的高下而有任何的区别。因此，自然科学学科进行德育教育的途径比较少，其中最为抽象的数学学科，似乎离德育最远。但是，数学也是人创造出来的意识形态，必然会打上社会的烙印。同时，教师和学生都是社会的一分子，如何理解数学、运用数学、欣赏数学，依然具有人文色彩，数学同样可以作为思想品德教育的有效载体。数学是学校中的主课，通过数学教学渗透德育，开发数学学科德育功能，尤其显得重要。

一、数学德育总体设计

总结多年来的数学教学实践，数学学科的德育可以有以下的架构：
- 一个基点：热爱数学。
- 三个维度：人文精神，科学素养，道德品质。

- 六个层次(按数学本身,逐步和数学以外领域的联系紧密程度排列):

第一个层次:数学本身的文化内涵,以优秀的数学文化感染学生;

第二个层次:数学内容的美学价值,以特有的数学美陶冶学生;

第三个层次:数学课题的历史背景,以丰富的数学发展史激励学生;

第四个层次:数学体系的辩证因素,以科学的数学观指导学生;

第五个层次:数学周围的社会主义现实,以昂扬的斗志鼓舞学生;

第六个层次:数学教学的课堂环境,以优良的课堂文化塑造学生。

上述的一个基点、三个维度以及六个层次,着眼于对我国长期坚持数学学科德育的总结。希望通过以下的理论阐述和实践报告,有助于数学学科德育的进步。

首先让我们做一个简单的历史回顾。

1990 年颁布的《全日制中学数学教学大纲(修订本)》这样写着:

"结合数学教学内容对学生进行思想教育。要用辩证唯物主义观点阐述教学内容,揭示数学中的辩证关系,并指出数学来源于实践以及它在生产、生活和科学技术领域中的广泛应用,对学生进行辩证唯物主义教育。通过对我国古今数学成就的介绍,培养学生的爱国主义思想,民族自尊心,为国家富强、人民富裕而艰苦奋斗的献身精神。通过教学,还应锻炼学生的坚强意志和性格,培养学生的严谨作风,实事求是的科学态度和独立思考、勇于创造的精神。"

这段文字,可以归结为以下三条:

- 通过数学史培养学生的爱国主义精神;
- 通过数学内容培养辩证唯物主义世界观;
- 通过数学演练形成良好的个性品质。

这当然是对的,但是并不完善。

那时候,数学的德育案例,主要是"正与负"的矛盾,函数使运动进入数学,数形结合等的辩证分析,另外就是祖冲之在圆周率上的成就比西方早几百年等。至于数学的严谨带来的思维品质,则本来是数学的特点,如不加以引申和强调,往往没有什么特别的德育意义。长期以来,"语录式"德育比较盛行。往往是引用一段名人语录,联系一个数学例子,"穿靴戴帽"一番,就算完成德育任务了。这种贴标签式的说教,实际收效并不大。

随着时代的进步,数学学科德育应该有更广阔的视野、更丰富的德育资源、更有效的德育渠道。

20 世纪 90 年代的数学教育工作者觉察到这些问题,开始不断补充一些新的内容。例如,在 2002 年颁布的《全日制普通高级中学数学教学大纲》中,就出现了一些新的提法。其中在提到数学史时不仅限于中国数学成就,也包括世界数学的发展。此外还提出要帮助学生体会数学的文化内涵,欣赏数学的美学价值,树立科学的世界观和人生观等。这都是以前所没有的。

另一方面,也是在 20 世纪 90 年代,应试教育越演越烈。片面追求高考升学率的功利主义,将整个数学教学的目标锁定在考试成绩上,数学课堂中的德育功能逐渐弱化。相当多的学生只是为考试而学习数学,一旦考试通过,就再也不愿意碰数学了。

进入 21 世纪以后,中小学的"数学课程标准"相继颁布。其中明确地提出了数学教学的情感目标,注意让学生结合自己的日常经验体会数学的发生过程,提倡数学教学中的相互合作,努力激发学生学习数学的兴趣,用数学的"生活化"发展学生的数学情感,借以抑制"功利化"的数学动机。这些,都是积极的举措。但是,这些新的理念,只是遵循教育的一般原理,在"自主、探究、合作"的层面上提出要求,还没有触及数学学科德育的本质,找到更多的德育教学途径。

在回顾过去的数学学科德育的基础上,我们觉得应该从数学本身的价值中体现其道德价值,而不能从数学外部硬性赋予德育功能。数学的智育和德育做到真正的融合,才是我们努力追求的目标。

二、关于"一个基点"和"三个维度"

数学教学中体现德育的前提是"让学生喜欢数学",衡量一个数学教师实施德育是否成功的基本标准是"学生是否热爱数学"。可以说,让学生热爱数学是数学学科德育的基点。如果学生只是奉命学习数学,为功利学习数学,甚至讨厌数学,那就什么都谈不上了。

喜欢数学,承载着许多德育内涵。一个学生,能够从喜欢数学开始,进一步热爱是非分明的数学真理,追求数学理性的科学精神,接受数学真善美的熏陶,崇敬数学先贤的伟大贡献,数学德育的基本要求也就达到了。

从历史上看,进行道德教育的渠道,主要有三个方面。首先是权威的指导,通过政府部门、社会机构、贤达名人等发布的指导性建议,传统经典的诵读等,使人们受到道德教育。其次依靠舆论的约束。每个时期都有一定的道德规范,社会的舆论制约着人们的行为,让人们知道什么应该做,什么不可以做。第三则是文化的熏陶。学校教育、民俗传统、文学艺术、科学意识等,无声地感染着人们的心灵。数学是一种文化,因而数学教育能给学生以某种文化熏陶。

既然只是一种文化熏陶,数学教学的德育功能就是有限的,不能指望通过数学教学使学生养成完善的人格。但是,在今天的信息社会,数学文化越来越显得重要。数学可以在很大程度上使人脱离低级趣味,具备健全的思维品质和道德取向。

三、关于"六个层次"的设计

从喜欢和热爱数学开始,我们展示数学德育的六个层次。展开的顺序是从数学本身的文化,到本身的数学美,再纵向地跨到数学史,上升到数学哲学层次,然后是联系数学以外的现实,最后则是并无太多数学特征的课堂文化。以下依次做简短的阐述。

最核心的当然是数学本身所承载的文化,即数学文化。近年来,数学文化是一个热点。不过许多人仍然把数学文化等同于数学史,讲点故事,说说数学家的生平事迹就完了。实际上,数学文化的范围很宽。比如,你能从"对顶角相等"看到民主政体吗？中国古代数学为什么没有对顶角相等这样的命题？从数学本身看到理性精神的价值,具有文化层面的内涵。

例如,数学的对称,其实和"上联对下联"的想法差不多。几何学的"对称"和文学上的"对联",都要变,又都保留一些东西不变。数学对称的不变量(长度和角度不变),就相当于上下联之间"工整对仗"的不变性。再如,初唐诗人陈子昂的诗:"前不见古人,后不见来者;念天地之悠悠,独怆然而涕下。"这是人类对"四维时空"认识的文学化。这样想开去,数学文化就非常丰富了。

第二个层次仍然是数学所固有的,数学之美。数学美,一般只是说"黄金分割"、二次曲线等几何外观的美。但是更重要的是中小学数学中固有的美。数学美有"美观""美好""美妙""完美"四个层次。例如,$\frac{1}{2}+\frac{1}{3}=\frac{2}{5}$,很漂亮,然而是错的。它虽然体现了一种"方便""简单"之外观美,却像罂粟花那样"美丽但有毒"。进一步,二次方程求根公式的外观很丑,但是很好用,恰如《巴黎圣母院》中的钟楼怪人,丑陋而内心美好。王维的名句"孤帆远影碧空尽,唯见长江天际流",正是数学中"极限"概念的美学意境。任意三角形的三条高交于一点,何等美妙？"众里寻他千百度,蓦然回首,那人却在灯火阑珊处",是解决数学难题时"美妙"的心境。完美的分类、完美的解答、完美的体系,则属于数学美更高的水平。

第三个层次,要稍微离开数学内容本身,联系到它的发展历史。说到数学史,自然就会联想到中国古代的数学成就,借以增强民族自豪感。例如,祖冲之的圆周率计算比外国早几百年,是最常用的例子。这当然是对的。但是也要注意不能过于狭隘。因为,中国古代数学尽管有辉煌的成就,但是总体上比古埃及、巴比伦和古希腊的数学要晚。数学史的德育功能,不能只是建筑在"祖先的某项工作比别人早多少年"的基础上,而要用历史唯物主义的观点,实事求是地分析,基点应当放在今天如何追赶世界先进水平的实际行动上。

　　第四个层次,则是哲学上的分析。通常只是说"正与负、乘方与开方,微分与积分"等矛盾的揭示,函数是变量,"辩证法进入了数学",正面联系辩证唯物主义的几个观点很好,但是不够。正确的数学观需要教师培植。现在弥漫在数学课堂中的"数学=逻辑"的观点,把美貌动人的"数学女王"用 X 射线拍成了一副骨架的照片,毫无生气。树立正确的数学哲学观,才是我们应当做的重点。

　　第五个层次,要离开数学联系社会现实,但和数学紧密结合。这也是进行思想政治教育的重要途径。近年来,用等比级数求和探究"我国 GDP 增长""人口增长""购房贷款""环境保护"等,非常之多,这是进步。但是,联系实际也有深浅之分。例如,同样是"级数求和",可以联系旧社会的高利贷,但是如果阐述超经济剥削使杨白劳还不起债,这就把数学和阶级教育结合起来了。德育的运用,在于巧妙的设计。

　　最后一个层次,是课堂文化的营造。课堂文化,是从国外传入的名词,目前在国内尚不流行。不过,顾名思义,课堂文化并非难以捉摸的东西,而是普遍存在于课堂之中的文化现象。它是由国家教育传统、学校和班级的风气、教师个人的修养和作风等诸多因素形成的一些不成文的规定、弥漫于课堂的特定氛围以及制约师生行为的习惯等文化现象。中国封建时代的私塾、新中国成立前的教会学校、管理严格的精英学校、平凡质朴的乡村学校,各有各的校风,一个学校各个班级的课堂上,也会有不同的课堂文化。这一点,我们凭直觉就可以想象。

　　课堂是一个小社会,教师是这个社会的"领导人",学生是其中的"公民"。在这个特定社会的文化内涵里,有三个最重要的因素:创造、民主、合作。创造,是数学课堂文化的灵魂。教师应该是一个具有创新精神的学者。在教师的感染和鼓励下,学生应在学习数学基础知识的同时,具有对未知事物的强烈好奇心,努力探索新知的抱负和决心,以及克服困难获得成功的意志和信心。当然,学生的数学创造能力很有限,他们将来不必都成为数理科学家,但是创新精神、探索好奇、感受成功,则是人人都需要的。

　　数学课堂特有的气氛,是应该特别注意的。数学的答案通常是唯一的,数学课堂主要是"思想实验",数学难题可以锻炼学生的勇敢、正直的品格。例如,有一个船长年龄问题:"一条船上有 75 头牛,32 头羊,问船长几岁?"这明明是一道"不能做"的题目,结果大多数学生却"能"算出来 75-32=43(岁)。这涉及坚持真理的自信问题,也正是数学教师进行德育教育的契机。

　　现状是学校里竞争过度。把学生的数学成绩公布,刺激学生争名次,实际上是摧残学生心灵的刀子。如果说,科举考试、金榜题名是传统文化的一部分糟粕,那么"以分评教"和"按分排名"就是当今课堂文化中的垃圾。曾经有这样的事:期中考试后,一个考得本班数学第一名的学生,在公布的成绩单上写了一句话:"让那些不服气的人看看!"把学生之间的敌对情绪挑动得如此激烈,岂不是垃圾文化?

总之,身教重于言教。教师的行为举止,能胜似一场演说,课堂上的一件小事,会抵消千言万语。"好雨知时节,当春乃发生。随风潜入夜,润物细无声。"让我们重视数学课堂文化的建设,使学生在数学课堂里经受到社会主义文明的洗礼。

思考与练习

1. 回忆你经历过的一次印象深刻的数学活动。
2. 数学活动经验是否应该包括纯粹的数学思维活动经验?谈谈你的看法。
3. 设计一个有价值的数学活动。
4. 数学教学模式是怎样形成的?
5. 数学教师应如何进行教学模式的选择?
6. 当前我国中小学数学教学模式有哪些特点?
7. 数学学科德育与其他学科的德育有何异同?
8. 叙述你新接受的或者你新实施的数学德育案例。

参 考 文 献

[1]　弗赖登塔尔.作为教育任务的数学[M].上海:上海教育出版社,1992.

[2]　张奠宙,唐瑞芬,刘鸿坤.数学教育学[M].南昌:江西教育出版社,1996.

[3]　徐利治.论数学方法学[M].济南:山东教育出版社,2001.

[4]　张艳霞,龙开奋,张奠宙.数学教学原则研究[J].数学教育学报,2007(2).

[5]　张孝达,陈宏伯,李琳.数学大师论数学教育[M].杭州:浙江教育出版社,2007.

[6]　FREUDENTHAL.Didactical phenomenology of mathematical structures[M].Dordrecht:Reidel,1983.

[7]　史宁中.《数学课程标准》的若干思考[J].数学通报,2007(5).

[8]　张奠宙.关于数学知识的教育形态[J].数学通报,2001(5).

[9]　FREUDENTHAL.Mathematics starting and staying in reality[M]//Developments in school mathematics education around the world.USA:NCTM,1987.

［10］　张奠宙,马岷兴,陈双双,等.数学学科德育:新视角·新案例［M］.北京:
　　　　高等教育出版社,2007.
［11］　王策三.教育论稿［M］.2 版.北京:人民教育出版社,2005.
［12］　布鲁纳.教育过程［M］.邵瑞珍,译.北京:文化教育出版社,1982.

第五章 数学教育研究的一些特定课题

数学教育的研究领域相当广泛,除了一些全局性的问题之外,还要面对一些特殊的研究领域,包括数学本质的揭示、数学教育心理学、数学文化与数学史、数学教育技术、数学竞赛、数学学困生的教育等课题。

第一节 数学教学中数学本质的揭示

现在的教育目标,除知识技能目标之外,还要注意知识的发生过程,提出了过程性目标,这是完全正确的。不过,比呈现数学过程更高的要求则是体现数学本质。一些粗浅、拖沓的"过程",往往不能反映出数学的真正价值,白白浪费时间。

新加坡数学教育家李秉彝先生说过,数学教育必须做到八个字:"上通数学、下达课堂"。所谓上通数学,就是必须理解数学知识的内涵,揭示数学的本质。但是,数学教学设计中,"去数学化",忽视数学本质的现象时有发生。例如,公开课的展示及其评价,多半聚焦在教育理念的体现、教学方式的选择、课堂气氛的营造、学生举手发言的热烈等方面。至于数学内容的表述、数学本质的揭示、数学价值的呈现,则往往有所缺失。其实,内容决定形式。学生是否能够掌握数学内容,是评价课堂教学是否成功的主要标志。备课,需要思考教材内容的数学本质。

一、透过现象看到本质

数学本质往往隐藏在数学形式表达的后面,需要由教师的数学修养加以揭示。平面直角坐标系的本质是什么? 浅层的理解是用一对有序的数确定点的位置。于是初中数学教学中的大量案例,都把坐标系的价值理解为"位置"的确定。许多教案要求在教室里开展"第几排第几座"的游戏。其实,这种生活化的活动,不能增加对坐标系的理解。实际上,平面坐标系的本质在于用"数"所满足的方程来表示点的运动轨迹,即"数形结合"的思想。引入坐标系的第一节课,拿位置确定作为铺垫可以,更重要的是要引导学生观察和思考:横、纵坐标一样的点是什么图形? 横、纵坐标都是正数的点构成什么区域? 横坐标为 0 的点是什么图形? 这就有数学味道了,更深层次地触及数学本质了。

二、数学操作活动要体现本质

许多数学设计,注意数学活动经验的积累,这是很正确的。但是,数学操作不能停留在表面的热闹,而要加以引导,通过数学活动,体现操作背后存在着的数学本质。

"量一量"是常用的一种数学活动。例如要求学生量出三角形内角和为 180°,量出任意三角形满足正弦定理 $\left(\triangle ABC \text{ 的边角满足等式 } \dfrac{\sin A}{a} = \dfrac{\sin B}{b} = \dfrac{\sin C}{c}\right)$ 等。

"量"是一种有益的活动。但是必须注意,用"量"来得到数学结论,只是一种"物理学"的"证实"行为。"量"必须通向数学本质,在数学价值上进行思考。例如,量三角形内角和,在小学阶段可以到此为止,在中学,恰恰要说明"量"有误差,需要进一步的逻辑论证。至于正弦定理,其本质在于,将平面几何中三角形的边角关系的定性化描述(指"大边对大角,小边对小角")过渡到"定量化描述"。实际上,三角比的价值在于定量化。这是数学本质。

好的度量活动,需要深层次的数学价值作为指导。例如我们多次提到的经典案例:巨人的手,就是如此。学生将画在黑板上的大手和自己的手之间的大小比例找出来,并按这样的比例为巨人设计书的大小、桌椅的尺寸。这里有大量的度量活动,但是紧紧围绕着"比值"不变的相似形特性进行度量,那就量得有数学价值,揭示了数学本质。

三、高屋建瓴地揭示数学知识之间的联系

数学知识之间存在着紧密联系,这是大家都知道的。特别是数学知识之间的逻辑关系,在教材的每一章的小结部分,都画一张逻辑框图,非常醒目。但是,更深层次的知识联系,是数学内涵上的发展与联结。例如:

- 平面几何中的直线、一次函数的图像是直线、解析几何中点的运动轨迹是直线、向量形成直线等知识,彼此是如何关联的?
- 直线上升、指数爆炸、对数增长之间有何规律性?
- "证明"是说服别人接受某结论的手段。证明的种类很多:"举例说明""没有反例""合理解释""操作确认""实验证实",一直到数学上的"演绎证明",

都在生活中和数学课程中反复出现过。彼此之间的关系如何？数学证明的价值
和局限在哪里？

- 平面坐标系中的"点"、平面向量和复数三位一体：

$$点\ A(a,b) \leftrightarrow 向量\ \overrightarrow{OA} = (a,b) \leftrightarrow z = a+bi$$

三者互相一一对应。但是结构上不同。首先,点不能运算。而平面向量有加减,
并互为逆运算。然而向量的数量积,其运算结果不再是向量。此外,向量也没有
除法。至于复数,则有加减乘除,仍旧保持"数"的特性。

上述的许多数学知识,往往分散在许多章节,彼此的关联,往往并不写在教
材上,所以教学中很容易忽略。教师不讲,学生不学,数学本质的内容就在不经
意间失落了。因此,如何构作数学之间的联结,揭示数学本质,成为数学教学的
一个重要课题。

第二节　学习心理学与数学教育

现代数学教育的一个宏观的立足点是数学学习理论。只有真正了解学生的
学习特点和学习规律,才能为课程设置、教材编制、教学设计提供确切的理论根
据。教育心理学是研究在教育情境下人类的学习、教育干预的效果、教学心理,
以及学校组织的社会心理学。

经过一百多年的发展,特别是近二十多年来在脑科学研究的带动下,教育心
理学已经成为一门多学派、多观点相互融合的综合性研究领域。大量的对认知
过程和学习者特征的研究成果,不断加深我们对学习及其影响因素的理解,而这
些理解又在不断影响着实际的教学、评价和教师教育。

今天的教育心理学越来越关心课堂背景下的学科学习,目的是通过实验的
方法解决学与教中的实际问题。其涵盖的主要研究问题有:学习与迁移,动机,
青少年生理与心理的发展,智力与能力,学科的学习心理,评价,教师的效率与专
业发展过程,教学策略,教育技术,心理学研究的方法论、哲学和历史基础等。目
前最主要的派别是行为主义心理学和认知心理学。我们分别做一些介绍。

一、行为主义心理学的影响

行为主义心理学认为,大脑好像一只黑箱,判定"学习"是否发生只能依靠
外显的行为,即按照可以观察的学习结果来判定。行为主义心理学认为,学习是
通过"尝试—错误"的过程,在刺激和反应之间建立联系,从而达到"行为的改
变"。因此,学习要靠重复练习。

20世纪20年代,美国心理学家桑代克编写了《算术心理学》一书,详细探讨了算术教学中如何实施"刺激—反应"的理论,核心思想就是提倡"操作性学习",先将要学习的数学内容,分解成一个个小片段,然后按次序进行操作,反复练习。例如做两位数竖式乘法,其程序是:(1)对好个位;(2)写下两个个位数乘积 A 的个位数字;(3)记住 A 的十位数字;(4)个位数与十位数相乘;(5)所得乘积 B 的个位数字与记住的 A 的十位数字相加;(6)对位;(7)写下和;(8)十位数与个位数相乘得乘积 C;(9)对好十位;(10)写下乘积 C 的个位数字;(11)记住 C 的十位数字;(12)十位数字与十位数字相乘;(13)所得乘积 D 的个位数字与记住的 C 的十位数字相加;(14)写下乘积 D 的十位数字;(15)与程序(13)可能出现的十位数相加。

要求学生通过大量的操练积累,最后完成该课题的学习。这种观点逐步发展为世界范围的数学教学的主导性理论,与后来出现的新行为主义理论等一起,形成了一股理论潮流,引申出许多行为主义性质的教学法。例如"强化训练","程序教学法"等,对数学教育的理论和实践的发展产生了久远的影响。

行为主义的操作性学习观点有一定的合理性。例如,在东亚、东南亚一些国家,数学教学历来强调"熟能生巧"的传统。包括中国在内的一些国家和地区,在许多国际数学教育评价中名列前茅。这从一个侧面说明操作性训练具有一定功效。事实上,要达到"熟"的水平,没有训练是不行的。技能训练,做大量习题是走向熟练的必由之路。对此,一般性的解释是:学生对口诀、公式、法则掌握得滚瓜烂熟,可以使他们在数学探索中以最迅速的办法完成常规性的推导步骤,节省下宝贵的时间来进行艰难的尝试和判断,最后解决难题。

然而,20世纪20年代开始形成的行为主义的操作性数学学习理论,至少有以下一些缺陷。

桑代克的理论起始于对动物的研究。动物的学习与人的学习必须加以区别。即使在人的学习上,也有必要对行为性的学习与智力性的学习加以区别。动作性的操作与思维性的操作是不同的。数学技能和劳动动作、体育动作那样的技能不同,并不是单纯的行为性的学习。例如,学习打字与学习几何证明中如何添加辅助线就是不同性质的学习,行为主义的观点可以说明低级的、动作性的操作学习,但无法满意地解释复杂的智能学习。

在思维性学习方面还要区分:是注重学习结果还是注重学习过程。从本质上看,数学学习主要依靠大脑的思维,即靠内部的机制、内部处理问题的策略和方法展现其过程。"刺激—反应"理论却避开了这些实质性的因素,仅仅把教学当作外部的刺激促动学习,以外部的强化来控制学习,强调对"可观察的反应"作评价。由于它不是正面地、有针对性地触及学习的实质,抓住要点和关键,所以只能触及问题的表面,隔靴搔痒,因而不利于分析、诊断和纠正学生在学习中产生的思维偏差,缺乏确切的指导意义。

将数学学习解释成操作性行为学习的一个后果,是把数学教学内容作简单分解,进行小步子操练。我们常常看到这样的教学设计:把一个完整的数学思维过程加以拆解,化整为零,构成一连串的逻辑"联结"。这样做,很可能把某个专题的基本数学思想方法拆得七零八落,只见树木,不见森林。一步步都完成了,却不知道自己在做什么。整体思想和方法是数学的活的灵魂和精华。正如黑格尔所说:"用分析方法来研究对象就好像剥葱一样,将葱皮一层又一层地剥掉,但原葱已不在了。"

数学内容的整体大于局部之和。一个个局部懂了,一道道题目会做了,并不一定理解了数学的整体。同时,数学本身又不是一门外显的、直观的学科,许多数学规律仅靠模仿和熟练操作很难加以理解和体会。数学的思想有时隐藏得较深,需要做深刻的思考才能发掘出内在的意义。小步子的数学步骤和各种题目的机械练习,使学生往往"只管低头拉车,不顾抬头看路",结果是只知法则不知策略,只知推理不知道理。这时,数学学习就异化为一种本能式的快速反应。这显然不是数学教育的本意。

应试教育的显著特征就是以考试的成绩,即可观察的行为作为评判学生学习好坏的标准。行为主义的观点和方法正好用来为之做解释。让学生进行反复的专门训练和背诵;搞"题海战术",盲目给学生布置大量习题;将竞技体育中训练的要求搬进课堂,要学生"从难从严,进行大运动量训练"都与行为主义的"学习就是操作,操作就能掌握"的指导思想有密切关系。

根据数学教育的建构主义哲学理论的定向,数学教学正在从行为主义的教学观向认知心理学的教学观转变。这是数学教学指导理论上的重大变革。

二、认知心理学对数学教学具有指导意义

认知科学是 20 世纪 70 年代,在学科交融的大趋势下兴起的。这门科学联合心理学、计算机科学、神经科学、语言学、认识论和科学哲学,在高度跨学科的基础上研究人乃至机器的智力和认知。现在认知科学已处于当代科学的前沿,备受重视,而心理学是认知科学的主干学科。在研究形式上,当前的认知心理学更注重对学生的认知结构、认知加工过程和学习策略的研究,把学生的学习看成是一个积极主动的信息加工过程。研究的重点主题是元认知、社会认知、各种认知策略、认知风格、认知技能的获得、问题解决、教学策略,从而揭示认知结构变化规律,探索学习者知识和技能获得的内在心理机制。

以下的几种学习理论,对数学学习有重要意义。

（1）"格式塔"理论。这是最早的一种认知心理学理论，是以行为主义心理学为对立面而创立的。它倡导从人内部的心理过程和心理组织来探讨学习过程。它认为，知觉起源于整体。研究事物，仅从成分或元素去理解是不行的。知识的整体总是大于局部之和，学习不能光靠小步子操作性练习的积累，而要依靠大脑的"顿悟"（领悟）。为此提出，达到顿悟的基本条件和方法是整体即"格式塔"（或称"完形"）组织和再组织，形成结构方面的变化。它同时指出，学习是积极主动的活动，而不是被动接受外界的支配；学习的状况，除了了解学习结果外，更要深入到学习者的内部思维过程去考察分析，作出判断；此外还应考虑到学习的目的、动机、态度等。

（2）发展心理学中的儿童智慧发展理论。这种理论提出了儿童智力纵向发展的阶段学说。例如，皮亚杰提出了学生认知发展的基本标志是有无思维内部的运算操作，由此分析了儿童学习的基本能力及局限，其中有一部分讨论了数学学习方面的问题，对于指导数学教师认识学生思维能力的特点很有启发。

（3）信息加工理论。这一理论将人的智慧与计算机的工作原理做一个类比，以信息处理过程中的要素及关键阶段来解释智力的复杂行为，其中主要是信息的感知、选择和接收，信息的加工编码，存储，提取恢复。特别地，它提出了记忆的概念，提供了分析思维过程、机制的基本工具。

如图5-1所示，记忆分为工作（短期）记忆与长期记忆。所有被大脑接收的新信息都要进入工作记忆，按照需要，与长期记忆中的信息一起处理，组成新的意义。然后，或是送入长期记忆保存起来，或是输出后遗忘掉。长期记忆中的信息都是通过工作记忆加工、编码后保存的。这些信息可在必要时被恢复到工作记忆中，参与新

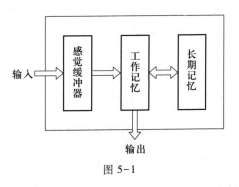

图 5-1

的加工，发挥作用。工作记忆的特点是：保留时间短，容量非常有限，实时加工时仅能处理 7±2 个组块；长期记忆保存知识的时间长，且容量极大。这些特点都要求信息存储时必须实现条理化，以结构的方式组织知识，适应思维做信息加工、存储和提取的需要，提高处理的效率。

苏联的一些心理学家以辩证的观点看待人类的认知。他们认为，学习作为一种活动，是主体、客体及活动过程的统一体。意思是说，对学习活动应做全面的理解，不只是指能够"动"起来，还包括了个人的需求、意图、参与程度等，需要

全面把握。学习虽有个性化的特点,但不能解释为绝对的个人行为。学习具有社会性,甚至应该说,学习是首先出现在社会层面,后来才出现在个人层面上的。例如,学生要受到教材的影响,教材的编写者通过课程教材对学生发生间接作用。教师的讲解、辅导及作业批改则是直接影响。课堂问答、个别指导、小组讨论、数学游戏等师生或学生间各种形式的交流合作,对学生的发展有独特的、不可替代的意义。维果茨基提出的"最近发展区"的概念,更是明确了教师的指导作用和学生个人发展二者间的辩证关系。"最近发展区"是指学生未受到指导能达到的水平与接受指导能达到的水平之间的区域。发生在"最近发展区"中的活动,正是教育功能的实质所在,也必定是社会性的。它需要靠师生合作而进行,不可随意地轻视任何一个方面。

认知心理学关注的焦点是"学习"的内部过程和机制,透过外部行为和结果进行分析、解释,以抓住实质。认知心理学的教学观认为,学习是人脑内部复杂的加工和组织,要经历一定过程,达到认识和理解。教师应是学生学习的向导,向他们提供适当的认知情境,唤起学生兴趣,启发他们通过亲身体验,寻找和建立数学概念、法则和技巧,并在中途给予帮助和诊断。有关数学认知的一系列观点,可以从理论上提供一些原理,帮助我们寻找教学途径,达到发展学生的理解、培养学生能力的目的。同时也是诊断、分析学生"学习"中存在问题的工具。

三、数学概念学习的 APOS 理论

学习心理学研究对数学教育的影响,目前基本上还停留在教学理念的层面上。心理学实验,以小学数学内容作为素材尚能进行实验研究,至于高层次的"数学思维"活动,心理学还不能提供有力的支持。美国的一些心理学家,有一些关于数学高级思维的研究工作,其中较有代表性的是 APOS 理论。

学习一个数学概念,仅从形式上做逻辑分析,离学生理解概念还有很大距离。数学概念具有"过程—对象"的双重性,既是逻辑分析的对象,又是具有现实背景和丰富寓意的数学过程。因此,必须返璞归真,揭示数学概念的形成过程。让学生从概念的现实原型、概念的抽象过程、数学思想的指导作用、形式表述和符号化的运用等多方位理解一个数学概念,使之符合学生主动建构的教育原理。

近年来,美国的杜宾斯基等人在数学教育研究实践中发展起来一种 APOS 理论,对数学概念的学习有所启示。杜宾斯基认为,学生学习数学概念是要进行心理建构的,这一建构过程要经历以下四个阶段(以函数概念为例):

操作(Action)阶段。理解函数需要进行的活动或操作。例如对 $y=x^2$,需要

用具体的数字构造对应:$2\rightarrow4;3\rightarrow9;4\rightarrow16;5\rightarrow25;\cdots$通过操作,理解函数的意义。

过程(Process)阶段。把上述的操作活动综合成为一个函数过程。一般地,有 $x\rightarrow x^2$;其他各种函数也可以概括为一般的对应过程:$x\rightarrow f(x)$。

对象(Object)阶段。可以把函数过程当作一个独立的对象来处理,比如函数的加减乘除、复合运算等。在表达式 $f(x)\pm g(x)$ 中,函数 $f(x)$ 和 $g(x)$ 都是作为一个整体的对象出现的。

概型(Scheme)阶段。此时的函数概念以一种综合的心理图式存在于脑海里,在数学知识体系中占有特定的地位。这一心理图式含有具体的函数实例、抽象的过程、完整的定义,乃至和其他概念的区别和联系(方程、曲线、图像等)。

这样,取这四个阶段英文单词的首字母,定名为 APOS 理论。

这种理论不仅指出学生的学习过程是建构的,而且表明建构的层次。这四个步骤(阶段)一般不能逾越,应当循序渐进。同时,又不可只停留在具体、直观、视觉化的阶段,必须升华、逐级地抽象、不断地形式化,最后完成数学概念的建立。

APOS 理论不但清楚地指明了学生建构数学概念的学习层次,而且为数学教师如何进行数学教学提供了一种具体的教学策略。

按上面类似的理解,学生学习解一元一次方程的过程可以分析如下:

(1)操作阶段。为了求未知数,通过已知数和条件列出方程。然后用代数式的四则运算,求出未知数。学生学习解具体的方程:$2x=5,3x-2=5x+3$,理解具体的方程的意义。

(2)过程阶段。从整体上体验一元一次方程的特征。会解一般的 $ax+b=0$,$ax+b=cx+d$ 之类的方程。综合分析解方程的思想方法。

(3)对象阶段。解一元一次方程作为单独的对象,区别于一元二次方程。在解二元一次联立方程组时,能够识别是由两个一元一次方程所组成。此时解一元一次方程是一个单独的对象。

(4)概型阶段。学生的头脑中已建立起一元一次方程的综合图式:一元一次方程与一次函数的关系,由方程表示的函数的图像等。

总的来说,教育心理学还在发展之中,目前还不能解释教育上的一切问题,也许更多的只是对小学生的低级数学思维比较有效。但是,一门基础科学需要有一个发展过程。数学教育心理学的研究是我国的薄弱环节,我们必须跟上世界潮流,加速发展。国际上的 PME 小组(International Group for the Psychology of Mathematics Education)相当活跃,每年开一次会。我国学者应积极参与。

第三节　数学文化与数学教育

"数学是一种文化"已成为国际学界的共识。1968 年,美国数学家怀尔德
(Raymond L. Wilder)在其代表作《数学概念的进化》(Evolution of Mathematical
Concepts)中提出"数学是一种文化体系",这是第一个较成熟的数学哲学观。我
国关于数学文化的研究大概兴起于 20 世纪 80 年代,40 余年里已取得一些可喜
的成果。数学文化是什么? 学界对此是众说纷纭。数学教育家张奠宙、郑毓信、
顾沛等,数学家、中国科学院院士胡世华、李大潜、严加安等对数学文化概念都曾
提出其独到见解。总的来说,数学文化可看作数学知识(尤其是数学史)、数学
思想、数学方法、数学精神、数学活动、数学语言等的总和。近年来,我国数学教
育改革对数学文化教育价值的强调,使数学文化受到广泛的关注。例如,《义务
教育数学课程标准(2011 年版)》提出将数学文化渗透在整套教科书中,《普通
高中数学课程标准(2017 年版)》明确要求数学文化进入必修、选择性必修和选
修课程。2021 年,教育部印发《中华优秀传统文化进中小学课程教材指南》,要
求将我国古代数学成就、人物故事等融入中小学数学教材。此外,2017 年起数
学文化已正式进入高考和中考。这些政策和举措都进一步推动了数学文化与数
学教育的融合。

一、数学文化对数学教育的作用

正如数学课程标准所要求的那样,目前,数学文化特别是数学史已经进入我
国中小学数学教材,并渗透在数学教学之中。数学文化对数学教育的作用主要
体现在以下方面。

1. 激发数学学习兴趣,生成积极的数学情感

兴趣是个体对所处环境认识对象的带情感的认识倾向,它代表着对特定人、
事、物的喜欢程度,是一种支持学习的情感经历。数学学习兴趣是学生对数学学
习的积极情感,影响着学生对数学的认识倾向。激发学生的数学学习兴趣和积
极情感是数学学习活动的关键。

教材中的数学内容是按照一定的逻辑结构和学习要求,将一些既定的形式
化定义、法则、方法等加以编撰而成,往往隐去了它们的形成背景及演变过程,犹
如没有枝叶的树干,缺乏美感。数学文化的注入,为教科书增添了活力。数学史
家卡约里(F. Cajori)将学科历史知识比作"使面包和黄油更加可口的蜂蜜",认
为"通过数学史的介绍,教师可以让学生明白数学并不是一门枯燥呆板的学科,

而是不断进步的生动有趣的学科"。教师在教学中穿插一些数学家的逸闻趣事、古今数学方法的对比、数学名题、数学游戏等,可以让数学变得更有趣味,引发学生的好奇心和求知欲。

2. 帮助学生更好地认识、理解和学习数学

数学家发现数学的时候,是火热地思考着的。一旦研究完毕,呈现在我们面前的则是冰冷的美丽形式。教师的工作是要揭开这层形式化外衣来显现数学本质,让学生体会到数学的内涵。

完成这项工作有许多途径,应该说所有这些途径都属于教学方法范畴之内。从数学历史的角度来把握数学本质也是其中一种有效的途径。正如医生给患者看病,询问患者的病史是一个不可或缺的环节一样,理解数学也要知道它的发生、变化和发展的历史全过程,才能透析出隐藏于其中的数学内涵。

一个明显的例子是古希腊的演绎几何。为什么古希腊人要用公理化方法展开数学? 他们所处的时代背景如何? 中国古代数学的特点和古希腊数学的特征有何不同? 弄清这些问题,对学生理解古希腊的演绎几何学,体会其中的理性精神和人文主义价值十分重要。再如,西周时期的商高在解释勾股定理的来源时,提到"数之法出于圆方,圆出于方,方出于矩,矩出于九九八十一"。其中明确地指出"矩"是一个最为根本的数学概念,它可以产生"方"(正方形),进一步可以产生与圆有关的数学知识(古代有"环矩以为圆"的说法),所以他认为只要对"矩"加以不同方式的变形(即折矩)就能衍生出新的数学关系(如勾股定理)。这是一个把握中国古代数学思想的典型例子。

此外,数学文化包含了数学概念、数学思想、数学方法等的由来、发展与应用,通过介绍数学知识的背景材料,使学生看到数学的创造过程,可以加深学生对教材中给出的既定的数学符号、数学概念、解题方法等的理解。例如,四则运算符号为什么是如今的写法"+""−""×""÷",分数表示方法的演变,"田忌赛马"蕴含的数学思想,等等。同时,数学文化还体现了不同文明时期数学的特点,数学在实际生活中的应用,以及数学对社会的影响。例如,我国春秋时期人们用算筹计数,汉代时随着生产的发展出现了算盘,再后来随着信息技术的发展,人们发明了计算器、计算机,数学的发展使计算方式不断改变,给人类的生活带来了诸多便利,也推动着科学技术的不断进步。

因此,如若我们经常仔细品思这些数学文化素材,则定会"遂悟其意",进而更为深刻地理解数学本质,促进数学的学习,形成全面、正确的数学观。

3. 培养学生的数学精神和品格

数学教材中的一个数学定理或数学公式,其背后就是一位人物、一种思想、一种精神或一种品格。前者是静态的,是"冰冷的美丽";后者是活生生的,是

"火热的思考"。但要想透过"冰冷的美丽",看到"火热的思考"背后的精神动态,数学家的故事便是最好的选择。笛卡儿主张"我思故我在",打破欧氏几何的局限,创立解析几何;费马创立微分学思想、研究概率论、提出数论中的"费马大定理",定理的证明到三百年后才完满解决。这些绚丽多彩的历史故事,永远是激励后人进行数学创新的动力。

一个数学历史人物的事迹也许会让某一个人因此而喜欢上数学,甚至走上探索数学奥秘之路。充分介绍中国现代数学家的贡献,激励意义更为直接。华罗庚、陈省身、陈景润、苏步青等名家的事迹对青少年具有很大的鼓舞作用。当我们品味出数学之中人文精神的底蕴,触摸到数学历史人物的情感、操行、思想和精神,并与之在思想上、精神上进行交流与汇合的时候,这将会感召我们的心灵、激励我们的行动。此时,学生的人文感情也就油然而生。同时,数学的发展史能让学生感受数学的严谨性、逻辑性等特征,并内化于自身,在学习与行事中不经意地流露出这些特点。

4. 为数学教学设计提供一定的指导

数学史是数学文化的重要内容,通过数学史资料的呈现,可以把古人的思维与学生自身的思维做一番比较,共通的规律是什么? 不同的特点又是什么? 进而帮助设计数学教学。

例如,商高对矩形加以折叠(或者分割),叫作折矩(或者割矩),即把矩形沿对角线分割(图 5-2)。然后"环而共盘",叫作拼盘。如此一割一拼,不仅道出了复杂(直角三角形边的关系)源于简单(矩形)的深刻道理,同时给出了勾股定理的一个巧妙而简洁的证明。

图 5-2

上述方法可直接用于勾股定理的教学,更重要的是其中蕴含的思想(如简单与复杂的辩证关系,追求简洁的表达形式,讲究策略与方法等)对数学教学具有重要的启示意义。

二、培养数学文化素养的途径

要想实现数学文化的数学教育价值,挖掘数学文化的数学教育功能,就要提高教师的数学文化素养,使其能够从数学文化内容中看到数学的科学价值与人文精神。

首先,数学文化要宏观把握。常常看到一些教材在介绍数学史时,只是提供一位数学家的画像,配以简历,说明做了伟大贡献就结束。这就太生硬、太潦草了。宏观地把握各个时代的文化特征,才能起到教育作用。以勾股定理来说,如果仅仅了解它是什么时候发现的,由谁发现的,在中国叫商高定理,而在西方叫毕达哥拉斯定理等,那就只看到了一些皮毛。只有进行东西方数学文化的比较,看到古人的思考过程和理性精神,才能感染学生。

其次,数学文化内容要运用细节。运用数学文化内容进行数学教学,如能关注数学发展史中的细微之处,往往可以探得数学文化之精妙。

例如,勾股定理为什么曾经被称为陈子定理呢?因为《周髀算经》记载了陈子用勾股定理推算地球与太阳的距离以及太阳的直径。这就表明中国古代数学文化的一大特色是追求实用价值。数学教学应该继续发扬这种精神,但是也要防止以实用为唯一追求的狭隘做法。

又如,"勾广三,股修四,径隅五"(或"勾三,股四,弦五"),反映了中国古代数学形式化、符号化进程缓慢的特点。相比古希腊,毕达哥拉斯虽然也是从古埃及的"黄金三角形"(即边长分别为 3,4,5 或 6,8,10 的直角三角形)发现勾股定理的,但很快过渡到符号化的一般表示。此外,毕达哥拉斯也可能是受启于巴比伦的勾股数(即一组可以构成直角三角形三边的数,现在我们也称勾股数 3,4,5 为毕氏三数)。从 3,4,5 到勾股数是一个重要的数学进展。

最后,数学文化内容要适当引申。数学是一种文明,数学文化是动态地、发展地存在,数学成为一种文化不是一个国家的贡献,也不是一个时期的成果,要以联系的思维和眼光认识数学问题,才能充分发挥其教育功能。

仍以勾股定理为例,要从早先的勾股定理延伸到刘徽、赵爽的"勾股术",并引申到费马大定理;既要看到商高的证明,也要看到刘徽的证明,还要看到欧几里得的证明以及美国前总统加菲尔德对勾股定理的多种证明;既要看到"环而共盘"(《周髀算经》中对勾股定理的证明),又要看到 2002 年第 24 届国际数学家大会的会标图案;既要看到"$a^2+b^2=c^2$",又要看到人们将勾股定理作为和"外星人"交流的太空语言。

三、数学文化教育的原则

数学文化教育应遵循以下四个原则:科学性、实用性、趣味性、广泛性。

1. 科学性是第一位的原则,是指所传授的数学文化内容必须是正确无误的。例如,在数学史方面,我们应该尊重历史、尊重事实,既不可随意编造,也不能无端拔高,更不可艺术加工,把数学史当作故事,随意虚构。特别在讲授中国的数学史时,实事求是更能激发民族自尊心和爱国主义热情。

2. 实用性是指所讲的数学文化内容要有利于学生的数学学习,有利于未来生活与工作。限于时间、授课计划,应有所侧重。例如,初等数学中的数的起源与记法、无理数的导入与确立、圆周率、勾股定理、笛卡儿对直角坐标系的贡献,高等数学中的微积分的概念、函数的概念、非欧几何的创立,不仅史料丰富,而且内容精彩,对学生理解所学的知识有很大的帮助。

3. 趣味性是指所讲数学文化内容要在素材选取、语言表述、呈现形式等方面吸引学生。教材中的数学概念、公式、定理、法则等数学理论知识,往往是形式化的文字呈现,且学术性话语体系稍显生硬,难以吸引学生。数学文化内容可以选择经典的历史题材,赋以生动的故事情节,采用符合学生年龄特征的语言表述和呈现形式(如小学可以采用连环画),激发学生的学习兴趣。数学发展史上惊心动魄、引人入胜的例子不胜枚举,教师应恰当选材,使课堂教学娓娓动听。

4. 广泛性是指选取的数学文化内容要尽量全面。数学之所以可谓一种文化,历史积累性是其重要的特点之一。数学是几千年来全人类孜孜以求、不断探索、历尽千辛万苦共同取得的财富。在整个数学科学发展长河中,数学是在人类社会变革推动之下,各国数学家相互交流、共同探索的结果。因此,在进行数学文化教学时注意选择不同时期、不同国度的资料,不能局限于中国的数学成就。正如费孝通先生所言:"各美其美,美人之美,美美与共,天下大同。"在继承和发扬中国数学优秀文化的同时,借鉴学习西方优秀数学文化,才能全面地、真正地、准确地展示数学文化的全貌。

四、数学文化与数学教育结合中一些值得注意的问题

21世纪以来,数学文化在我国数学教育中的地位逐渐攀升,数学文化教学已从小学贯通至大学。历经20余年的探索,无论是理论研究还是教学实践都取得了可喜的成果,但仍然存在一些需要注意的问题。

1. 数学文化与数学教育要深层次结合,避免表面化。例如,只提及历史上有那么个人,有那么回事,没有切入更深层次的联系中,便不能发挥数学文化的启示和引导作用。

2. 数学文化与教学内容要深度融合,而不是拼接。这就是说,所介绍的数学史、数学名题、数学游戏、人物传记等要与课程内容紧密相关,在适宜之处呈现。不要前后没有任何联系,不作任何衔接,给人一种断裂感,学生在思想上不能得到启发。

3. 运用数学文化知识要客观,不要片面拔高。例如,对于到底是商高定理出现早,还是毕达哥拉斯定理出现早的问题,应该根据史实客观地叙述,多一些谦逊的态度、欣赏的目光,不要带有狭隘的民族主义情绪。

数学文化用于教育,要把爱国主义和国际意识统一起来,不要局限于发现的迟早。数学是全人类的共同财富。在科学发现上,各个国家和各个民族应该彼此借鉴、互相学习、共同提高。不能以己之长说人之短,借以提高自己的信心。

相反,要实行"拿来主义",把外国的一切优秀文化,包括数学成就都充分吸收过来,"洋为中用",为中国的建设服务。

人类的数学文明最早起源于巴比伦,其次是古埃及。巴比伦的泥板、古埃及的纸草书上的数学记载都在公元前 1000 年以前。即便是后来的古希腊的数学文明也远早于中国。中国古代数学虽然出现得比地中海文明要迟许多,但是具有自己的特点,同样为人类作出了重要贡献。我国著名数学家、2001 年获得首届国家最高科学技术奖的吴文俊教授,曾经十分深刻地指出"中国古代数学的优秀传统是'算法数学'"。将我国传统数学成就、数学家的人文故事等传统数学文化纳入中小学数学课程教材,对于学生感悟中华民族智慧与创造、增强民族自豪感、坚定文化自信具有重要作用。

如何运用数学文化进行数学教学,是一个国际数学教育界共同关心的问题。以数学史为例,1972 年,数学史与数学教学关系国际研究小组(International study group for the relations between history and pedagogy of mathematics,简称 HPM)成立。1998 年,国际数学教育委员会在法国马赛组织了一次"数学史与数学教育"的专题研讨会。这次会议的主题是数学文化,要求数学教学充分反映数学的文化底蕴,从课程内容、概念形成、证明方法、习题配置等各个方面,全方位地使数学史融入、丰富和促进数学教学。目前,数学文化与数学教育的结合已成为促进中小学素质教育的有效途径之一。

第四节　STEM 与数学教育

一、数学是 STEM 教育的基础

STEM 教育是由科学(Science)、技术(Technology)、工程(Engineering)和数学(Mathematics)四门学科首字母的简写构成,同时也是融合四门学科组合而成的有机整体。STEM 教育源于美国的教育革新,其目的是提高国家综合实力。1986 年,美国国家科学基金会发布《本科的科学、数学和工程教育》,报告中首次提出了"科学、数学、工程和技术教育集成"的纲领性建议。随后,世界各国也纷纷效仿,颁发多项政策文件以持续推进 STEM 教育的发展。如英国文化学习联盟于 2014 年发布《STEM+ARTS＝STEAM》报告,韩国教育部于 2011 年发布《搞活整合型人才教育(STEAM)方案》等。STEM 教育作为当今知识经济时代下全新的教育范式,以培养具有善于质疑、勇于实践和敢于创新的学习品质,以及具有跨学科知识素养和解决真实问题能力的人才为根本目标,已经成为各国教育领域的重要发展战略。STEM 教育也曾一度成为美国、韩国、日本等世界多个国家用以繁荣经济、增加就业机会、提升综合国力的最佳选择。然而,随着 STEM 教育的深入推进,其缺点也逐渐暴露出来。事实上,STEM 教育由于过于偏重于科学技术的学习让许多从业者失去了与创造力和抽象思维的联系,无法达到全人教育与长远提升国家综合国力的根本目标。2006 年,来自美国弗吉尼亚理工大学的格雷特·亚克门(Georgette Yakman)教授提出将艺术(Arts)融入于STEM 教育中,在 STEM 教育的基础之上提出了 STEAM 教育,强调培养学生的艺术熏陶和人文底蕴。格雷特·亚克门(Georgette Yakman)认为,STEAM 教育的理念可以概括为:以数学为基础,通过工程和艺术解读科学和技术。

数学作为一门研究数量、图形、结构和空间形式的科学,同时也是 STEM 各领域的基础。数学既是运算与推理工具,也是理解和表达事物的本质、关系、规律的符号语言,能够为人们发展与应用科学、工程和技术提供思维方法和分析工具。有学者指出,STEM 教育实质上是综合课程的教育,可以弥补分科教学较少考虑学科联系的不足,STEM 教育理念通过明确、重构、改革、转变的方式,能够实现其他学科与数学教育教学的有机融合。对于数学学习者而言,掌握数学领域内有关理论及其应用很有必要,但不应仅仅局限于数学学科,而是要基于现实问题紧密联系其他学科内容,运用多学科知识来解决问题,进而提升自身的思维能力、问题解决能力和创新能力等。

二、STEM 教育助力数学教育改革与发展

(一)数学教育在当前改革与发展要求下存在诸多现实问题

2001 年,为改变传统的人才培养模式,教育部正式开启了新一轮基础教育改革。此次改革涉及课程内容、结构、实施、评价以及管理等诸多方面,将课程结构综合化、课程内容紧密联系实际、课程实施注重探究等作为重要的改革目标。而后我国的课程改革均是以此为基,并不断深化。随着世界教育改革发展趋势的变化,为提升我国教育的国际竞争力,教育部明确提出要发展学生的核心素养,从而引领课程改革和育人模式变革。2014 年,我国颁布的《教育部关于全面深化课程改革落实立德树人根本任务的意见》即是要求研究制定学生发展核心素养体系,以核心素养为导向全面深化课程改革。在 2016 年由北京师范大学课题组联合多名专家发布的《中国学生发展核心素养研究报告》中指出各素养之间需相互联系、相互补充、相互促进从而在不同情境中发挥整体作用。2018 年,我国新课程改革提出了新课程观,即课程观的生成性、课程观的整合性及课程观的实践性。而在《义务教育数学课程标准(2022 年版)》中更是要求发展学生"三会",特别提到应加强以跨学科主题学习为主的综合与实践领域的教学活

动,着力培养学生综合运用数学以及其他学科的知识、方法解决真实问题的能力。由此可见,我国当前数学教育越来越强调课程的综合化,即从单科走向综合;强调学生的综合素质尤其是对实践创新能力和问题解决能力的培养;强调数学教育内容贴合学生生活实际,吸引学生学习兴趣,增强学生课堂参与度。但真实的数学教育受课时、教学内容等诸多方面的限制,很难与其他学科建立起深入的融合关系进而实现综合化,因此在教学中数学教育主要还是以单科的形式进行。而在教学方式上部分教师为适应考试的要求,追求课堂教学效率,仍然采取传统的"满堂灌"式教学方式,重视知识记忆与机械训练,教学内容严重脱离真实情境,从而造成学生学习兴趣不足,课堂参与度不高的情形。因此,在明确当前数学教育改革与发展要求下,探索数学教育要如何改革才能与之相适应显得非常重要。

（二）STEM 教育为数学教育改革发展提供重要价值

STEM 教育是以跨学科整合的方式,在现实问题情境中实现科学、技术、数学和工程的深度融合,以培养实践型、创新型和综合型人才。它深深地契合了我国数学教育改革的方向和发展要求,能够为数学教育未来的改革与发展提供重要价值。一方面,STEM 教育是以整合为核心,强调以数学为切入点、以学习者为中心、以真实情境中的问题为导向从而促使各学科之间的联系日趋紧密,最终实现深度融合。这对于打破学科界限,培养学生的综合素质与核心素养,改变以往数学教育以单一学科为主,知识脱离学生生活实际来说具有积极作用。在这样的情况下,数学教育不仅能够摆脱传统的分科教学窠臼实现综合化的改革目标,而且还能改变数学知识体系严重脱离实际,学生所学知识实践性、应用性不足的现状,充分发挥数学学科的育人功能。另一方面,STEM 教育通常以真实世界中的实际问题为导向,让学生通过项目式学习的方式,运用跨学科知识去体验发现问题到成功解决问题的全过程。在这个过程中学生是学习的主体,学生自主学习、实践操作的能力、同伴之间合作互助的能力都可得到一定程度的发展。即 STEM 教育所倡导的学习方式注重学生的体验与协作,强调学生的学习过程,这与当前数学教育要求注重探究学习、合作学习不谋而合。通过这样的教学方式,不仅能够提升学生学习兴趣,增强学生在课堂上的参与度,更为重要的是学生能够在解决问题的过程中实现知识的运用与迁移,从而培养其解决问题的能力。由此可以看出,STEM 教育能为我国当前数学教育满足新的发展要求提供重要价值。

三、STEM 教育与数学教育融合的挑战与应对

STEM 教育的提出与发展方兴未艾,其本质、理念及实践模式仍处于不断探索阶段。在我国建设高质量教育体系的时代背景下,要想实现 STEM 教育与数学教育的融合需要我们直面挑战并及时作出应对。

(一) STEM 教育与数学教育融合面临的挑战

目前关于 STEM 教育与数学教育融合的研究缺乏科学、合理的顶层设计。这使得 STEM 教育与数学教育的融合处于"生搬硬套""顾此失彼"的尴尬境地。首先,数学学科作为课程体系中的重要部分,使得数学教育也成为我国教育的有机组成部分。因此,数学教育对于实现我国教育目标具有举足轻重的作用。在没有科学、合理的顶层设计的情况下探索 STEM 教育与数学教育的融合,无法保障二者的融合不削减数学教育在实现我国教育目标中的重要作用。其次,尽管数学教育兼具科学性与人文性,但 STEM 教育的跨学科性能否在数学教育中顺利着陆仍然值得深入探讨。在有限的课堂教学时间内,跨学科的广度与深度的适宜性、学科渗透在课时上同步、年级间衔接等,只有这些均紧密配合才可实现 STEM 教育与数学教育的完美融合,反之则使二者的融合陷入有名无实的尴尬境地。再次,前述两点的挑战使我们不得不面临下一项挑战,即教材编写与师资培养,数学教材编写既需兼顾数学教育在我国教育中的"本然"使命,又需体现 STEM 教育的跨学科性,二者兼而有之才能实现 STEM 教育与数学教育的完美融合,无论是课程还是教学模式的落实均需要师资的支持,因此相应的师资培养是我们在实现 STEM 教育与数学教育融合中需要面对的又一挑战。最后,任何改革与发展离不开评价,在我国建设高质量教育体系这一大背景下,教育评价非常重要。但是目前 STEM 教育与数学教育的融合虽为大势所趋,但是具体的实践探索仍处于"小作坊"阶段。分散各异的实践模式使得教育评价无法用统一有效的测评体系对 STEM 教育与数学教育的融合进行测量与评价。

(二) STEM 教育与数学教育融合的应对策略

面对上述挑战,只有先确立 STEM 教育与数学教育融合的顶层设计,才能保障二者的融合顺利进行,最终达到相得益彰的效果。首先,明确数学教育在我国教育体系中的重要地位及其对落实教育目标的重要作用;同时,厘清 STEM 教育与数学教育的区别与联系,为二者的融合奠定坚实基础。其次,教材作为课程、教学的重要载体,在教材编写中既需要按照课程标准坚决落实数学教育的"应然"教育使命,又需要为 STEM 教育与数学教育的融合提供"生长点"(数学教材中便于 STEM 教育与数学教育融合的内容)和"支撑点"(各科教材在内容编写的广度与深度、同步性与衔接性为 STEM 教育与数学教育的融合提供内容支撑)。再次,在我国师范生培养过程中需要贯穿学习 STEM 教育的理论与实践,使得我国师资队伍"储备军"具备扎实的 STEM 素养;此外,在职教师培训中注重 STEM 教育理念与实践的学习,为其提供案例观摩与学习的机会与平台。最后,积极探索弹性、可行的测评方式,为 STEM 教育与数学教育融合的改革与发展予以支撑。

在对"复合型"人才、"创新型"人才需求的呼声不断高涨的 21 世纪,STEM教育与数学教育的融合无疑是对这一呼声的真切回应。但是,在亟待建设高质量教育体系的新时代,STEM 教育与数学教育的融合中的挑战与应对是我们不可回避的话题,需要我们继续深入探究与思考。

第五节　数学教育技术 [*]

一、普适的信息技术不能满足具体学科的要求

普适的信息技术指能够应用于所有领域的基本的通信、交流技术,如多媒体技术、互联网技术、通信交流技术、数据分析技术等。在教育领域,这些普适的信息技术为教育带来了很多便利,教师和学生可以用普通的通信交流技术进行沟通互动,应用网络技术进行搜索资料,用数据分析技术进行统计分析等,但这些应用还不足以能实现用技术更新教育理念、改变教育方式、深化教育改革等教育发展的目的。这些技术给教育带来了很多的便利,但远远不能满足教学与学习的需求,更不能切合学科的需求。例如,数理学科要用到的符号计算,就是很多其他行业不需要的技术,不属于普适的信息技术。为了教学和科学技术研究而发展符号计算技术,数学家和计算机科学家耗费了大量心血,仅仅为了实现整系数多项式的因式分解,发表的学术论文就超过千篇。

有些普适的信息技术表面上看来适用于教学和学习活动,我们甚至花了很大力气在教育领域推广这些技术,但很遗憾,这些技术未能通过教学实践的检验。例如,通用的文稿演示软件(如 PowerPoint)和通用的动画生成软件(如Flash)都是我们曾经希望在教育领域推广应用的技术工具,这些工具还一度燃起教师们应用新的信息技术的热情。然而几年之后,大家就发现学习和使用这类技术产生的教学效果,远远不能补偿所投入的人力和物力。一位数学教师在网上对这类技术的教学应用效果评价是"老师做累了,学生看傻了"。这句话一针见血地指出了在教学活动中滥用普适信息技术的负面影响。运用多媒体演示进行教学活动,其效果常常不及传统的黑板粉笔。不单中国如此,其他国家和地区情况也类似。美国最近的一次调查甚至得出教学软件无助于提高学生成绩的

---

[*] 本节文字特邀张景中院士编著。

结论。其实,这种不如黑板粉笔的信息技术,不是为了教育而研发的技术,而是普适的信息技术。为教育而研发的适用于课堂教学的信息技术工具,应当而且可以兼具黑板粉笔教学模式的长处,而不是不及传统的教学方式。

近三十年来,许多国家寄希望于教育信息化能显著地提高教学质量和学习成绩,投入大量的人力、物力进行校园信息化的建设,但实际的效果远远低于预期。那么,数学教学和学习中需要什么样的信息技术呢?

二、数学教师需要什么样的信息技术

数学教师需要用的信息技术,大体上分为三类。(1)普适的信息技术:收发电子邮件,上网查资料,汉字输入写东西,以及在网络论坛社区上交流等。(2)数学教学中常用的信息技术:动态几何(包括动画、变换、跟踪、轨迹),动态曲线作图,动态测量,符号计算,编程环境,随机现象模拟,统计图表制作,快速公式编辑,课件制作演示等。(3)某些专题教学活动需要的信息技术:如分形制作,函数拟合等。

1. 普适的信息技术

普适的信息技术种类繁多,目前数学教师使用较多的有以下几种。用 Word 写文章、写教案;用 Excel 统计学生成绩;用 PowerPoint 制作课件;用 QQ、E-mail 等通信工具与人交流;上网查资料,上论坛讨论问题。需要指出的是,不少老师对前面几种信息技术使用较为熟悉,而对上网查资料、上论坛讨论问题则还认识不够。

网络上有很多好的资料,其中有不少是要收费的,譬如中国期刊网,万方数据库等。但也有不少资料是免费的,我们可以利用搜索引擎百度来搜索资料。千万不要以为使用搜索很简单,其中也有不少的技巧,需要查看百度的帮助文件才能发现,而这通常是很多教师忽略了的。譬如说,写教案的时候想参考一下别人的教案,那么只要进入百度的"高级搜索",输入关键词,选择文件格式为 Word,就能很快搜索出大量的 Word 文档。

只用搜索引擎搜索资料,难免有点宽泛和盲目,有时候搜索出一大堆资料,却找不到自己需要的。这时候就需要去论坛了。不管你是求助资料,还是提出问题,或者有什么心得体会想与人分享,都可借助于论坛。论坛的优势就在于交互性强,便于交流,可能你刚发了个帖子,再一刷新,别人就已经回复了。所谓"太阳底下无新事",你所遇到的问题,极有可能别人早就碰到过,看看别人是怎么解决的,就可以少走弯路。网络上数学教育方面的论坛不少,但精品却不多,人民教育出版社的 BBS 和 K12 教育论坛是办得不错的,人气很旺盛,会员的水平也高,资料也颇丰富。

下面向大家推荐一个专业的数学网站（Wolfram MathWorld 官方网站，用搜索引擎输入关键词 wolfram mathworld 可以进入）。这个网站就好像一个数学辞海，内容比市面上的"数学词典"更为丰富。譬如你想了解科赫雪花的相关知识，只要搜索"Koch Snowflake"就能找到相关页面。其中有科赫雪花生成的图片，所涉及的数学知识，各种推广形式以及相关的参考文献。既提供Mathematica 格式的源文件下载，也可在线观看科赫雪花生成的动画。你也可以输入一个极为简单的单词 circle 试试，资料之丰富，令人吃惊，而且越是简单、基础的内容，牵涉也越广泛，所提供的相关关键词和文献也越多。

2. 数学教学中常用的信息技术

数学教学活动中，还有许多特殊的需求，是普适信息技术难以满足的。为了减轻负担，提高效率，改善教学效果，数学教师应当熟悉一些专为数学教学而开发的工具软件，主要包括几何画板、Cabri、Z+Z、GeoGebra，主要用于数学教师作图、测量、计算、编程、数据分析。

数学教学中画图是为了讲道理，数学的道理常常表现为变化中的不变。例如，三角形不论如何变化，但内角和总是 180°，三条中线总是交于一点。为此，动态几何作图软件应运而生。用动态几何软件所作的图形有两个基本特点：（1）图中的对象可以用鼠标拖动或用参数的变化来驱动；（2）其他对象会自动调整其位置，以保持图形原来设定的几何性质。例如，作两条线段和它们的一个交点，当拖动一条线段时，交点也会随着运动（图 5-3）。通常的作图软件，都不能满足数学教学的这种需求。

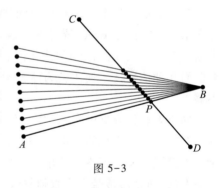

图 5-3

动态几何软件很多，如美国的"几何画板"，法国的"Cabri"等。而学习和使用起来最方便的，当推我国自主开发的"Z+Z 智能教育平台——超级画板"（简称超级画板）。用超级画板的智能画笔，直接利用鼠标即可作出自由点、线、圆、直线或圆锥曲线等几何对象上的点，直线与直线或圆锥曲线等几何对象的交点等几乎所有的基本几何图形。

超级画板不是专门的立体几何作图软件，但也能够较好地画立体图。专门的立体几何作图软件，国外的有"Cabri3D"，国内的有"Z+Z 智能教育平台——立体几何"。

绘制函数图像，特别是含有可变字母参数的函数图像，是数学教学中常常要做的工作。能画函数图像的软件很多。但数学教学中画函数图像，例如，曲线上取点,画切线,对曲线作几何变换,跟踪变化的曲线以形成曲线族,对曲线下的区域填充,作积分分割等,若采用 Excel 绘制函数图像,很多操作就不方便进行。

至于绘制圆锥曲线,很多使用美国"几何画板"教学的老师都感到困难。因为几何画板在解析几何方面功能较弱。超级画板不但可以直接根据离心率、焦点、中心、准线等已知条件作出圆锥曲线,还可以输入方程直接作出圆锥曲线。

动态几何软件都带有测量功能。图形中的角度、长度和面积可以测量,表达式的值可以测量,点的坐标和曲线的方程也可以测量。测量出来的数据随图形变化而变化。作图、测量、计算,改变图形形状观察几何规律,这已经成为利用动态几何软件进行教学的一个基本模式。利用这一模式,很多中学数学教师在教学中取得了很好的效果。动态几何的学习、应用和研究已经成为很活跃的领域。动态几何在教育领域的积极作用已为国际公认。

数值计算和符号计算是数学教学的主要内容。例如,计算 $\frac{1}{2}+\frac{1}{3}$ 得到 $\frac{5}{6}$,计算 $\sqrt{2}+\sqrt{8}$ 得到 $3\sqrt{2}$,计算 2^{64} 得到 18 446 744 073 709 551 616,从 $a+a$ 得到 $2a$,从 $x×x×x$ 得到 x^3,从 $(a+b)^2$ 得到 $a^2+2ab+b^2$ 等,都属于符号计算。这是普通计算器做不到的。专门的符号计算软件有 Maple,Mathematica,还有免费的 Maxima 等。这些软件在中学应用不多。

算法编程。在新课程标准中,算法已被列为高中数学的必修内容。学习算法,需要有编程实践。学生自己动手编编程序,在计算机上运行程序,对算法的理解就会更深刻。看到计算机执行自己的计划,快速准确地给出问题的解答,成就感油然而生,对数学和信息技术就更有感情了。超级画板可以编写和运行简单的程序,还能用程序作图,完全能满足教学需要。举例来说,中学教学中在讲多项式展开、二项式定理、数列等内容时都要讲到杨辉三角,这就要画杨辉三角。在超级画板的程序区输入这几行程序:

```
jc(n){if  (n==0)  {1;}else  {n*jc(n-1);}}
c(n,k){(jc(n)/(jc(n-k)*jc(k)));}
yh(m){for(k=0;k<m;k=k+1)
for(i=0;i<=k;i=i+1)
{Text(2*i-k+3,m-k-5,c(k,i));}}
```

执行程序,然后输入"yh(12);"再次执行,结果如图 5-4 所示。

中学数学内容对信息技术的要求还涉及很多细节。例如公式输入、写文章、写教案,可以用公式编辑器 MathType。但 MathType 需要较多的键盘和鼠标操作,不适于课堂操作。超级画板和微软新推出的 Math 3.0 操作能简便点,例如输入 a/b 就显示出 $\frac{b}{a}$,输入 $x^(1/2)$ 就显示出 $\sqrt{x}$ 呢。又如课件制作和演示功能。

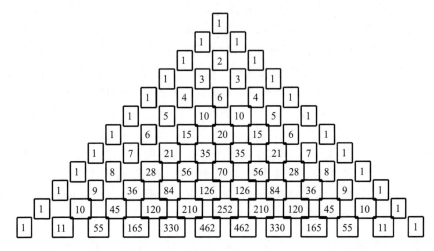

图 5-4

上课时常常需要同时显示多个图文对象,要随着讲课进程拖动、放缩、隐藏或显示这些对象,时而即兴作图,时而测量计算,如果不是专门为数学教师设计的教学软件,根本不可能满足这些特殊的要求。

3. 专题教学活动需要的信息技术

超级画板好比超级市场,基本能满足数学教学的需求。但如讲分形几何,超级画板就不如几何画板流畅,更比不上有些专门的分形几何软件。图 5-5 是用几何画板制作的分形图片,需要一定的技巧和数学功底,而若采用专门的分形几何软件,只要输入一些参数,调整颜色即可,而且所作图形更加漂亮。有时候进行数学建模活动,需要采集一些物理、化学等方面的数据,还需要图形计算器。

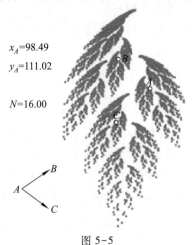

图 5-5

三、深入学科的信息技术对教与学的影响

计算机已经成为很多人工作、学习、生活中不可缺少的一部分,数学教育信息化的趋势不可逆转。信息技术的使用会改变师生们的思维习惯和教学方式。

1. 引发学生兴趣

不少学生觉得数学单调、枯燥。即使花大量时间做题,效果却不显著,让人失望。陈省身先生所说的数学好玩,一般人是很难体会的。而采用信息技术则可能改变这一局面。有趣活泼的动画效果、生动直观的彩色图形,正是学习的最佳刺激,以趣引思,能使学生处于兴奋状态和积极思维状态,学生在这种情境下会乐于学习,且有利于学生对新知识的吸收和理解,而这一切都是传统教学很难做得到的。

譬如在勾股定理教学的课前给学生展示勾股树的动画(图5-6),能够极大地增强学生的学习兴趣,调动学生的积极性和探究欲望,让学生在生动、形象的环境中进行学习,从而对数学学习起到事半功倍的作用,很好地提高课堂教学效果。

图 5-6

图5-7中有这么多的小图片,你相信"它们都是出自同一条曲线,只是参数不同吗?"确实难以置信!即使相信,也会以为这条曲线的作图过程相当复杂。其实步骤很简单,学生自己也能够掌握,只是一个圆,两条线段,再加几个点而已。简单的元素能够产生如此多的意想不到的变化,不借助信息技术是绝难想象的。

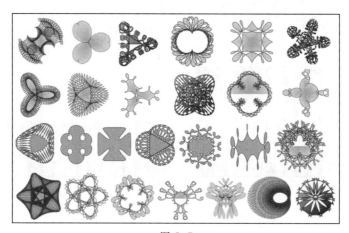

图 5-7

2. 让学生深入理解数学

数学是一门抽象且逻辑性很强的学科。在学习过程中,常常会遇到一些难以理解的地方。难点不突破,积少成多,就会成为学生的包袱。其实,不少的难点用信息技术做个动画就能解决。

传统教学讲中位线,都是先作 AB,AC 的中点 E,F,再联结 EF,然后告诉学生,这就是中位线。而使用信息技术,则可以让学生理解更深入一点。先在底边 BC 上任取一点 D,跟踪 AD 中点 E,作点 D 的动画,则可得到 $\triangle ABC$ 底边上的中位线(图 5-8)。这样让学生充分了解中位线的本质:底边上任意一点与顶点 A 的连线的中点都在中位线上,换句话说,中位线是由无数个中点 E 组成的集合,传统教学所取的只是底边线段 BC 的两个端点罢了(此处可扩展:一一对应的数学思想)。

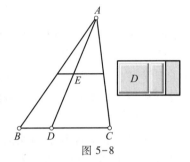

图 5-8

在一些教材上,为了说明圆面积公式的来历,通常有类似图 5-9 的插图。但一旦做成了图片,就是静止的了,而圆和矩形之间的转化是一个动态的过程,这就需要利用信息技术。而且还可以改变分割的份数,让学生清楚地看到等分份数越多,圆弧就越接近于直线,最后所得图形就越接近于矩形。图 5-10 展现的是用正弦波的叠加逼近矩形波的过程,这也是传统教学时,学生难以理解的地方。

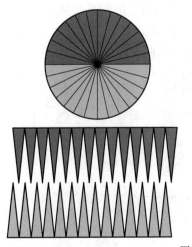

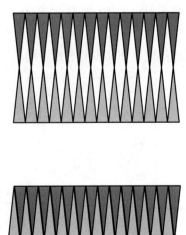

图 5-9

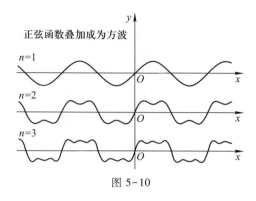

图 5-10

3. 提高教学效率

不少人认为使用信息技术,教师讲课可以节省很多板书的时间,从而使教学信息容量增大,让学生能够学到更多的知识。但实践表明,容量过大,学生反而接受不了,而传统教学中教师板书恰恰给学生消化吸收提供了时间。那么信息技术提高教学效率表现在哪些地方呢?以蒲丰投针为例,一些教师让学生分组做试验,把大量时间花在了单调、重复的投针活动及相关数据的记录和计算中,看似热闹,实际意义不大。完全可以利用信息技术进行模拟实验,让学生了解大概投针的过程。关键在于把为什么可以用概率的方法计算出 π 的近似值的原理讲清楚,让学生从中深切体会数学方法的神奇!

又如,近年流行开放性题型。问一个三角形和它的三条高线以及垂心(图 5-11)这个极为简单的几何图形中有多少组成比例的线段。如果让学生去找,花费大量时间不说,而且未必能够找全,而采用信息技术,不到 3 秒,就能全部找出来。不但找出总共 105 组成比例的线段,而且能找到有 42 对相似三角形,相等的角有 111 组等信息。

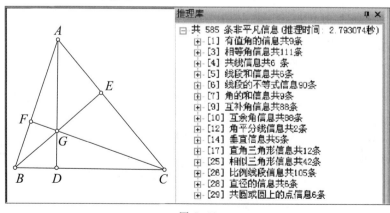

图 5-11

4. 帮助解题

数形结合在数学教学中非常重要。手工作图通常是不太准确的,有时可能

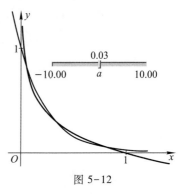

得出错误的结论。如果说求解 $\lg x$ 和 $\sin x$ 在 $[0,10]$ 有几个交点还比较容易的话,那么探索 a^x 与 $\log_a x$ 的交点个数,手工作图几乎是不可能了。根据参数 a 的不同,交点个数会有四种情况,而通常大家都很难想到当 $0<a<\dfrac{1}{e^e}$ 时,有 3 个交点。而用信息技术作出函数图像,则很容易发现问题(图 5-12)。

图 5-12

信息技术的另一个基本功能是计算,下面以因式分解为例说明。在讲解因式分解的时候,很多教师都会教给学生这样一个公式:$x^n-1=(x-1)(x^{n-1}+x^{n-2}+\cdots+x+1)$。对此公式,正确性毋庸置疑。但形如 $x^{n-1}+x^{n-2}+\cdots+x+1$ 的表达式如何进一步分解因式,知道的人恐怕不多。数学史上分解因式的故事也很多,譬如费马提出素数猜想"对任一自然数 n,$2^{2^n}+1$ 都是素数",很多数学家企图证明这个猜想都失败了,后来被数学家欧拉证为:当 $n=5$ 时,$2^{2^n}+1=641\times6\,700\,417$。而采用信息技术则能轻松将其分解到底。

由于数学家和计算机专家的努力,现在的信息技术不仅仅能作图和计算,还能够推理。五点共圆问题是一道经典的平面几何问题,难度较大。但使用超级画板作好图之后,只要几秒钟就能给出可读的证明,图 5-13 是该证明的结构图。

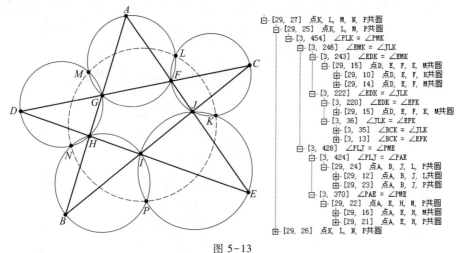

图 5-13

5. 让学生联系生活和大自然

不少中学生认为,数学就是搞理论,成天做题;甚至还认为,数学学到初中就可以了,学多了也没可用之地。其实不然,数学在我们生活中可谓是无处不在。以圆为例,为什么车轮要做成圆形? 这个问题可以不用信息技术,生活常识就能回答。但是如果继续追问,假如车轮不是圆的又如何? 假如是正方形车轮,而又想让车子上的人觉得平稳,应该修一条什么样的路? 此时最好借助信息技术来帮忙。

谈到数学与自然的联系。分形几何的创始人芒德布罗所说:"为什么几何学常常被说成是'冷酷无情'和'枯燥乏味'的? 原因之一在于它无力描写云彩、山岭、海岸线或树木的形状。云彩不是球体,山岭不是锥体,海岸线不是圆周,树皮并不光滑,闪电更不是沿着直线传播的……数学家不能回避这些大自然提出的问题。"在教学过程中同样也不能回避这一点。图 5-14 和图 5-15 就是利用函数叠加生成的图形,非常地形象。利用信息技术绘制这样的图形,并不是简单地为了找出些好看的图形,更重要的是通过这些图形的制作,启迪学生感受到数学与生活、大自然都是紧密联系的,而信息技术则是我们探索真理、追寻事实的有用工具。

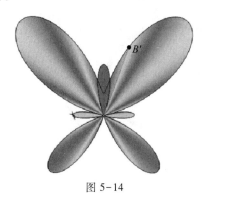 

图 5-14　　　　　　　　　　　　　　图 5-15

四、使用信息技术要注意继承传统教学的优秀之处

数学教育的改革没有停止过。种种新的思想观念和方法不断出现,旧的教学方式和教学内容终究会被新的更优秀的所取代。但是,传统的未必都是不好的,新的也未必就是好的。传统的技术和方法毕竟经历过时间考验,可取之处颇多;新的理论和方法虽然很吸引人,但仍有待在教学实践中检验。所以在使用信息技术进行教学的时候,并不是要颠覆传统教学,而是要注意保留传统教学中优秀的东西。

　　很多传统的教学方式仍需保留。很多教师引入椭圆定义时,常常是用一条细绳圈和两根钉子来画出椭圆。这种方法也就是木工放大样时行之有效的方法,相当经典而实用。比起在屏幕上的电脑作图,更为直观生动,会给学生留下更深刻的印象。类似地,立体几何中讲二面角,用书本或门窗有时比动画更具体。还有,用茶杯里的水面,手电筒照在墙上的光影来演示圆锥曲线,都是传统教学中常常使用的。

　　过去用黑板粉笔进行教学活动,有经验的教师边讲边写,版书字体工整清楚,公式演算结果出现得恰如其分,哪行何时写何时擦都有讲究。学生听课也是一种艺术欣赏和享受。这样的教学效果往往比一屏一屏的切换要好。如何创造能发扬这种传统教学优点的教育信息技术,是大家努力的方向。

　　利用超级画板或几何画板等动态几何软件引入椭圆定义(图 5-16),原理上虽与传统做法一致,但最终可以作出能精确调控的动态图像。用动态观点去看待几何图形,才能真正揭示事物的性质、规律、事物之间的内在联系。如果将点 C 在线段 AB 的延长线上拖动,则会生成双曲线(图 5-17),这就把椭圆和双曲线本质上相通之处生动地揭示出来了。

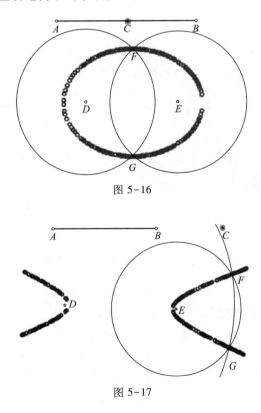

图 5-16

图 5-17

拖动点 E,使得 DE 长度大于 AB 长度(图 5-18),此时两圆不相交,F、G 两点不存在,"粉笔"都不在了,又怎么能画出椭圆呢?这就轻松地讲解了在构造椭圆的时候,为什么要求"动点到两定点的距离之和要大于两定点的距离",对此学生的记忆肯定也是相当深刻的。

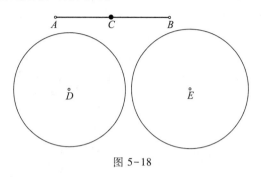

图 5-18

五、信息技术对教师提出了新要求

使用信息技术,并不代表就一定教学效果好。技术是先进了,但最后决定成败的关键因素还是教师的数学素质和教学设计。近几年,一线教师们提供了很多案例,积累了丰富的经验。譬如,测量功能是动态几何软件的最基本、也是最重要的功能之一,看似简单,但有时候引发出的一些问题也很值得大家思索。

案例1　中位线定理的教学

一位教师在讲授中位线定理这一内容时,利用超级画板作了两次测量:一次是验证三角形中位线定理,另一次是验证顺次连接四边形的中点所围成图形为平行四边形。这位教师发现,当他让学生动手测量的时候,有一部分学生懒散地坐着不动,远没有刚开始接触超级画板那样积极。课后向几位学生调查情况,学生们说:这两道题,书上都有结论,我们早就看过了,再去测量不是有点傻吗?对未知的东西充满好奇,对已知的东西熟视无睹,这是绝大多数人存有的心态。这位教师经过反思,觉得不能怪学生。不过,这些学生仅仅满足于记住某个结论,而没有进一步思考,这对于学习数学是很不利的。

于是在另一个班上课时,他首先让学生探究这么一个问题。五边形 $ABCDE$ 中,点 F,G,H,I 分别是 AB,BC,CD,DE 的中点,点 J,K 分别是 FH,GI 的中点,AE 和 JK 有什么关系?学生们马上打开超级画板进行测量,很快发现 $AE = 4JK$

（图 5-19）。教师问:还发现什么？学生没有其他的发现。能不能证明发现的结论呢？学生们没有一点头绪。教师提示说,当遇到难题解决不了的时候,我们是不是退一步,先解决容易的题目,大家还记得如何求多边形的内角和吗？学生说,记得,将多边形分割成三角形来解决。于是,教师就顺势引导学生去研究三角形中位线定理和顺次连接四边形的中点所围成图形为平行四边形这两个问题。等到快下课时,教师又将学生引回到五边形中点的问题。但思维定式,学生还是反应不过来,因为他们都想着如何将五边形分割成三角形。教师给出提示,也不一定要分割成三角形啊,我们今天不是还学了四边形吗？这一提示,不少学生就做出这道题了,辅助线如图 5-20 所示（L 是 AD 的中点）,而且还有学生高兴地发现 AE 和 JK 还存在平行关系。

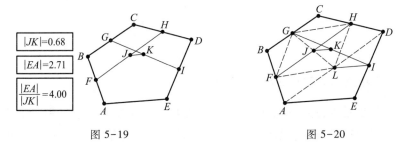

图 5-19   图 5-20

点评:同一个教师讲同一个内容,都使用了超级画板的测量功能,其中的变化仅仅是加了一个例题而已,但后一次课的效果明显要好很多。前一节课的测量,好像有点"为测量而测量"的味道;而后一节课的测量,是真正的探究式测量,因为学生即使提前预习,也较难作出该题,此时的测量落到了实处。需要指出的是,所增加的例题非常有内涵,包括了该节课的两个重要的结论。因此,技术使用的好坏关键在于教师的专业水平。

◗ 案例 2   勾股定理的教学

勾股定理的数学表示形式是 $a^2+b^2=c^2$,从数的"方"（平方）联想形的"方"（正方）,不难想到要以 Rt $\triangle ABC$ 的各边作正方形 $ABDE$、$CBFG$ 和 $ACHI$（图 5-21）,于是有不少教师让学生利用超级画板测量面积,验证 $S_{ABDE}=S_{CBFG}+S_{ACHI}$。但有一个教师在这个环节遇到了问题。学生作好图 5-21 后,教师让学生测量面积,自主探究。大多数学生都得出了教师想要的答案。但有一个学生说,他发现的有所不同,他发现 $S_{\triangle ABC}=S_{\triangle BDF}=S_{\triangle CGH}=S_{\triangle AIE}$（注:超级画板测量面积与几何画板不同,只需依次选择多边形顶点即可,并不一定要作出多边形）。

这位教师感到很吃惊,这是备课时没有想到的。

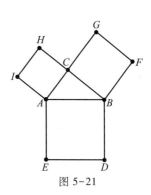

仔细一看,这正是三角形面积公式 $S_{\triangle ABC} = \frac{1}{2}ab\sin C = \frac{1}{2}bc\sin A = \frac{1}{2}ca\sin B$,只不过用了一次互补的两个角正弦相等而已。但学生还没学过正弦,该怎么解释呢?

图 5-21

其实也不难,$S_{\triangle ABC} = S_{\triangle HCG}$ 是显然的。而证 $S_{\triangle ABC}$ 与 $S_{\triangle BDF}$ 相等也只需以 AB 和 BD 为底边,作出对应的高线 CJ 和 FL 即可,而这两条边的相等又可转化为求证 $\triangle CJB \cong \triangle FLB$(图 5-22)。由于 $\angle JBC = \angle LBF$(与同角互余的两角相等),根据 HL 定理,易证 $\triangle CJB \cong \triangle FLB$。同样地,可以证明 $S_{\triangle ABC} = S_{\triangle AIE}$。如果作出更多的垂线段,就会得到一个类似于赵爽弦图的图形(图 5-23),于是就引出另一种证明。

如图 5-24,就是分别过点 A 和 D 作 BC 的平行线,分别过点 B 和 E 作 AC 的平行线,四条直线交于 M,J,K 和 L。易证 $\triangle ABC$ 与正方形 $AEDB$ 中的四个三角形都全等,所以 $BJ = BC = BF$,从而 $S_{\triangle ABC} = S_{\triangle DBJ} = S_{\triangle BDF}$。同理可证 $S_{\triangle ABC} = S_{\triangle AEL} = S_{\triangle AEI}$。

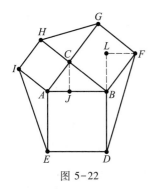
图 5-22

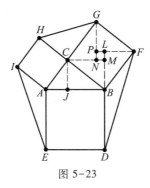
图 5-23

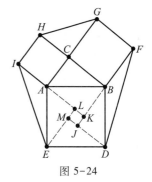
图 5-24

特别有意思的是,即使 $\triangle ABC$ 不是直角三角形,所得四个三角形面积相等的结论也是成立的。证明的过程也一样,因为两种证明都没有用到 $\angle ACB = 90°$ 这一条件。学生们听完教师的分析,觉得不可思议,马上又重新作图进行验证。

点评: 教师们精心备课,设计好一个又一个的环节,但难免也会遇到设计之外的情况。特别是现代社会的信息多元化,中学生不再像过去那样,单纯地从教师那里吸取知识,而是通过各种渠道来获取信息,譬如说网络、图书馆等,类似超级画板软件也能够提供给学生信息。从某种角度来说,信息技术并没有给教师带来轻松,而是带来压力,对教师的要求更高了。教师对技术与数学的钻研对于提高学习效果非常关键,本节课从勾股定理引出赵爽弦图是如此的自然,没有人为的做作,甚至三角形面积公式、正弦定理也呼之欲出。

六、信息技术与课程整合的四个层次

信息技术与课程整合可以分四步走。

第一个层次:举重若轻,做能够省时省力的事。

电子计算机和软件无非是工具,如同圆规、直尺、三角板一样。重要的是自己的教学经验和特长要保持、要发挥。原本怎样备课上课,现在仍然可以保持自己的习惯和套路。但是,用电子计算机画一些比较复杂的图形总比用粉笔黑板方便吧? 用电子计算机做计算或书写推导公式总要快捷准确些吧? 这些工作,本来也能做,用了信息技术能够做得更快更方便,好像用圆珠笔代替毛笔一样。学习新的工具要花时间和精力,但学会了能减轻劳动,是值得的。

第二个层次:心想事成,做过去想到做不到的事。

过去,在教学过程中常有一些想象或虚拟的比方,但实际上做不到。例如,在黑板上画一个圆内接正多边形,说如果正多边形的边数越来越多,它的面积和周长就越来越接近圆的面积和周长。用了超级画板,画一个边数会逐步增加的正多边形是轻而易举的事。又如,让几何图形和函数图像随参数变化,让运动的图形留下踪迹,让统计图表跟着数据变化,许多过去想到做不到的事,现在都可以在教学现场即兴发挥,随意操作。另外,"电子黑板"上写的画的东西会自动被储存,根据教学需要随意隐藏显示或改变颜色大小位置,这都是过去想到做不到的。

第三个层次:推陈出新,做过去没有想到的事。

随着对信息技术的掌握,受同行所作课件的启发,更多地吸取了别人的经验或总结了自己的经验,就会产生创新的愿望和灵感。原来想不到的知识表现方式,现在可以设计出来了。使用超级画板,可以制作引人入胜的动画,设计游戏式的课件,使用自动解题、交互解题、几何图形的信息搜索、编程、迭代等智能性更高的功能建设教学资源,推出创新的成果。

第四个层次:众志成城,教师带领学生都来用信息技术做数学。

教学资源丰富了,对信息技术运用自如了,备课方法、讲授方法、学习方法、教学组织都会自然地发生变化。例如,学生看到教师在课堂上运用信息技术自如地作图计算推导,看到教师创作的引人入胜的动画,就会产生自己动手试一试的强烈愿望。如果有条件,最好组织学生自己动手在教师指导下探索、试验,尝试开展研究性的学习。信息技术的介入,能让学生全身心地投入到教学活动之中,对课程内容产生浓厚的兴趣。不仅仅带来教学模式的转变,更重要的是促进

学生素养的培养。

第六节　数学英才教育与数学竞赛

一个国家的数学水平和国家的综合实力是成正比的。经济和军事大国,也往往是数学大国。数学大国需要有杰出的数学家群体作为代表,而优秀数学家则是由资优的数学青少年成长起来的。因此,在国际竞争日益激烈的今天,数学英才教育已成为国际数学教育研究的热点。

一、我国的数学英才教育与发达国家的差距

与普通学生相比,英才学生一般具有高度的创造力、批判性思维能力、完美主义倾向等特征。数学英才学生因学科特殊性,往往在数学推理和数学问题解决等高阶思维上具有突出表现。欧美发达国家的英才教育具有几百年的悠久历史,政府和社会各界在筛选、资助、培养优秀数学人才方面有良好的教育制度和体制保障。

美国的英才教育是作为议会通过的法案确定下来的,在联邦政府和州政府层面上均有相对完善的法律法规。联邦政府侧重于规定英才教育的标准并提供财政保障,州政府侧重于英才教育具体培养方案的制定,其英才教育已被纳入法制化和常态化的轨道。美国数学资优生的甄别一般遵循教师推荐到科学评估的流程,潜在资优生在被教师提名和推荐后,需要通过数学能力测试,包括需要解决一系列具有真实情境的、需要高层次数学思维的、以创造力为考查目标的数学问题。美国数学资优生的培养主要依托其所在的中小学进行。资优生的培养课程大都是加速式课程与增润式课程的有机整合。加速式课程是指数学课程在纵向上的压缩和简化,适当删减基础性内容,减少授课时长,以适应资优生的学习节奏;增润式课程是指数学课程在横向上的拓展和丰富,一些与学科相关的但普通学生不会学习的内容被纳入课程体系。除此之外,依托高等学校开展的各类非营利性培养项目也是美国数学资优生教育的重要特色,比如约翰霍普金斯大学天才青少年项目。该项目为数学资优生提供具有挑战性的数学课程,如问题解决课程、竞赛数学课程、荣誉数学课程、AP 课程(The Advanced Placement Courses,中文译为先修课程)、大学层次的数学课程等。

建立数学英才学校是培养数学资优生的关键措施之一。北京师范大学的张英伯教授等曾访问了法国"路易大帝高中"。那是一所有 460 多年历史的英才学校。在那里毕业的学生中有雨果、莫里哀、伏尔泰这样名垂青史的著名学者。

至于数学课程,如微积分,都是用 $\varepsilon\text{-}\delta$ 的语言严密叙述的。那里的数学教师,每个人都要能上数学分析、高等代数、常微分方程、偏微分方程、几何学、拓扑学等课程,可以说是全能的数学教师。从这一学校走出来的数学家则有伽罗瓦、刘维尔、埃尔米特、达布、勒贝格、波莱尔、阿达马等享誉世界的伟大数学家。

相对而言,我国的英才教育包括数学资优生的培养远远滞后于发达国家,是整个教育体系中的短板。第一,我国英才教育缺乏从低年龄段到高等教育阶段的整体设计和制度保证,亟须加强英才教育政策的顶层设计,建立从小学到大学相贯通的英才教育体系;第二,我国英才教育的课程资源和学术研究相对匮乏,需要建立国家级英才教育研究机构和课程资源中心,开发英才教育课程、教材与评价工具;第三,提高我国英才教育师资的专业化水平,建立英才教育师资培训中心。

二、关于数学资优生的培养

我国对于数学资优生的培养,一向以数学竞赛的方式为主进行。在国际数学奥林匹克竞赛中,中国的中学生历年都能取得优异的成绩,享誉世界。中国的数学竞赛选手中已经涌现出许多优秀的青年数学人才,例如恽之玮、张伟、许晨阳、刘一峰、张瑞祥、韦东奕等,他们在数学研究上取得了重要成果,作出了突出贡献。

除数学竞赛之外,我国数学资优生的培养还有一些其他举措。从高中数学课程来看,我国提出"选择性"理念,实现"人人都能获得良好的数学教育,不同的人在数学上得到不同的发展"。在这一理念下,2017 版《普通高中数学课程标准》给出了 A、B、C、D、E 五类数学选修课程。A 类课程供有志于学习数理类专业(如数学、物理、计算机、精密仪器等)的学生选择;B 类课程供有志于学习经济、社会类专业(如数理经济、社会学等)和部分理工类(如化学、生物、机械等)的学生选择;C 类课程供有志于学习人文类专业(如语言、历史等)的学生选择;D 类课程供有志于学习体育、艺术(包括音乐、美术)类专业的学生选择;E 类课程包括拓展视野、日常生活、地方特色的数学课程,还包括大学数学先修课程等。大学数学先修课程包括微积分、解析几何与线性代数、概率论与数理统计。清华大学附属中学、北大附中等已经在高中阶段率先开设了大学数学先修课程,为推进高中教育和大学教育的有效衔接和拔尖创新人才的培养进行了有益的探索。

近年来中国政府、教育界和企业界在英才教育方面开展了一些有意义的项目。中国科学技术协会和教育部自 2013 年开始共同组织实施中学生科技创新后备人才培养计划(简称英才计划),旨在挑选英才中学生,在高等院校著名科学家的指导下,参加科学研究、学术研讨和科研实践。数学是参与英才计划的五个学科大类之一。2018 年清华大学和北京大学为培养数学优秀人才分别设立了"丘成桐数学英才班"和"北京大学数学英才班"。2020 年教育部推出"强基计划",目的是选拔和培养有志于服务国家重大战略需求且综合素质优秀或基础学科拔尖的学生,在包括数学在内的基础学科相关专业招生。

三、数学资优生培养中应注意的问题

培养数学资优生的过程中,要注意以下问题:

(1)给数学资优生创造宽松的成长环境。我们要以平常心对待资优生,不要给他们造成过大的心理压力。考试成绩好了,也不可表扬过头,把他们捧为"天才""神童";考试成绩不好,也不可对他们失去信心。把学生吹捧为"天才""神童",他们会以"英雄""模范"自居,不能做错事,不能说错话,久而久之,不敢大胆设想,不敢大胆发问,"人才"往往就这样被"捧杀"了。爱因斯坦说:"教育不是用好胜心去诱导学生的竞争心理,而是要用好奇心去激励学生的科学兴趣。"

(2)数学资优生应该有较为宽广的自然科学和人文学科基础。数学资优生不应该仅在数学上"一枝独秀",要有较为宽厚的文化积淀。文化基础厚实了,视野才开阔,后劲才强劲。历史上,许多著名的数学家,也是物理学家、哲学家。俄罗斯有寄宿制的数学物理学校,学生在数学和物理方面均打下较为扎实的基础。

(3)数学资优生是未来重要的人才资源,他们有可能成为数学家,也有可能成为其他行业的人才。数学有时是他们的目的,但有时也可作为他们的工具。数学作为一门基础学科和其他自然科学的语言,是每一个立志成才的学生所必须具备的基本素质。

(4)不要埋没了优秀的数学人才。由于人的智力发展有早有晚,有快有慢,有些学生在中学表现得平平,解决问题时显得较为粗心,也没有取得过很好的成绩,但是发展潜力很大。学习上粗犷而执着的学生往往有较强的攻击力,有较大的潜力。有人认为学习成绩在第十名左右的学生更有可能成功,称之为"第十名现象"。

四、数学竞赛的得与失

数学竞赛作为发现、培养数学资优生的一条重要途径,备受人们的关注。现代意义的中学生数学竞赛源于匈牙利 1894 年举行的一次数学竞赛。以后,数学竞赛活动在东欧一些国家陆续展开。1959 年,在罗马尼亚举行了第一届国际数学奥林匹克竞赛(International Mathematical Olympiad,简称 IMO),之后每年一届

（1980年因故没能举行），时间定于7月，轮流在世界各地举行，参赛选手是20岁以下的中学生。至2015年已举办了56届，参赛国家和地区也越来越多。第31届、35届和39届分别在中国大陆、中国香港和中国台湾举行。

我国中学生数学竞赛始于1956年，"文革"期间，数学竞赛活动被迫停顿。1978年，中学生数学竞赛活动逐步恢复。1981年开始举办"全国高中数学联赛"，1985年开始举办"全国初中数学联赛"，1991年开始举办"全国小学数学联赛"，每年举行一次，以毕业年级学生为主要对象。"希望杯"全国数学邀请赛始创于1990年，参赛对象是初中一、二年级，高中一、二年级的学生，职高、中专相应年级的学生也可参加，是一种普及型的数学活动。我国从1985年开始参加IMO，除第39届外，均派队参加。大多数年份都获得总分第一名或第二名。

我国中学生在IMO中屡次取得优异成绩，为祖国争了光，为中国教育界争了气，大大激发了青少年崇尚科学、追求真理、勤奋学习、刻苦攻关的热情。数学竞赛的开展还促进了中学数学教学改革向纵深发展。

数学竞赛活动的过度开展和非正常竞争，也带来了一些负面效应。

过分功利化。一些数学优秀生的抱负只是"学校拿第一，将来上清华!"。拿名次无可厚非，但是把拿名次作为自己的抱负，则未免过于功利。参加数学竞赛，应该有追求真理，探索世界奥秘的更高境界。陈景润几十年如一日，证明了"1+2"问题；怀尔斯坐得住冷板凳，使费马猜想终获解决。过分地功利化、物化，会毁了学生的好奇心，伤了学生的胃口。坐不得冷板凳，耐不住寂寞，是不会造就一流的数学大师的。

严酷的竞赛有可能窒息学生的创造性思维，数学竞赛的获奖者不一定是数学人才。国际数学大师陈省身先生说："中国学生在国际数学奥林匹克竞赛上拿了第一名，这是中国青少年的光荣，但是，我要说一句，奥林匹克竞赛中的题目都不是'好'的数学。在几个小时里能做出来的题目，多半是一些技巧。"会做竞赛题，毕竟只是将别人已想过的问题重做一遍而已，这是做"学答"，而不是做"学问"，培养不出强烈的创造意识。数学不是考出来的，而是创造出来的。数学的创造靠的是对数学的兴趣和坚持不懈思考的毅力。高智商的儿童大多会成功，但只有极少数能够取得创造性的成就。

繁重的赛前训练还影响了学生的身心健康。李政道先生说："家长和教师要格外小心，千万别拔苗助长，把天才摧残成不健全的儿童。在注重学术培养的同时，应格外注意他们的人格的成长。"

因此，对数学竞赛，我们应持客观态度，对获奖者，我们应有平常心态。数学竞赛是选拔人才的一条途径，但不是唯一途径；做数学竞赛题目有利于创新，但决不等于创新；数学竞赛获奖者有可能成为人才，但不必然就是人才。只有这样，才能为人才的成长创造良好的环境,使数学竞赛回到健康发展的轨道,从异乡回到故乡。

第七节　数学学困生的诊断与转化 *

数学教学中,经常遇到一些学生,他们数学成绩差、知识缺欠多、能力薄弱、持续感到困难,处在无趣与困惑之中,这部分人就是数学学困生。

一、数学学困生的诊断

对数学学困生进行诊断,除了学习成绩以外,还应包括如下几个方面:

(1)智力诊断。包括智商测定和一般能力检测。

(2)非智力因素诊断。包括情绪稳定性、意志品质、学习态度、数学学习兴趣、学习方法等。

(3)气质性格诊断。包括气质类型、性格特征。

(4)数学能力诊断。包括数学能力成分、数学气质类型、数学素质。

以上几个方面,通常通过定性了解做出判断。

数学学困生可做如下分类:

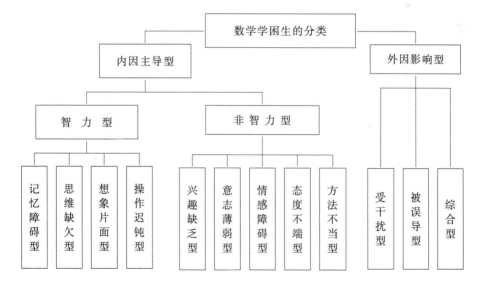

---

　　* 本节文字由杜玉祥提供.参阅:杜玉祥,马晓燕,魏立平,等.数学差生问题研究[M].上海:华东师范大学出版社,2003.

二、数学学困生的转化

转化是研究数学学困生的目的,转化就是通过有效的工作促使学困生改变在数学学习上的被动状态,其标志是数学成绩和数学素质的提高。

转化工作要优化外部环境,激活内部机制,选点切入,多管齐下。不论哪类学困生,都要从培养兴趣、沟通情感、端正态度、指导学法入手。

附录:数学学困生诊断与转化个案

实验学生:W,女;实验区段:初中 1~3 年级,年龄 12~15 岁。

1. 基础情况

N 县实验中学学生,其父为县医院院长,大学毕业;其母为县卫校职工,中专文化;家庭经济条件较好,学习环境优越;本人爱好唱歌,不爱干家务活。

实验教师 J,女,大专学历,从事数学教学 15 年,教学有方,责任心强。

实验教师观察到 W 在数学课上表现沉默,不愿回答问题,练习慢,思维常受阻,作业书写尚工整,但解题死板,死抠例题样式,不灵活,数学成绩低下。家长反映 W 在家复习有困难,常叹息,提不出问题,不爱学数学。同学反映 W 的数学成绩不好,困难很大,又不常问别人。

2. 诊断资料

初步诊断,根据智力与非智力测量的数据,经过一个月的观察,初步认定她为智力型缺陷。

3. 转化方案初步确定

开始阶段(第 1 学期)培养她对数学学习的兴趣(这是她非智力因素中的薄弱点)。借给她一本《奇妙的数学》让她读;给她调整座位,让一个数学学习好的同学与她同桌,加强对她的帮助和影响;老师在课上课下对她多关注;班上举行专题班会,让同学介绍学好数学的方法,为什么要学好数学的认识和心得,这一切都是为了激发她的内在学习动机,转变其学习态度,增强其学好数学的信心。

中间阶段(第 2~3 学期)主要针对她的思维缺欠做工作,结合具体的数学问题,培养她的思维能力,提高其概括能力和抽象思维能力;在思维品质方面,特别针对其思维中的呆板与肤浅和反应慢下力气,强化训练的力度。

提高阶段(第 4 学期以后)在前面两个阶段的基础上,全面提高 W 的素质,以综合素质的提高促进智力的发展,使其思维品质进一步优化。

4. 具体转化进程

(1) 消除对立与怀疑,拉近感情距离

J 一厢情愿的"好心"并不能得到"好报"。把 W 的座位从第 4 排调到第 2 排,距离的"拉近"并未能拉近 W 的情感。W 认为这是老师要把她放在"眼皮底下"管起来,因而数学课堂上常常漠然冷视或低着头;给她安排一个学习好的同桌,她认为是给她安的"监督哨",对人家冷冰冰的不说话;老师对她强化指点,细改作业,以抓紧她的转化,她认为是老师专找她的碴,故意让她在同学面前"出丑";班上开展的活动,她也认为是故意针对她的,能躲就躲,躲不了也是心不在焉。种种迹象表明开始阶段的"帮促"措施,由于她思想上的对立情绪和怀疑戒备心理,并未达到预期的效果。如何从感情上拉近老师与 W 的距离,如何使 W 对老师与同学建立起信任,融入这个集体,就成了首先要解决的问题。

为此,J 精心安排了一次谈话。一天课外活动,J 约她到家里帮忙"干一件家务活"(J 家住在校内)。故意把这次谈话安排在无人干扰,她不起疑心的家中。干的活实际上很简单。干完后,在洗手、吃水果的轻松气氛中,J 表扬她干活很踏实,活干得很漂亮,使她兴奋起来。随后,在长达一个多小时的交谈中,充满着期待,有鼓励,也有指点,但充满了老师对学生真挚的关心与期望。她的心被触动了,如实地承认了前一段自己思想上有对立情绪。最后表示:"老师,我一定不辜负您的教诲。"

这次谈话,拉近了 J 与 W 的情感上的距离,真的成了一个转折点,她的表现可以说是"全面升级"。听课、作业质量有了很明显的好转,同桌关系也由冷变热了。类似的谈话与交流,每个学期都要进行两三次。

(2) 抓住重点,向她的思维缺欠"进攻"

提高数学学困生的思维能力,不是一蹴而就的事,需要艰苦细致、一点一滴地积累。开始采取"扶着走"的方法,选择典型题例进行分析引导;"走不动了",及时搭台阶、消除迷茫,指明道路;后来,采取让她自己叙述如何解决问题的思维过程的方法,从"扶着走"到尝试"自己走";再后来,干脆放开她,看着她如何从一个条件和其他条件的搭配去探究结论,J 从旁质疑,有时还故意难为她,说错了让她纠正,让她"自己走"。

下面是在不同阶段对 W 的训练中用过的一些题目,它们分别是在初二、初三用来"扶着走"和尝试"自己走"的题目。

例 1　已知:$\triangle ABC$ 的中线 AD 与 BE 交于 G。

求证:$S_{\triangle ABG} = S_{四边形CEGD}$。

这是一个"扶着走"的题例。

教师:仔细看清题目的条件和结论,你明白要证的是什么吗?

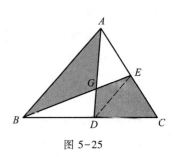

图 5-25

W:要证的是一个 △ABG 的面积和一个四边形 CEGD 的面积相等。

教师:你想怎么证?

W:从已知条件可以画出一个草图(图 5-25), 要证画线的两个图形的面积相等。

教师:可以通过计算大小得出结论吗?

W:(想了想)不可以。从已给条件,我不会计算它们的面积。

教师:那怎么办呢?

W:(在图上画了一会儿)我发现这么几个关系。

教师:说说看。

W:因为 AD 是 △ABC 的中线,所以 $S_{\triangle ABD}=S_{\triangle ADC}$,而 $S_{\triangle ABG}=S_{\triangle ABD}-S_{\triangle BGD}$, $S_{\text{四边形}CEGD}=S_{\triangle ADC}-S_{\triangle AGE}$,只要证明 $S_{\triangle BGD}=S_{\triangle AGE}$ 就可以了。

教师:很好,你利用了转化的思想,把证明 $S_{\triangle ABG}=S_{\text{四边形}CEGD}$ 的问题"转化"成了证明 $S_{\triangle BGD}=S_{\triangle AGE}$ 的问题,那怎么证明这个转化后的问题呢?

W:关键是连接 ED,利用四边形 $ABDE$,再利用已知 D,E 是 △ABC 的两边 BC 与 AC 中点的条件就可以达到目的。

点评:对于数学学困生,并且只有初中二年级的水平来说,这样一个并不复杂的问题,也是"困难重重"。作辅助线,形成转化思想策略,综合利用三角形、四边形、等量关系等知识都会使其思维受阻,只有在实际探索中自己超越了障碍,思维才会畅通起来,从而思维能力与水平也就得到了提高。

下面是一个"看着走"的题例。

例 2 化简 $\dfrac{a-b}{\sqrt{a}-\sqrt{b}}$。

教师:这个题目你会做吗?

W:(不假思索地)会,只要分母有理化。

教师:好,试试看。

W 很快用常规方法(把分母有理化)求出了结果。

教师:很好,这说明你已经很熟练地掌握了分母有理化的一般方法,能再考虑一下,还有别的方法吗?

W:(认真思考后)老师,这道题也可以这样做:

$$\frac{a-b}{\sqrt{a}-\sqrt{b}}=\frac{(\sqrt{a}-\sqrt{b})(\sqrt{a}+\sqrt{b})}{\sqrt{a}-\sqrt{b}}=\sqrt{a}+\sqrt{b}。$$

教师:对,你的思维转向了分子,又联想到了因式分解,说明你的思维能力提高了。你再试验一下,把题目中的 $\sqrt{a}-\sqrt{b}$ 换成 $\sqrt{a}+\sqrt{b}$,用上面的两种方法再做一遍。

W 很有兴趣地做出了下面的解答:

$$\frac{a-b}{\sqrt{a}+\sqrt{b}}=\frac{(\sqrt{a}+\sqrt{b})(\sqrt{a}-\sqrt{b})}{\sqrt{a}+\sqrt{b}}=\sqrt{a}-\sqrt{b}。$$

教师:你是否考虑过,你的解题过程中有不符合分式运算性质的步骤?

W 又拿起做过的题目看了起来。不一会儿,指着第一种解答说:"这一步分子分母同乘以 $\sqrt{a}-\sqrt{b}$,当 $a=b$ 时,不成立。"

点评:在这个题目的解答过程中,基本上是她自己完成的。从常规做法到针对本题特点的方法,从原题引申出新题及新题计算中的注意点,都是 W 自己思考与操作的,这显然是思维能力提高的表现。

(3)优化思维品质,提高数学思维水平

● 克服思维的呆板性,培养思维的灵活性。

W 对如下的题目先后用了两种方法解答。

例 3 比较 $\frac{6}{11},\frac{10}{17},\frac{12}{19},\frac{15}{23},\frac{20}{33},\frac{60}{37}$ 的大小。

方法一:通分变为同分母,再比较大小。

方法二:取分子的最小公倍数 60,再比较分母。显然,在分子相同的情况下,分母越大,其值越小,于是大小即刻得知,此法显得灵活。

● 克服思维的肤浅性,培养思维的深刻性。

例 4 某人打算自行粉刷新房,请帮他做一个成本预算的设计方案。

这道题看似简单,好像也没有多少数学的味道,但对学生的思维品质却是一个考验。有思维肤浅毛病的学生,以为这就是算一个长方体的表面积,因而做出的设计很难满足要求。

5. 转化结果

对 W 的转化研究持续了三年。到初三的下学期,W 已经成了班上的骨干,学习成绩一直稳定在全班的 15 名上下,比与她配对的对照生 H,代数成绩高了 12 分,几何成绩高了 20 分,德智体综合测评居班内上游。毕业时,被评为三好学生,加上她的音乐特长,被县重点中学录取。

思考与练习

1. 数学教育既要反对数学本位主义,也要反对"去数学化",如何做到二者的平衡?

2. 数学教学要关注数学的本质,请你再举一例说明。

3. 数学教育学和数学教育心理学的关系如何? 请举一例说明。

4. 数学文化和数学史的关系如何?

5. 数学史的教学如何做到既增强民族自豪感,又能扩展国际视野?

6. 数学教育技术对未来的数学教育发展有何作用?

7. 怎样使用超级画板提高课堂教学质量?

8. 试比较几何画板和超级画板的智能化水平。

9. 教育公平与英才教育是不是互相矛盾的?

10. 数学奥林匹克竞赛能不能代替英才教育?

11. 导致学生发生数学学习困难的原因有哪些?

12. 我们能够做到"不让一个孩子掉队"吗?

参 考 文 献

[1] 李士锜. PME:数学教育心理[M]. 上海:华东师范大学出版社,2006.

[2] 汪晓勤. HPM:数学史与数学教育[M]. 北京:科学出版社,2016.

[3] 张景中. 超级画板自由行[M]. 武汉:湖北科学技术出版社 ,2015.

[4] 张英伯,李建华. 英才教育之忧——英才教育的国际比较与数学课程[J]. 数学教育学报,2008(6).

[5] 熊斌,田廷彦. 国际数学奥林匹克研究[M]. 上海:上海教育出版社,2008.

[6] 杜玉祥. 数学差生研究. 上海:华东师范大学出版社, 2003.

[7] CAJORI F. The Pedagogic Value of the History of Physics[J]. The School Review,1899, 7(5):278-285.

[8] 秦瑾若,傅钢善.STEM 教育:基于真实问题情景的跨学科式教育[J].中国电化教育,2017(04):67-74.

[9] 李刚,吕立杰.从 STEM 教育走向 STEAM 教育:艺术(Arts)的角色分析[J].中国电化教育,2018(09):31-39+47.

[10] 赵慧臣,陆晓婷.开展 STEAM 教育,提高学生创新能力——访美国 STEAM 教育知名学者格雷特·亚克门教授[J].开放教育研究,2016,22(05):4-10.

[11] 董吉玉,王帆,彭致君,等.以学科核心素养为导向的 STEM 课程融合之路——以数学学科为引领[J].现代教育技术,2020,30(09):111-117.

[12] 胡焱,蒋秋.数学教育与 STEM(STEAM)教育的融合:机遇与挑战——基于数学教育与 STEM(STEAM)教育国际学术研讨会[J].数学教育学报,

2019,28(06):92-94.

[13] 孙彦婷.基于 STEM 教育理念下的数学课程构建[D].金华:浙江师范大学,2018.

[14] 张英伯,文志英.法兰西英才教育掠影[J].数学通报,2013(52).

[15] 郑笑梅,姚一玲,陆吉健.中美数学英才教育课程及其实践的比较研究[J].数学教育学报,2021,30(04):68-72,88.

[16] 熊斌,蒋培杰.国际数学奥林匹克的中国经验[J].华东师范大学学报(自然科学版),2021(06):1-14.

第六章　数学课程的制定与改革

数学一直是世界各国基础教育中的核心科目。近年来,世界很多国家都在进行数学课程改革,比较常见的做法是,各国根据本国实际,制定并定期或不定期更新数学课程标准。比如,2010 年 6 月,美国全国州长协会最佳实践中心和各州教育长官委员会公布了《共同核心数学课程标准》,标志着美国教育史上首部绝大多数州共同采用的数学课程标准诞生。2016 年,芬兰教育部发布《国家基础教育核心课程》,对芬兰学生核心素养的七大主题分别做了详细界定并将这七个主题分别具体化到各个学科中(包括数学)。同样,日本的数学教学"指导要领",也在 21 世纪初正式推出。欧洲各国,以及亚洲的新加坡、韩国,也都相应地进行了数学课程改革。

2001 年,我国启动了新世纪基础教育课程改革,经过十年的实践探索,课程改革成效显著,为了适应新时代全面实施素质教育的要求,我国于 2011 年颁布了《义务教育数学课程标准(2011 年版)》,2022 年又颁布《义务教育数学课程标准(2022 年版)》。与此相应,教育部在 2017 年推出《普通高中数学课程标准(2017 年版)》,2020 年修订印发了《普通高中数学课程标准(2017 年版 2020 年修订)》。由此看来,21 世纪的中国数学教育正在经历着重大而深刻的变革。这一章,我们将着重介绍我国数学课程改革的状况与相关问题。

第一节　中外数学课程改革简史

历史上,中国古代的数学教材是《九章算术》,西方常用的数学教材则是欧几里得的《原本》。1840 年鸦片战争以后,我国渐渐不再单纯讲授中国古代数学,西方数学成为学校的主修科目。进入 19 世纪,欧洲主要资本主义国家进入普及教育阶段,数学课程开始脱离《原本》的框架,编写了一些适合普通学生阅读的数学教科书。到了 20 世纪初,中国京师大学堂的数学教科书已经按照《几何学》《代数学》《微积分学》等进行编制。不过,那时还信奉"中学为体,西学为用"的宗旨,数学教科书用的符号仍然是中国自己的一套,和国际上不接轨。1905 年,京师大学堂使用的《普通新代数教科书》(图 6-1,图 6-2),还是用"天、地、人、元"分别代替"x、y、z、w"表示未知数,"甲、乙、丙、丁"分别代替"a、b、c、d"表示已知数,不允许使用阿拉伯数字(图 6-3)。一百年前的数学教科书和今天的数学教科书有如此大的差别,超出了人们的想象。

图 6-1　　　　　　　　　　　　　　　　　图 6-2

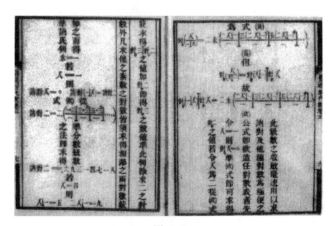

图 6-3

中国教育在 20 世纪 20 年代以后,学制上和美国的"六三三"保持一致。数学则主要引进英美的教材。《温德华小代数》《三 S 平面几何》《范氏大代数》《斯盖尼解析几何学》等风行一时。

1949 年,新中国成立,教育上学习苏联、数学教材采用俄国沙皇时期(1915

年出版)基谢廖夫的《几何》《代数》等教科书。这套数学教材,内容少而精,叙述严谨,以函数为纲,重视几何的公理化体系,一时间,我国数学教学的风气为之一变。1954 年,在此基础上编写了适合中国实际的数学教材,但是苏联风格依然可见。经过 1962 年、1980 年、1992 年多次修改课程大纲,中国教育逐步形成了自己的特色。但是,直至 20 世纪末,苏联数学教材体系的影响仍然存在。我国数学课程改革仅是世界课程改革进程中的一个缩影,在数学课程改革中,几乎每个国家都有自己的心路历程。

20 世纪 60 年代,世界的数学课程曾发生重大变革,起因是苏联的人造卫星于 1957 年率先上天。这个事实使美国认识到,在空间技术上落后的主要原因是教育,特别是数学教育的落后。冷战时期的美国认为,苏联科学发达乃是数学和科学教育内容高深的缘故。1958 年,美国国会通过了《国防教育法》,增拨大量教育经费加强基础教育,提高各级学校的科学、数学和外语教育水平,强调"天才教育",保证有才能的学生不因经济困难而被拒于高等教育的大门之外。大幅度改革中小学的数学和科学课程,数学改动的幅度尤其大。一部分教材用布尔巴基学派"结构主义"的数学观加以阐述,交换律、结合律、群、二进制等成了数学课程的主题,抽象难懂,脱离学生实际。结果,学生知道"3×5 = 5×3",却不知道 3×5 究竟是多少。这样的课程在西方世界被大力推广,世称"新数运动",这种把中小学数学教学内容现代化,要求从中小学起就要用现代数学精确的数学语言传授公理化的数学体系,前后实行了将近十年,总体上归于失败。20 世纪 70 年代,美国数学教育不得不提出"回到基础"。不过,当时的有些改革,仍然保留到今天。比如,概率统计内容进入中小学数学,普遍开设微积分,离散数学的内容有所加强等。

在日本,明治维新以后,落后而锁国的日本完成了产业革命,终于发展成为亚洲唯一独立的资本主义国家。为了尽快发展国民经济,赶上发达资本主义国家,教育必须向西方学习,引进西方先进的教学内容和教学模式,以补充和发展本国教育。如,1940—1960 年,日本以美国的数学教育为模式,注重单位学习;1960—1980 年,日本以欧洲和美国的数学教育为模式,以"新数"为重。20 世纪 90 年代以后,随着经济全球化、知识经济时代的来临以及后工业社会对复合型、综合型知识人才的需求,学校、教师和学生有了自主选择权,中小学《学习指导要领》作为日本全国统一的课程标准,也是教科书编写的重要依据,每 10 年左右修订一次,目前最新版本是 2017 年修订版。大致上讲,从第二次世界大战结束至今,日本的教育经历了"填鸭式教育""宽松式教育"和"去宽松教育"三个阶段。

正当西方开展"新数运动"时,苏联数学教材也开始改革,基谢廖夫的数学教材停止使用。这时,中苏关系恶化,中国数学教材没有受到苏联改革的影响。也许并非偶然,中国在 20 世纪 70 年代也出现了数学教学改革的热潮。1960 年,上海领先全国其他地区进行了课程改革试验。成立以苏步青为主任委员的"上海市中小学数学课程革新委员会",经过十多天的讨论与商议,拟定了《中小学课程革新方案》,方案分"前言"与"大纲"两部分,"前言"部分主要指出原来教材存在的问题,"大纲"部分按部十年制中小学进行设计,体系上采用"一条龙",只称"小学数学""中学数学"。1960 年 3 月 1 日,开始组织人员编写教材,4 月 30 日完成一套 18 本(含练习册 1 本)中小学革新教材,并于当年秋季进入试教阶段。由于编写时间仓促,且内容过难(重积分、偏微分方程编进教材),再加上国家当时面临经济困难等诸多因素,"革新教材"于 1961 年便停止使用。虽然这场削弱基础、脱离实际的"中小学数学课程革新"不尽人意,但也为我国自行编写教材提供了经验教训。

进入 20 世纪 80 年代,随着社会市场经济的逐步展开,在教育中开展了"现代化"的改革。如何建立一种大众的、普及的教育是 80 年代的首要任务。1983 年,邓小平为北京景山学校题词"教育要面向现代化,面向世界,面向未来"。"三个面向"准确地揭示了我国教育的历史转折,明确指出了我国新时期教育工作的最终目标是建立一个适合我国社会主义现代化建设需要、具有中国特色社会主义的教育体系。1986 年颁布的《中华人民共和国义务教育法》,明确提出了"素质教育"的要求,相应地,数学教育无论从体制上,还是在目标和内容上都进行了实质性的改革。

高中数学内容曾经有过大调整:增加微积分、概率、逻辑代数等内容,但不久就停止使用了。20 世纪 90 年代,创新教育的口号提出之后,在教育部的领导下,人民教育出版社开始编写新的数学教学大纲,重新列入微积分、概率的内容,并在立体几何课程中将"向量法"和"综合法"两种处理并存,供使用者选择。但是,总体地看,1949 年新中国成立以后的五十余年中,高中数学课程的指导思想和内容安排并没有根本变化。

进入 21 世纪,各国的数学课程都在进行改革。这是信息时代的要求,也是社会发展的必然。世界各国共同面对的现实是:

(1)数学本身发生了变化。20 世纪下半叶以来,数学最大的发展是应用。数学已经从幕后走到台前,成为能够创造经济效益的数学技术,数学上过分"形式化"的趋势得到遏制。与此同时,纯粹数学也发生了变化。离散数学、非线性数学、随机数学等发展迅速。

(2)社会发生了变化。信息技术与经济高速发展,产业自动化、信息化程度的提高,对公民数学素质有了新要求。人工智能和大数据时代来临,也要求对数学教育做根本性的改革。

（3）教育背景发生了变化。世界上中等发达国家，甚至一部分发展中国家，已经实行大众教育。2011年，我国用事实向世界宣告：中国全面完成普及九年义务教育和扫除青壮年文盲的战略任务。大众数学教育已经迫切地提上了议事日程。

（4）教育观念发生了变化。素质教育和创新教育成为我国教育改革的指导思想。数学教育从以知识传授为本转向以学生的数学发展为本。数学是最具国际比较性的教育学科之一，如国际数学与科学趋势研究项目（TIMSS）、国际学生评估项目（PISA）等，都含有数学学科的测评。它们为参与国反思本国教育的不足，实施改革措施提供参考依据。国际上盛行的"建构主义"教学观，"问题提出""大概念"教学模式，"探究式、发现式"教学方法，以及"数学开放题""合作学习""情境创设""项目式学习""STEM、STEAM跨学科学习"等教学经验的传播，也对数学课程建设提出了新的课题。

第二节　《义务教育数学课程标准（2011年版）》的制定与实施

2005年5月，根据全国政协委员和全国人民代表的提案建议，教育部成立《全日制义务教育数学课程标准（实验稿）》修订工作组，由时任东北师范大学校长史宁中教授担任组长，成员中包括大学数学教授、数学教育研究人员、基层数学教育工作者以及一线数学教师共15人。

历经6年，《义务教育数学课程标准（2011年版）》（以下简称《数学课程标准（2011年版）》）终于面世。这次修改，是对2001年《全日制义务教育数学课程标准（实验稿）》的修订，因此基本保留了原来的基本结构和理念，但是在一些重要环节上，有不少调整。第一，体例与结构做了适当调整；第二，修改和完善了数学课程的基本理念；第三，理清了标准的设计思路；第四，对学生培养目标做了修改；第五，具体内容做了适当的修改；第六，实施建议的修改。这一修订过程，是我国数学教育历史上一次经过民主讨论，最后获得共识的良好范例。

《数学课程标准（2011年版）》是由教育部颁布的国家文件，其中一些规定具有刚性约束力。尤其是教材编写和考试命题，必须严格遵守其中的规定，不得违反。与此同时，课程标准也是一系列教育理念的体现，以及许多学术研究成果的汇集。比如，有关教育学和数学教学论的表述，并非已经是无可争辩的绝对真理，许多认识还在不断深化，今后还会与时俱进地发展。还有一些观点和举措，需要进一步经过实践检验才能证明其正确性。所以,对这一部分内容,"课程标准"是所有数学教育工作者"共同的家",不是"牢房"。这一节,我们对《数学课程标准(2011年版)》修订部分的要点,从学术研究的角度进行一些考察。

一、《数学课程标准(2011年版)》在教学理念的一些提法上更加辩证

在修订过程中,《数学课程标准(2011年版)》做了一些调整,避免了片面性。例如:

- 重提"发挥教师的主导作用",注重启发式和因材施教。同时指出,"学生是学习的主体,教师是学习的组织者、引导者与合作者"。

- 全面提出各种学习方式,"认真听讲、积极思考、动手实践、自主探索、合作交流等,都是学习数学的重要方式"。

- 正确阐述"探究性学习"和"接受性学习",指出"要重视直观,处理好直观与抽象的关系","要重视直接经验,处理好直接经验与间接经验的关系"。

- 科学地说明数学课程的设计思路,强调"充分考虑数学本身的特点,体现数学的实质;在呈现作为知识与技能的数学结果的同时,重视学生的已有经验,使学生体验从实际背景中抽象出数学问题,构建数学模型,寻求结果、解决问题的过程"。

以上的几例,既突出了改革的重点,又能符合数学教育的客观规律,体现了一种比较科学的教育理念。

二、《数学课程标准(2011年版)》在教学内容上,做了一些重要调整

《全日制义务教育数学课程标准(实验稿)》对几何学的处理,遭到包括数学家在内的激烈批评。因此,数学教学内容的某些调整势在必行。其中比较重要的有以下几处:

- 关于平面几何的处理。《数学课程标准(2011年版)》接受数学家的批评,将"空间与图形"的学习领域改为"图形与几何",恢复了"几何"的名称。这一领域的内容,基本上恢复了平面几何"公理化"的结构,知识以更多的"基本事实"为出发点进行演绎推理。这样做,既可体现平面几何学逻辑论证的公理化思想,又符合初中学生的认知水平。例如,有别于"实验稿",《数学课程标准(2011年版)》将"平行公理"原封不动地作为一个基本事实推出。并由此对三角形内角和定理给予严格证明。这样修改,是一个很大的系统工程。至于采用哪些"基本事实"作为出发点,今后还需要不断地研究完善。

- 关于韦达定理。《数学课程标准(2011年版)》响应一线教师的呼声,将它重新列入课程标准,但不作为考试要求。这样做,避免了复杂试题的出现,是一个合理的选择。

● 关于统计与概率部分。《数学课程标准(2011 年版)》根据学生的认知规律,以及实际教学中存在的问题,降低了一些要求,尤其是随机现象的内容,不宜过早过高地呈现。

●《数学课程标准(2011 年版)》保持了"实验稿"的优点,进一步完善了案例,给教材编写和教师教学提供了有力的指导。这里不一一赘述。

三、《数学课程标准(2011 年版)》中有许多独特的、创造性的提法和论述

课程标准里的许多教育学论述,以及对数学教学规律的揭示,具有时代特征,体现了学术研究的成果。我们略举数例。

1. 将"双基"发展为"四基"、"两能"扩充为"四能"

众所周知,重视"基础知识"和"基本技能"的教学,并坚持在"双基"基础上谋求发展,是中国数学教学的特点。《数学课程标准(2011 年版)》在继承这一传统的基础上,增加了重视"基本思想"和"基本活动经验"两项,指出了"双基"教学如何进一步提升的方向,并初步形成了"四基"教学的框架。这就好像给"双基"教学插上了翅膀,使"双基"具有了灵性。这一全新的思考,虽然尚有待完善,但必定是进一步研究的基点。可以预料,"四基"教学将会长久地影响我国数学教育的未来发展。

《数学课程标准(2011 年版)》总目标从"知识技能""数学思考""问题解决""情感态度"四个方面具体阐述。其中,问题解决方面,学生通过义务教育阶段的数学学习,能初步学会从数学的角度发现和提出问题,获得分析问题和解决问题的基本方法。爱因斯坦曾说"提出一个问题比解决一个问题更重要,因为解决问题也许仅仅是一个数学上或实验上的技能而已。而提出新的问题新的可能性,从新的角度去看旧问题,都需要有创造性的想象力,而且标志着科学的真正进步。"把发现和提出问题与分析和解决问题并为学生"四能"是"活学活用"在数学学科基础教育阶段的贯彻落实。

2. 提出"十个关键词"

《数学课程标准(2011 年版)》提出了数学教学内涵的十个关键词:数感、符号意识、空间观念、几何直观、数据分析观念、运算能力、推理能力、模型思想、应用意识和创新意识。可贵的是,《数学课程标准(2011 年版)》对这十个关键词一一加以解说,阐述其内涵。可以认为,这是我国在"数学教学理论"上的一个基本建设。

实际上,"数学教育学"作为一门独立的学科,固然要遵从一般教学论中的规律,却必须要有其自身的研究对象。这十个关键词,一般教学论无法提及,乃

是数学教育所特有的课题。《数学课程标准(2011年版)》对它们所进行的理论概括和内涵解释,并非前人论述的简单重复,而是数学教育学研究的一个新的理论起点。

这里,不妨以"数感"和"符号意识"的解说为例做一些剖析。"数感"的英文原文是"number sense","symbol sense"原意指"符号感"。学界认为,sense并非仅有"感觉"的意思,更有"意识"的含义。这次修改,就将"符号感"改为"符号意识"。至于"数感",由于已经约定俗成,不便更改。但是在解释中把"数感"阐释为"关于数与数量、数量关系、运算结果估计等方面的感悟"。有感也有悟,就超越了感觉层面,刻画得比较准确。

由此可见,十个关键词的解说,背后具有深入的学术思考。

3.《数学课程标准(2011年版)》有许多新的提法和要求。例如:

- 由原来倡导的"两能"(分析和解决问题的能力),到"四能"(发现和提出问题的能力、分析和解决问题的能力),有利于学生创新意识的培养。

- 在小学的第一学段提出"认识算盘"并用以表示多位数。这就终止了由于计算器的使用而全盘废弃珠算的错误倾向。

- 全面理解"联系现实"。除了联系日常生活现实之外,增加"数学现实"和"其他学科现实"。

- 有许多精彩的教学案例。特别值得一提的是案例82(开放式问题及其评价),其中用大量的篇幅制定开放题的评价标准,创造性地依照数学准确性和解释的合理性两个维度分别设置了四级水平,并详细举例说明。

综上所述,修订后的标准,在坚持改革方向的前提下,能够更加全面准确地体现数学教育规律,必将成为推动我国数学教育前进的新起点。《数学课程标准(2011年版)》于2012年秋季开始执行。

第三节　《义务教育数学课程标准(2022年版)》的发布与教材介绍

当前,中国正以前所未有的自信走近世界舞台的中央。2021年7月,国际数学教育大会自1969年发起以来首次在中国举办,受中国数学会委托,第14届国际数学教育大会(ICME-14)由华东师范大学承办。国际数学教育大会每4年举办一次,为期7天的大会吸引了来自全球129个国家和地区的2200多位数学教育学者通过线上、线下相结合的方式参会。其中,顾泠沅领衔的数学教改"青浦实验"成果报告惊艳了世界,他也是继华罗庚之后,时隔

41 年第二位在国际数学教育大会上作报告的中国人,这个经历了 45 年的教改实验,也见证了中国数学教育的改革与发展,更是三代数学教育人坚守教育改革贡献出的智慧结晶。

课程标准是规定学科的课程性质、课程目标、内容目标、实施建议的教学指导性文件,我国的课程标准大约 10 年进行一次修订,《义务教育数学课程标准(2022 年版)》(以下简称《数学课程标准(2022 年版)》)于 2022 年 3 月发布。同时,课程标准也是一系列新的教育理念的体现(如 STEM,STEAM 教育),更是落实解决"培养什么人、怎样培养人、为谁培养人"这一根本问题的总指挥,尤其是教材编写和考试命题,必须严格遵守课程标准之规定。这一节,我们对《数学课程标准(2022 年版)》修订部分的要点做一些简要分析。

一、《数学课程标准(2022 年版)》增加了数学核心素养的具体论述

"核心素养"的英文是"Key Competencies",核心素养最早出现在经济合作发展组织(OECD)和欧盟理事会的研究报告中,OECD 1997 年启动了"素养的界定与遴选:理论和概念基础"(Definition and Selection of Competencies:Theoretical and Conceptual Foundations, 简称 DeSeCo)研究项目,2003 年,出版最终研究报告《核心素养促进成功的生活和健全的社会》(Key Competencies for a Successful Life and a Well-Functioning Society),自此拉开了世界范围内有关核心素养研究的序幕。

2014 年 3 月,教育部发布了《关于全面深化课程改革 落实立德树人根本任务的意见》,研究制定了学生发展核心素养体系和学业质量标准,修订课程方案和课程标准,编写、修订了高校和中小学相关学科教材,改进了学科教学的育人功能等关键领域和主要环节。另外,教育部还组织研究提出各学段学生发展核心素养体系。

数学核心素养是通过数学活动逐步形成与发展的正确价值观、必备品格与关键能力;反映了数学学科的基本特征及其独特的育人价值,是现代社会公民素养系统的重要组成部分;数学核心素养具有高度的整体性、一致性和阶段性(包括小学、初中、高中乃至大学)。包括以下三个方面(简称"三会"):第一,会用数学的眼光观察现实世界;第二,会用数学的思维思考现实世界;第三,会用数学的语言表达现实世界。

从小学到中学,数学知识呈现一个由易到难、从简到繁的发展过程,为了关注数学课程的整体性与一致性,将学科核心素养贯穿课程标准始终,核心素养的主要表现在低学段更具体、更侧重意识,高学段更一般、更侧重能力(见表6-1)。

表 6-1　基础教育阶段数学核心素养在不同阶段的主要表现

表现	小学(11个)	初中(9个)	高中(6个)
数学眼光	符号意识	抽象能力	数学抽象
	几何直观	几何直观	直观想象
	空间观念	空间观念	
	数感		
	量感		
	创新意识	创新意识	
数学思维	运算能力	运算能力	数学运算
	推理意识	推理能力	逻辑推理
数学语言	模型意识	模型观念	数学建模
	数据意识	数据观念	数据分析
	应用意识	应用意识	

二、《数学课程标准(2022年版)》在学段与课程内容结构方面的变化

1. 根据义务教育阶段培养目标及课程理念,充分考虑学生数学学习心理特征和认知规律,反映数学学科的特征和未来社会发展需求,《数学课程标准(2022年版)》针对不同学段的发展水平提出不同要求,将九年的学习时间划分为四个学段(见表 6-2)。

表 6-2　义务教育阶段两版本课程标准学段划分对比

学段	2011年版	2022年版("六三"学制)	2022年版("五四"学制)
第一学段	1~3年级	1~2年级	1~2年级
第二学段	4~6年级	3~4年级	3~5年级
第三学段	7~9年级	5~6年级	6~7年级
第四学段		7~9年级	8~9年级

2. 《数学课程标准(2022年版)》仍然沿用《数学课程标准(2011年版)》将义务教育阶段的数学内容分为"数与代数""图形与几何""统计与概率""综合与实践"四个学习领域,每个学习领域的课程内容按"内容要求""学业要求""教学提示"三方面呈现,注重实现"教—学—评"一致性,增加了教学评价案例,不仅明确了"为什么教""教什么""教到什么程度",而且强化了"怎么教"的具体

指导。《数学课程标准(2022年版)》在结构上加强了一体化设置,增加了幼小衔接、小初衔接,优化了内容组织形式。比如,适当赋予"综合与实践"领域相应的数学知识,引导学生感受数学与其他学科的联系。总体而言,根据学段目标要求,四个学习领域按学段逐步递进。

领域下设主题发生了一些变化,例如:

- 增加与整合:数学是研究数量关系和空间形式的科学。数量关系是指用数与符号表达和分析现实世界中数量之间的关系。数量关系贯穿整个义务教育阶段各个学段。尤其在小学阶段,"数与运算"和"数量关系"成为"数与代数"的两大主题。比如,增加"总量=分量+分量"的数量关系和"等量的等量相等"的代数基本事实等。整合了四个领域的学习主题,并结合生活情境、社会情境、科学情境等真实情境,理解数学知识的意义。

- 调整与改进:《数学课程标准(2022年版)》将常见的量调整到第一学段综合与实践领域中,在具体的情境中,通过学生亲身体验并感受身边常见的量(比如:我的教室、身体上的尺子等)。小学阶段综合与实践领域,主要是以主题学习的形式,让学生感悟自然界和生活中的数学,在获取知识的同时,培养学习数学的兴趣。初中阶段综合与实践领域,采用跨学科项目式学习的方式,整合数学与其他学科的知识和思想方法,引导学生从数学的角度观察与分析、思考与表达、解决与阐释社会生活以及科学技术中遇到的现实问题,感受数学与科学、技术、经济、金融、地理、艺术等学科领域的融合,积累数学活动经验,体会数学的科学价值,发展学生的应用意识和实践能力。鼓励学生个体和小组在解决问题的过程中提出独特的策略和方法,激发创造热情,形成创新意识。培养学生的问题提出能力,根据收集的数据或者通过阅读已知文本信息,鼓励学生能从数学的眼光发现和提出问题。跨学科主题学习是综合与实践学习领域的一种主要的教学活动形式,必须保证不少于数学课程课时10%的学习时间。

具体内容变化,例如:

- 百分数移到统计与概率领域
- 把负数、方程、反比例从小学阶段移到初中阶段
- 强化字母表示数的内容

3. 课程资源开发与利用更强调生成性资源的应用,数学课程资源的开发坚持德智体美劳"五育"并举,五育融合发展。注重挖掘中华优秀传统文化,如结合数的认识介绍陈景润持之以恒、勇于攻关的故事,培养学生自强不息、勇于探索的科学家精神;在图形与几何领域,介绍我国古人发明的"唐图"(七巧板),让学生了解我国古人的智慧,增强民族自豪感;在数学文化领域介绍华罗庚的事迹材料,让学生感悟矢志不渝的爱国情怀。教材是课程标准的具体化。中小学课

程教材承载着中华优秀传统文化的育人功能，教材建设是国家事权。2021年1月，教育部印发了《革命传统进中小学课程教材指南》《中华优秀传统文化进中小学课程教材指南》的通知，是实现革命传统、中华优秀传统文化传承发展系统化、长效化、制度化的重要举措。教材建设体现国家意志。2021年7月、10月，国家教材委员会先后印发《习近平新时代中国特色社会主义思想进课程教材指南》《"党的领导"相关内容进大中小学课程教材指南》，必将在培养担当民族复兴大任时代新人、落实立德树人根本任务中发挥作用。

三、《数学课程标准（2022年版）》增加了学业质量的具体论述

学业质量是学生完成相应学段数学课程学习任务后，在数学核心素养方面应该达到的水平及其表现。学业质量标准以核心素养及其表现、课程总目标以及学段课程内容要求、学业要求为依据，是对学生学业成就表现的总体刻画，并用以反映学段课程目标与核心素养要求的达成度。数学学业质量标准是学业水平考试命题及评价的依据，同时对学生的学习活动、教师的教学活动、教材的编写等具有重要的指导作用。教师要根据数学课程内容及学业质量要求进行系统思考，根据主题、单元和课时对教学目标进行统筹设计。在教学评价中，要建立指向核心素养且与课程目标一致的学业质量标准，采用多元的评价主体和多样的评价方式，鼓励学生自我监控学习的过程和结果。

数学教师要顺应时代发展，努力提升自己的教学实践和教研能力，聚焦实际问题，开展关键课题研究和主题教研，比如，跨学科主题学习活动的设计与实施、学业质量水平与考试评价等都是新课标实施中的关键问题。

当然，数学课程标准的修订不会就此停止。今后，为更好地培养适合社会发展的创新型人才的需要，一定还会有需要改进的地方。教学改革没有终点站，我们一直在路上，这正是教育的科学发展规律。

四、数学教材介绍

教材是国家意志的体现，为做好教材管理工作，2016年10月，我国印发了新中国成立以来第一个关于教材建设的中央文件——《关于加强和改进新形势下大中小学教材建设的意见》。2017年7月，新中国首次成立国家教材委员会，教育部成立教材局。我国义务教育数学课程实施"一标多本"的教材使用原则，国家教材委员会专家委员会审核通过的数学教材供全国各地区教学使用。每年教育部办公厅将印发当年中小学教学用书目录（见表6-3，以2023年为例）。教材局承担国家教材委员会办公室工作，拟订全国教材建设规划和年度工作计划，负责组织专家研制课程设置方案和课程标准，制定完善教材建设基本制度规范，指

导管理教材建设,加强教材管理信息化建设等。各省级教育行政部门可结合本地实际和学生需求选购合适的数学教材,并将本省教材选用使用情况报送教材局备案。

表 6-3　2023 年义务教育国家课程教学用书目录(数学)

主编	编写、出版单位	书名	册次	使用年级	备注
王燕春	北京教育科学研究院 北京出版社	义务教育教科书·数学	一年级上册至六年级下册	一年级至六年级	
刘　坚	新世纪小学数学教材编写组 北京师范大学出版社	义务教育教科书·数学	一年级上册至六年级下册	一年级至六年级	
赵杏梅	河北省教育科学研究院 河北教育出版社	义务教育教科书·数学	一年级上册至六年级下册	一年级至六年级	
孙丽谷 王　林	南京东方数学教育科学研究所、江苏省中小学教学研究室 江苏凤凰教育出版社	义务教育教科书·数学	一年级上册至六年级下册	一年级至六年级	
展　涛	青岛出版社	义务教育教科书·数学	一年级上册至六年级下册	一年级至六年级	
人民教育出版社课程教材研究所小学数学教材编委会	人民教育出版社	义务教育教科书·数学	一年级上册至六年级下册	一年级至六年级	均有配套教师用书
宋乃庆	西南大学出版社	义务教育教科书·数学	一年级上册至六年级下册	一年级至六年级	
王燕春	北京教育科学研究院 北京出版社	义务教育教科书·数学	七年级上册至九年级下册	七年级至九年级	
马　复	北京师范大学出版社	义务教育教科书·数学	七年级上册至九年级下册	七年级至九年级	
杨俊英	河北省教育科学研究院 河北教育出版社	义务教育教科书·数学	七年级上册至九年级下册	七年级至九年级	
严士健 黄楚芳	湖南教育出版社	义务教育教科书·数学	七年级上册至九年级下册	七年级至九年级	
王建磐	华东师范大学出版社	义务教育教科书·数学	七年级上册至九年级下册	七年级至九年级	

续表

主编	编写、出版单位	书名	册次	使用年级	备注
杨裕前 董林伟	苏科版初中数学教材编写组 江苏凤凰科学技术出版社	义务教育教科书·数学	七年级上册至九年级下册	七年级至九年级	
展　涛	青岛出版社	义务教育教科书·数学	七年级上册至九年级下册	七年级至九年级	
林　群	人民教育出版社	义务教育教科书·数学	七年级上册至九年级下册	七年级至九年级	
吴之季 苏　淳	新时代数学编写组 上海科学技术出版社	义务教育教科书·数学	七年级上册至九年级下册	七年级至九年级	均有配套教师用书
范良火	浙江教育出版社	义务教育教科书·数学	七年级上册至九年级下册	七年级至九年级	
徐云鸿	青岛出版社	义务教育教科书（五·四学制）·数学	一年级上册至五年级下册	一年级至五年级	
杨　刚 卢　江 林　群	人民教育出版社	义务教育教科书（五·四学制）·数学	六年级上册至九年级下册	六年级至九年级	
马　复	山东教育出版社	义务教育教科书（五·四学制）·数学	六年级上册至九年级下册	六年级至九年级	

第四节　《普通高中数学课程标准》的制定与教材介绍

　　课标修订不但要明确教什么、学什么、学到什么程度,还要对怎么教、怎么学、怎么用提出明确要求。2013 年,教育部启动了普通高中课程修订工作。本次修订深入总结 21 世纪以来我国普通高中课程改革的宝贵经验,充分借鉴国际课程改革的优秀成果,努力将普通高中课程方案和课程标准修订成既符合我国实际情况,又具有国际视野的纲领性教学文件,构建具有中国特色的普通高中课程体系。本次修订工作,首先,放在立德树人的全局视野和战略高度来认识,放在统筹推进课改的大背景下来设计、来谋划,把学生发展核心素养和学业质量标准要求率先落实到高中课程标准中。其次,坚持问题导向,着力解决 10 余年高中课改存在的突出问题。最后,做好高中课程标准修订与高考改革政策的衔接,确保学和考的有机结合,增强育人效果。2017 年 12 月,修订印发《普通高中课程标准(2017 年版)》。

为深入贯彻党的十九届四中全会精神和全国教育大会精神,落实立德树人根本任务,培养德智体美劳全面发展的社会主义建设者和接班人。完善中小学课程体系,教育部组织对普通高中课程标准(2017 年版)进行了修订,数学课程标准修订仅涉及前言部分,《普通高中数学课程标准(2017 年版 2020 年修订)》(以下简称《高中课标(2017 年版 2020 年修订)》)于 2020 年 5 月正式印发,本节以最新版《高中课标(2017 年版 2020 年修订)》为纲介绍。

《高中课标(2017 年版 2020 年修订)》提出了高中数学核心素养(见表6-1),高中数学核心素养是继小学、初中阶段的进一步提高,一些基本的理念(增加数学核心素养与学业质量标准等)与义务教育的数学课程标准相同,另外,还有一些高中特有的特点。主要有以下几个方面:

1. 进一步明确了普通高中教育的定位。针对长期以来存在的片面追求升学率的倾向,强调普通高中教育是在义务教育基础上进一步提高国民素质、面向大众的基础教育,不只是为升大学做准备,还要为学生适应社会生活和职业发展做准备,促进学生全面而有个性的发展,为学生的终身发展奠定基础。具体提出了六个数学素养成分,并对数学素养水平进行划分。数学学科是基础教育阶段最为重要的学科之一,通过基础教育阶段的数学教育,无论接受教育的人将来从事的工作是否与数学有关,"三会"是高中阶段超越具体数学内容的教学目标。

2. 进一步优化了课程结构。考虑到高中学生多样化的学习需求及升学考试要求,在保证共同基础的前提下,适当增加了课程的选择性,为不同发展方向的学生提供有选择的课程。将课程类别调整为必修课程(学生全面发展需要)、选择性必修课程(学生个性发展和升学考试需要)和选修课程(属于校本课程,学校根据实际情况统筹规划开设,学生自主选修)。与高考综合改革相衔接,必修课程全修全考,选择性必修课程选修选考,选修课程学而不考或学而备考,为学生就业和高校招生录取提供参考。

3. 强化了课程有效实施的制度建设。增加了初中到高中的衔接内容,从选课走班等新要求出发,进一步明确课程实施环节的责任主体和要求,从课程标准、教材、课程规划、教学管理,以及评价、资源建设等方面,对国家、省(自治区、直辖市)、学校分别提出了要求。增设了"条件保障""管理与监督"内容,强化各级教育行政部门和学校课程实施的责任。

4. 更新了教学内容。突破了按照代数、统计等内容领域划分课程内容的传统,按照数学主题或核心数学思想划分并呈现数学内容。高中数学课程内容以函数、几何与代数、概率与统计、数学建模活动与数学探究活动四条主线。此外,数学文化融入课程内容,它们贯穿必修、选择性必修和选修课程,重视以学科大概念为核心的教学模式,以主题为引领,使课程内容情境化,培养学生社会责任感、创新精神和实践能力。

5. 课程标准是考试和命题的依据,《高中课标(2017年版2020年修订)》凸显学业评价与考试命题标准的功能,在学业水平考试与高考命题建议中提出"满意原则"和"加分原则",开放性问题和探究性问题的评分应遵循满意原则和加分原则,达到测试的基本要求视为满意,有所拓展或创新可以根据实际情况加分,并且在附录中给出一定数量的案例(案例20—35,P145—171),供命题设计时参考。

6. 重视过程性评价。无论是相关教育部门对数学教师评价还是对学生的评价都要建立目标多元、方式多样、重视过程的评价体系。通过评价,帮助教师改进教学,提高质量;帮助学生提高学习兴趣,认识自我,增强自信。参照学业质量的三个水平,构建基于数学学科核心素养测试的评价框架。选修课程的修习情况应列为综合素质评价的内容,研究报告或小论文及其评价应存入学生个人学习档案,为大学招生提供参考和依据。

2014年9月,国务院发布《国务院关于深化考试招生制度改革的实施意见》,我国开启了自1977年恢复高考以来最全面、最系统、最深刻的"新高考、新课程、新教材"改革,其中涉及调整科目,文理不分科。打破传统理科生考"物理""化学""生物",文科生考"历史""地理""政治"的限制,新高考考生除了"语文""数学""外语"3门必考科目外,还可以从6门学业水平考试科目中选择3门(浙江省增加了一门技术科目,为7门选3门),组成适合自己的考试方案。截至2021年,已有14个省(直辖市)落实新高考政策,未来还会有更多的省份加入新高考的队伍。数学教育如何更好地为社会需要的各类人才提供支撑,如何提高数学核心素养从而实现社会全员育人,如何实现和评价不同的人在数学上得到不同的发展目标等,都是在教改实践中需要探索的问题。

《高中课标(2017年版2020年修订)》对有关数学内容做了相应的取舍和处理,归纳起来有以下几个方面:

1. 高中数学课程实行主题教学、学分制

数学课程改革,是国家高中阶段学校课程整体改革的一部分。《高中课标

(2017 年版 2020 年修订)》延续中小学的主题教学模式,根据总体改革方案,高中课程实行主题教学、学分制,每个主题课程有相对的独立性。这样做的目的是便于学生选择,管理上比较灵活。但是,数学学科有很强的逻辑顺序,是否可以随意选择模块,一直是有争论的。

目前的安排是:必修课程共 8 学分 144 课时;选择性必修课程共 6 学分 108 课时;选修课程 6 学分,分为 A、B、C、D、E 五类。如果学生以高中毕业为目标,可以只学习必修课程,参加高中毕业数学学业水平考试;如果学生计划通过参加高考进入高等学校学习,必须学习必修课程和选择性必修课程,参加高考;如果学生在上述选择基础上,对数学某些主题感兴趣,可以根据自身需要选修某些选修课程,不做考试要求。

这样自由的选修,对学校管理、教师水平、教室数量都提出了很高的要求。特别是,在未来升学的考试方法和命题范围上,如何与五花八门的选修内容相匹配,是管理上的一个难点,有待进一步解决。

2. 集合与函数

以义务教育阶段数学课程内容为载体,将集合、常用逻辑用语、相等关系与不等关系、从函数观点看一元二次方程和一元二次不等式等内容作为高中学习的预备知识,大约 18 课时,为高中数学课程做好学习准备和心理准备,帮助学生完成从初中到高中数学学习的过渡。初中的函数概念,重在变量之间的依赖关系。函数的变量说,是函数思想的精髓。每一个工程师、会计师、农艺师等实际工作者,必定用变量的观点解读工作中碰到的函数。高中阶段的函数教学,一方面要继续深化函数的变量说,把函数当作一种数学模型,用更多的例子来说明变量之间的依赖关系;另一方面,又要突出集合的对应说,其目的是为了精确地表示函数。例如,分段表示的函数,在断点处的取值,就需要精确表示。要表示狄利克雷函数等更必须运用"对应"的语言。因此,函数的变量说和对应说,不是低级和高级的差异,而是对一个重大概念的理念性理解和具体表示之间的区别。二者分别是宏观的思考和微观的表示,彼此相辅相成。

集合是形式化地表述现代数学的一种语言。学生在高中阶段应当学习集合的语言和符号。然而,高中阶段不出现"集合论",关于集合,此处不再赘述。

3. 概率与统计

我国数学课程中的"概率缺失"现象,在 21 世纪开始时,终于得到大幅度的弥补。从小学开始,就出现了随机性的数学思考,介绍简单的概率概念。初中阶段,已经有了抽样、随机事件、离差、方差、中位数、众数、四分位数等内容,概率统计成为课程内容的一条线索。同样,在高中阶段,将继续这一趋势。

统计专题在必修课程、选择性必修课程和选修课程都有,同时,概率部分进一步学习连续型随机变量及其分布,二维随机向量及其联合分布,并运用这些数学模型解决一些简单的实际问题。统计部分则要求通过案例了解参数估计、回归分析等方法,重在应用。这些安排,与过去的高中数学课程相比,有很大的变化,是一个与时俱进的进步。对数学教师来说,则是一个新的挑战。

4. 有关几何内容的处理

历史表明,任何一次数学课程改革,无论是国家级的,还是国际性的,几何始终是人们关注的焦点,这一次也不例外。所不同的是,目前的国际大背景已经趋同。例如,适度降低欧几里得几何的演绎要求;淡化对二次曲线的人为雕琢研究;改变几何对象处理单一化的模式,加强几何直观;引入坐标、向量、变换等多种描述和研究图形与空间的方法等。不仅如此,义务教育阶段数学课程标准也为处理几何内容提供了新的思路。《高中课标(2017 年版 2020 年修订)》的设计,是通过综合国际比较、基于义务教育阶段"标准"的基础之上进行的,它贯穿以下的理念:

(1)立体几何教学实行"直观感知、操作确认、推理论证、度量计算"的方针,重视几何直观,不能一味追求公理化的严格叙述。

(2)以向量方法来展开立体几何的有关平行、垂直、角度计算等问题,体会向量方法在研究几何问题中的应用,这是数形结合的继续。

(3)将二次曲线模型和线性模型、三角函数模型等模型放在选修内容的模型专题,重视这些模型的背景、形成过程和应用范围,提升学生的实践能力和创新能力。

(4)由于义务教育的数学课程标准已大幅度削减了平面几何的内容,高中专门设置了"几何与代数"主题,在必修课程和选修课程中,主要突出几何直观和与代数运算之间的融合。

5. 中学是否需要学习矩阵

矩阵是一个极好的数学表达工具,在数学研究和用数学解决实际问题等活动中都有很好的应用价值,可以说,矩阵已经成为一种世界通用的语言。同时,矩阵与整个课程体系密切相关。例如,用向量研究几何时需要它,讨论几何变换时需要它,解线性方程组时需要它,许多数学建模问题也离不开它。目前在多数国家,尤其是发达国家的课程标准中都可以见到矩阵。鉴于课程改革需要逐步进行,矩阵进入必修课似乎难度较大。在《高中课标(2017 年版 2020 年修订)》中,只有有志于学习数理类专业学生的选修课设置了矩阵内容。

6. 二项式定理、数学归纳法的地位

二项式定理、数学归纳法一直是我国内地所有学生都要学习的内容。但在许多国家的中学数学课程中已舍弃了数学归纳法。我国香港的课程将它们列为

"增润课程",意思是优秀学生才需要学习。因此,《高中课标(2017年版2020年修订)》降低了对上述二者的要求,二项式定理作为选择性必修课"概率与统计"主题内容之一、数学归纳法作为必修课程中的了解内容之一。

7. 微积分的地位

根据国际性的调查,微积分在几乎所有国家的高中数学课程体系中都占据了一席之地。经过多次反复,21世纪初,人民教育出版社的新教材中也包括了微积分。在新的数学课程标准中,理所当然地要维持它的地位。在此,我们需要慎重考虑的是:学生学习微积分的主要目的是什么? 处理微积分的方法可以改变吗? 传统的方法由极限理论开始,现在是否可以直接从变化率入手(如,著名的哈佛大学微积分教材)? 高中阶段讲微积分,是否要大力用于研究初等函数的性质?

《高中课标(2017年版2020年修订)》要求,微积分教学要"返璞归真",直接叙述导数概念,把极限、连续、瞬时速度等概念建立在朴素理解的基础上。许多大学教师认为中学里不必讲微积分,留到大学去讲。因此,高中的微积分教学不再按照形式化的处理方法,走"数列极限、函数极限、连续、导数、切线与瞬时速度"的传统路子。就是希望不和大学数学教学抢跑道。这样做,对崇尚"数学严谨性"的中国数学教学来说,是一个很大的背离。这需要思想观念的转变和在实际教学中积累经验,逐步达成新的共识。此外,《高中课标(2017年版2020年修订)》对微积分的定位是选修内容,高中生只是大体了解微积分的意义和作用,正如中学物理也讲原子、电子、原子核,却没有和大学物理抢跑道。

8. 开设众多全新的选修课

选修课程共分为A、B、C、D、E五类。A类课程包括微积分、空间向量与代数、概率与统计三个专题,适合有志于大学学习数理类专业的学生;B类课程包括微积分、空间向量与代数、应用统计、模型四个专题,适合有志于学习经济、社会类和部分理工类专业的学生;C类课程包括逻辑推理初步、数学模型、社会调查与数据分析三个专题,适合有志于人文类专业的学生;D类课程包括美与数学、音乐中的数学、美术中的数学、体育运动中的数学四个专题,适合有志于学习体育、艺术类专业的学生;E类课程包括拓展视野、日常生活、地方特色的数学课程和大学数学先修课程等。选修课程为学生发展方向提供引导,为学生数学才能提供平台,为学生发展数学兴趣提供选择,为大学自主招生提供参考。这些课程大多数在过去的中学没有开设过,这对于数学学习优秀的学生来说,是一个福音。开设这些课程,是中学数学现代化的又一步骤。实现这一目标,需要一个漫长的发展过程。选修课程由学校根据实际情况统筹规划开设,学生可以根据自己的兴趣,选择适合自己的选修课程,学而不考或学而备考,与统一的高考制度如何契合,更是难题。

高中数学内容主要分为四条主线,它们既相对独立,又相互联系。教材各个章节的设计要体现三个关注:关注同一主线内容的逻辑关系,关注不同主线内容之间的逻辑关系,关注不同数学知识所蕴含的通性通法、数学思想。数学内容的展开应循序渐进、螺旋上升,使教材成为一个有机的整体。螺旋上升的总体设想很好,但有些联系紧密的数学内容分散在不同的系列或主题中,造成割裂和遗忘,此外,也增加了教学所需的时间。

直观想象和数学运算都属于数学学科核心素养,将立体几何放在"几何与代数"主题中,运用空间向量研究立体几何中图形的位置关系和度量关系可能出现学生空间想象能力减弱的现象。一方面是由于以向量作为研究立体几何的工具使立体几何变成了"算的几何",另一方面,传统的三垂线定理等的删减削弱了学生的空间想象力。为克服这些缺点,与时俱进地发展高中数学教育,普通高中数学课程标准的修订一直在路上。

我国普通高中数学课程实行《高中课标(2017 年版 2020 年修订)》与《普通高中数学课程标准(2003 年版)》并行使用的"二标多本"的教材使用原则。与义务教育阶段数学教材的选用与管理模式一样,国家教材委员会专家委员会审核通过的普通高中数学教材,供各省级教育行政部门选择。每年教育部办公厅会发布当年的普通高中国家课程教学用书目录(见表 6-4、表 6-5,以 2023 年为例)。

表 6-4 2023 年普通高中国家课程教学用书目录(数学)

(根据《普通高中数学课程标准(2017 年版)》编写)

主编	编写、出版单位	书名	册次	使用年级	备注
章建跃 李增沪	人民教育出版社	普通高中教科书·数学(A 版)	必修　第一册	高一年级至高三年级	均有配套教师用书
			必修　第二册		
			选择性必修　第一册		
			选择性必修　第二册		
			选择性必修　第三册		
高存明	人民教育出版社	普通高中教科书·数学(B 版)	必修　第一册		
			必修　第二册		
			必修　第三册		
			必修　第四册		
			选择性必修　第一册		
			选择性必修　第二册		
			选择性必修　第三册		

续表

主编	编写、出版单位	书名	册次	使用年级	备注
土尚志 保继光	北京师范大学出版社	普通高中教科书·数学	必修　第一册		
			必修　第二册		
			选择性必修　第一册		
			选择性必修　第二册		
单　墫 李善良	江苏凤凰教育出版社	普通高中教科书·数学	必修　第一册		
			必修　第二册		
			选择性必修　第一册		
			选择性必修　第二册		
彭双阶	湖北教育出版社	普通高中教科书·数学	必修　第一册	高一年级至高三年级	均有配套教师用书
			必修　第二册		
			必修　第三册		
			必修　第四册		
			选择性必修　第一册		
			选择性必修　第二册		
			选择性必修　第三册		
张景中 黄步高	湖南教育出版社	普通高中教科书·数学	必修　第一册		
			必修　第二册		
			选择性必修　第一册		
			选择性必修　第二册		
李大潜 王建磐	复旦大学、华东师范大学、上海教育出版社 上海教育出版社	普通高中教科书·数学	必修　第一册		
			必修　第二册		
			必修　第三册		
			必修　第四册		
			选择性必修　第一册		
			选择性必修　第二册		
			选择性必修　第三册		

表 6–5 2023 年普通高中国家课程教学用书目录（数学）
（根据《普通高中数学课程标准（2003 年版）》编写）

主编	编写、出版单位	书名	册次	使用年级	备注
刘绍学	人民教育出版社	普通高中课程标准实验教科书·数学·选修 1–1	选修 1–1	2–3 年级	均有配套教师用书
		普通高中课程标准实验教科书·数学·选修 1–2	选修 1–2	2–3 年级	
		普通高中课程标准实验教科书·数学·选修 2–1	选修 2–1	2–3 年级	
		普通高中课程标准实验教科书·数学·选修 2–2	选修 2–2	2–3 年级	
		普通高中课程标准实验教科书·数学·选修 2–3	选修 2–3	2–3 年级	
		普通高中课程标准实验教科书·数学·数学史选讲	选修 3–1	2–3 年级	
		普通高中课程标准实验教科书·数学·球面上的几何	选修 3–3	2–3 年级	
		普通高中课程标准实验教科书·数学·对称与群	选修 3–4	2–3 年级	
		普通高中课程标准实验教科书·数学·几何证明选讲	选修 4–1	2–3 年级	
		普通高中课程标准实验教科书·数学·矩阵与变换	选修 4–2	2–3 年级	
		普通高中课程标准实验教科书·数学·坐标系与参数方程	选修 4–4	2–3 年级	
		普通高中课程标准实验教科书·数学·不等式选讲	选修 4–5	2–3 年级	
		普通高中课程标准实验教科书·数学·初等数论初步	选修 4–6	2–3 年级	
		普通高中课程标准实验教科书·数学·优选法与试验设计初步	选修 4–7	2–3 年级	
		普通高中课程标准实验教科书·数学·风险与决策	选修 4–9	2–3 年级	

续表

主编	编写、出版单位	书名	册次	使用年级	备注
高存明	人民教育出版社	普通高中课程标准实验教科书·数学·选修1-1	选修1-1	2-3年级	
		普通高中课程标准实验教科书·数学·选修1-2	选修1-2	2-3年级	
		普通高中课程标准实验教科书·数学·选修2-1	选修2-1	2-3年级	
		普通高中课程标准实验教科书·数学·选修2-2	选修2-2	2-3年级	
		普通高中课程标准实验教科书·数学·选修2-3	选修2-3	2-3年级	
		普通高中课程标准实验教科书·数学·数学史选讲	选修3-1	2-3年级	均有配套教师用书
		普通高中课程标准实验教科书·数学·球面上的几何	选修3-3	2-3年级	
		普通高中课程标准实验教科书·数学·对称与群	选修3-4	2-3年级	
		普通高中课程标准实验教科书·数学·几何证明选讲	选修4-1	2-3年级	
		普通高中课程标准实验教科书·数学·矩阵与变换	选修4-2	2-3年级	
		普通高中课程标准实验教科书·数学·坐标系与参数方程	选修4-4	2-3年级	
		普通高中课程标准实验教科书·数学·不等式选讲	选修4-5	2-3年级	
		普通高中课程标准实验教科书·数学·初等数论初步	选修4-6	2-3年级	
		普通高中课程标准实验教科书·数学·优选法与试验设计初步	选修4-7	2-3年级	
		普通高中课程标准实验教科书·数学·风险与决策	选修4-9	2-3年级	
王尚志 严士健	北京师范大学出版社	普通高中课程标准实验教科书·数学·几何证明选讲·选修4-1	选修4-1	2-3年级	均有配套教师用书
		普通高中课程标准实验教科书·数学·坐标系与参数方程·选修4-4	选修4-4	2-3年级	
		普通高中课程标准实验教科书·数学·不等式选讲·选修4-5	选修4-5	2-3年级	

第五节　数学建模与数学课程

在新颁布的数学课程标准里,数学建模成为十分重要的组成部分。从数学诞生的时候起,自然数、加减乘除四则运算等,都是模拟现实世界数量关系的抽象模型。一部数学史,也是数学模型发展的历史。但是,正式提出"数学模型"这个名词,则是 20 世纪下半叶的事。由于电子计算机的出现,数学应用的范围扩大,以致数学能够成为一种直接解决问题的技术。人们对于数学模型的建立,进行了系统的研究。进入 21 世纪之后,数学建模开始大规模进入我国中小学数学课堂。

1. 数学建模概述

数学建模可以看成是问题解决的一部分,它的作用对象更侧重于非数学领域中需用数学工具来解决的问题, 如来自日常生活、经济、工程、生物、医学等学科中的应用数学问题。作为问题解决的一种模式,它更突出地表现了对原始问题的分析、假设、抽象等数学加工过程,数学工具、方法、模型的选择和分析过程,模型的求解、验证、再分析、修改假设、再求解的迭代过程。它更完整地表现了学数学和用数学的关系。一般地,数学建模的过程可用图 6-4 表示。

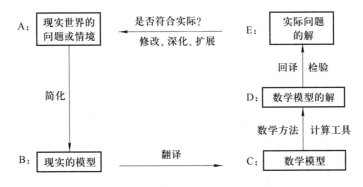

图 6-4　数学建模过程示意图

学生在学校中接触较多的是传统的问题解决题,对数学建模相对生疏。怎样更好地从传统的数学问题解决教学过渡到数学建模,是一个正在被许多国家研究和实践的数学教育课题。

数学建模的对象确实有许多是问题解决,但数学建模所涵盖的范围要比这大得多。课本上传统的问题解决题往往有这样的特点:条件清楚准确,结论唯一确定,原始问题数学化的过程简单、清楚、明了,解出的结论也很少要求学生思考是否符合实际,是否需要进一步调整和修改已有的模型。而这几点往往是一般数学建模过程的难点和关键所在。从国外教材的变化中,我们可以体会出问题解决教学变化的一种趋势:问题的来源更加生活化,更贴近实际;条件和结论更模糊;可用信息和最终结论更有待学生自己去挖掘。数学建模需要从应用做起,数学建模应该从问题解决的改革做起。

"问题解决教学"目的是通过有实际背景的例子来加深学生对所学知识的理解,说明所学知识的"有用"和"可用"。数学建模教学则强调能动地用所学的数学知识解决问题,它更注重对所学知识的"想用、能用、会用"的一种"用"数学的意识。

2. 中学数学建模教与学的目标和策略

在中学,特别是高中阶段,可以针对学生的不同发展水平,分层次开展多样的数学应用与建模活动。形式可以是多种多样的,常见的主要有以下三种:

(1) 结合正常的课堂教学,在部分环节上"切入"应用和建模的内容;

(2) 以数学应用和数学建模为主题的单独教学环节;

(3) 数学建模活动与数学探究活动。

中学开展数学应用与建模活动的关键是寻找一批适合学生参与的"好问题",教师在选择这些问题时,应特别注意以下几点:

(1) 应努力选择与学生的生活实际相关的问题,并减少对问题不必要的人为加工和刻意雕琢;

(2) 数学建模选用的问题最好有较为宽泛的数学背景,有不同的层次以便不同水平学生的参与, 并注意问题的可扩展性和开放性;

(3) 解决数学建模问题应努力表现出建模的全过程,而不仅仅是问题本身的解决;

(4) 应鼓励学生在问题分析解决的过程中使用计算工具和计算机软件;

(5) 提倡教师自己动手,因地制宜地收集、编制、改造数学应用或建模问题,以更适合学生的使用,并根据所教学生的实际情况采取适当的教学或学习策略。

教师把握教学目标时应立足于"做"而不是讲,立足于学生对问题的分析,对解决问题过程的理解,而不要仅仅满足于有正确的解答。要让学生在问题、困难、挑战、挫折、取胜的交替体验中,在选择、判断、协作、交流的轮换操作中,经历一个个学数学、用数学,进而发现问题,提出问题走向新的学数学、用数学的过程。

下面看一个中学数学建模的简要案例。

以"教育储蓄"为素材,通过建模活动让学生学会运用等比数列的通项、求和等知识,构造经济方面的数学模型,并最后解决问题。以下是教学过程设计:

（1）请学生个人或组成小组,利用课余时间收集有关"教育储蓄"的资料,事先可以让学生讨论需要了解的信息是什么。主要途径:网上主题词检索、各大银行直接询问。

以往的问题解决常常是"没有源头"的,所需解决问题的信息都是已知的,不多不少,没有信息寻求、选择、加工的过程。而解决实际问题的第一步应该是从寻求有关信息开始。

（2）让学生交流、互相启发补充扩展他们取得的信息。重点确认以下信息:教育储蓄的适用对象(在校中小学生),储蓄类型和特点("零存整取"的形式,但享受"整存整取"的利率,不扣利息税),最低起存金额(人民币 50 元),每户存款本金的最高限额(人民币 2 万元),支取方式(到 3 年期或到 6 年期,凭学校开出的在学证明一次支取本息),银行现行的各类、各档存款利率(略),零存整取、整存整取的本息计算方法。

学生常常出现的问题是信息寻求时"丢三落四",用互相交流的方式常常可以改善这一点。同时,合作学习、合作解决问题的意识,也是我们特别要培养学生的基本功。

（3）请学生提出拟解决的问题,根据问题,在教师带领下,寻找适用的数学工具,建立相应的数学模型,如有:

① 依教育储蓄的方式,每月存 50 元,连续存 3 年,到期(3 年或 6 年)时一次可支取本息共多少钱?（等比数列求和、公式应用模型。）

② 依教育储蓄的方式,每月存 a 元,连续存 3 年,到期(3 年或 6 年)时一次可支取本息共多少钱?（公式模型的一般化。）

③ 依教育储蓄的方式,每月存 50 元,连续存 3 年,到期(3 年)时一次可支取本息比同档次的"零存整取"多收益多少钱?（比较方知优劣。）

④ 欲在 3 年后一次支取教育储蓄本息合计 1 万元,每月应存入多少钱?

⑤ 欲在 3 年后一次支取教育储蓄本息合计 a 万元,每月应存入多少钱?（特殊到一般。）

⑥ 依教育储蓄的方式,原打算每月存 100 元,连续存 6 年,可是到第 4 年末时,学生需要提前支取全部本息,一次可支取本息共多少钱?

⑦ 依教育储蓄的方式,原打算每月存 a 元,连续存 6 年,可是到第 b 年末时,学生需要提前支取全部本息,一次可支取本息共多少钱?（分段函数的模型,一般化。）

⑧ （开放题)不用教育储蓄的方式,而用其他的储蓄形式 ,以每月存入 100 元,6 年后使用为例,探讨以现行的利率标准可能的最大收益,将得到的结果与教育储蓄比较。（可以涉及等比数列、递推关系、单调性应用、不等式比较等许

多知识。)

⑨（开放题）学生自己设计的其他计算题。（如自己设立指标，计算并比较 3 年期和 6 年期教育储蓄的相对收益大小，设计一项专项储蓄方案，设计一个回报率更高的投资方案等。)

⑩（开放题）将问题解决过程中出现的数学模型（等比数列或复利增长模型）进一步抽象出来，看看它还有怎样的应用？

（4）学生交流计算的结果及他们发现和提出的新问题。

可以让学生报告小组的讨论结果并分工写成解题报告或小论文。教师应特别注意学生在求解过程中提出的新问题，如有可能，可以利用这些问题形成新的问题并进行求解。教师注意及时给予鼓励、肯定性的评价和进一步工作的建议，也可以通过学生之间质疑、答辩、评价来实现数学之外的教育功能。

对这个素材进行教学设计时的建议：

（1）注重问题情境的创设，尽可能使学生体验数学建模解决教育储蓄问题的完整过程，包括数据采集、问题设计、一般化的讨论、结果交流和评价等环节。

（2）注意计算器、计算机工具的使用，特别是在求数值解的过程中。

（3）淡化对等差、等比数列一般性质的过度讲解与讨论，围绕问题解决的需求介绍等差、等比数列的相关知识。鼓励学生自己围绕问题寻求相关的知识。注意设计开放的"结尾"，给学生思考的空间，鼓励学生提出自己的问题和有创意的解法。

第六节　研究性学习与数学课程

进入 21 世纪之后，培养学生的创新精神和实践能力，成为教育改革的灵魂。2001 年 4 月 9 日，教育部印发《普通高中"研究性学习"实施指南（试行）》的通知，要求将研究性学习作为一项特别设立的教学活动，纳入《全日制普通高级中学课程计划（试验修订稿）》必修课范围。

设置研究性学习的目的在于改变学生以单纯地接受教师传授知识为主的学习方式，为学生构建开放的学习环境，提供多渠道获取知识、并将学到的知识加以综合应用实践的机会，促进他们形成积极的学习态度和良好的学习策略，进而培养创新精神和实践能力。

研究性学习以学生的自主性、探索性学习为基础，从学生生活和社会生活中选择和确定研究专题，通过亲身实践获取直接经验，养成科学精神和科学态度，掌握基本的科学方法，提高综合运用和解决实际问题的能力。

一、数学研究性学习的课题选择

（1）从新授课中选择研究性课题。在一定的学习基础上，可将某些定理、法则列为研究性课题，让学生自己去发现、检验、论证、推广，亲身经历知识的形成、发展过程。

（2）从教材内容的拓宽引申中选择研究性课题。有些内容教材中没有明确地提出，但又属于学生应该掌握的，需要教师在课堂上拓宽引申的，可以作为研究性课题。如，在学完"互为反函数图像间的关系"后，可选择"互为反函数的两个函数图像性质之间的关系研究"作为研究性课题。

（3）从习题或练习的推广引申中设置研究性课题。

（4）从数学知识的实际应用中选择研究性课题。从实际生活和生产中选择适合学生研究的实际问题作为研究性课题来展开研究性学习，是研究性学习的重要方面。比如研究性课题"某市一年中的气温变化规律"，要求学生每天做好记录，利用课余时间和专门时间走访气象部门，以了解气象方面的知识及相关数据的统计方法。在收集数据、查阅资料的基础上，运用统计方法、图表等数学知识与数学方法以及现代化的技术手段，分析一年中的气温变化。

（5）选择跨学科的综合性问题作为研究性课题。比如，"向量在物理中的应用""传染病模型"等。

（6）由学生提出问题来确定研究性课题。将学生研究问题的积极性和主观能动性充分调动起来，给学生提出有价值的问题的机会。如在学习等差、等比数列之后，就有学生提出：既然有等差、等比数列，那么是否有等和、等积数列呢？

（7）从数学人文价值的理解和欣赏中选择研究性课题。选择介绍一些对数学发展起重大作用的历史事件和人物，反映数学在人类社会进步、人类文明发展中的作用，同时也反映社会发展对数学发展的促进作用。比如，数学的产生和发展，数学与文学，数学与音乐，艺术中的数学，商标设计与几何图形等，可以用"数学作文"的方式进行总结评价。

（8）从进行的社会调查中确定研究性课题。让学生通过社会调查的方式开展研究，在课题研究中，尽可能提供学习直接经验、并在探究实践中获得积极情感体验的途径和机会。研究性学习强调的是研究方法的独特性。课题内容可选取如下类型，比如，让学生到附近的商店、工厂、学校作实际调查，了解函数在实际中的应用，把遇到的实际问题转化为函数关系，并做出解答。

二、数学研究性学习的课题介绍

以下的课题已经被许多中学教师用于研究性学习：

（1）银行存款利息和利率的调查。

（2）气象学中的数学应用问题。

（3）如何开发解题智慧？

（4）多面体欧拉定理的发现。

（5）购房贷款决策问题。

（6）有关房子粉刷的预算。

（7）日常生活中的悖论问题。

（8）关于数学知识在物理上的应用探索。

（9）投资理财型保险和投资银行存款的分析比较。

（10）黄金分割的广泛应用。

（11）编程中的优化算法问题。

（12）余弦定理在日常生活中的应用。

（13）证券投资中的数学。

（14）环境规划与数学。

（15）如何计算一份试卷的难度与区分度？

（16）数学的发展历史。

（17）从"养老金"问题谈起。

（18）中国体育彩票中的数学问题。

（19）"开放题"及其思维对策。

（20）高中生睡眠与学习效果关系调查。

（21）高中数学的学习活动——解题分析。

（22）高中数学的学习活动——解题后的反思——开发解题智慧。

（23）中国福利彩票中的数学问题。

（24）乡镇中学生的生活情况调研。

（25）城镇/农村饮食构成及优化设计。

（26）5G基站的位置选择。

（27）给人与人的关系（友情）评分。

（28）丈量某大厦的高度。

（29）寻找人的情绪变化规律。

（30）如何存款最划算？

（31）哪家超市购物最便宜？

（32）高中某年级学生学习数学的态度。

（33）通信网络收费调查统计。

（34）数学中的最优化问题。

（35）水库的储水量如何计算？

（36）计算器对运算能力的影响。

（37）数学灵感的培养。

（38）如何提高数学课堂效率？

（39）二次函数图像的特点及应用。

（40）如何合理收税？

（41）出租车车费的合理定价。

（42）衣服的价格、质地、品牌，左右消费者观念的程度如何？

（43）体育中的数学。

（44）音乐中的数学。

（45）三孩政策下女性的就业问题。

（46）环保中的数学问题。

（47）穿衣镜的最佳设计。

（48）后疫情时代安居产业变革。

（49）教育公平模型。

（50）教育质量监测模型。

三、数学研究性学习的教学策略

（1）教师要成为数学教学的研究者

数学研究性学习本身的特征促使数学教师成为数学教学的研究者。数学学习是以微科研的方式进行的，数学研究性学习的过程是教师与学生一起参与的过程。这就要求教师具有科研意识和基本的科研能力，要求每位教师主动地在教学中寻找课题，进行研究。

（2）教师要重视师生的共同参与

考试成绩不一定能全面反映学生的数学能力，特别是一些学业成绩不出色的学生，数学的研究性学习经常可以成为他们建立自信心的良好机会。研究性学习常常可以为不同能力结构的学生提供展示才能的机会。教师要为尽可能多的学生提供参与提出并解决实际问题的机会，及时鼓励学生参与。尽可能使学生通过问题提出、问题解决的过程获得成就感。

（3）教师要重视学生的合作学习和教师间的合作交流

研究性学习要注意培养学生的合作意识，这是学生将来走向成功的重要非智力因素。研究性学习中，我们可以适当分组，将各种特长（或短处）的学生放在一起，有时常常会使学生得到额外的收获。

最后，我们建议教师之间，尤其是不同学科教师间要注意合作。

第七节　社会主义市场经济与中学数学

推行社会主义市场经济是我国的国策。但是,在很长的时间里,数学教学很少谈应用。即使涉及数学应用,也是局限于"工农业生产",很少提到金融、管理、销售之类的问题。因此,数学与社会主义市场经济的联系研究比较少,发表的著作和文章也不多。因此,本节拟在这方面做一些特别的阐述。

1. 中学数学课程应面向社会主义市场经济

如同数学在科学技术发展中所起的作用那样,数学越来越与国家或部门的经济竞争力发生关联。特别是加入 WTO 以来,我国经济生活正在发生许多深刻的变化。经济行业的经营者们要对投资、贷款、市场预测、风险评估、成本利润、投入与产出等一系列经济活动有很好的把握,包括信息的收集、整理分析。而这些定量分析方法的掌握和经济规律正确分析能力的获得,都源于对数学知识与思想方法的掌握和运用。

对于普通公民来说,市场这双"看不见的手"也正在影响着我们的日常生活。买房要贷款,教育要储蓄,外汇要兑换,彩票要选择,理财品种五花八门,保险服务无孔不入。股市牵动千万股民的心,投资需要仔细盘算,避免过高风险。成本、价格、销售、利润、折扣、税收等普通名词,已经不可避免地要进入数学教材。一个明显的事实是,大众看的报纸、电视节目、小视频等,财经内容占了很大一部分。未来的中国公民,没有起码的经济常识,连日常生活都会成问题。大至国家,小至个人,哪一样经济活动能够离开数学呢?

近几年来,不仅日常生活中的经济应用问题处处可见,而且已成为高考和中考试题的热点。数学教材中融入经济常识,已经不是理论上探讨要不要的问题,而是已经成为迫切需要解决的现实问题。

2. 中学数学课程中有关经济常识的内容

中学数学课程中,大部分内容都与经济学有密切的关系。在教学中,应当以方程、函数、概率统计的基本知识为基础,贯穿经济应用的思想,突出以下几个方面的问题:

(1) 初中阶段应当介绍和熟悉以下内容:

① 能够计算与比例和百分数密切相关的常见经济问题,如利息与利率、税收与税率、销售折扣与外汇兑换等。

② 会用一元一次方程和函数思想分析成本、价格、利润、收益等之间的关系并进行计算。

③ 知道可以用概率方法分析经济风险,包括福利彩票的中奖率、产品质量统计检验以及一般的投资风险。

（2）高中阶段应该涉及的经济问题有：

① 用函数知识分析价格函数、成本函数、资金的时间价值、国民经济核算的常用指标等概念及相关的计算。

② 用数列思想处理复利、分期付款、经济增长等问题。

③ 用微积分思想理解经济变化率（边际分析、弹性分析）、经济最小损失、资源最优配置（运输、生产安排）等问题。

④ 用线性规划解决经济活动中的最优问题。

⑤ 用统计回归方法处理经济量之间的相关分析,了解产品抽样试验、质量检验、效益预测以及假设检验等比较简单的问题。

3. 数学课中结合经济常识进行教学的组织

一些简单经济知识的介绍,可以用举例的形式穿插在相关数学知识中。在经济知识相对集中的地方,可以设单独的章节,以经济问题为中心介绍数学方法。在教学中,应当注意以下三个方面：

（1）凸显量化思想。其他科目也会涉及经济学问题,数学课应当注意彼此间的配合与协调。数学课的任务在于突出经济学的量化处理。例如,政治课上也会讲税收,着重讲公民纳税的义务,数学则从税率、计税等数量上加以刻画;政治课上讲股票,着重于经济发展、社会投资意义,而数学课则应从量化的角度进行分析。

（2）联系实际创设情境。在进行经济应用问题的教学时,会产生教学内容的"跳跃点",学生需要相应的准备知识,即认知结构中有紧密关系的知识点。寻求学生的知识起点,有利于学生顺利解决经济问题。例如,在"成本-收入-利润"的教学组织中,以初中一年级的"一元一次方程式"内容为载体,讲授成本、物化成本、人力成本、销售价格、批发价格、利润、折扣等,通过一些例题,由浅入深地加以介绍。又如,通过创设"班级学习用品商店"的情境开展教学：新学期开始,许多学生需购买作业本,为方便大家,由班长和学习委员乘公交车到批发市场统一购买,再按市场价格卖给每一位学生,所获利润,作为班费。从中让学生体会成本、收入、利润等概念,并以班长和学习委员的公交车费报销问题展开主题讨论,让学生对成本的分解有初步的认识（如,固定成本、可变成本）。

（3）培养建模意识。在内容组织和教学安排上,要提供一定的感性背景材料,从实际生活中感受和体验、提炼和概括,逐步上升到理性认识,抽象出有关概念和结论（建立数学模型）。同时在教学方法上,宜采用讲授、讨论、实践相结合的方法,加强调查、讨论、尝试等活动,从创设实际情境的切身体会中去思考、识别、探索问题的共性和特征。前面我们已经介绍过经济学问题的数学建模实例。这里不再赘述。

思考与练习

1. 数学建模和常规数学问题解决题有什么区别?

2. 数学建模的步骤有哪些?

3. 数学建模的教学应当注意些什么?

4. 试完成一个数学建模的课程设计。

5. 实施研究性学习课程方案,是以转变学生的学习方式和教师的教学方式,培养学生的创新精神和动手实践能力为最终目的的,对此你是如何理解的?

6. 进行数学研究性学习选题的探索。

7. 开展数学的研究性学习并发挥指导作用,并写出你在指导过程中的体验和收获。

8. 数学课程中为什么要涉及社会主义市场经济?

9. 数学课程联系经济活动是否就是联系学生的生活实际?

10. 设计数学联系经济活动的课堂教学片段。

参 考 文 献

[1] 霍益萍.让教师走进研究性学习——江苏省太仓高级中学研究性学习实验报告[M].南宁:广西教育出版社,2001.

[2] 张思明,白永潇.数学课题学习的实践和探索[M].北京:高等教育出版社,2003.

[3] 叶平.高中研究性学习实验课例[M].武汉:湖北教育出版社,2003.

[4] 曾小平,刘效丽.美国《共同核心数学课程标准》的背景、内容、特色与启示[J].课程·教材·教法,2011(31).

[5] 唐彩斌.芬兰《国家基础教育核心课程》小学数学特点分析与借鉴[J].课程·教材·教法,2017(37).

[6] 中华人民共和国教育部.义务教育数学课程标准(2011 年版)[S].北京:北京师范大学出版社,2012.

[7] 褚宏启.核心素养的概念与本质[J].华东师范大学学报(教育科学版).2016,34(01).

[8] 中华人民共和国教育部.义务教育数学课程标准(2022 年版)[S].北京:北

京师范大学出版社,2022.

[9]　中华人民共和国教育部.普通高中数学课程标准(2017 年版)[S].北京:人民教育出版社,2018.

[10]　史宁中.高中数学课程标准修订中的关键问题[J].数学教育学报,2018,27(1).

[11]　中华人民共和国教育部.普通高中数学课程标准(2017 年版 2020 年修订)[S].北京:人民教育出版社,2020.

[12]　綦春霞.数学比较教育[M].南宁:广西教育出版社,2006.

[13]　徐斌艳.中国和德国高中数学课程标准的学业评价功能比较[J].全球教育展望,2020,49(10).

[14]　郑启明.1960 年代上海市数学教材改革的回忆[J].数学教学,2010,276(08):封二-2.

[15]　EINSTEIN A,INFELD L. The Evolution of Physics[M]. New York:Simon and Schuster,1938.

第七章　数学问题与数学考试

中国古代把科学研究称为"做学问"，一个人"有知识"叫作"有学问"。一个"问"字，显示出"问题"在科学研究中的地位。我国古代数学经典《九章算术》就是对 246 个应用数学问题的回答。在西方，数学问题的含义更加广泛。最著名的有 1900 年希尔伯特提出的 23 个数学问题，其中包括哥德巴赫猜想。至于数学教育，则以解答数学问题为目标。检测一个人的数学水平，往往用解答数学考题的成绩加以评定。

因此，研究数学教育，不能离开数学问题和数学考试。

第一节　数学问题、数学解题和问题提出

我们首先要弄清一些基本概念，包括数学问题、数学解题、解题的一般过程、解题方法和解题策略以及问题提出等。

一、数学问题

数学问题是指数学上要求回答或解释的疑问。广义的数学问题是指在数量关系和空间形式中出现的困难和矛盾，例如几何问题、复数问题、四色问题等。狭义的数学问题则是已经明显地表示出来的题目，用命题的形式加以表述，包括证明类问题、求解类问题等。

数学家只把结论未知的题目称为问题，如"哥德巴赫猜想"问题，而一旦解决了就称为"定理"（公式）。数学家研究的问题体现当前数学认识与客观需要之间的矛盾冲突。

在数学教学中，则把结论已知的题目也称为问题，因为它对学生而言，与数学家所面临的问题情境是相似的。这时候的数学问题（有时又简称为数学题）是指：为实现教学目标而要求师生们进行解答的数学知识系统，包括一个待计算的答案、一个待证明的结论（含定理、公式）、一个待作出的图形、一个待判断的

命题、一个待建立的概念、一个待解决的实际问题等。它们的表现形式可以是课堂上的提问、范例、课堂练习、课外作业题和测验考试题。内容则有:需要建立的概念、求证的定理、推导的公式以及师生共同探讨的研究性课题。本书讨论的就是数学教育领域里的这种数学问题。

传统的数学题具有接受性、封闭性和确定性等特征。其内容是熟知的,学生通过对教材的模仿和操作性练习,基本上就能完成;其结构是常规的,答案确定,条件不多不少,可以按照现成的公式或常规的思路获得解决。主要目的在于巩固和变式训练,题目具有一定的挑战性,但不是很难。这类题目可以称为"练习题",英文是 exercise。

20 世纪 80 年代以来,国际上倡导"问题解决"数学教学模式,这里的问题,英文是 problem,在障碍性和探究性上提出了较高的要求。波利亚在《数学的发现》中将问题理解为"有意识地寻求某一适当的行动,以便达到一个被清楚地意识到但又不能立即达到的目的。解决问题是这种寻求的活动"。1986 年第 6 届国际数学教育大会的一份报告指出:"一个(数学)问题是一个对人具有智力挑战特征的,没有现成的直接方法、程序或算法的未解决的情境。"

比如,解方程

$$x^2-3x+2=0, \qquad\qquad ①$$
$$x^3-3x^2+2x=0, \qquad\qquad ②$$
$$x^3-3x^2+2x=1 \qquad\qquad ③$$

问题的产生,来自从初始状态到目标状态之间的障碍,以及现有水平与客观需要之间的差异(图 7-1)。

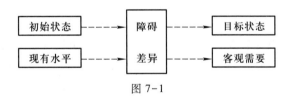

图 7-1

另外,封闭的数学问题需要注意科学性。戴再平在《数学习题理论》一书中提出了六条标准:有关的概念必须是被定义的,有关的记号必须是被阐明的,条件必须是充分的、不矛盾的,条件必须是独立的、最少的,叙述必须是清晰的,要求必须是可行的。

二、数学解题

数学解题就是求出数学题的答案。这个答案在数学上也叫作"解",所以,解题就是找出问题的解的活动。小至一个学生算出作业的答案,一个教师讲完定理的证明,大至一个数学课题得出肯定或否定的结论,一项数学技术应用于实际构建出适当的模型等,都叫作解题。数学家的解题是一个创造和发现的过程,数学教学中的解题则是一个再创造或再发现的过程。解题教学的基本含义是,通过典型数学题的学习,去探究数学问题解决的基本规律,学会像数学家那样"数学地思维"。

在数学教学中,"解题"是一种最基本的活动形式,无论是数学概念的形成、数学命题的掌握、数学方法与技能的获得,还是学生能力的培养与发展,都要通过解题活动来完成。同时,"解题"也是评价学生认知水平的重要手段。波利亚说:"中学数学教学的首要任务就是加强解题训练","掌握数学就意味着善于解题"。

中国是一个解题大国,重视解题教学、擅长变式训练是中国数学教育的一个特色,已在国际数学奥林匹克竞赛和相关国际比较测试中取得举世瞩目的成绩。但是,传统意义上的解题,比较注重结果,强调答案的确定性,偏爱形式化的题目。由于"考试功利"的驱使,数学解题异化为"把学生培养为对考题作出快速反应的解题机器"。德国著名数学家 R.柯朗痛心地指出:"数学教学逐渐流于无意义的单纯的演算习题的训练,固然,这可以发展形式演算的能力,但却无助于提高独立思考的能力。"

三、解题的一般过程

解题过程是指人们寻找问题解答的活动,它包括从接触问题到完全获解的所有环节与步骤。波利亚在"怎样解题表"中给出了一个宏观程序,分成四步:弄清问题,拟定计划,实现计划,回顾。在每一步中都配有许多问句或提示,从而体现出模式识别、联系转化、特殊化与一般化、归纳、类比等思维策略的指导。

国内的相关研究也对解题过程进行了程序化的总结。图 7-2 表明,解题过程是在解题思想的指导下,运用合理的解题策略(或原则),制订科学的解题程序,进行解题行动的思维过程;而解题行动主要指从题目的初始状态到目标状态的转化,这种转化的基本力量是基础理论与基本方法的运用;完整的解题过程还包括解法研究,如解后的回顾、反思以及自始至终的调控等(这是一个最容易被忽视的环节)。

图 7-3 给出了一个解题的动态流程。面对一个问题,我们首先审题,进行模式识别,如果有现成的模式,则直接给出解答;如果没有现成的模式,则运用解题策略,考虑阶梯问题(或辅助问题),有效就得出解答,无效再回到审题。无论由何种情况得出解答,最后都有检验的步骤。

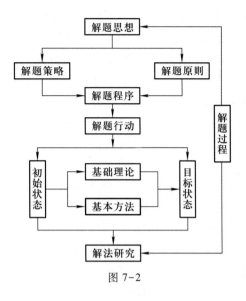

图 7-2

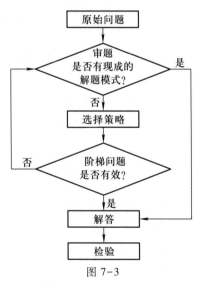

图 7-3

20 世纪下半叶,许多研究者用信息论的观点描述解题过程。这里,先通过一个例子加以说明。

定理　等腰三角形的两个底角相等。

已知:如图 7-4,在 $\triangle ABC$ 中,$AB=AC$。

求证:$\angle B=\angle C$。

分析　欲证两个角相等,根据所学过的知识,我们可以设

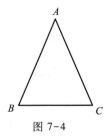

图 7-4

想其为全等三角形的对应角(全等法的应用),再根据等腰三角形的特征,又可以将等腰三角形拿起来,作一个空中的翻转,使其与原来的位置重合(这正是全等形的定义,$\triangle ABC \cong \triangle ACB$),从而$\angle B$与$\angle C$重合(这正是角相等的定义)。下面,只需将这一直觉思路用严密的数学语言表达出来(直觉发现、逻辑证明)。

证明 如图 7-4,在$\triangle ABC$与$\triangle ACB$中,有

$$AB = AC(\text{已知}),$$
$$AC = AB(\text{已知}),$$
$$\angle A = \angle A(\text{公共角})$$
$$\text{或 } BC = CB(\text{公共边}),$$

得$\triangle ABC \cong \triangle ACB$(SAS 或 SSS),从而$\angle B = \angle C$。

从书写顺序看,这个定理的证明过程可以分成三步:

(1) 根据题意画出图形,根据图形写出已知、求证。这是一个认识自己所面临的问题,并对问题进行心理表征的过程。

(2) 寻找解题思路,建立已知与求证的联系。这调动了全等三角形的知识,数形结合地运用了直觉思维(空中翻转、图形重合、角重合)。这实际上是应用解题策略,并进行资源的提取与分配的过程。

(3) 给出证明。用到了三角形全等的判定定理与性质定理,这是一个严格的推理过程。

从信息论的观点分析定理的证明过程,则是两个维度上相关信息的有效组合,即从理解题意中捕捉有用的信息,从记忆网络中提取有关的信息,并把这两组信息组成一个和谐的逻辑结构(如图 7-5)。

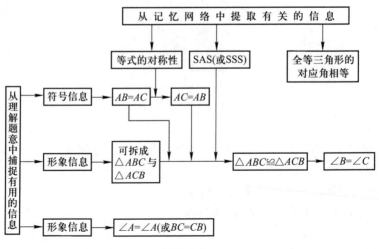

图 7-5

可见,数学解题的思维过程是如下的一个"三位一体"的工作:

（1）有用捕捉。即通过观察从理解题意中捕捉有用的信息,主要是弄清条件是什么？结论是什么？各有几个？如何建立条件与结论之间的逻辑联系？由图 7-5 可见,通过理解题意找出了三条信息,一条是符号信息 $AB = AC$,由题目直接告诉我们;另两条是由图形显示出来的:两个三角形（$\triangle ABC$ 与 $\triangle ACB$）,公共角 $\angle A = \angle A$（或公共边 $BC = CB$）。知识经验是有用捕捉的基础。

（2）有关提取。即在"有用捕捉"的刺激下,通过联想而从解题者头脑中提取出解题依据与解题方法。由图 7-5 可见,从记忆网络中检索出了三条信息:等式的对称性,全等三角形的判别定理,全等三角形的性质定理。良好的认知结构和机智的策略选择是连续提取、不断捕捉的基础。

（3）有效组合。将上述两组信息资源加工配置成一个和谐的逻辑结构。逻辑思维能力是有效组合的基础。本例中六条信息的组织,详细过程如图 7-5,简洁过程为"证明"的书写。其基本要求应能说服自己、说服朋友、说服"论敌"。

四、解题方法

这里说的解题方法,是指中学阶段用于解答数学题的方法。此处将其分为三类,即具有创立学科功能的方法,体现一般思维规律的方法,具体进行论证演算的方法。

（1）具有创立学科功能的方法。如公理化方法、模型化方法、结构化方法,以及集合论方法、极限方法、坐标方法、向量方法等。在具体解题中,具有统帅全局的作用。

（2）体现一般思维规律的方法。如观察、试验、比较、分类、猜想、类比、联想、归纳、演绎、分析、综合等。在具体解题中,有通理通法、适应面广的特征,常用于解题思路的探求。

（3）具体进行论证演算的方法。这又可以依其适应面分为两个层次,第一层次是适应面较广的求解方法,如消元法、换元法、降次法、待定系数法、反证法、同一法、数学归纳法（及递推法）、坐标法、三角法、数形结合法、构造法、配方法等;第二层次是适应面较窄的求解技巧,如因式分解法以及因式分解中的"裂项法",函数作图中的"描点法"以及三角函数作图中的"五点法",几何证明中的"截长补短法""补形法",数列求和中的"拆项相消法"等,不一而足。

仅仅是不等式的证明,我们就可以列举出一长串的解法或技巧:比较法、放缩法、综合法、分析法（及递推法）、反证法、基本不等式法、叠加法、连乘法、数学归纳法、判别式法、求极值法、配方法、辅助函数法、构造法、微分法等。而微分法又可以有求极值、确定单调性、中值定理、凹凸性质等形式。

五、解题策略

注重解题策略的研究已经构成中国解题教学的一个特色,它可以看成是对波利亚启发性解题策略研究的继承与发展,徐利治教授提出的原理是这方面工作的杰出代表。

策略是指导行动的方针(战略性的),它区别于具体的途径或方式(战术性的)。数学解题的策略是为了实现解题目标而采取的方针。解题策略的思维基础是逻辑思维、形象思维、直觉思维的共同作用,离开逻辑是不行的,单靠逻辑是不够的。

在《数学习题理论》(戴再平,1991 年)中提出了八个解题策略:枚举法、模式识别、问题转化、中途点、以退求进、推进到一般、从整体看问题、正难则反。

在《数学思维论》(任樟辉,1990 年)中提出了十个解题策略:以简驭繁、进退互用、数形迁移、化生为熟、正难则反、倒顺相通、动静转换、分合相辅、引参求变、以美启真。并且认为数学思维策略的研究就是数学解题策略的研究。

在《数学解题学引论》(罗增儒,1997 年)中提出了十个解题策略:模式识别、映射化归、差异分析、分合并用、进退互化、正反相辅、动静转化、数形结合、有效增设、以美启真。

解题策略介于具体的求解方法与抽象的解题思想之间,是思想转化为操作的桥梁。作为方法,一方面它是用来具体指导解题的方法,另一方面它又是运用解题方法的方法、寻找解题方法的方法、创造解题方法的方法。

如果把解题策略理解为选择与组合的一系列规则,那么这些规则应该具有迅速找到较优解题操作的基本功能,能够减少尝试或失败的次数,能够节省探索的时间和缩短解题的长度,体现出选择的机智和组合的艺术。

六、数学问题提出[①]

1980 年,"问题提出"的概念首次正式出现在巴茨(Butts)的"posing problems properly"一文中,然而巴茨研究问题提出的意图如同波利亚,是为了让学生更加深入地参与问题解决,更好地理解问题解决方案中的关系与概念以及解决问题的艺术,因为他认为数学的学习就是解决问题,而教解决问题的艺术的第一步在于怎样提出恰当的问题。

西尔弗(Silver)从发生论的角度概括了问题提出的不同类型,包括发生在问题解决前、解决中和解决后三个阶段。"问题提出"最早的雏形出现在"问题解

---

① 张玲,宋乃庆,蔡金法.问题提出:基本蕴涵与教育价值[J].中国电化教育.2019(12):31—39.

决后"——波利亚《怎样解题》中提出的四部曲的最后一步,即对问题陈述或答案进行"回顾与反思"(looking back),让学生解题后思考"可以提出一个相似的问题吗?""你能在别的什么题目中利用这个结果或者这种方法吗?"这个阶段是问题解决者深度识别、判归同类或异类问题的心理加工过程,是引发问题解决者反思提出新问题的阶段,更是开始"问题提出"研究的诱发点。尔后,是发生在"问题解决时"的问题提出,主要表现为对已知问题再表述的个性化处理,以形成描述解决问题中间过程状态的问题。蔡金法和西法瑞利(Cifarelli)在研究两个大学生进行关于台球路径的开放式计算机模拟任务中的问题提出和问题解决发现,问题解决者自己提出的问题重新构建了他们正在处理的问题,并影响他们的解决策略。所以解决问题过程中,会经历"形成新的问题目标"(提出子问题),"完成目标"(解决子问题),"反思已知结果与原始问题的距离"(反思下一个新问题)的递归认知过程,直至最终实现原始问题的目标。"问题解决"中和后进行的问题提出活动,面临的是"结构化"(well-structured problem)或"半结构化"原始问题情境(ill-structured problem),即结构完整问题或元素缺乏(或过量)的问题。当问题情境是开放情境(open)时的问题提出,即从给定的、人为的或自然的情境中产生问题,是解决问题前的问题提出,也是作为独立研究对象的问题提出的主要研究类型。张玲等从交流的角度提出此类问题提出的认知过程包括"理解问题提出任务情境"(信息输入),"形成新问题的构义"(内部加工)以及"表达新问题"(信息输出)三个阶段。

　　问题提出作为课程和教学研究关注点的一个重要的动机在于它潜在能帮助学生成为更好的问题解决者。究其原因,首先可从问题解决的本质出发探析。问题解决是从问题的初始状态到目标状态的变化过程,中间会经历若干个重新表述问题以及建立一系列更加精细的问题的状态,邓克(Duncker)认为在对原始问题连续地再表述地个性化处理中,就会出现问题提出,即上文所提及的发生在解决问题中的问题提出。有理由得知,问题解决的中间状态处理得越好,即提出再表述或子问题越好,越有利于解决者更快更好地解决问题。这个论断也得到了问题提出与问题解决关系研究的证实,问题提出能力越高的人,问题解决能力越高。也有学者从区分专家和新手问题解决者证实这一论断,认知科学研究表明在制订计划解决问题时,成功的解决者会让自己远离细节,以至于他们知道如何再表述这个问题以避免无法产生联结子问题的困境。有经验的、正确的问题提出,在一定程度上缩短解决问题过程中路径试误的时间,从而迅速有效地解决问题。所以,培养学生解决问题中提出再表述问题或子问题,可以提高学生解决问题的表现。其次在问题解决后,反思问题的结构、类别与模式,反思问题的解决方法,提出相似结构、相似类别的,抑或提出相同解决方法的问题,从而加深对同类问题以及解决方法的识别与理解。当学生再次碰到同种或相似问题时,更容易产生联结、触类旁通,从而快速求解问题。

第二节 数学应用题、情境题、开放题

跨世纪的中国数学教育,十几年间改革工作不断深化,首先是九年义务教育的实行,继之是素质教育的提出、创新教育的倡导,现在是新课程改革的落实。伴随这一进程,"数学问题"也发生了深刻的变化,各种体现"问题解决"特征的新题型纷纷出现,特别是反映应用性、情境性、开放性、探究性的数学建模题、数学情境题、数学开放题、数学探究题和研究性课题等受到了前所未有的重视,阅读理解题、信息迁移题、数学实验题、数学作文题等也在兴起和发展。这些新内容、新形式为数学教育的大众化、活动化、生活化、个性化取向提供了有效的载体。本节介绍数学应用题、数学情境题、数学开放题。

一、数学应用题

应用的广泛性是数学科学的基本特征之一,在当代甚至有"高科技的本质是一种数学技术"的说法。在数学教学中,加强数学知识的应用、明白数学的"来龙"与"去脉"、把应用能力作为培养创新精神的突破口等做法,已成为当前数学教育界的共识。

例1 某企业有 5 个股东,100 名工人,年底公布经营业绩,如下所示:

	1990 年	1991 年	1992 年
股东红利	5 万	7.5 万	10 万
工资总额	10 万	12.5 万	15 万

现在请大家分析根据此表的数据所画的三种图(图 7-6):

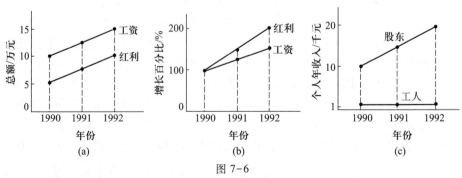

图 7-6

讲解:这是取自我国香港数学教材中的一个例题,与传统的甲乙相遇、鸡兔同笼之类的形式应用题很不相同。图7-6(a)为老板所画,反映了股东红利总额、工人工资总额与时间的函数关系,表示"有福同享、有难同当,股东红利与工人工资平行增长"。图7-6(b)为工会主席所画,反映了股东红利增长率、工人工资增长率与时间的函数关系,表示"股东红利增加到2倍,工人工资只增至1.5倍,股东利润增长比例较多,工资应增长得快些"。图7-6(c)为工人所画,反映了"股东的人均红利从1万元增至2万元,人均净增1万元,而工人的工资从1 000元增至1 500元,人均净增仅500元,股东的平均获利增加了一倍,远高于工人的工资增长率(50%),收入差距更大了,工资太低了"。

以上三种说法,都源于同一数据表,没有造假,都有数学道理,皆因立场不同而异。其实,数学事实虽然是客观的,但运用数学的方法,解释数据的角度却可以不同。香港数学界的同行说,我们应该把数学的这一情况告诉学生,使他们能用数学来保护自己的合法权益。

本题要求学生运用所学的函数知识,解释企业中说法不一而又各自有理的现象。这样不仅增进了对函数知识的理解和掌握,而且拉近了数学与生活的距离。

数学应用题的教学要抓好两个主要环节:

(1)应用题的编拟

数学应用题首先是数学题,它必须符合数学习题的科学性(逻辑性要求、教学性要求等),用时也必定要使用数学习题编拟的一般方法,如模型法、模拟法、改编法等。

模型法。就是将实际问题经过分析、综合、概括、抽象之后,进行数学化处理编成数学习题,常用的模型有自然模型、社会模型、经济模型、生活模型、物理模型、几何模型等。

模拟法。即根据已知题目(特别是中学教材中的题目)的数量特征、结构特征、图形特征与求解思路,找回或设计实际背景,进行模仿编拟。比如,把正弦曲线换成交流电,把"直线"改为"光线"。

改编法。即将一些传统的优秀应用题加以改编,通过引申、逆转、改变信息形态等方法进行改进。

值得注意的是,1993年以后的高考,加强了应用题的考核力度,运用上述方法编拟了许多优秀的应用题,广泛涉及工商、税收、轧钢、金融、利息、机器人、人口、土地资源、汽车发展、台风影响等,各地的中考题更是丰富多彩。

另外,数学应用题必须区别于形式化的习题,突出应用情境的设计,特别是要贴近生活现实,关注社会热点;要注重考查建模能力;语言叙述应该清楚、准确;数据要进行技术性加工,近似计算要符合实际。当然,形式也可以多样(解答题、填空题、选择题、作文题、实验题等)。

（2）应用题的求解

重点要抓好以下四个环节。

阅读理解。就是读懂题中的文字叙述,理解叙述中所反映的实际背景,领悟背景中隐含的数学实质。这是正常求解的前提,通常辅以画图、设未知数等工作。

数学建模。这是指将实际问题转化为一个数学问题,亦即建立数学模型。可以是方程问题,函数问题,不等式问题,数列问题,图形关系问题等。这是正确求解的关键。

求解问题。就是将数学问题转化为常规数学问题并加以解决。可以是方程的求解,函数性质的讨论(定义域、极值、单调性等),不等式的证明或求解,数列的求通项或求和等。这是解决问题的主要过程。

实际检验。不仅要检验数学运算过程是否准确,更要检验结论是否有实际意义。比如,有的问题根据客观事实必须取整数(不能用 5.6 辆汽车去拉人,人也不能是 1.5 个),取整时还要根据实际情况决定用去尾法、收尾法或四舍五入法。这是确保真实性的必要步骤。

二、数学情境题

数学情境题从一段生活情节、一个趣味故事出发,寓数学问题、数学思想方法于具体情境之中。这类问题以生动有趣的情节吸引读者,使其产生强烈的探索和研究的欲望。情境题的教育意义在于,让学生经历重要的、有价值的数学思维活动的过程(而在活动中得到的不仅是问题的结论),把过程与结论有机结合起来。

例 2　（日历问题）我们每个人对日历都不陌生,你曾探究过其中的数学问题吗?

当学生面对日历的任何一个月份,许多数学问题就渐渐浮现出来。下面作出一些示例(图 7-7)。

（1）列(行)之间和与差的规律

任意相邻两列,其后一列的数字总是比前一列的对应数字大 1,因此,我们总可以知道相邻两列的两数、三数或四数之和恰相差 2,3 或 4。

由日历的排列,可以看到相邻两行也有类似的规律,区别仅在于对应数字之间相差 7。根据这种规律,只要知道竖列上三数之和,便可立即说出这三个数。

2022年10月

日	一	二	三	四	五	六
						1
2	3	4	5	6	7	8
9	10	11	12	13	14	15
16	17	18	19	20	21	22
23	24	25	26	27	28	29
30	31					

图 7-7

比如,若三个数之和为 39,则除以 3 得中间数 13,这个数减 7、加 7 得首尾两数,这三个数便为 6,13,20。

(2) 构成矩形的数之间的规律

处于相邻两行两列的 4 个数构成矩形,则这四个数处于对角线位置的两组数之和相等。如图 7-7 中小矩形内四个数有:13+21 = 20+14。

处于相邻三行三列的 9 个数构成的矩形,同样是位于顶角位置的两组数之和相等。如图 7-7 中大矩形内四个数有:8+20 = 22+6,并且,处于两条对角线上的两组数之和相等:8+14+20 = 6+14+22。此外,位于矩形中心的数字分别是它的上下、左右和对角线顶点两数和的一半:$14 = \frac{1}{2}(7+21) = \frac{1}{2}(13+15) = \frac{1}{2}(6+22) = \frac{1}{2}(8+20)$。从而全部 9 个数字之和等于中间数字 14 的 9 倍。

依此类推,还能找出四行、四列的 16 个数字构成的矩形的数字之间的规律。

(3) 关于被 7 整除余数的规律

每一列数被 7 除其余数相同(同余)。如,位于星期六的一列日期数 1,8,15,22,29,被 7 除余数均为 1。

例 3 (三根导线的电阻)上海 51 中学的一位毕业生来到和平饭店当电工。他发现,地下室控制的 12 层房间空调器的温度和实际温度有差异。原因在于:联结控制室和 12 层的三根导线不一样长,因而电阻不同。那么如何测出这三根导线的电阻呢? 事实上,没有一个万用电表能够测出地下室和 12 层之间电线的电阻。于是这位电工想到了数学。

用 X,Y,Z 表示三根导线,其电阻分别是 x,y,z。电工在 12 层将 X,Y 两根导线联结起来,在地下室可以测出其电阻为 $x+y=a$,其余类推。得到联立方程组

$$\begin{cases} x+y=a, \\ y+z=b, \\ z+x=c, \end{cases}$$

解之即得 x,y,z。

这是真实的故事,也是一个很好的数学情境题。解上面的联立方程组并不难。但是,构造这一联立方程组却需要良好的数学意识。从测量电阻想到联立方程;三个未知数,需要构造三个方程。这需要深刻的数学理解。

数学情境题有以下特点:

(1) 信息冗余。情境本身信息量大,学生可以根据需要做出取舍,从不同的思维角度提出问题、分析问题、给出不同的结论,经历适合自己的"数学化"过程,不同层次的学生都有机会亲历数学研究的种种体验。

（2）开放性。数学情境题本身条件和结论都是开放的,思维策略也是开放的,从而激发学生积极主动地去探求问题的解决,发展学生的创造能力以及解决实际问题的能力,使学习更加有效。

（3）应用性。数学情境题作为沟通现实世界与学习世界的桥梁,可使学生更好地适应工作情境的挑战,用数学的眼光去观察问题,培养"数感"和应用意识。在一定程度上纠正传统教学中"掐头""去尾",仅"烧中段"的弊端。

三、数学开放题

数学开放题是日本数学教育家提出来的一种新题型,英文名是 open ended problem,直译是"终端开放的题目"。开放题由于答案不唯一,给学生留下的探索空间比较大,有助于发散性数学思维的培养。我国结合"双基"数学教学,提出和设计了许多独特的开放题。近年来,高考和中考相继出现开放题,突破了"开放题难以评分"的障碍。因而,开放题日益受到广大数学教师的关注。

例 4　（五子问题）在平面上任意抛掷 5 个石子,如何衡量它的散度（图 7-8）?

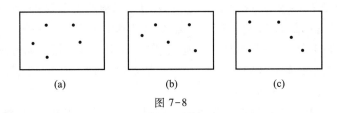

(a)　　　　　　　(b)　　　　　　　(c)

图 7-8

这是日本早期的数学开放题。由于散度的定义方法多种多样,被当作数学开放题的经典。

例 5　（钟面问题）钟面上有 $1,2,3,\cdots,12$ 共 12 个数字,请在某些数字的前面添上负号,使钟面上所有数字的代数和为零。

这是 20 世纪 90 年代浙江数学教材中出现的好题。它的答案多达 124 种,一般人难以穷尽(当然可以用计算机加以枚举)。本题有利于学生熟悉正负数的加减运算。另外,可以寻找各种解答的规律。例如,12 个数字的总和是 78,因此,取正号(或负号)的数目之和一定是 39。还可以有其他的规律。由于此题入手容易,所有学生都可以参与,很受教师的欢迎。

例 6　有一块方角形钢板如图 7-9 所示,请你用一条直线将其分成面积相等的两部分。

这是一道非常规的几何题。学生比较容易找到两个解 [图 7-10(a)(b)],

进一步还可以找到第三个解[图 7-10(c)]。但在理论上应有无穷个解[图 7-10(d)(e)]，可以通过计算找出一个面积为 s 的图形(三角形、梯形或矩形等)，使其等于原面积 s_0 的一半。不同水平的学生可以达到不同的层次。

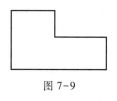

图 7-9

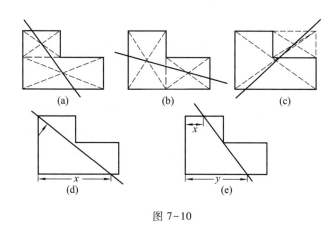

图 7-10

例 7 试计算校园小水塘水(或小山丘土)的体积。

例 8 假期里，上海某初中的小明与两位同学相约到上海附近的苏州、杭州作三日游，得到父母的同意，并答应提供 800 元旅费，但规定旅游时间不得超过三天，回上海的时间不超过晚上 10 时。再给出每两个城市之间的火车、轮船、汽车的时刻表和票价、旅游点的门票价，鼓励再进一步查寻其他资料，要求学生做出旅游的计划。

这些问题，或是条件不完备，或是结论不确定，解题模式既不现成也不唯一，常常与实际问题相联系，还可能在求解过程中引出新的问题，呈现出区别于传统封闭题的新颖特征。

数学开放题可以粗略地分为五类。

第一类，条件开放型。即问题的条件不完备或满足结论的条件不唯一。

第二类，结论开放型。即在给定的条件下，结论不唯一。

第三类，策略开放型。即思维策略与解题方法不唯一。如例 4(五子问题)，其数学实质是如何选定一个数值来给出"散度"的定义。可以通过联结 5 点的多边形的面积(或周长)来描述，也可以用联结任意两点线段长度的最大值(或所有线段长度的和)来描述，又可以用覆盖 5 点的最小圆的半径长来描述，还可以用每两点间距离的标准差来描述……

第四类，综合型。即条件、结论、策略中至少有两项是开放的。比如例 7，小水塘的形状、大小、深浅都是不确定的,同一小水塘对不同解题者来说,测量方法与测量数据亦是不相同的,最后的结果也必定各不相同。例 2 中的日历问题也是一个开放题,需要自己去找条件、找结论。

第五类,设计(实践)型。这是一类需要用数学知识或方法进行计划性的预测和规划的问题,比如例 8。

最后,我们介绍 2002 年全国高考试题中的一道开放题:

(1)给出两块相同的正三角形纸片[如图 7-11(a)(b)],要求用其中一块剪拼成一个正三棱锥模型,另一块剪拼成一个正三棱柱模型,使它们的全面积都与原三角形的面积相等,请设计一种剪拼方法,分别用虚线标示在图 7-11(a)和图 7-11(b)中,并作简要说明。

(2)试比较你剪拼的正三棱锥与正三棱柱的体积的大小。

(3)(本小题为附加题,如果解答正确,加 4 分,但全卷总分不超过 150 分)如果给出的是一块任意三角形的纸片[如图 7-11(c)],要求剪拼成一个直三棱柱,使它的全面积与给出的三角形的面积相等。请设计一种剪拼方法,用虚线标示在图 7-11(c)中,并作简要说明。

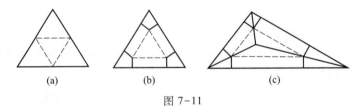

(a)　　　　　　　(b)　　　　　　　(c)

图 7-11

(图中的虚线就是一种答案。)

这是一道在高考中难得一见的开放题,答案有无穷多个。教育部考试中心对该题作出了很高的评价,认为该题"别开生面,要求考生自行设计,将正三角形纸片剪拼成正三棱锥、正三棱柱模型,通过动手剪接等实际操作,要求考生把握数学规律的内在本质,自己动手解决实际问题,这种题型有较大的自由度和思维空间,体现自主学习和主动探究精神,显现出研究性学习的特点,对于培养考生的实践能力和创新意识有重要的意义"。

这一题目的答案有无穷多种的根据是,匈牙利数学家波尔约(Bolyai)和盖尔文(Gelwien)在 19 世纪曾证明任何两个面积相等的多边形都可以割补相等[见戴再平:波尔约-盖尔文定理与 2002 年高考(文)第 22 题.数学教学.2003(1)]。

第三节　数学问题提出与问题解决的教学

一、数学问题提出教学

每个教学活动都是学生的学习机会。从任务本身而言,作为一种教学手段的问题提出活动,要比问题解决给学生提供的学习机会更多,能满足不同需求的学生,以实现学习机会的公平化与最大化。问题提出作为高认知需求的学习任务,可以帮助学生通过形成问题、表达和推理的过程中厘清思维、促进对知识的更深理解。它不仅是激发学生高质量思维的工具,也是教师高质量评估学生思维的工具。学生在对问题的再表述与反思,提高问题解决能力。通过发展提出问题的流畅性、灵活性与原创性,激发创造力。①

1. 什么是数学问题提出教学②

问题提出教育的理念,在于通过克服权威主义,使教师和学生成为教育过程的主体,通过自主探究让学生参与知识建构的过程,最大限度地将"被讲解—被接受"的知识解放为"被认知"的状态,实现学生学习能力、实践能力与创新能力的培养与解放。问题提出教学的思想渊源,可追溯至两千多年前孔子的启发式教学与苏格拉底的产婆术。现代意义上的问题提出教学,孕育于问题教学,即以问题为核心的教学方式。最早可追溯至公元一世纪我国古代的第一部以问题集形式呈现的数学专著——《九章算术》。作为独立的课堂教学活动,它区别于问题解决教学,但又与问题解决相依相伴。教师在课堂教学中为学生创造在具体情境中提出问题的机会,并留有充足的时间让学生利用假设修改已知问题进而创造新问题。基于学生所提出的问题,教师再依据教学目标,合理筛选使用问题引导学生解决问题。尽管对于"问题提出教学"尚未形成统一的定论,依据学习效果框架以及问题提出的特征,宋乃庆等提出问题提出教学是教师结合课程教材中的教学任务和学习目标,从已知的教学条件和环境出发设计问题提出的教学任务,并通过课堂言语互动的教学过程,以学生所提问题为驱动,教师作为辅助角色引导教学以达成教学目标,帮助学生深入地学习学科知识,培养学生问题解决能力和创新能力协调发展的教学过程。具体而言,问题提出教学的目标在

---

① 张玲,宋乃庆,蔡金法.问题提出:基本蕴涵与教育价值[J].中国电化教育.2019(12):31—39.
② 任红,张玲.中小学数学问题提出教学的目标与原则[J].西南大学学报(自然科学版),2002,44(02):22—27.

于,帮助学生理解知识,培养学生问题意识、发现问题、解决问题能力,激发学生创造力。

2. 数学问题提出教学的框架

为鼓励学生在课堂教学中能够主动地、更好地提出问题,一些研究者从多角度探索问题提出教学的实施策略,并设计了多种问题提出教学框架。比较有代表性的如:布朗(Brown)和沃尔特(Walter)在波利亚研究的基础上提出了否定假设策略("What—If—Not"策略),即通过改变问题条件和约束,提出新的问题,基于否定假设策略的问题提出教学活动分为五个阶段:确定起点(如:已知概念、问题、定理等)→列出属性→否定原有属性(若该属性不是这样,应该是怎样的?)→在新属性的基础上提出新问题→分析并解决提出的问题。恰尔迪洛(Ciardiello)提出培养学生问题提出的两种教学策略,即由教师主导策略(teachquest策略)和师生合作互动策略(request策略)。具体而言,教师主导策略强调教师通过直接指导、建模、巩固和后续练习来安排提问训练,该策略便于课堂管理和时间掌控;相较而言,师生合作互动策略更突出师生之间的互动与合作,根据阅读材料或图片,师生相互轮流提出问题并解答问题。两种策略各有优势和不足,教师们可以根据课堂教学的具体情况自主选择策略模式。冈萨雷斯(Gonzales)则提出"理解问题—提出相关问题—生成任务—寻找情景—生成问题"。鉴于已有的关于问题提出教学基本框架的研究发现,可供教师作为问题提出教学参考的理论与应用依据仍处于构建与试验论证阶段。为此,基于前文问题提出教学的概念和特征,结合蔡金法提出的数学教学框架,本书对问题提出教学的一般框架进行详细说明,为后文的教学设计奠定理论基础。具体而言,问题提出教学的一般框架如图 7-12 所示,包括以下几个环节:

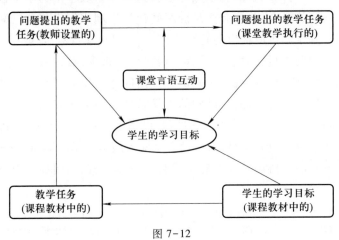

图 7-12

（1）明确教学任务和学习目标

通过前期调查发现，尽管目前已有部分中小学教师开始尝试使用问题提出开展教学，但由于理论和相关实践经验的缺乏，大部分教师对问题提出教学的任务和目标缺乏深刻认识。因此，教师需要基于一定的理论框架和自己的实践经验来思考基于问题提出教学的目标和任务。基于问题提出的课程材料中的学生学习目标和教学任务主要是指，在课程标准、教材等课程材料中设计有关问题提出的学习目标和学习任务。然而，研究发现，国内中小学教材中只有少量的问题提出活动。以《义务教育数学课程标准（2011 年版）》为例，在课程目标中虽然提出"初步学会从数学的角度发现问题和提出问题，综合运用数学知识解决简单的实际问题……"。由于问题提出是作为问题解决的一部分受到关注，并且缺乏更为具体的说明和举例，这必然导致教师们在教学过程中难以开展和实施问题提出教学。

（2）建构问题提出教学任务

基于问题提出的教学任务包括两个方面：一是教师在教学中设计的基于问题提出的教学任务；二是课堂教学中真正执行的教学任务。教师自己设置的教学任务指的是教师预期要在课堂上开展的教学活动，包括如何利用问题提出引入教学内容，如何设计问题提出活动，如何根据学生所提出的问题进一步教学，以及检测教学目标的达成情况。真正执行的教学任务通常会由于实际的学情和不可预期的课堂生成，使得实际课堂教学与自己的预期设计有差别。

开放性原则。在问题提出课堂教学中，设计有效的教学任务，使得既能将数学概念或知识嵌入任务中以达到学习知识和技能的基本要求之外，还能达到发展学生创造性思维的作用，此目标对教师设计适当的教学任务的要求很高。问题提出教学与问题解决教学最为本质的区别是它能提供给学生更多的学习机会，所以考察问题提出教学最根本的原则是所设置的问题提出任务是否可以给学生提供更多的学习机会。相比"5+4 = _____"这种封闭性、认知需求很低的任务，研究表明，开放式（open-ended）任务情境，更有利于培养学生创造性思维。因为开放式任务可以提供学生更多思维的空间与可能性，刺激学生对于任务情境、条件、任务目标的思考，根据理解产生多个特定的目标和可能的多个正确的解决方案。

情境性原则。已有研究表明，学生是否能够提出具有思考价值和群体价值的问题，这在一定程度上受到所面对的问题提出情境产生的刺激的影响。有意义、有价值的问题提出情境一定程度上能够引导学生探究和发现情境中蕴含的关系和规律，引起学生学习兴趣，激发学生产生认知冲突，诱发质疑和猜想，启迪学生开展探究式思考，从而建构新的认知过程。因此，要创设有效情境，教师应根据学生学习目标和学习内容的特定需要,将概念和定理中的关系由已知变化为需要思考和探索的未知关系,并置于与学生相关的现实背景中。这就要求教师具备相应的问题提出情境知识。情境材料应以合适的组织表征进行呈现。这就要求教师既要发展能够适应各种教学情境的教学表征知识(如列表、示意图、表达式、模型等),同时要考虑何种材料以何种方式呈现给学生才最为适合(所谓合适不仅是适用于教师教,而且适用于学生学,即能够吸引学生、激发学生提问)。

(3) 解决问题

这里解决问题指教师对学生提出的问题进行相关的教学处理。在提出问题教学的过程中,学生可能会提出各种各样的问题。然而,教师在课堂上不可能解决学生提出的所有问题,这就需要教师对学生提出的问题及时进行分类。分类的目的在于评价学生对于教学知识点的理解,提高解答这些问题的效率,以及筛选出需要重点解决的问题,生成新的课堂教学任务。哪些提出的问题需要进行分析,哪些问题需要摒弃,哪些问题需要优化再处理,对于教师而言,以上是进行问题提出教学的重难点问题。如果所提问题是促进教学沿着知识建构生成的路径,那么可以引导学生重点思考该问题的解决方案。如果所提问题离知识生成目标较远,教师如何引导学生优化问题,甚至将"不合理"问题归类处理实现"变废为宝"是进行问题提出教学的艺术之处。

二、数学问题解决的教育含义

解决数学问题已经有几千年的历史。中国古代数学经典著作《九章算术》以解决应用问题而著称。欧几里得的《原本》则以证明数学问题为特征。自从诞生"学校"教育制度以来,求解数学问题成为数学教学的基本任务之一。因此,数学问题解决,大家并不陌生。

但是,20 世纪 80 年代产生的"数学问题解决(mathematical problem solving)"教学模式,则有其特定的意义。

20 世纪 60 年代的"数学教育现代化运动"即"新数学运动"席卷欧美。但是最终未能实现其"现代化"的目标,学生的数学成绩反而大幅度下降。作为对"新数学运动"的"反动",70 年代提出"回到基础",结果又回到老路上去,造成"机械训练的十年"。吸取这两次改革的经验教训,美国数学教师协会(NCTM)于 1980 年 4 月公布了一个纲领性的文件——《关于行动的议程》(An Agenda for Action),指出:"80 年代的数学教育大纲,应当在各年级都介绍数学的应用,把学生引进问题解决中去"。"数学课程应当围绕问题解决来组织","数学教师应当创造一种使问题解决得以蓬勃发展的课堂环境"。"必须把问题解决(problem solving)作为 80 年代中学数学教学的核心"。"在问题解决方面的成绩如何,将是衡量数学教育成败的有效标准"。由此,揭开了以"问题解决"为旗帜的数学教学改革运动的序幕。

它的产生并非偶然。首先,这是社会发展的需要。信息社会的来临要求人们学会学习、学会创新、学会合作、学会适应。数学教育必须努力提高学生应用数学知识去解决实际问题的能力。其次,这是数学观现代演变的需要。人们往往把数学等同于数学知识的汇集,由公理、定义、公式、定理等事实性结论组成,忽视了结论的发现与创造的过程,陷于静态的数学观。20 世纪 50 年代以来,动态的数学观认为:数学是人类的一种创造性活动,在日常数学教学活动中,解决问题无疑是最基本的形式和最核心的内容,因此,"问题解决"也就成为数学观转变的直接产物。再次,这也是数学教育研究深入的必然结果。学数学应是"做数学",即应当让学生通过问题解决来学习数学,这就为问题解决作为数学教育的中心提供了理论依据。

1. 什么是"数学问题解决"

数学问题解决的概念,因摘自不同的文件,出于不同的学科,源于不同的维度,提法不同。如问题解决是教学目的,问题解决是教学过程,问题解决是基本能力,问题解决是一种教学方式,问题解决是一种有意义的学习过程,问题解决是一种心理过程,问题解决是一种艺术,莫衷一是。从"问题解决就是生搬硬套的练习"到"问题解决就是像数学家那样做数学",几乎 10 个人就有 10 种提法。

现在,一个大家较为认同的看法是,问题解决是指综合地、创造性地运用各种数学知识去解决那种并非单纯练习题式的问题,包括实际问题和源于数学内部的问题。而以"问题解决"作为数学教育的中心,则是指应当努力帮助学生学会"数学地思维"。

可见,"问题解决"与着眼于"应试"、突出"题型+解法"的"题海战术"是不同的,问题解决中的问题与传统教学中的习题也是不同的。

问题解决中的"问题"也有多种提法,一个比较简洁的界定是:一个对人具有智力挑战特征的,没有现成的直接方法、程序或算法的未解决问题的情境。一个比较详细的界定是将问题描述为:

① 对学生来说不是常规的,不能靠简单模仿来解决;

② 可以是一种情境,其中隐含的数学问题要学生自己去提出、求解并作出解释;

③ 具有趣味和魅力,能引起学生的思考和对学生提出智力挑战;

④ 不一定有终极的答案,各种不同水平的学生都可以由浅入深地作出回答;

⑤ 解决它往往需伴以个人或小组的数学活动。

　　实行问题解决的教学模式,需要提供"好问题"。那么什么是一个好的数学问题呢? 通常认为"好问题"应具有下述五个特征(张国杰.数学学习论导引.重庆:西南师范大学出版社,1995.):

　　① 问题是非常规的,具有挑战性;

　　② 学生都可以动手做,具有可参与性;

　　③ 问题引人入胜,具有趣味性;

　　④ 问题能够推广或扩充到各种情形,具有探索性;

　　⑤ 问题有多种解法,多种答案,多种解释,具有开放性。

　　下面我们观察两个"好问题"。

　　问题 1:明明看见有许多同学从我们的教室进进出出,依次是进 4 人,出 8 人,出 3 人,进 5 人,进 2 人,出 1 人,请问教室里的人是多了还是少了? 若多了,多几人? 若少了,少几人?

　　一个办法是"进"的人求和:4+5+2 = 11,"出"的人求和:8+3+1 = 12,然后比较大小。

　　另一个办法是根据题意直接列式计算,用正号表示"进",用负号表示"出",有 4-8-3+5+2-1 = -1,即教室里少了 1 人。

　　① 由这个运算的过程可以看到,引进负数既有助于表示"进""出",又有助于列出运算式。更重要的是允许"小数减大数"了,否则,第一步 4-8 就过不去。

　　② 由这个运算的结果可以看到,引进负数就能同时回答两个问题:教室里的人是增多还是减少(看符号)? 增多或减少几个(看绝对值)?

　　这比把"支出"看成"负收入","减少"看成"负增加"显得自然而深刻。

　　问题 2:生活常识告诉我们,给糖水里加糖,糖水就变甜了;给菜汤里加盐,菜汤就变咸了。你能从这一经验中提炼出一个数学关系吗?

　　① 这是一个人尽皆知的生活事实(都熟视无睹了),这里有数学道理吗? 该用什么样的数学关系式来表示呢? 学生睁大惊奇的眼睛,开启思维的小船。

　　② 这个情境具有不等式的必要因素与必要形式。变甜、变咸所表达的是大小关系,记为

$$P_1 < P_2,$$

这里用到了字母表示数的知识。

　　③ P_1 代表什么样的事实,它又应该用怎样的式子表达出来呢? 这要调动"质量分数"(浓度)的概念,设 $b(g)$ 糖水里有 $a(g)$ 糖,则

$$P_1 = \frac{a}{b}, \quad \frac{a}{b} < P_2。$$

　　④ 这还没有把加糖反映出来。再设加入 $m(g)$ 糖,有

$$P_2 = \frac{a+m}{b+m},$$

得

$$\frac{a}{b} < \frac{a+m}{b+m},$$

这是一个真分数不等式。

⑤ 如何证明这个不等式呢? 有分析法、综合法、作差法、作商法、放缩法、定比分点法、斜率法、复数法等不下十种方法。并且这个不等式有广泛的应用(包括实际问题和数学本身的问题)。

中国的数学教育改革与国外的"问题解决"平行发展,20 世纪 90 年代以来把"提倡问题解决"作为进一步改革中国数学教育的"突破口",并初步形成了"中国的数学问题解决"特色,主要表现为:

① 注重研究数学解题思维过程;

② 强调数学方法论研究;

③ 提倡数学解题策略研究;

④ 应用问题、数学建模教学研究;

⑤ 开放题、情境题的教学研究,及其在考试中的大规模运用;

⑥ 提倡探究性学习,进行"问题教学""情境教学""开放性教学"。

2. 数学问题解决的框架

"问题解决"的初始阶段,专注于波利亚的现代启发法研究。然而学生虽然已经具备了足够的数学知识,似乎也已掌握了相应的解题策略,但仍然不能"启发"他有效地解决问题。这表明,"问题解决"是一个包含多个环节的复杂过程,从而,相应的研究就不能单一地集中在启发性解题策略上,而应对解决问题的全部过程加以系统分析。美国学者舍费尔德在名著《数学解题》一书中,提出了一个新的理论框架,描述了复杂的智力活动的四个不同性质的方面:

① 认识的资源,即解题者已掌握的事实和算法;

② 启发法,即在困难的情况下借以取得进展的"常识性的法则";

③ 调节,它所涉及的是解题者运用已有知识的有效性(即现代认知心理学中所说的元认知);

④ 信念系统,即解题者对于学科的性质和应当如何去从事工作的看法。

我国学者整合国内外有关"问题解决"过程的各种看法,提出了问题解决的一般模式,分为五个阶段(图 7-13)。

① 问题识别与定义。是指解题者必须意识到自己正面临着一个问题,并正确地定义它,只有在这些准备工作的基础上,才有可能着手解决问题。

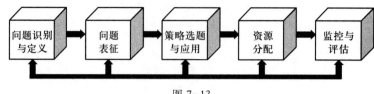

图 7-13

② 问题表征。对问题合理识别之后,必须对问题进行表征。其方式可以是语义的也可以是表象的,可以在头脑中编码也可以利用纸笔等工具编码。表征方式会影响问题解决的难度。

③ 策略选择与应用。问题解决策略一般分成两大类,一类是规则系统,保证某一特定问题解决的一种方法或程序;另一类是发现问题解决方案的程序,是一种为获得创造性系统阐述而作为工具运用的技术。

④ 资源分配。合理地分配资源是有效解决问题的关键,资源分配不当会影响问题的有效合理解决,它是有效解决问题能力高低的一个标志。

⑤ 监控与评估。监控可以理解为问题解决者对问题解决全过程的把握和关注,而评估则是对问题解决进程及其结果的质量作出评定。

第四节 数学考试中的命题探讨

为了有效地发挥数学考试的作用,就要设计好考试的全过程。在考试的诸多环节中,命题是最关键的环节。不同类型的考试有其不同的目的,无论哪一种考试,都必须用试题来体现测试的目的。考试对教育、教学有着很强的反馈作用或导向作用。因此,测试的命题对数学教学的正常进行与健康发展具有重大影响。

数学考试命题的依据应是课程标准规定的教学目标和内容要求。各个阶段测试的命题,都要遵循教育和教学的客观规律。命题包括命制单题和组拼试卷两项工作。在命题中,对考查内容和考核能力的定位,对材料的选用,对题型的选择,对难度的调控,对整卷的布局等,都要经过周密思考、精心设计。

数学考试的种类很多,包括检查教学效果的测验,评定成绩的日常考查,进行选拔的入学考试等。目前在全国影响最大的是高等学校入学考试。因此,以下我们将只叙述高考数学试卷的命题。我国的高考已有近百年历史,数学试卷的形式多种多样。但是,从 1980 年以后,按照"标准化考试"等理论,高考数学试卷形成了固定的模式,年年不变。尽管这种模式具有许多优点,被广泛认可,但是也明显具有许多缺点,如"知识点"的提法割裂知识的整体性,覆盖率的要求使试卷太长、题目过多等。这些缺陷,还在逐步克服中。以下我们主要围绕当前的高考命题进行探讨。

一、确定试卷结构

依据测试的性质和目标以及被试群体的实际情况进行命题,是命题的基本原则。确定试卷结构相当于绘制考试命题的设计蓝图,所以对考试命题至关重要。

(1)内容覆盖率,重点内容,各章节内容比例。根据考试的性质和不同的考试对象确定知识的覆盖率,然后根据内容覆盖率的要求选取试题。如果全卷的题目数量有一定的限制,则应多选取一些综合性试题,以考查尽量多的内容。由于各章节内容多少不同、重要程度不同,所以还要确定各章节的内容比例,保证试卷中各章节的内容比例符合规定的要求。在每一章中,要保证重点内容的考查。

(2)内容要求层次及分数分布。由于知识点的重要程度不同,所以在考查过程中对其要求的层次也不同。如在我国普通高考数学科考试中,对每项具体内容要确定其属于了解、理解、掌握、灵活运用四个层次的哪一层次,根据要求层次的规定,选取相应的试题。同时,全卷中各层次试题的比例也要有规定。

(3)学科能力要求。确定各项学科能力的考查力度和考查比例。

(4)题型比例。选定本次考试拟使用的各种题型,确定各种题型试题的比例。例如,2023年新高考全国I卷数学学科考试中,单选题、多选题、填空题和解答题的分值占比分别为 26.7%、13.3%、13.3% 和 46.7%,题量占比分别为 36.3%、18.2%、18.2% 和 27.3%。这是考虑到考试目的、学科特点、评卷工作量和评卷误差等多种因素,经综合平衡后确定的。

(5)整卷难度要求和难度结构。组拼试卷时各题目的难度不能完全相同,难度分布应有一定的梯度。按难、中、易确定合适的比例。在常模参照考试中,试卷的总体难度控制在 0.50～0.60,可以使考生的成绩呈正态分布。在标准参照考试中,为精确测量考生的达标程度,全卷试题的难度应相对集中,分布在及格线或达标分数的划界点附近。

(6)考试时间及试卷满分值。要有效控制试卷长度,各题作答时间之和应小于规定的考试时间,使中等水平的考生能在规定时间内完成全卷,并有 10～15 分钟的检查时间。通常教师和学生完成试卷的时间是 1:2。

(7)各种题型中,同一知识范围的试题一般不超过一个。各题之间不能存在相互暗示、参照的信息。

(8)制订双向细目表。双向细目表是一种反映考查内容和考查要求的横竖两向的表格,其中横向是试题的考查内容,考查内容可分若干级列项,分级可粗可细,应结合学科的特点和测试的目的,作出科学合理的划分。项目之间,不宜交叉重复,也不能出现漏洞,各项内容的总和恰是全部的测试内容。而竖向是考查要求的不同层次。

（9）各种题型前要有科学、明确、简洁、合理的指导语。

（10）试卷、参考答案及评分标准的总说明要置于卷首,表述确切、简洁。

二、单题命制方法

1. 试题要求

① 试题内容应严格限定在"课程标准"或"考试大纲"规定的本课程的范围之内,杜绝"超标"现象。

② 每一试题都要有明确的考核目的。

③ 试题应根据课程标准要求的层次编拟,准确体现课程标准要求的水平。

④ 试题要科学,题意明确,试题文字通顺,表达准确、简练,术语、符号使用规范。

⑤ 考查内容、试题素材、评分标准和参考答案所涉及的内容应注意种族、民族、风俗、性别,以及社会各部门、行业的差异,避免造成误解和负面影响。

数学考试中常用的题型有选择题、填空题和解答题,下面分别讨论其命题技术。

2. 选择题的命制

选择题包括单选题和多选题,在考试时间有限、题量有限的限制下,要较好地发挥选择题的功能,必须发挥群体的力量。在编制选择题时应注意:

① 题干表述准确,不提供答案信息,不出现与答案无关的线索。

② 选项与题干内容和谐协调,连接自然流畅。

③ 正确选项与干扰项长度、结构、属性、水平等尽量相近。

④ 干扰项能反映考生的典型错误。

⑤ 各题正确项的排列随机,分布均匀。

对每道选择题的编制都要用心琢磨,改进其不足和失当之处,以保证试题的质量。

例 1　如果凸 n 边形 $F(n \geqslant 4)$ 所有对角线都相等,那么（　　　）。

（A）$F \in \{$四边形$\}$　　　　　　（B）$F \in \{$五边形$\}$

（C）$F \in \{$四边形$\} \cup \{$五边形$\}$　　（D）$F \in \{$等边多边形$\} \cup \{$等角多边形$\}$

本题中,选项存在包含关系,由（A）或（B）都可以推出（C）,这样"四选一"的选择题一下子变成了"二选一"。类似地,在命制分类或选项为区间的选择题时也容易出现这样的疏漏,应当引起注意。

例 2　若 a,b,c 成等比数列,$0<a<b<c,n>1$ 是整数,则 $\log_a n,\log_b n,\log_c n$ 所成的数列为(　　)。

（A）等比数列

（B）等差数列

（C）各项的倒数组成等差数列

（D）在这个数列中,第二项和第三项分别是第一项和第二项的次幂

（E）以上都不对

本题作为一个选择题存在着许多尚待改进的缺陷。首先科学性上有疏漏,必须补充 a,b,c 均不为 1 才能做对数的底;其次各选项不匹配。本题可以借助数学符号将其改编为一道完美的试题。读者不妨作为练习,自己试着进行改编。

3. 填空题的命制

填空题的考查功能接近选择题,侧重于对基础知识和基本技能的考查,但在考查能力方面,比选择题有较深一层的效用。在编制时应注意:

① 提问和限定词准确,答案明确。

② 空位的数量、位置适当。

③ 题目的文字表述与空位的关系确切、无歧义。

④ 求解的过程宜短,步骤不得太多,最好是 2~3 步。

⑤ 多数考生解答填空题有惧怕心理,因此填空题不宜过难。

例 3　从一条直线出发的＿＿＿＿＿＿所构成的图形叫作二面角,这条直线叫作二面角的＿＿＿＿＿。

第一个空格抓住学生容易疏忽的地方,把"两个半平面"抽空,结果有不少学生误答为"两个平面";后一个空格答案为"棱"。两个空格在难度上有一定层次,作为平时诊断性的小测验,其形式是可取的,效果也比较好,但作为阶段性的成绩考试或水平考试,则有鼓励死记硬背之弊端。

例 4　函数 $y=\sin^4 x+\cos^4 x$ 的最小正周期是＿＿＿＿＿＿。

本题作为填空题考查的知识面相当宽,除三角变形外还有代数变形;计算量比较大,计算步骤较多,较难实现考查目的。因为填空题只看最后结果,如果考生答错难以判定其是周期的概念不清,还是三角公式记错,或者是代数计算出错。

4. 解答题的命制

解答题具有形式灵活多变、内涵深广、难度调整的幅度大等特点,能比较深刻地考查思维能力、推理能力、空间想象能力、表达陈述能力等。这些试题既可以是考查基本知识的简单检测题,也可以是有一定综合性、甚至是高度综合的高

难度试题,从答卷可以比较清楚地看出考生解题的思维过程、推理和计算过程,从而能够比较深入地考查考生的素质。

解答题的设计方法与前述两种题型的试题设计方法相比,虽无本质差别,但其自由度却要大得多,而且要顾及的问题也比较多。要设计出一道好的解答题,一般要经历几个步骤,下面结合 2002 年高考数列题的编拟过程加以说明。

例 5　设数列 $\{a_n\}$ 满足 $a_{n+1}=a_n^2-na_n+1, n=1,2,3,\cdots$。

（Ⅰ）当 $a_1=2$ 时,求 a_2,a_3,a_4,并由此猜想 a_n 的一个通项公式。

（Ⅱ）当 $a_1\geqslant 3$ 时,证明:对所有的 $n\geqslant 1$,有

（ⅰ）$a_n\geqslant n+2$;

（ⅱ）$\dfrac{1}{1+a_1}+\dfrac{1}{1+a_2}+\cdots+\dfrac{1}{1+a_n}\leqslant\dfrac{1}{2}$。

① 立意与选材:立足一定的考查目的和中心,明确编拟的意图,选取适当的材料是编写试题的第一步。立意是核心,选材服务于立意,两者之间往往交织在一起。通常是先立意,确定试题的编写意图,明确考查目的,然后再选用合适的材料作为题材。有时也可能是先注意到一些好的题材,用它编题,根据考查的目的,做进一步的剪裁取舍。不管谁先谁后,实际上两者必须一起考虑,互相照顾。

上述高考题编拟的基本目的是考查代数推理能力,以考查演绎推理为主,兼顾归纳推理,在可能的范围和程度上考查数学归纳法。据此选用数列这一题材。编拟试题的两个基本的原则:一是不出现变量间的大于、小于或等于的关系,要求考生自己判断;二是尽量不出现“用数学归纳法证明……”的字样,而在证题过程中自然用到数学归纳法,以避免套用之虞。

② 搭架与构题:有了明确的考查目的和恰当的题材之后,便可搭建试题的框架,构筑试题的模坯。以所选的题材为依托,采用与之相适应的结构。作为试题模坯,应力求留有余地,使之具有一定的弹性和伸缩性,也即题设条件要便于增加或减少,提问有多种角度可供调换,试题的难度容易调节。这样做,为的是方便下一步骤的加工和调整。

本题设计的初始框架是:

例 6　设数列 $\{a_n\}$,$\{b_n\}$ 满足

$$a_{n+1}=a_n^2-na_n+1,\qquad b_{n+1}=b_n^2-nb_n+1。$$

（Ⅰ）设 $a_1=2$,求 a_2,a_3,a_4,并由此猜想 $\{a_n\}$ 的通项公式;

（Ⅱ）当 $a_1=3,b_1=4$ 时,比较 a_n 与 b_n 的大小,并证明你的结论。

数列 $a_{n+1}=a_n^2-na_n+1$ 对首项极其敏感,当 $a_1=2$ 时,很容易定出通项公式 $a_n=n+1$。第一问,由递推公式 $a_{n+1}=a_n^2-na_n+1$ 求出数列的前几项,是课程标准对递推数列限定的考查要求,这样设问完全符合课程标准的规定。进一步并没

有要求考生求数列的通项公式,而是猜想数列的通项公式,这是在不超标的前提下的创新设计,考查了归纳猜想的能力。第二问深化推理能力的考查,利用首项对整个数列变化的影响,设定 $a_1 = 3$,$b_1 = 4$,让考生比较 a_n 与 b_n 的大小。这时若先求 $\{a_n\}$,$\{b_n\}$ 的通项,再比较大小,则将遇到难以逾越的困难,必须灵活寻找出路。一个比较常用的方法就是作差,应用数学归纳法进行证明。因此通过这样的题型设计,让学生比较自然地想到应用数学归纳法。同时要求考生先进行判断,再进行证明,达到考查数列和数学归纳法的目的。

③ 加工与调整:有了初步成形的试题(题坯)之后,接下来的工作是深加工和细琢磨。这是单题编制的中期调整阶段,必须十分认真,对每一个细小的环节都要顾及。包括试题的陈述和答案的编写,评分标准的制定,都要在这一步骤中完成。以上题为例,题设的两个递推关系式,只是字母不同,重复烦冗。初步修改为:

例 7　设数列 $\{c_n\}$ 满足

$$c_{n+1} = c_n^2 - nc_n + 1。$$

(Ⅰ)设 $c_1 = 2$,求 c_2,c_3,c_4,并由此猜想 $\{c_n\}$ 的通项公式;

(Ⅱ)记数列 $\{c_n\}$ 当 $c_1 = 3$ 时为数列 $\{a_n\}$;数列 $\{c_n\}$ 当 $c_1 = 4$ 时为数列 $\{b_n\}$。比较 a_n 与 b_n 的大小,并证明你的结论。

进一步讨论注意到,在第二问的解答中,首先必须证明当 $a_1 = 3$ 时,$a_n \geqslant n+1$;当 $b_1 = 4$ 时,$b_n \geqslant n+1$。估计较多考生难以自己想到这一过渡,而造成整题尽失,因此建议增加一问“(Ⅱ)证明:当 $a_n \geqslant 2$ 时,$a_n \geqslant n+1$”作为提示。将原来的第二问变为第三问。

经改造,题目的难度结构比较合理,但考查内容有些重复,两次考查数学归纳法显然没有必要。因此删除重复,增加新的内容和要求,将考查目标拓展、延伸成为修改的方向。

一个方案是将最后一问改为“证明 $\sum\limits_{k=1}^{n} \dfrac{1}{a_{k+1}-1} \leqslant \dfrac{1}{2}$”。这个结论形式比较新颖,证明方法多样,过程中还要进行必要的放缩。但要证明这个结论,按照一般的方法,必须先证明“当 $a_1 \geqslant 3$ 时,$a_n \geqslant a_{n-1}+2$”。当然还可以应用结论“$a_{k+1}-1 \geqslant 2a_k \geqslant 2(a_k-1)$”证明,但原来的结论应加强为:当 $a_1 \geqslant 3$ 时,$a_n \geqslant n+2$。

还有一种方案是将第三问改为“证明 $\sum\limits_{k=1}^{n} \dfrac{1}{a_{k+1}+1} \leqslant \dfrac{1}{2}$”,这样可以比较顺畅地利用结论“当 $a_1 \geqslant 3$ 时,$a_n \geqslant n+2$”,整个试题也较为自然、流畅。

从上面的加工过程可以看出,试题的加工和调整,首先要确保试题的科学性和适纲性,其次是精心调节难度。试题的难度调节,必须以整卷的难度分布为依据。常用的调节方法有：

（1）改变提问方式。例如，把证明题改变为探索题，将结论隐蔽起来，可提高难度；增加中间的设问，把单问改变为分步设问，无异于给出提示，可降低难度。又如，改变提问的角度，往往也会改变试题的难度。

（2）改变题设条件。例如，适当增删已知条件，隐蔽条件明朗化，明显条件隐蔽化，直接条件间接化，间接条件直接化，抽象条件具体化，具体条件抽象化，乃至条件参数的变更等，都可使试题的难度发生变化。

（3）改变综合程度。例如，增减知识点的组合，调整解题方法的结构，变换知识和方法的广度或者深度等，也都会使试题的难度有所变化。

此外，为了提高试题的质量，在加工和调整这个步骤中，还应注意加强试题的针对性和有效性，安排好难点和考核点的分布。

（4）审查与复核。以上的加工步骤更多的是关注试题的考查内容、考查难度等，而最后的加工则要关注试题经过加工是否超标，语言叙述是否符合学生的习惯，解法是否常规，书写和叙述是否规范，即在格式、语言、文字方面的加工。这方面必须反复审核，细加推敲，严防疏漏和失误，尤其是要杜绝科学性的失误。

上面的试题在确定最后一个方案作为基本的考核模式后，就要进行语言的加工了。首先在第一问中加入"猜想一个通项公式"，因为只由数列的前几项 a_2,a_3,a_4 猜想数列的通项公式，其通项公式是不确定的，并非只有一个。这样提问理论上比较严谨，也给考生留下充分发挥的空间。其次，担心考生不理解求和号" $\sum\limits_{k=1}^{n}\dfrac{1}{a_k+1}$ "的意义影响求解，可以将其改为" $\dfrac{1}{1+a_1}+\dfrac{1}{1+a_2}+\cdots+\dfrac{1}{1+a_n}$ "。最后，将条件和结论进一步整理归类，将原来的三问改为两问，在第二问中增加一个小问。试题最后改编为前述试题的样子。

（5）以能力立意。试题包括立意、情境、设问三个方面。立意可以是知识、问题、能力，命题围绕立意进行，选取适当的材料，设计灵活的设问方式。

近年来，高考在改革中提出了以能力立意命题的指导原则。以能力立意命题就是首先确定试题在能力方面的考查目的，然后根据能力考查的要求，选择适宜的教学内容，设计恰当的设问方式。下面以一道高考试题的命制过程加以说明。

例8　已知函数 $f(x)=\tan x, x\in\left(0,\dfrac{\pi}{2}\right)$ ，若 $x_1,x_2\in\left(0,\dfrac{\pi}{2}\right)$ ，且 $x_1\neq x_2$ ，证明：

$$\frac{1}{2}[f(x_1)+f(x_2)]>f\left(\frac{x_1+x_2}{2}\right)。$$

本题在命题之初的基本立意是考查代数推理，参照高等数学中讨论凸、凹函

数的性质的思想命题。在确定这一立意以后,选择、试验了各种函数,如

$$f(x)=\sin x,\quad f(x)=\cos x,\quad f(x)=\tan x,\quad f(x)=\cot x,$$
$$f(x)=\log_a x,\quad f(x)=\lg x,$$
$$f(x)=x^2,\quad f(x)=x^{\frac{1}{2}},$$
$$f(x)=a^x。$$

当年数学科需要命制四种试卷,其要求从高到低依次为老高考理科、新高考理科、老高考文科、新高考文科。因为考查要求和难度要求不同,经过比较,决定老高考理科选定正切函数,老高考文科选定以 a 为底的对数函数,需要分 $a<0$ 和 $a>0$ 两种情况讨论。新高考文科选定以 10 为底的对数函数。由此可以看出,不是首先选定考试内容的大类,如代数、三角、立体几何或解析几何,然后逐级细化,而是先选定考查目的,根据考查要求选定考试内容。在编制设问时也是考虑到不同试卷的考查特点,例如对理科试卷,目的是考查考生的严密的逻辑推理能力,所以应用了直接设问的方式;而对文科考生,着重考查考生猜想、直觉判断、再加以论证的能力,所以其设问为

"判断 $\frac{1}{2}[f(x_1)+f(x_2)]$ 与 $f\left(\frac{x_1+x_2}{2}\right)$ 的大小并证明你的结论。"

从以上的命题过程可以看出,以能力立意命题,保障了考试突出能力与学习潜能考查的要求,使知识考查切实服务于能力考查。以能力立意命题时,根据能力立意的要求确定试题的选材,自由裁剪、搭配各项考试内容,确定科学适宜的表现形式和提问方式,使情境与设问服务于能力考查的立意,达到目的与手段、形式与内容的协调统一。以能力立意命题拓展了命题思路,在选材时视野更为宽广,不拘泥于学科知识范围的束缚,更多地着眼于学科的一般的思想方法,着眼于有普遍价值、有实际意义的问题或实用背景。选材的观点提高了,命题关注的是反映能力与潜能的本质特征,解决问题时的思维与操作活动的心理过程,体现思维品质与技能的典型问题,并以其为核心选用题材,构筑试题,使之对知识和能力的考查容易实现和谐统一的要求。以能力立意命题有利于题型设计,易于形成综合、自然、新颖的试题。对知识的考查自然地倾向于理解和应用,尤其是综合和灵活应用,所考查的知识也往往是学科的主体知识,或者是知识网络结构中的交汇点部分。因此也较易形成不同综合程度的系列试题。

以能力立意命题在全卷整合时,对试题的整体布局、层次安排有高屋建瓴之势。以能力考查统领全局,考查全面合理,能兼顾各个水平层次的考生,确保考试的区分度。因为重视能力,重视考生的心理活动,对试题难度的把握更有分寸,所提供的成绩更具可信性。以能力考查为核心构题筑卷,可使能力的考查全面合理,层次分明,对考生的区分精确合理。

三、试卷组拼技术

将试题组成试卷不是机械堆砌,必须按预先设计的要求整合而成。具体的操作大致如下:

(1)首先筛选足够数量的合乎要求的试题入卷,全面落实各项要求,包括知识覆盖面,重点的设置,涵盖的能力要求,各能力层次的试题的比例,难度的分布,试题的区分度,试卷的信度、效度,整体难度等。

(2)进而将其按题型分类,每类试题由易到难排列,精心排好题序。试题的次序对考生的应试心理有着直接的影响,同时,对整卷难度也有辅助的调节功能。这样形成试卷的初稿。

(3)接着将初稿与预先设计的试卷结构进行逐项对比,反复校核,慎重调整、修改。严格控制卷面的字符数量及解答时的计算量和书写量,控制好题量及其难度,使读题、审题、思考和书写等应试环节所需的时耗对多数考生是合适的。切实把握试卷对教学的导向,做好文字和词语的修饰,使整卷协调一致。确保试卷的科学性,每个单题都没有科学性的失误。因为拼卷时还要添加一些说明性的文字,各题之间也会产生一些单题编题时未考虑到的联系,还有各题赋分值的合理性和科学性的问题等。这些只有在拼题时才出现的问题都得一一细加斟酌考究,千方百计杜绝各种可能的失误和疏漏,确保整卷的科学性。

(4)最后还要请专家和主管部门审定。然后才能付诸印刷使用。

四、参考答案和评分标准的编制

参考答案要科学、准确、规范、简洁,与题意相符。评分标准要公平合理,可操作性强,便于评分。对解答题的解法,应优先考虑绝大部分考生可能使用的方法,给出常规的解法,同时给出比较新颖的解法,注意各种等价解法难度的一致,鼓励有创意的解法,平衡不同解法的评分标准。合理确定采分点,逐段赋分,各分数段的安排要科学,分数给在关键步骤,层次分明,尽量使之对不同形式的解答都便于评阅。分数的间隔不宜过大,以 2~3 分为宜,以便控制评分误差。参考答案与评分标准的要求一致。

思考与练习

1. 谈谈你解题中最激动人心的一次经历,从中领悟"数学解题"的过程。
2. 写出一个解题案例,分析其过程,指出使用的方法与策略。
3. 谈谈你对各种解题理论的评论。

4. 进行教学调查,中学教学中都出现了哪些数学新题型。

5. 谈谈你对数学应用题的看法,动手编拟一道数学应用题。

6. 谈谈你对数学情境题的看法,动手编拟一道数学情境题。

7. 谈谈你对数学开放题的看法,以开放题为载体,设计一个体现开放性教学的课例。

8. 1999 年 12 月 4 日《中学生学习报》登载了一位中学生的问题,并在全国中学生中展开过热烈的讨论。情况是这样的:去年夏季的一天,停在操场上的一个足球和它的阴影引起了我的注意。如果把太阳光当作平行光线,那么足球的影子就可以看作是一个平面与一个圆柱的斜截面,因而是一个椭圆⋯⋯我兴致勃勃地得出这样的猜想:

命题 1 在阳光下,水平地面上的足球的影子是一个椭圆时,球与地面的接触点是这个椭圆的一个焦点。

证明之后,我又突发奇想,若光线不平行,接触点还是焦点吗?

命题 2 如果把太阳光线看作离地面并不太高的点光源发出的光线,那么足球与地面的接触点还是阴影椭圆的焦点吗?

谈谈你对整个问题的看法,并给出你对命题 2 的解答。

9. 如图 7-14,表示某人从某处外出时,任一时刻距出发点的距离 s 与时间 t 的函数关系,请根据这里的数量关系写一篇一千字左右的短文。

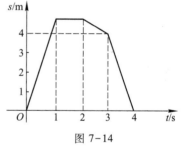

图 7-14

10. 谈谈你对问题解决产生背景的认识。

11. 根据自己学习数学的体会,谈谈你对问题、好问题、问题解决的认识。

12. 自选一个课题,写一篇体现问题解决特征的教案。

13. 请根据下面提供的思维情境,得出一个数学结论。

(1) 教师将一大杯糖水分倒在三个小杯中,每一小杯糖水的质量分数(浓度)分别记为 $\frac{a_1}{b_1}, \frac{a_2}{b_2}, \frac{a_3}{b_3}$,则三小杯糖水的质量分数与大杯糖水的质量分数均相等。

(2) 这里有两杯浓度不同的糖水,一杯较淡,一杯较浓,将这两杯糖水混合到第三只杯里后,所得的糖水浓度一定比淡的浓,又比浓的淡。

14. 试述如何确定一份试卷的结构。

15. 自选中学数学中的一章,编制"双向细目表"。

16. 编制选择题、填空题各一个,说明其目的。

17. 编制一道解答题,说明考察哪些能力。

参 考 文 献

[1] 郑毓信.问题解决与数学教育[M].南京:江苏教育出版社,1994.

[2] 徐斌艳.数学教育展望[M].上海:华东师范大学出版社,2001.

[3] 张奠宙,李士锜,李俊.数学教育学导论[M].北京:高等教育出版社,2003.

[4] 杨骞.数学"问题解决"研究概览[J].中学数学教学参考,1997(10).

[5] 戴再平.数学习题理论[M].上海:上海教育出版社,1996.

[6] 张国杰.数学学习论导引[M].重庆:西南师范大学出版社,1995.

第八章　数学教育研究

　　数学教育作为一门独立的学科,不过百年历史。到今天为止,这门学科的基本规律仍有许多没有搞清楚。世界上也还没有一本大家公认的、普遍适用的经典著作。因此,有人认为"数学教育学"还处在襁褓时期。从这个意义上说,数学教育研究大有可为。

　　如果说,一般的教育学研究是"理论性"的基础学科,那么数学教育(以及其他的学科教育)就是一种实践性的"工程性"学科。工程技术也有自己的理论层面,但工程毕竟是要具体做出来的。因此,数学教育理论固然需要研究,但是数学教育研究不能停留在理论层面,更要服务于课堂,使得学生能够受益。每一个数学教师走进课堂,面对自己的学生,都在努力提高课堂效益,探求进行数学教学的策略,总结数学教学的规律。实际上,这些教师已经不同程度地进入数学教育研究的领域。从这个意义上说,数学教育研究并不神秘。

　　数学课堂教学,是数学教育研究的源泉。课堂,永远是绿色的。

第一节　数学教育研究的有关认识

　　近二十年来,我国数学教育研究有了长足的进步。

　　理论上,先前多半是将国外先进教育教学理论本地化,例如介绍建构主义理论,提出问题解决的理念,实行数学开放题教学,加强联系实际的应用题的教学等。最近更关注我国数学教育的薄弱环节(数学教育心理学)和对优良传统(变式教学、双基教学)的理论提升。

　　实践上,数学课的研究性学习,大量的数学解题教学,课堂案例分析以及数学教育技术的运用等,都取得了很大的进步。

　　决策上,国家数学课程标准不断更新,引发了数学教学的深度改革。大量的数学教育理念得到推行,并影响到课堂。

　　但是,我国的数学教育研究在国际上的地位还不高。在国内,数学教育研究的成果还未得到足够的学术认可。因此,数学教育研究的理论水平的提升、特别是研究方法的改进,日益迫切。这里,我们就数学教育研究上的若干认识问题,做一些必要的阐述。

一、数学教育研究的定位

首先,应当弄清一般教育研究和数学教育研究之间的关系。数学教育学的命名,至今没有得到教育界的认可。在学位授予权的"分类"中,除部分高校将数学教育(学)自主设置为二级学科,大部分高校将数学教育归为"课程与教学论"。理由是:教育学只有一个,不可以再有一个数学教育学。如此庞大的数学教育研究队伍,只能挤在"课程与教学论"的名义下共享一个"数学教学论"的研究方向。国际上,Mathematics Education 已经是通用名词,学科教育专家成为教育学院的主要成员,教育研究经费大半投入学科教育研究。这一切,我国目前还未完全做到。

数学教育学要成为一门独立的学科,外部的重视当然是要紧的。但是,归根结底,还在于自身学术水平的提高。一般教育学理论,当然对数学教育有指导作用。但是,如果数学教育研究,只是一般教育理论的注释或引申,不能构建自己的理论体系,发现自己的基本规律,那么数学教育研究的相对独立性就没有了。事实上,数学教育和一般教育之间,应该是互动的。正如物理学和航天飞行之间,既彼此联系又互相区别。这是我国数学教育研究工作者未来努力的目标。

新加坡国立教育学院李秉彝教授提出的口号是"上通数学,下达课堂"。数学教育应当研究数学教育的特定规律。这就是说,不能只谈一般的教育学、心理学道理,无关数学。也不可空谈抽象的理论,与课堂教学脱节。现在这两种倾向都存在着。在初级阶段,"教育学+数学例子"的研究方式难以避免,但绝不是最终目标。

数学教育有自己独特的课题吗? 以下是一些例子:① "大众数学"意义下的数学课程;② 数学的形式化和非形式化;③ 数学视觉化(直观)的作用;④ "数学双基"教学;⑤ 数学问题(例题、习题、考题、探究题)理论;⑥ 数学问题变式练习;⑦ "数学文化"的界定和教学实践;⑧ 数学建模的认知研究;⑨ 数学和逻辑的关系;⑩ 数学的德育和美育功能。这些问题,在一般教育学理论中是找不到具体答案的,只有靠我们自己的努力。

在第二章,我们列出过 2021 年第十四届国际数学教育大会的分组讨论的小组目录,其中涉及的范围很广。这些课题研究的成果,是一般教育学研究的自然延伸。时至今日,如果没有学科教育(包括数学教育)的研究,一般教育学研究的资源就会出现枯竭。现在许多教育研究会引用小学生的数学内容作为原材料。但是,教育家和心理学家目前似乎还没有能力研究中学数学内容的认知过程。

二、数学教育研究的课题类型

数学教育研究课题分为三类:理论性课题、应用性课题及其相关的发展性课题。

1. 理论性课题

理论性研究需要高度的创新精神和研究积累。例如,皮亚杰创立的数学结构主义教学观、"大众数学"教学的提出、弗赖登塔尔关于"数学再创造"学说的建立等。我国关于"双基+四能"的数学教育理论的建设也是具有创新价值的研究。

理论性课题包括:① 对构成数学教育科学体系具有全局性影响的核心概念、基本范畴和基本原理作突破性研究的课题,这类课题具有开创性和全局性,是属于难度较高的课题;② 对数学教育某一领域中已形成的概念和原则做进一步探讨,或使它更完善,或使它更具体的课题,属于补充性发展;③ 对数学教育理论的个别原理、概念等作修正或更详细说明的研究课题,研究者只要掌握了有关的资料,具有分析、综合的思维能力,并且对某个问题有自己的感受与见解,都可以进行。

理论性研究必须创新,并且从大量的实践经验中总结得出。现在有一种倾向,抄一些一般教育学的论述,空洞地解说一番,既无创见,又无实证,成为信息重复的学术垃圾。这是我们应当避免的。

2. 应用性课题

这类课题是数学教学产生的实际需求。例如目前"数学课程标准教科书"的编修,就是运用一系列数学教育理念所完成的应用性研究。此外,运用创新教育思想进行"数学研究性学习"的课题,"数学开放题教学模式"的课题,都属于这一类。

一般而言,应用性课题包括:① 涉及数学教育实际中某些全局性问题,它要求能提出前人未提出过的解决问题的思路和方法,并能在较大范围内加以推广,对数学教育实践的发展具有直接的推动作用;② 涉及数学教育实际问题的具体课题,它主要是指数学教育的原理、原则和方法等在数学教育领域的具体运用,而不涉及这些原理、原则和方法本身;③ 与个别实际问题的解决相关的课题,它的研究成果适用的范围更小,大多局限在与该课题研究条件接近的范围内提出解决问题的方法,并往往局限于一些操作性问题上。这类课题在现实中大量存在,每一位研究者都可在自己的实践活动中找到相应的课题。

3. 案例研究

案例是实践经验的积累,也是理论概括的基础。苏联克鲁捷茨基的《中小学生数学能力心理学》实际上是一种案例研究。近些年来,美国的数学教育案例引入我国,我国自己的案例研究也大量出现。这些案例,不是教案,不是教学实录,而是摘取一些片段,进行分析。相当于生物学研究中的标本。在理论尚不能完满地回答数学教学实践的问题时,案例研究将处于十分重要的位置。特别地,案例研究是适合一般数学教师进行数学教育研究的形式。

4. 资料性课题

数学教育研究需要长期的积累。一些原始的资料,例如 15 岁学生数学成绩的国际调查,男女学生数学成绩的比较等,是国际上的研究热点。我国也有这样的研究,例如田中等关于我国学生"整式运算"能力的调查,少数民族(藏族、水族等)数学教育的调查等都是资料性课题。

三、数学教育研究的学术规范

近几年来,国内外学者虽然对我国数学教育的成就表示赞赏(以很少的投入,获得学生的优良成绩)。但是,也对我国数学教育的研究水平多有批评,主要指我们最高水平的数学教育论文,在学术规范上和国际的通用规范不能接轨。因此,国内的论文难以在国际上发表,国外的数学教育学者也无法了解我国的数学教育情况。

那么什么是数学教育研究的国际学术规范呢?根据国内外一些专家的意见,主要指以下五个部分:

(1) 选定需要研究、前人尚未解决的问题;

(2) 收集完备的文献进行分析;

(3) 设计研究方法,论证这一研究方法可以达到解决问题的目标;

(4) 建立实证的证据,包括如何收集和分析数据;

(5) 运用相应的理论和自己的创见来表述研究结果。

这五个阶段,突出的是创新、实证,保证研究的科学性。有人戏称之为"五股化"研究法。这是国际上通用的学术规范,如果研究工作不能与之接轨,博士论文就通不过,学术杂志也不接受。中国加入 WTO(世界贸易组织)的过程启示我们,遵守国际规则,对于我们的发展是多么的重要!

其中,缺乏实证性研究是我国数学教育研究最为明显的弱点之一。实证的方法很多,可以是案例的呈现、实验数据的收集、问卷调查的数据分析、测试结果的研究等。定量的分析往往更有说服力。但是,过度地追求定量也会迷失在数据的海洋之中。定性和定量的有机结合,才能获得可靠的论据。

四、规范性与多样性

评判一篇学术论文,通常应以上述的国际学术规范为标准,但是有些研究不可能符合这种规范,应当提倡多样性。

数学教育论文研究有两大类:思辨性的论文和研究性的论文。作为博士论文必须下功夫做"五股化"的学术研究,力图符合国际规范。如果选择的题目达不到"五股化"的要求,不做就是了。但是,数学教育研究面对着许多尚且无法研究其规律,却又不得不做的事情。这时我们只好通过经验和思辨加以解决。这好像中医和西医。西医的国际通用规范是解剖、病理、药理、临床、统计等。但是,研究不清楚的病也得医治。中医可以治许多病理尚不清楚的疑难杂症。中医也有阴阳五行理论,却更多是使用药方的经验积累。二者相互补充。

目前存在的一个重要的问题在于思辨性论文和研究性论文普遍缺乏论据。具体表现为:① 以事实为论据。纯粹数学研究往往从概念出发进行演绎,数学教育应该寻找事实依据来证明结论。研究工作应该是自下而上,以事实为依据。② 论据的可靠性。可靠性有三种水平:说服自己,说服朋友和说服论敌。数学教育研究应该根据或建立相应理论框架或模型,并通过对实证材料(个案或文档等)的分析来发现和证明你的结论。③ 论据的创新性。创造性设计一些工具(问卷、测试或访谈)来收集有效的信息。④ 论据的深刻性。注意构建或寻找合理的理论框架,通过设计高效率的工具,使数据分析较为深刻。

关于数学教育论文的写作,最重要的是实践。首先,要有创新的欲望和理念,选好研究的课题。其次,从数学和教育两方面进行思考,收集事实和论据,用各种数学教育观点进行思辨和分析。然后根据论据得出结论。在这个过程中使用的方法有:① 发现矛盾,提出问题;② 观察课堂,发现新的事实和案例;③ 查阅文献,与现实相对照;④ 根据设想,组织实验;⑤ 设计方案,进行调查;⑥ 返璞归真,揭示数学本质;⑦ 收集数据,统计判断;⑧ 抽象概括,形成新的概念;⑨ 理论联系实际,用案例说明新的结论;⑩ 综合大量事实,形成系统理论。

五、文风

目前有些研究,出现了一些不够好的倾向,我们应当尽量避免。

(1)综述代替创新。任何科学研究以创新为第一要旨。综述别人成果的文章虽有价值,但不能等同于创新,尤其不可以作为高级学位论文。

(2)不重视引用文献。研究性论文必须十分注意引用前人的工作,注明文献的出处。这是版权意识,也是对别人劳动的尊重。现在数学教育的文章,别人的理论、观点、案例、问题有些不加注明,"你的也是我的,我的还是我的"。哪怕别人构思一道数学题,短短几行,也是费尽心机,我们怎能忍心随便拿来?实际上,你尊重别人,别人也尊重你。

(3)注释性文章太多。中国文人历来给经典作注,连朱熹这样的大学问家也只是作《四书章句集注》。我们的有些文章,总是先引一句外国名人的话,或者重复一段流行的套话,然后举一个例子,证明外国名人和套话是正确的,自己的文章也就做完了。

(4)过分把结论一般化。对一些显而易见的结论进行所谓的调查证实,生搬硬套国外的理论,忽视文献的引用。

(5)盲目求"新"。新不见得就好,不见得就有价值;国外的"新"理论,不一定科学和适用。

(6)缺乏争论。对研究主题和研究方法要有宽容的态度;教育研究应该提倡多元化,鼓励有自己的特点和建立不同的流派。

六、选择论题的策略

确定了课题范围,还要选择适当的论题。选择论题要讲究策略,否则会事倍功半。

(1)题目宜小不宜大。对于初学数学教育研究论文写作的人来说,所选择的论题不宜太大;相反,小题目的素材容易集中,层次结构比较简单,而且立意清晰,易于创新,不致落入俗套。因此,选题的题目宜小不宜大。

(2)见地宜新不宜旧。写论文必须刻意求新,没有新意,人云亦云,这样的作品不能称为论文。正所谓:"学林探路贵涉远,无人迹处有奇观。"现在课题研究中,雷同的现象比较严重,值得引起注意。

(3)内容宜熟不宜生。选题要注意扬长避短,发挥自己的优势,避免选择自己陌生、缺乏基础、体会不深的题材。必须从实际出发,不好高骛远,写自己熟悉的内容,才能得心应手,容易取得理想的效果。

(4)论题宜重不宜轻。由于数学教育科学是一门年轻的学科,在该学科领域中有许多问题和空白点,因而数学教育研究的题材很多,我们在选题的时候,要注意国内外研究的发展趋势,把握当前的讨论热点,尽可能选择那些有基本重要性、有全局意义、符合时宜,并可对数学教育理论的发展产生巨大推动作用的论题。

第二节　数学教育论文习作

对于初学数学教育论文写作的人来说,除了懂得怎样确定研究课题、拟出合适的论题、掌握必要的研究方法和选读一些优秀论文以外,还要了解数学教育论文的基本结构和写作要求,并进行反复的写作训练,在实践中摸索和总结。

一、论文的基本结构与写作要求

论文结构有"首部、主体和尾部"三部分。即

$$
首部\begin{cases} 题目 \\ 署名与单位 \\ 摘要与关键词 \end{cases}
$$

$$
主体\begin{cases} 前言 \\ 正文 \\ 结论或讨论 \end{cases}
$$

$$
尾部\begin{cases} 致谢 \\ 参考文献 \\ 附录或英文摘要 \end{cases}
$$

由于每篇论文的内容、形式和长短的不同,因此上述三大部分的九项内容,并不是每篇论文均要出现,可视具体情况适当地增减。

(一) 论文的首部

论文的首部一般包括论文的题目、著者姓名和工作单位、论文摘要和关键词这三项具体内容。

1. 论文的题目

题目又称标题、总题目。论文的题目应该既能概括整个论文的中心内容,把握论文的基本论点和立意,又能引人注目,使得读者由此可以初步判断有无阅读的价值。因此,题目用词要求确切、恰当、鲜明、简短,且一般不超过 20 个字。同时,还要考虑到所用词语有助于选定关键词和编制目录、索引等二次文献,可以提供检索的特定适用信息。有时,为了便于更充分地表现主要内容,可以在题目后面加上副标题。

2. 署名

论文完成后,一般须在论文上签署作者的真实姓名,这样既表示作者文责自负的认真态度,又反映研究成果的归属,也表示作者对论文所拥有的版权。署名以是否直接参加全部或主要工作,能否对研究工作负责,是否作出较大贡献为衡量标准。因此,通常以贡献大小作为署名的顺序的标准。

3. 摘要、关键词

摘要,是论文内容不加注释和评论的简短陈述。它是论文基本思想的缩影,可作为论文的简要介绍。它一般包括课题研究的意义、目的、方法、成果和结论

的高度"浓缩"。摘要的写作要求是：① 文字应完整、准确、简练，字数在 300 字左右；② 必须对原文作客观介绍，一般不加评论；③ 要独立成文，表达要完整，使其可独立使用。

关键词，一般是从文献的标题、摘要、正文中抽取出来的，它是对表述文献主题内容具有实际意义的词汇，也是标引文献主题内容特征的语言。因为这些具有实际意义的词汇对能否检索到该篇文献起着关键性的作用，故称为关键词。它是适应目录索引编制过程自动化的需要而产生的，在计算机情报检索中有着广泛的应用。近年来，很多刊物要求提供关键词 3~8 个，且要求另起一行，排在摘要之后的左下方。

（二）论文的主体

论文的主体包括前言、正文和结论这三部分。在论文的主体中，作者指出自己的观点，运用充分的论据，采取恰当的方法，进行严密的论证。这是论文不可缺少的部分。

1. 前言

前言又称引言、序言，它是论文的开场白。一般包括课题研究的背景，研究这一课题的实际意义和价值。前言的内容一般包括：① 选题提出的缘由和重要性；② 对本课题已有研究情况的评述，即介绍前人研究的进展和存在问题情况以及有什么分歧等；③ 对本课题研究的目的，采用什么方法、手段，计划解决什么问题，在学术上有什么意义和价值。

2. 正文

论文的正文是整篇论文的主体和核心，它体现学术论文的质量和学术水平的高低。正文部分必须对研究内容进行全面的阐述和论证。包括整个研究过程中观察、测试、调查、分析的材料，以及由这些材料所形成的观点和理论。论文中的论点、论据和论证，都要在正文中得到充分的展示。为了使论述具有条理性，正文部分一般都划分为若干小节，每一小节都应有一个标题。正文部分撰写的基本要求是：有材料、有观点、有论述；概念清晰，论点明确，论据充分，论述严密，合乎逻辑，无科学性差错；叙述条理清楚，文字通顺流畅，能用准确、鲜明、生动的词句和语言来表达。

3. 结论或讨论

论文的最后，需要对正文所论及的内容作归纳小结，以便读者阅读该篇论文后，能加深对论文的概括了解，掌握其核心思想。论文结论可根据文章具体内容不同，分为如下三种常见写法：

（1）作出明确的结论

在全文的结尾，作者给出本文的明确结论。也即把论文中的观点或论点用肯定的、明确的、精练的语言,简洁地表达出来,包括用公式或定理的形式表达,对全文起着画龙点睛的作用,是整篇论文的归结。

（2）讨论的形式结尾

有一些论文的结束语,作者采用讨论的形式,这是由于作者通过论文的叙述,感到有些问题需要与读者讨论交流,这是一种留有余地的做法。一般来说,讨论式结论有四种:① 提出待解决的问题;② 提出对某一数学命题的猜想、推测;③ 对一些数学问题、教育问题提出不确定的看法;④ 提出本文研究结果与他人研究结果的比较性看法。

（3）写结束语的形式结尾

有一些论文采用写结束语的形式进行结尾,写结束语就不能像下"结论"那样写得干脆、明确,也不能像"讨论"那样把一些主要问题列出进行讨论,而是将两者"合二为一",兼而有之。既有结论性的意见,又有讨论、推论、建议等。中学数学论文中采用写结束语的形式作为文章结尾较为普遍。

（三）论文的尾部

论文的尾部包括致谢、参考文献、附录或英文摘要三个部分。

1. 致谢

这是作者对完成研究或撰写论文给予帮助的人员用书面致谢。

2. 参考文献

参考文献是指作者在撰写论文的过程中所引用的图书资料,包括参阅或直接引用的材料、数据、论点、语句,而必须在论文中注明出处的内容,如中外书籍、期刊、学术报告、学位论文、科技报告、专利和技术标准等。注明出处是论文科学性的要求,也是作者尊重前人或别人研究成果的具体体现,同时还可向读者或同行提供研究同类问题或阅读理解本文可以参阅的一些文献或资料。

《数学教育学报》对附注和所列参考文献就有这样的具体要求:正文后的注释及参考文献应完整、准确,注释序号用①、②、…表示,参考文献序号用[1]、[2]、…表示,各类注释及参考文献的书写格式为:

（1）专著类:[序号]作者.书名[M].出版地:出版者,出版年:页码.

（2）期刊类:[序号]作者.文章名[J].刊名,年,卷号(期号):页码.

（3）论文集中析出文献:[序号]作者.文章名[C].论文集编者.论文集名.出版地:出版者,出版年:页码.

（4）书籍中析出文献:[序号]文章作者.文章名[M]//书作者.书名.出版地:出版者,出版年:页码.

3. 附录或英文摘要

附录是指因内容太多、篇幅太长而不便于写入论文,但又必须向读者交代清楚的一些重要材料,主要是因为有些内容意犹未尽,列入正文中撰写又恐影响主体突出,为此在论文的最后部分用补充附录的方法进行弥补。主要包括有关座谈会提纲、问卷表格、测试题与评分标准、各类图表等。

文章到了最后还可以提供英文的题目、姓名、单位、摘要和关键词,以便于论文的国际交流和检索。这项工作要根据具体要求而定,有些刊物不需要则可以省略。

二、撰写论文的一般过程

撰写数学教育论文一般来说都要经历选题与选材、立纲与执笔、修改与定稿的过程。

1. 选题与选材

对自己所写的文章,是属于理论探讨方面、教材教法方面、解题方法技巧方面、教学经验总结方面,还是争鸣、综述方面,以及所阐述问题的深度和广度等,作者首先要心中有数,具有明确的目的性和主题。

如果经查阅资料后,发现这是一个别人没有研究过的课题,固然会得到鼓舞。这就要在更大的范围内索取资料,并认真展开探讨与研究,在冷静地分析为何这是一个"空白点"后,进一步核查、分析自己已取得的成果,如果确有突破,就应鼓足勇气钻研下去。

如果经查阅资料后,发现这是一个老课题,已有多人做过探讨与阐述,也不要轻易否定,失去信心。从深入钻研这些资料中,思考能否得到进一步启发和有新的见解,有无必要写出综述,有无必要进一步展开讨论。事实上,目前多数中学数学论文的选题一再重复,屡见不鲜。改变这一现象的关键问题是你能否在类似的题材中从不同侧面,结合不同实例,根据不同对象的需要,写出一定的新意来。使观点更明确,方法更有效,其先进性、针对性、实用性更强。

2. 立纲与执笔

选题与选材确定后,如何进行执笔写作?这有一定的方法技巧,也有一个文字功夫的问题。首先要将内容、结构布局好,这与写普通文章一样,先要拟定一个写作提纲,准备分几个部分,各个部分介绍什么问题,这些部分之间的关系如何?这些都需要进行一番精心设计,使其结构严谨,层次分明,具有科学性、逻辑性。

3. 修改与定稿

修改是文章初稿完成后的一个加工过程,它包括论文文字的修改,材料的核实,科学性的推敲等。论文初稿形成后,作者应从头至尾反复地阅读,逐字逐句地推敲,审核文中的论点是否明确,论据是否充分,论证是否合理,结构是否严谨,计算是否有误等。一篇好的学术论文,应该是既有好的论文内容,又有好的文字表达。因此,文字的功夫对写论文来说也很重要。数学教育论文,贵在朴实,少用浮词,免得冲淡文章的中心。

三、毕业论文写作的基本要求

毕业论文又称学位论文,是学生用以申请授予相应的学位而提交的论文。它体现了作者本人从事创造性科学研究而取得的成果和独立从事专门技术工作具有的学识水平和科研能力。由于论文写作目的是获得学位,因而它具有不同于一般学术论文的特点、要求和价值。

1. 毕业论文的特点

毕业论文是高等院校毕业生在毕业前必须独立完成的一次作业和考核,是高等学校教学过程中的一个环节。它是一项比较复杂的学习、研究和写作相结合的综合训练,是学生在大学阶段全部学习成果的总结。对于高等师范院校数学教育专业学生来说,在教师指导下通过撰写数学教育毕业论文,受到一次良好的教育科学研究的训练,获得初步的教育研究和论文写作的能力,可为今后的研究工作打下良好的基础。

国家学位条件中规定,本科毕业生要取得学士学位,必须达到以下两点要求:

(1) 较好地掌握了本学科的基础理论、专业知识和基本技能。

(2) 具有从事本学科科学研究工作和担负专门技术工作的初步能力。

因此,简单说来,所谓学士论文就是优秀本科毕业生的优秀毕业论文。学士论文一般都是在有经验的教师(讲师以上职称)指导下完成的。只有学士论文合格,方可取得学士学位。

2. 毕业论文的结构与要求

毕业论文的构成比一般学术论文的要求更完备,格式更严密。各学校根据实际情况,对其论文的格式设计略有不同,但大体上应主要由以下几方面的内容组成。

(1) 封面与扉页

封面是毕业论文的外表面,能提供有用的信息,同时起保护作用。其主要内容有:① 分类号。在左上角注明,其作用是便于信息交流和处理。一般应按照《中国图书馆分类法》的类号进行标注。② 本单位编号。③ 密级。④ 题名和副题名。⑤ 完成者姓名。⑥ 指导教师姓名、职务、职称、学位、单位名称及地址。⑦ 申请学位级别。⑧ 专业名称。⑨ 论文提交日期、答辩日期。

（2）题名页

题名页是论文进行著录的依据。除应有封面和扉页的内容并与其一致外，还应包括单位名称、地址，责任者的职务、职称、学位、单位名称和地址，以及部分工作的合作者。

（3）摘要

学士学位论文的摘要可以比较简短，其写法与学术论文摘要相同。

（4）目录

由论文的章、节、条款、附录等的序号、题名及页码组成。

（5）引言

引言的主要内容有：① 选题理由，阐述论文的选题理由、意义和论文中心，要求能够反映作者对论文课题的研究方案的充分论证。② 文献综述，文献综述的目的是为了考核学生检索、搜集文献资料后综述文献的能力，了解其研究工作范围和质量。它综合叙述本课题的产生、发展，既有历史回顾和关于学科概念、规律的理论分析，也有前景展望和前人工作的介绍，还要说明现在的知识空白。要能够反映作者具有坚实的理论基础和系统的专门知识，具有开阔的科学视野和对文献综合、分析、判断的能力，从而展开作者在本学科发展上的见解。③ 学术地位，阐述本课题解决的具体问题及其工作界限、规模和工作量，说明本课题工作在本学科领域内的学术地位，能够反映作者在论文所属学科领域的学术水平。

（6）正文、结论、致谢、参考文献、附录

这几部分的写作要求与一般学术论文基本一致。

3. 毕业论文的答辩报告

毕业论文的答辩是审查论文的一种补充形式，是对论文的最后检验，是对学生学术水平和研究能力的综合考核，也是学生再学习、再提高的一个过程。通过论文答辩，使学生能够明确存在的问题及今后的努力方向，答辩结果是授予学位的主要依据。

论文答辩须在有领导有组织的答辩会中进行。答辩前须提交答辩报告。答辩报告应该既是内容的简述，更是论文的提炼、充实和评析。应做到突出重点，抓住关键，简要清晰，逻辑性强。只有事先拟好答辩报告，并能对应答情况有所准备，才能收到好的答辩效果。答辩报告的内容应包括以下七个方面：① 选题方面，包括选题的动机、缘由、目的、依据和意义，以及课题研究的科学价值；② 研究的起点和终点，该课题前人做了哪些研究，其主要观点或成果是什么，自己做了哪些研究，解决了哪些问题，提出哪些新见解、新观点，主要研究途径和方法等；③ 主要观点和立论依据，论文立论的主要理论依据和事实依据，并列出可靠、典型的资料、数据及其出处;④ 研究成果,研究获得的主要创新成果,及其学术价值和理论意义;⑤ 存在问题,有哪些问题需要进一步研究、探讨,并提出继续研究的打算和设想;⑥ 意外发现及其处理,设想和研究过程中有哪些意外发现还未写入论文中,对这些发现有何想法及其处理意见;⑦ 其他说明,论文中所涉及的重要引文、概念、定义、定理和典故是否清楚,还有哪些需要说明的问题等。

实 践 篇

如果说"教育学"是一门理论学科,那么"数学课堂教学"的设计和实践则相当于工程学科。理论与实践相结合,才能为数学教师提供完善的专业指导。

这一篇,我们从观摩和赏析课堂教学开始,用各种案例来扩展自己的视野,从而使得理论篇的许多论述通过实际教学过程得以印证和充实。然后,我们继续用实际案例说明如何进行数学教学设计,如何编写教案,并建议用试讲、说课、微格教学、评课等方法进行模拟教学实践。

有了这些实践性的学习环节,就能比较顺利地走上教育实习的讲台,并为今后的数学教学工作打下良好的基础。

第九章　数学课堂教学观摩与评析

　　有人说,数学教师像一个"传道者",孜孜不倦地向世人传播数学真理,历经艰苦而无悔。也有人说,数学教师像一位电视节目主持人,生动活泼地把学生组织起来,进入探索数学知识的海洋。还有人说,数学教师也像一位表演艺术家,把抽象严谨的数学体系,用艺术的方式呈现出来,让学生理解数学的伟大价值,获得美的享受。可见,数学教学既是一门科学,也是一门艺术。观察、学习优秀教师的课堂教学,既是一种科学探索,也是一种美的享受。

　　本章首先通过对往届实习生的困惑的分析,表明"弄懂数学并不等于会教数学"。然后,通过听课、案例学习、案例再评析,进一步感受数学教学设计的思考过程,以及数学教学设计的多样性。

　　数学教学必须"上通数学,下达课堂"。数学教学的基础是"数学"。一堂好的数学课,必须看数学知识的传授是否正确与切合教学实际,然后才是教学活动的呈现方式。

第一节　师范生走向课堂执教时的困惑

　　从师范生踏入师范院校的第一天起,就要有走进课堂执教的思想准备。但是,一旦接触教学实践,仍然会产生诸多的困惑。比如:

- 平日里觉得十分简单的中学数学知识,怎么到了课堂上却让学生听得一头雾水?
- 明明精心准备了45分钟的一堂课,怎么只讲了15分钟就无话可说了?
- 教材里的内容写得非常清晰、简单,我还有什么可说的?
- 课前精心准备的教案,为什么会出现那么多的意外?

　　这些问题的产生,都有深层次的原因。现在,我们透过实习课堂教学的几个片段,具体地做一些评析。

教学片段实录一："角"的概念

一位实习生讲授"角"的概念，先是让学生从实物、模型（张开的圆规、钟表的时针与分针等）初步感知，接着给出精确定义（从同一点出发的两条射线所形成的平面图形）、画出相应图形、强调定义中的关键字词（同一点、两条射线）、针对定义进行正反两方面的识别练习。应该说，以上内容进行得还顺利，学生掌握得也比较好。

教材中接下来是"角"的旋转形式的定义（一射线绕它的端点旋转形成的平面图形），进而引出平角、直角、周角概念。结果在定义"平角"时就给出了如下定义："当射线绕它的端点旋转到和射线在（应该是"成"）同一直线时所形成的平面图形叫平角"，一字之差，意思大变，结果导致学生不能区分"平角"和"周角"，出现了科学性的错误。

点评：实习生认为有些数学知识非常简单，备课时无意识地就忽视了对它的"精雕细琢"，以致课堂上就会出现"意思明白，但用语言表达不清"之类的问题。一旦出现知识性错误，就使得整堂课的效果大打折扣。

教学片段实录二："直线、射线和线段"

一位实习生上课初始，以"拉紧的绳"等描述直线段，接着随口问道："那么，究竟什么叫作直线呢？"此时，学生的答案五花八门：流星划过的痕迹叫直线、火车道叫直线、笔直的马路叫直线……实习生不知道该怎么收场。接下来应该由实习生对直线下定义了。然而，在公理化的平面几何学里，直线是不加定义的，只能描述。

听课教师及时提醒了实习生。于是这位实习生继续讲："同学们，大家说得很好，这些都是直线的现实模型。但是，在几何学上，直线是一原始概念……"终于结束了一场虚惊。

点评：《辞海》中关于直线的解释是"一点在平面上和空间中沿一定方向和其相反方向运动所成的轨迹称为直线"。也可以描述为：两点之间的连线以直线段为最短，线段向两边延伸形成直线。但是，这些描述仍然不是严格的定义。因为在平面几何中，没法定义什么是方向，也不能确定什么叫连线，什么叫最短。因此，实习生如果缺乏准备，对知识本质、知识系统的逻辑关系认识不清，上课时随意发挥，往往会出现一些难以收拾的场面。

教学片段实录三："一元一次方程的解"

一元一次方程的解是建立在"同解原理"基础上的，中学数学教材把它作为两条性质，让学生直接运用。一位实习生觉得教材十分简单，于是加了"同解原理"的提法，把性质证明了一遍，结果效果很不好，总结时他说：这节课我觉得讲得逻辑严密、无懈可击，可学生听起来却是呆若木鸡。

[注:同解原理1:方程两边都加上(或减去)同一个数或同一个整式,所得方程与原方程是同解方程。

同解原理2:方程两边都乘(或除以)同一个不为零的数或整式,所得方程与原方程是同解方程。

原理2证明:在方程

$$x+1=4 \qquad\qquad ①$$

的两边同时乘一个不为零的数 m,得

$$m(x+1)=4m。 \qquad\qquad ②$$

由等式性质知,使等式①成立的 x 值一定能使等式②成立;反过来,因为 $m\neq 0$,所以使等式②成立的 x 值一定能使等式①成立,也就是说,方程①和②是同解方程。]

点评:实习生备课时往往认为教材上内容太简单,没有什么可讲的,于是会加进一些补充的资料。这位实习生的教学,虽然能够"上通数学",却在"下达课堂"时发生了困难。事实上,同解原理是其学术形态,要让学生理解,需要进行铺垫,转换为学生容易接受的教育形态。

教学片段实录四:"积的算术平方根"

一位实习生讲这部分内容时,有一道例题如下:

化简 $\sqrt{2\,000}$。

解　$\sqrt{2\,000}=\sqrt{10^2\times 2^2\times 5}=\sqrt{10^2}\times\sqrt{2^2}\times\sqrt{5}=10\times 2\times\sqrt{5}=20\sqrt{5}$(书上解法)。

该实习生一看,认为很简单,就没有多想,真正上课时把书上的步骤照搬下来后,没想到学生忽然举手问:"老师,你为什么非得展开成 $10^2\times 2^2\times 5$,而不展开成 50×40?",由于事先一点准备也没有,实习生很被动,场面很尴尬,最后原任课教师帮助解了围。

点评:实习生备课时,下意识地觉得"这些知识自己都会了",却没有从学生"怎样学"、教师"怎样教"的角度考虑问题。课堂上的练习等知识不仅要自己会解,而且还要思考为什么要这样解,是否有其他解,怎样讲解等方面的问题。

总之,要想从学生转换为教师,需要积极面对各种困惑,在实践中逐步吸取教训、积累经验并最终获得解决。

第二节　案例学习——数学弄懂了还要知道怎么教

一、概念教学——"代数式"的教学

数学内容相同,学生层次相同,却可以有不同的教学处理。初一"代数式"

的教学,是很普通的课。但经过备课和试教,里面还颇有学问。实际教学中可以分别从情境创设、定义解说、问题驱动等不同的思想出发进行设计。

设计一:着重情境创设

"一隧道长 l 米,一列火车长 180 米,如果该列火车穿过隧道所花的时间为 t 分钟,则列车的速度怎么表示?"由此导入新课,并指出:"$\dfrac{l+180}{t}$""$10a+2b$"这类表达式称为代数式。

这样创设的情境,看起来联系实际,实际上离学生的生活很远。既非初一学生所需要,也不利于他们感受。我们认为,引例应该十分简单。例如:"矩形的长为 a,宽为 b,求矩形的周长和面积。"这样做,可以突出本节课的重点是代数式,而不是用一个学生不熟悉的复杂情境转移了注意焦点。

设计二:着重定义讲解

一位年轻教师简要复习上节内容后,在黑板上写下代数式的定义:"由运算符号、括号把数和字母连接而成的表达式称为代数式"。特别指出,"单独一个数或字母也称为代数式"。

然后判断哪些是代数式,哪些不是;接着通过"由文字题列代数式"及"说出代数式所表示的意义"进一步讲解代数式的概念;最后让学生练习与例题类似的题目。

教师的课讲得比较清楚,数学知识体系、层次清楚,教学内容循序渐进,能让学生对知识进行有效的模仿;例题、习题分析比较到位。应该说,"讲"得不错。可是在这节课中,学生的数学学习过程并没有完全发生,学生的学习需求、学习动机并没有得到真正的激发。教师讲清了,学生是否懂了? 学生能模仿做题了,是否真正理解了? 听讲者和执教者都发现,多数学生的掌握情况不够理想。因为他们不知道为什么要学习代数式,自己没有体会。

设计三:着重问题驱动

一位有经验的教师让学生自学教材,但是教材并没有说"代数式"是怎么来的,有什么作用。于是,教师大胆地提出开放式问题:"我们怎样用字母表示一个奇数?"

听课者多少有点担心,刚刚学习字母代表数,学生能回答这个问题吗? 事实证明,这个问题恰在学生的"最近发展区",很适合学生探究。当时教室里静极了,学生们都在思考。

先有一位男生举手回答:"$2a-1$"。

"不对,若 $a=1.5$ 呢?"一位男生说。

沉默之后又有一位学生大声地说:"a 应该取整数!"

有些学生不大相信:"奇数 77 能用这个式子表示吗?"

不久,许多学生算出来:"a 取 39"。

此时,教师趁势做了一个简单的点拨:"只要 a 取整数,$2a-1$ 一定是奇数,对吗? 那么偶数呢?"他并没有作更多的解说,点到为止。

最后的课堂小结也很简单:"数和式有什么不同?""式中的字母有约束吗?""前面一节学过的式子很多都是代数式! 下课"。从师生们自如的沟通来看,他们都已成竹在胸。

学生刚从小学升到初中,每堂课的内容不多,可以让学生自己体验"做数学""再创造"的过程。教师从"$2a-1$"这个典型的代数式的例子,揭示代数式的本质属性,让学生体会到,"$2a-1$"不但表示一个奇数,而且任意一个奇数都可以用它表示。特别是在师生共同探讨中"一起"发现了"a 的取值范围要受到限制",还能举一反三地写出"偶数"等代数式,这些都为将来函数、数列等内容的学习奠定了知识和能力基础。用字母表示数不仅仅在解应用题、列方程中会用到,它是代数的精华,是整个数学的基础。

点评:数学发展的最初两个重要阶段:先是建立自然数和分数的符号体系和算术运算规则,后是代数符号的发展。初一的"代数式",正处在第一阶段过渡到第二阶段的起始部分。当然体验用字母代表数,并非一次完成。本节课的关键在于体会"用字母代表数"的价值。

实际上,代数式是一种约定,产生于数学内部的需要。为了研究的方便,人们把一类对象称为代数式。

设计一联系学生不熟悉的"隧道"知识,得出 $\dfrac{l+180}{t}$ 的式子,这离学生的生活较远,没有亲切感。说是创设情境联系实际,实际上反而远离学生现实,把马车放在了马前面——从一个难学的例子引出一个易懂的定义。

设计二是常规的。这位教师上课中规中矩,循序渐进,总体上不错。无数经验表明:教师示范、学生模仿、课后练习,是有效的学习方式之一。不过,这样"灌下去",恐怕有碍创新能力的培养。另外,有些概念(如"代数式")在教材里用黑体字标出,却"不需要背诵记忆"。只要别人提起,知道个大概就是了,更不必把"单独一个数或字母也称为代数式"大讲特讲。已故的陈重穆教授说过,书上的大多数黑体字都不需要背。有些学术形态的黑体字,如三角公式等必须记住;有些则只要有"教育形态"的了解就够了。

设计三是用问题驱动。这堂课是常规教学的改良,执教者依然发挥主导作用,保持着教学的高效率。关键是启发式运用得好——用一个学生容易把握的、又有启发性的问题点燃学生的求知欲望。学习数学,必须做数学;自己动手做,是最重要的。教师用一个问题把"知识的发生过程"揭示出来了——问题驱动,这和哗众取宠的"情境创设"不是一回事。(课例取自崔雪芳、诸宏良、陈丹风:

《"代数式"一节怎么教？——案例分析》,《湖南教育》,2006 年 12 月。）

二、命题教学——"三角函数的图像变换"的教学

"三角函数的图像变换"是函数教学的一个难点,内容较为抽象,学生熟知的实例不多。其教学的重点在于把握图像变换过程与函数变换过程的本质联系,也就是 A,ω,φ 的变化对图像整体特征的影响;教学的关键在于:通过考察特殊点的变换,来获取整个图像的变换过程。具体地说,就是通过点与点的平移对应关系、点与点的伸缩对应关系,得出图像的变换规律。面对相同的教学要求,不同的学生群体,必须进行不同的教学设计,以增加教学的针对性与适应性。

设计一:基于学习状况良好的学生群体的教学设计

学习状况良好的学生群体,数学基础知识比较扎实,因而引出新知识的途径具有多种选择。经过"发散→聚焦→发散"的引导,有助于发挥学生学习的主动性,使学生的学习过程成为教师指导下的"再创造"过程。教师只要恰当地应用元认知提问,给学生留出思维的时空,则可能引发他们展开深入的探究活动。

（1）提出问题

前面我们研究过 $y=\sin x$ 的图像,又学习了用五点法画 $y=A\sin(\omega x+\varphi)$（ $A>0,\omega>0$ ）的图像。今天咱们一起来探讨这两个函数图像之间的关系,请大家先仔细思考,看看能从哪个角度入手进行研究？

（2）探寻研究途径

教师:分析函数 $y=\sin x$ 与函数 $y=A\sin(\omega x+\varphi)$ 的关系,我们可以从哪些角度探讨它们图像之间的关系呢？

学生 1:将 A,ω,φ 赋值,研究特殊情况,如先研究 $y=\sin x$ 与 $y=2\sin\left(2x-\dfrac{\pi}{3}\right)$ 的图像之间的关系。然后再将这种关系一般化,研究 $y=\sin x$ 与 $y=A\sin(\omega x+\varphi)$ 之间的关系。

学生 2:先考虑 $y=\sin x$ 与 $y=\sin\omega x$ 的关系,再进一步考虑 $y=\sin x$ 与 $y=\sin(\omega x+\varphi)$ 的关系,最后是探讨 $y=\sin x$ 与 $y=A\sin(\omega x+\varphi)$ 的关系。

学生 3:能否从上学期讲的一般函数图像变换的角度入手,直接研究 $y=f(x)$ 与 $y=Af(\omega x+\varphi)$ 的关系？

（3）选择方案、开展探究

教师:三位同学提出了不同的研究方案,都能到达我们的目的地。那么,这三种方案之间有什么联系呢？从它们之间的联系入手,能提出一种综合的方案吗？

（教师意图:着眼于大多数学生的数学现实,选择一种有利于大家展开探究活动的方案。同时,留出一定的思考余地,让两头的学生都能进行数学思维活动。）

学生 4：可以利用学生 2 的思路，结合学生 1 的方案，找出当 A,ω,φ 分别变化时，$y=\sin\omega x$，$y=\sin(\omega x+\varphi)$，$y=A\sin(\omega x+\varphi)$ 图像的变化特点。最后考查学生 3 的问题：$y=f(x)\rightarrow y=Af(\omega x+\varphi)$ 时图像变换的规律。

教师：怎样考察图像的变化规律呢？请大家利用图形计算器结合图像特征探究：$y=\sin x\rightarrow y=\sin 2x$，$y=\sin\dfrac{1}{2}x$；$y=\sin x\rightarrow y=\sin\left(2x+\dfrac{\pi}{3}\right)$，$y=\sin\left(2x-\dfrac{\pi}{3}\right)$；$y=\sin x\rightarrow y=4\sin\left(2x+\dfrac{\pi}{3}\right)$，$y=\dfrac{1}{4}\sin\left(2x-\dfrac{\pi}{3}\right)$。总结出图像变换的规律，然后考察 $y=f(x)\rightarrow y=Af(\omega x+\varphi)$ 时图像变换的特点。

（4）小结练习、布置作业

教师利用超级画板演示、归纳三角函数图像变换的规律，并引导学生总结一般函数变换：$y=f(x)\rightarrow y=Af(\omega x+\varphi)$ 及其图像变换之间的内在联系。

学生练习，总结上课的收获；教师布置作业。

设计二：基于学习状况一般的学生群体的教学设计

在数学教学中，学习形式化的表达是一项基本要求，但是不能只限于形式化的表达，要强调对数学本质的认识。因此，高中数学课程应该返璞归真，努力揭示数学概念、法则、结论的发展过程和本质。函数 $y=A\sin(\omega x+\varphi)$ 的形式是纯数学的、抽象的，但忽略了变量 x,y 及参数 A,ω,φ 在物理中的具体含义，也掩盖了函数背后所描述的生动、直观的物理现象。学习状况一般的学生群体，在抽象的、纯形式的数学对象的把握上存在一定困难，影响他们对数学对象本质的理解。因此，借助数学之外的生动场景，为学生理解提供一个丰富的平台，有助于他们把握数学的本质。由于 $y=A\sin(\omega x+\varphi)$ 所描述的物理现象有很多，其中最简单的一种是匀速圆周运动，所以可借用这一简单直观的物理现象来探寻：$y=A\sin(\omega x+\varphi)$ 的图像是如何由 $y=\sin x$ 经过变换而得到的；A,ω,φ 的变化对 $y=A\sin(\omega x+\varphi)$ 图像整体特征的影响。因而，对这部分内容的教学做如下的设计。

（1）借助匀速圆周运动重新引出函数 $y=A\sin(\omega x+\varphi)$。

在图 9-1 中，Q 是以恒定的角速度 ω 绕半径为 A 的圆周运动的一质点，M,N 是 Q 在水平直径与竖直直径上的两个投影。Q 运动所在的圆称为参考圆。当 Q 作匀速圆周运动时，投影点 M,N 分别沿着水平直径和竖直直径来回运动，Q 点位移的 y 分量总与 N 点的位移相同。令 $t=0$ 时，半径 OQ 与 x 轴正向

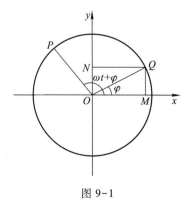

图 9-1

的夹角为 φ，则在以后任意时刻 t，OP 与 x 轴正向的夹角为 $(\omega t + \varphi)$，从而得 P 点的纵坐标为 $y = A\sin(\omega t + \varphi)$。

在函数式 $y = A\sin(\omega t + \varphi)$ 中，A：参考圆的半径，也表示 N 点离开中心位置的最大值，故称为振幅；t：时间；y：Q 点位移的 y 分量；φ：当 $t = 0$ 时，半径 OQ 与 x 正向的夹角，叫作初相；$(\omega t + \varphi)$：任意时刻 t，OP 与 x 轴正向的夹角，叫做相位；ω：角速度；$T = \dfrac{2\pi}{\omega}$：周期。

（2）利用圆周运动考察 $y = \sin x$ 图像画法的本质，进一步掌握"五点法"画图。

在单位圆中，让质点 Q 作匀速圆周运动。当质点 Q 从 E_1 点的位置（$\varphi = 0$）以恒定的角速度（$\omega = 1$）逆时针旋转到 12 个等分点 $E_1, E_2, \cdots, E_{12}$ 时，所经历的时间分别为 $t = 0, \dfrac{\pi}{6}, \dfrac{\pi}{3}, \cdots, 2\pi$，这时质点在竖直直径上的投影位置（即正弦线）分别为 $y = 0, F_1 E_2, F_2 E_3, \cdots, 0$（$F_i$ 为各正弦线在 x 轴上的起点）。从而在直角坐标系下分别得 12 个点：$(0,0)$，$\left(\dfrac{\pi}{6}, F_1 E_2\right)$，$\left(\dfrac{\pi}{3}, F_2 E_3\right)$，$\cdots$，$(2\pi, 0)$（$F_i E_j$ 为对应角度的正弦值），把这些点用光滑的曲线联结即得正弦曲线在 $[0, 2\pi]$ 上的图像。注意"五个关键点"对图像变化的影响。

（3）利用"单位圆"结合"五点法"考察下列各组函数的图像，注意 A, ω, φ 的变化对图像的影响。允许学生利用图形计算器帮助思考，但要把关键点的变化规律找出来。

$$y = \sin x, \quad y = \sin 2x, \quad y = \sin \frac{1}{2}x;$$

$$y = \sin x, \quad y = \sin\left(x + \frac{\pi}{3}\right), \quad y = \sin\left(x - \frac{\pi}{3}\right);$$

$$y = \sin x, \quad y = 3\sin x, \quad y = \frac{1}{3}\sin x。$$

（4）引导学生归纳。

利用超级画板，由 $y = \sin x \rightarrow y = A\sin(\omega x + \varphi)$ 的变化过程，引导学生归纳出图像变换的基本过程与规律。

（5）巩固反思，布置作业。

点评：重视学生的已有经验，关注学生的数学现实，是搞好课堂教学设计的根本依据。教学内容一样，但学生群体的总体水平不一样，应该考虑不一样的教学设计。我们希望能在全局上把握学科的基本思想，内容上把握知识的基本结构，教学组织上体现教育的现代理念，教学操作上体现教师的个性风格。

设计一,面对数学基础扎实、思维能力较强的群体,利用元认知提问,设计了富有挑战性、探究性的问题情境,激发了学生的探究热情,也增强了他们的问题意识。同时鼓励学生探求问题的解法,让他们在学习过程中自主地建构新知识。

设计二,面对学习状况中等、有一定学习热情的群体,设计上注意实际背景的运用,注意引导学生对数学本质的理解。在重视思维的定向的同时,将问题设置在“最近发展区”的近层,便于学生形成心理上的认知冲突,通过现代信息技术的使用,帮助他们在探索活动中主动建构新知识。

三、定理教学——“梯形中位线定理”的教学

教学应从学生的现实出发,在适合学生的基础上,使学生的数学素养有所提高。同样的教学内容,针对不同层次的学生,应有不同的设计。下面我们以“梯形中位线定理”为例说明这个问题。

设计一:基于学习状况良好的学生的教学设计

1. 导入

紧紧围绕定理,从特殊、类比、猜想开始,提出研究的课题。例如,可演示拼图硬纸片(如图 9-2 所示),MN 是梯形中位线,联结 AN,沿 AN 剪下 $\triangle ADN$,将其与 $ABCN$ 拼在一起,得 $\triangle ABE$,回答:

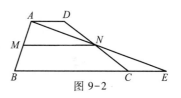

图 9-2

(1) MN 与 BE 有何关系? 依据的定理是什么?

(2) 猜想 MN 与 AD, BC 之间的关系。

2. 讨论

(1) 在上面拼图的启示下,你打算怎样画辅助线,以便应用三角形中位线定理来证明? 看谁构造的有用三角形最多。

(2) 谁还有什么高招? (如把梯形转化为平行四边形等,此时教师可根据实际情况稍做提示。)

(3) 谁来做评判,说一说自己的见解:以上两种方法的共同点与不同点是什么? 何法较优?

3. 证明(个体的独立操作)、阅读(阅读书上的证明过程,学习其严谨的书写方式等)、练习

4. 小结(可据情况让学生自己总结)

推证思想:转化。

推证方法:构造三角形或平行四边形。

应用:为计算线段的长、梯形面积或证明 $a=\dfrac{1}{2}(b+c)$、直线 $a/\!/b$ 开辟了新途径。

想一想:当梯形上底 AD 变为一点时,其长度为_____,这时梯形中位线公式 $MN=$_____,即____　__中位线公式[6]。

设计二:基于学习状况一般的学生的教学设计

1. 通过上述拼图,直观猜想:

(1) MN 与 BE 之间的关系,依据的定理是什么?

(2) 教师讲解 MN 与 AD,BC 之间的关系,点出主题。

2. 讨论

在上面拼图的启示下,你打算怎样做辅助线,以便应用三角形中位线定理来证明? 看谁构造的有用三角形最多?

3. 师生一起完成证明过程、练习

4. 小结

推证思想:转化。

推证方法:构造三角形。

应用:为计算线段的长、梯形面积或证明 $a=\dfrac{1}{2}(b+c)$、直线 $a/\!/b$ 开辟了新途径。

点评:学生的数学现实是课堂教学设计的出发点,学生数学学习的一大困难之处在于数学思维的形成。

设计一,面对数学基础扎实、思维能力较强的群体,设计了富有挑战性、探究性的问题情境,激发了学生的探究热情,扩大了他们的思维方向,同时鼓励学生探求问题的解法,让他们在学习过程中自主地建构新知识。

设计二,面对学习状况一般、有一定学习热情的群体,重视思维的定向,将问题设置在"最近发展区"的近层,便于学生形成心理上的认知冲突,使他们在积极参与探索活动中主动建构新知识。

四、复习课的教学——"均值不等式"的复习课

"均值不等式"一节,方法灵活多变、应用综合性强,另外还须考虑约束条件,因而复习课的设计和处理具有很大的创造空间,加上学情的千变万化,教学实施自然丰富多彩。

实施一:着眼于完善知识结构的复习处理

运用"大容量、高密度、快节奏"的复习课模式:将学习过的内容用一组数学题串起来,由浅入深、层层推进。利用十几道数学题,覆盖大片知识点,同时展现数学解题的技巧,使整堂课充满数学的灵气和魅力。教学实施的具体环节如下:

（1）揭示知识联系

（2）通过正例同化

例 1　如果 $a,b \in \mathbf{R}_+$,且 $a \neq b$,求证:$a^3+b^3 > a^2 b + ab^2$。

例 2　已知 a,b,c 都是小于 1 的正数,求证:$(1-a)b,(1-b)c,(1-c)a$ 中至少有一个不大于 $\dfrac{1}{4}$。

（利用上述两例,通过陈题新法、一题多解,使学生加深领会基础知识、基本技能、基本方法,并引导学生把专题知识结构同化到原有的认知结构中去。）

（3）利用反例顺应[4]

例 3　求 $y = \dfrac{2}{\sin^2 x} + \dfrac{8}{\cos^2 x}$ 的最小值。

（通过剖析错解、引出正解的教学策略,把学生置于原有认知结构与新问题矛盾的冲突之中,引导他们顺应新问题、新体会,调整原有认知结构从而达到新平衡。）

（4）经过练习强化

练习题共三组,每组四道:第一组作为当堂练习,即时讲评;第二组为课堂作业,教师部分口头提示;第三组为自习作业,学生简答思路。难易适当、安排周密,便于学生在完善认知结构的同时来回味、消化、强化所学知识。

实施二:着眼于实施数学建模的复习处理

复习课的组织,关键是通过运用知识达到梳理知识、提炼方法、归纳思想的目的。因此,我们可以从更为宽广的视角中设计与实施教学。数学建模是运用数学思想、方法和知识解决实际问题的过程,已经成为不同层次数学教育的重要和基本内容。通过建模来复习“均值不等式”,为复习课的组织提供了不同的途径。

教学设计如下:

教学过程的实施分为前后两段,分别围绕两个建模问题[5]展开,最后都归结为均值不等式的运用,着力于突破实际背景中均值不等式应用的难点和相应的技巧。

第一个建模问题是:在矩形 $ABCD$ 中,沿对角线 AC 将 $\triangle ABC$ 折起得 $\triangle AB'C$,AB' 与 CD 相交于 P。如果在矩形周长为 24 cm 的条件下,改变矩形的长和宽,$\triangle APD$ 的面积会不会变化? 如果会变化,$\triangle APD$ 面积的最大值是多少?

第二个建模问题是:我国特快专递使用的邮件,它的长、宽在幅度上都有一定的要求:长不得小于 250 mm,不得大于 1 050 mm;宽不得小于 170 mm;它的长与横截面周长合计不得大于 2 000 mm。试问当它的长、宽、厚分别为多少时,这个邮件的体积最大?

实施三:着眼于开展数学探究的复习处理

教师准备从一个实际的问题来展开复习课:"学习数学知识,要着力寻找所学知识和以往知识的联系与区别,挖掘共性、分离个性、解剖个性,会收到事半功倍的效果。应注意从均值不等式的使用条件、结论、不等式的结构特征看能否与以前所学的内容建立联系。"

教师话音刚落,一位学生站起来,说道:"老师,均值不等式的使用要求 a,b 都为正数,说明 $a,b,a+b,a\cdot b$ 有明显的几何意义,好像与圆中的线段有关。"

怎么办? 看到同学们渴望的眼神,教师决定与同学们一起历一次险。于是问:"怎样构造圆呢?"这是问学生,也是问自己。师生开始共同探索和尝试。如图 9-3 所示,令 $AP=a,PB=b$,以 $a+b$ 为直径作圆,圆心为 O。过圆上任一点 E 作 EF 垂直 AB 于 P,则由相交弦定理可知:

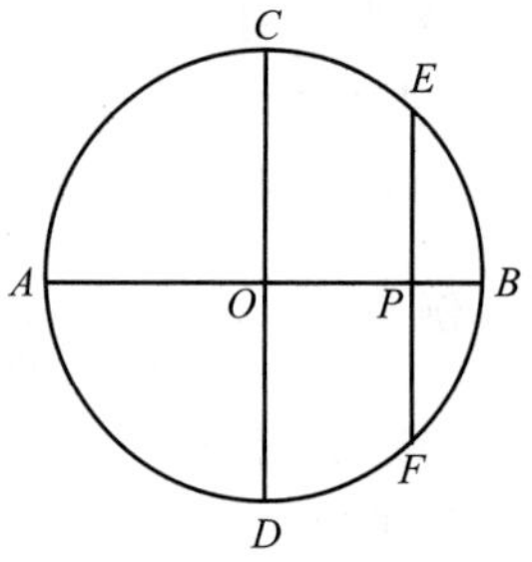

图 9-3

$$a\cdot b=AP\cdot PB=PE\cdot PF\leq CO\cdot OD=\left(\frac{CD}{2}\right)^2=\left(\frac{a+b}{2}\right)^2。$$

这既体现了均值不等式的几何意义,也是用相交弦定理证明均值不等式的新的途径[5]。

这时教师想回到原来的设计,不料又一位学生说:"对于均值不等式,教材中只提道:当 $a=b$ 时取等号。当 $a\neq b$ 时,$a+b$ 与 $2\sqrt{ab}$ 相差多少呢? 这个问题好像可以从刚才的图形中得到结论。""刚才这个图形有一个隐含条件,即 $a+b$ 为定值"另一位学生说。教师索性彻底放弃原来的设计,继续学生的话题。观察线段的运动,让 EF 从点 B 运动到点 O。若 $\frac{a+b}{2}$ 为定值,$\sqrt{ab}$ 的值是不断变化的:从 0 增加到 $\frac{a+b}{2}$[5]。看到时间不多了,教师布置了两个作业:一是画出本节课的知识结构图,二是将原本课堂处理的例题作为课外练习。

点评:搞好教学,既要精心预设,也要关注课堂的动态生成。在教学进程中,对待预设与生成可以有所侧重,但不能偏废其中一方。

实施一,突出教师的预设,着力于解决学生普遍存在着的零星记忆与系统理解、机械记忆与变通灵活、定势思维与发散思维之间的矛盾,特别采用由旧解到新解、由一解到多解、由错解到正解的例题讲授策略,通过知识的系统铺展、问题的巧妙串接,帮助学生完善认知结构。

实施二,其教学活动的主线沿着教师的预设展开,但在建模的具体环节、在利用均值不等式解题的过程中却经常偏离教师的预设。这样,反而使课堂充满活力。当学生回头看他们所走过的探索之路,能更深刻地体会到选参、变形的灵活性与重要性,这种感受是刻骨铭心的。

实施三,完全突破了教师的预设,以学生提出的两个主问题为核心,将知识的直接应用变成了运用知识去探究不同知识之间的未知联系,进而获得新知识。学生在这个过程中获得的知识和经验,必然成为他们学习更为抽象、深刻和系统的知识的重要基础。

第三节　一些特定类型的课例赏析

在数学教学中,除大量的常规课之外,有时会运用一些特殊的方法进行教学,这里我们提供一些课例,供大家赏析。

一、活动教学

数学活动,一般理解为数学思维活动。这一节,我们所说的活动指学生全身心的活动。以"动手实践,自主探究与合作交流"为特征的学习方式已成为数学课堂教学改革的一大亮点。然而,表面上的"热闹"并不能真正地体现数学学习的丰富内涵与精髓。有研究者指出,不恰当地将娱乐活动形式引入数学课有可能造成对数学概念的误解,那些"只看到师生之间的互动,却很难发现数学"的教学也开始出现。如何在强调学生学习的主体性和积极参与的同时,保持对数学本质问题的高认知水平的探究,已引起许多学者的重视。

数学教学中合理地运用数学活动应当具备以下特征:

(1)数学活动应该是现实的、有趣的、富有挑战性的、与学生的生活经验相联系的。比如,折纸活动是学生熟悉的生活情境,通过折纸来研究数学问题,发现数学性质,能引起学生探究问题、发现问题的求知欲望。

(2)数学活动应该有助于培养学生实验,观察,猜想和思维的能力。在几何学习中,用"操作""观察""猜想""分析"的手段去感悟几何图形的性质是学习几何的重要方法。折纸活动是一种有效的操作活动,学生可以通过自己动手操作来感悟图形的几何性质,运用图形运动去发现问题、分析问题。

(3)数学活动应该关注真实的活动。平时的教学中较多的还是把注意点集中在"观察":观察几何图形,从中学习几何图形的性质。较少让学生处于一种真实的情境中进行操作,发现几何图形的性质。因此,让学生在真实的情境中操作,通过自身的努力,来体验知识的发生过程,对培养学生的数学素养极其重要。

案例1　在折纸活动中"想"数学和"说"数学

宋伟倩、孙志远执教,黄荣金整理评述。

(一)教学目标

知识　通过折纸活动从不同视角对已有知识(轴对称,直角三角形,直角三角形斜边上中线的性质等)进行解释,发现新知识(如中位线性质等)。

能力　① 经历"操作—观察—猜想—说明"的学习过程,体验科学的思维方式,同时提高几何的图形语言、符号语言和文字语言的表达能力;② 通过折纸活动感悟图形性质,获得数学猜想,并对猜想进行说理。

情感　通过动手操作、合作和交流,学生获得属于他们自己的"命题",体验数学发现的成功,以及同伴交流和互助的喜悦。

(二)教学过程

1. 用纸片折几何图形

教师通过提问"同学们,你们从小就会折纸,折纸与图形有什么关系?"来引入"折纸中的图形性质",然后,组织了两个"热身"的折纸活动:

活动1　我们在日常生活中接触最多的纸张是长方形的,把一张纸折起一个角,就得到一个直角三角形(教师演示),那么,怎样用长方形纸片折出等腰三角形呢? 请同学们折一下。

活动2　你能不能把一张直角三角形纸片也折成一个长方形呢? 要求重叠部分只能有两层纸。

活动都是以小组为单位进行的。当学生完成了折纸任务,教师要求学生将他们的各种折法用实物投影公开展示,并要求演示折纸过程和说明理由。

完成了活动2,教师展开纸片,画出折痕,标上字母(如图9-4所示),并提问"观察这个图形有什么特点? 你有什么发现?"

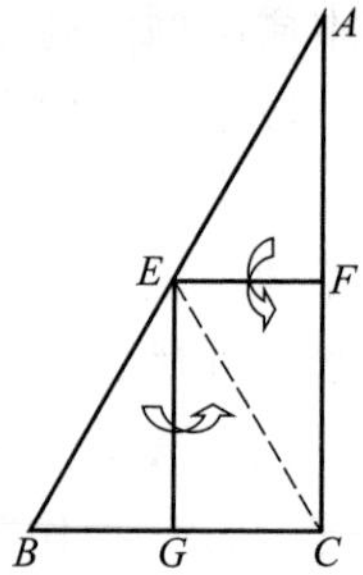

图9-4

学生通过小组讨论后,在班上交流了他们的发现:(板书)

(1) $EF = GC = BG = \dfrac{1}{2}BC$,$EG = FC = AF = \dfrac{1}{2}AC$。即长方形的长是直角边 AC 的一半,宽是直角边 BC 的一半。

（2）联结 EC，折痕将三角形 ABC 分成四个全等的直角三角形，两个等腰三角形。

（3）$EC=\dfrac{1}{2}AB,\angle A+\angle B=90°\cdots\cdots$

接着，教师指出："直角三角形斜边上的中线等于斜边的一半和直角三角形两锐角互余，这两条性质我们已经学习过，今天我们通过折纸得到进一步的验证。"

2. 折纸出猜想

教师进一步提问："在一般三角形中是否也有与上述结果（1）和（2）类似的发现？让我们通过折纸再来探究一下。"教师让学生拿出一张一般三角形的纸片，问学生能否折成一个长方形？要求重叠部分只能有两层纸。

学生通过折纸活动和小组交流发现了不同的折法，然后，教师要求他们在实物投影上演示折纸过程，并说明理由。

接着教师打开纸片、展平，画出所有折痕，并标上字母（如图 9-5 所示），并提问："在这个图形中的线段之间，它们的位置关系、数量关系，你有什么发现？"

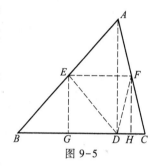

图 9-5

学生分组讨论，然后全班交流，发现了下列关系：（板书）

（1）$AE=EB=ED,AF=FC=FD,BG=GD,DH=HC,EF=GH$。

（2）$EF/\!/BC,EG/\!/AD/\!/FH$。

（3）$GH=BG+HC,EG=\dfrac{1}{2}AD,FH=\dfrac{1}{2}AD,EF=\dfrac{1}{2}BC\cdots\cdots$

教师接着问，"这些结论具有什么共同的特征？"有学生发现许多线段之间存在"倍半"关系，教师追问"在什么条件下才能得到一条线段是另一条线段的一半？"学生发现有三种情况：（1）线段的中点；（2）直角三角形斜边上的中线；（3）三角形两边的中点连线。

然后，教师话锋一转："前两个性质我们已经学过，今天，我们通过折纸进一步证实了它们。我们把联结三角形两边中点的线段叫作三角形的中位线（板书），那么，你们认为三角形的中位线有什么性质？"

学生通过交流获得了一个共识（猜想）：三角形的中位线平行于第三边并且等于它的一半。

3. 对猜想加以说明

教师接着说，"同学们，你们自己从折纸中发现了三角形中位线的性质这一猜想,很好。那么,怎样从折纸的过程来说明这个性质是正确的,关键是要说明什么问题?"有学生回答要说明"四边形 *EFHG* 是长方形",接着便展开了寻找证据,说明理由的讨论。最后,不仅说明了"四边形 *EFHG* 是长方形",而且水到渠成地获得了"$EF \parallel BC$,并且 $EF = \dfrac{1}{2}BC$"。

教师兴奋地小结道:"好。这样我们就学到了一条新的几何图形的性质,叫作三角形中位线性质,并对它进行了说明,以后我们还将对它做进一步的学习。"

4. 学生说收获

最后五分钟,先是学生谈收获、体会和困惑,然后,教师概括:通过动手操作发现图形性质,形成猜想并加以说明,这样可以获取新的知识。

5. 布置作业

课外延伸——对正方形折纸中发现的问题进行探究(提供如下作业单):

折正方形纸片

(1) 正方形 *ABCD* 的边 *AB*,*AD* 折至对角线 *AC*,折痕为 *AE*,*AF*,联结 *EF* [图 9-6(a)],观察并思考。

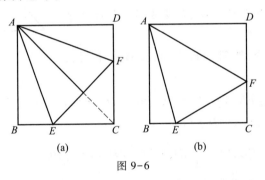

图 9-6

① 图中有哪几个角是锐角?求出它们的度数分别是多少?

② 图中线段之间存在哪些等量关系?

(2) *AB*,*AD* 折至正方形内任意位置相合,折痕为 *AE*,*AF*,联结 *EF* [图 9-6(b)],那么:

① 在刚才求得其度数的这些锐角中,有没有大小保持不变的角?把它写下来。

② 刚才求得的线段之间仍保持等量关系的有没有?把它写下来。

(3) 请说明你发现的结论。

(三) 案例感悟

在《折纸中的图形性质》的教学设计与实施中,有许多事件或片段给我们留下深刻印象,引起我们的反思:

1. 情境化与数学化

数学学习应该建立在学生的数学"现实"之上,"与其说学数学,不如说学习数学化"。学生的生活经验和已有的数学知识构成了学生的数学"现实",成为新知识的生长点。折纸是学生喜闻乐见的生活情境和活动,如何在"折纸"活动中让学生亲历数学化过程:"操作—观察—猜想—说明",这不仅改变数学学习的方式,改变学生对数学的观念,更为重要的是体验了许多数学思维方法:特殊到一般,变化中寻找不变性,以及科学发现的思维方式。在本节课中,从"把一个直角三角形纸片折成一个长方形"到"把一般三角形的纸片折成一个长方形",学生发现了许多性质,并进一步引导学生从诸多关系中,提炼出"好"的关系(如,线段之间的倍半关系),并且找出这些"倍半"关系的条件,从而让学生感悟数学的分类思想:第一种情况,条件是线段的中点;第二种情况,条件是直角三角形斜边的中点;第三种情况,条件是三角形两边的中点连线。前两种情况是学生已学过的数学知识,而第三种情况是学生探究的数学猜想。引出了这个新的学习对象"中位线",并且发现了它的性质(猜想),而且对这个新对象特点进行不同视角的描述和解释:图形、数学语言和自然语言,并进一步去寻找猜想的"证据"(说理)。这种将"做"中学的知识"说"出来,是将默会知识显性化,是一种更高形式的学习(顾泠沅,王洁,《促进教师专业发展的校本教学研修》,全国校本研修制度建设研讨会上的演讲,2003 年 12 月,上海),展示了数学化的过程。

在布置课外作业时,设计了一个正方形的折纸活动,从而将课内折纸中发现的问题延伸到课外。

2. 问题情境既是"脚手架"又是"催化剂"

数学情境或活动应该促进学生在自主探索的过程中真正理解和掌握数学知识、技能、数学思想和方法,同时获得广泛的数学活动经验。传统教学中的许多问题情境,仅仅作为引入新知识的"脚手架"或"拐杖",而没有在新知识的发生、发展过程中发挥实质性的作用。我们在设计活动时,考虑到活动之间的层次性,使这些活动贯串在一起,在整个探究过程中发挥作用。本案例设计了这三个环节:

第一环节,把直角三角形折成长方形,有什么发现?

第二环节,一般三角形的纸片折成一个长方形,又有什么发现?

第三环节,对猜想进行说明。

从特殊的直角三角形折长方形到一般三角形折长方形,折纸的方法本质上是一致的,第一环节是为第二环节准备的。通过这两个活动,学生从"特殊"到"一般"来观察、发现三角形中的折痕与原来边之间的一些数学关系(数量与位置)。而第三环节,要求学生将"做"出来的发现(猜想),"说"明白,这有意识地将学生的思维水平从"实验几何"向"论证几何"过渡(有条理地说明),追求"动手做""动脑想"和"动嘴说"并重。可以说,这些活动是整个学习过程的"催化剂"。

3. 课堂教学资源的开发

一个富有趣味和挑战性的问题情境,既能激发学生学习的动机,也能为学生自主、合作学习提供平台。在活动的展开过程中,学生在课堂中发表的观点(即使是错误的)也应该得到尊重,成为进一步学习的资源。如在本节课中,当学生从一般三角形折长方形时,出现了这样一个情况:

教师:哪一位同学向全班同学说明如何折长方形?

学生1:(边演示边说明)将三角形一个顶点向下翻折使它落在对边上,折痕与第三边保持平行,然后把另外两个三角形的顶点翻折,使三角形的三个顶点重合,得到长方形。

教师:对他的折法其他同学有没有疑问?

学生2:顶点到什么位置才能保持折痕与对边平行?

教师:很好,这个点如何确定呢? 你是怎样折的?

学生2:先折一条边上的高,然后沿着高对折,使三角形的顶点与垂足重合,然后把另外两个三角形的顶点翻折,使三角形的三个顶点重合,得到长方形。

在上述的片段中,通过质疑和析疑,进行师生对话,获得了问题的解决。因此,教师在课堂上倾听学生的声音,根据学生的问题或思路进行"借题发挥",能够有效地鼓励学生相互启发。

4. 自主评价,反思性学习

学生自主评价是数学教学过程中极为重要的环节,我们应该为学生创造更多的机会来进行反思和发表他们自己的观点。在课的最后几分钟,教师要求学生交流本节课中的思考、收获和疑惑。学生发表了如下一些看法:

学生1:通过折纸可以折出一些几何图形,发现一些数学结论,也可以验证性质,并且熟悉一些几何图形的性质。

学生2:折纸是一种纸上的操作,是否可以作为几何的论证方法?

学生3:折纸可以验证一些学过的性质,可以为证明性质提供思路。

在课后的学生访谈中,学生还谈道:"一说起数学,我总是不由自主地将它和'抽象''枯燥'联系起来,我挺害怕几何,看到几何图形便会条件反射似的头痛。可是,经过这节折纸课,发现原来学习几何可以这么有趣,在折纸过程中,发现一些性质,小时候的'折飞机'也派上了大用场! 想不到生活中处处都有几何。"

二、生成式的数学概念教学

数学概念的形成,可以用逻辑语言加以定义直接给出,也可以让学生通过一定的活动自我生成。本课例采取生动的情境创设,帮助学生生成"众数和中位数"的概念。

🍰 案例 2　"众数、中位数"探究式教学

情境创设　小张到某公司应聘的经过,见表 9-1。

表 9-1　小张到某公司应聘的经过

<table>
<tr><td>

诚　聘

上海安化广告有限公司由于业务发展需要,现向社会公开招聘一名广告策划员。

要求:熟悉平面设计与办公自动化软件、大专以上学历、男女不限、待遇从优。

2023-5-1
</td><td>

小张应征而来,向总经理询问一些情况。总经理说:"我们这里员工月平均工资 2 500 元。只要你干得好,公司不会亏待你。不过,得先试用一周。"小张工作几天后,公司通知小张说他的月薪为 2 000 元。小张很有情绪地找到总经理说:"你欺骗了我,你不是说月平均工资为 2 500 元嘛,怎么才给我 2 000 元呢?"总经理说:"小张,员工月平均工资就是 2 500 元,不会错的,我不可能骗你。至于你的工资,公司决定按全体员工的一般工资水平 2 000 元给你。不信,我可以给你看我
</td></tr>
</table>

们的工资统计表。"边说边拿出一张表格给小张看。

上海安化广告有限公司 2023 年 4 月工资发放统计表						
员工	总经理	部门经理	设计员	业务员	文秘	总计
人数/人	1	4	10	12	3	30
月工资/元	7 000	4 000	2 500	2 000	1 000	
合计/元	7 000	16 000	25 000	24 000	3 000	75 000

讨论的问题:小张的工资该定为多少?

进行猜想　为了理解众数和中位数的意义,不直接给出这两个概念的定义,而是先提供以下工作单(表 9-2),让学生先进行体验。

表 9-2　中位数、众数意义

根据下列各组数据,推测众数、中位数的意义。	
A 组:2,3,10,12,17 众数:无　　中位数:10	B 组:1,2,2,5,6,7,8 众数:2　　中位数:5
C 组:1,1,9,6,11 众数:1　　中位数:6	D 组:3,6,8,9,10,11 众数:无　　中位数:8.5
E 组:2,15,12,2,8 众数:2　　中位数:8	F 组:8,2,12,15,2 众数:2　　中位数:8
G 组:6,6,1,8,8,7,7,7,4,6 众数:6,7　　中位数:6.5	H 组:5,5,5,5,5,5 众数:5　　中位数:5

变式训练　发现众数和中位数概念之后,再回到问题情境之中,加强变式训练解决问题。训练题见表9-3:

表9-3

1. 小张的工资按经理的意思该定为多少?
2. 如果将表格改为下表,销售员的月销售台数应该定为多少?并说明理由。

上海某商场2023年6月电冰箱的销售情况统计表

销售台数	3	8	9	11	12	33
人数	1	3	11	5	5	1

3. 若为下表,该选谁做班长?并说明理由。

班级班长候选人得票数

候选人	徐昕	奉献	张以淼	刘铮铮
选票数	3	16	10	7

交流讨论　各小组学生仔细琢磨了录像情境中的问题后,教师鼓励学生大胆设想自己的解决方案,并对学生的回答作评价或总结。请看片段:

① 教师:小张的工资该定为多少呢?下面我们一起来听听大家的意见。

② 学生1:我们认为经理应该给小张开2 500元的月薪。因为2 500元代表员工工资平均水平,也就是全体员工的一般水平。

(有学生反驳:如果比尔·盖茨来我们班级,我们平均就有几十亿美元了,这几十亿美元是我们班级的一般水平吗?)(全班学生大笑)

③ 教师(笑):反驳得有道理,举例也很生动。看样子,一般水平并非就是平均水平……

④ 学生2:我们认为小张的月薪可以定为2 000元。因为公司中业务员最多,有12个人,他们的工资都是2 000元,少数服从多数。所以2 000元合理。

(大家部分赞成,部分反对,有学生低声说设计员也有10人呢,不算少数。)

⑤ 教师:很有道理,第二小组给出了一个数学概念——众数,很了不起的,极富创造力。下面我们再一起来听听其他意见。

⑥ 学生3:我们认为总经理工资太高,不该把他的工资算进月平均工资,应该扣除。再去掉一个最低工资,平均工资应该是$(75\,000-7\,000-1\,000) \div (30-2) \approx 2\,393$(元)这个工资代表一般水平,更合理些。

⑦ 教师:很好,同学们,第三小组能够把运动员评分规则用到这里,说明我们的同学学习很灵活,肯动脑筋,我们都要学习这种精神……数学上习惯称这种

平均数为截尾平均数,但 2 393 代表工资的一般水平是不是最合理,好像还有不同的意见。

⑧ 学生4:我们认为一般水平就是中等水平。我们把30个员工的工资从高到低排列后,中间有两个值:第15人为2 500元,第16人为2 000元。取哪一个都不好,我们就取它们的平均值:2 250元。这样,比2 250大的数据和比它小的数据一样多,确实是中等水平,合不合理请大家批评指正。

(很多学生很佩服发言人的创新精神与设计能力,频频点头;也有同学说哪有这么复杂。)

⑨ 教师:这种理解有独到之处,逻辑合理,不简单! 他们算出的这个2 250元就是这30个工资数的中位数。(老师将它写在黑板中央)我们已经有四种意见了,让我们再听听别的意见。

⑩ 学生5:小张是不是名牌大学毕业的,工作能力强不强? 找工作最讲这个! 我表哥做广告,月薪就是5 000元。我认为广告策划工作工资可以拿到5 000元一个月,当然要看他是哪个大学毕业的,是否工作能力强……

(学生都笑:这个问题又不是数学问题,他吹牛不打草稿……)

在上述活动中,学生根据自己熟悉的知识以及课堂以外见过的其他类型的知识,提供解决问题的方案并能够阐述理由,分别提供了五个方面的内容,开放度较大。

通过师生、生生对话,期望对多种问题解决策略进行分析和比较,探索合理的问题解决策略或方案。以下是教学片段:

教师:好! 我们一起来听听大家对众数的理解,希望举例说明。

学生6:众数就是一组数据中出现次数最多的数,如B组、C组……

教师:有不同观点的请发表意见。

学生7:众数是一组数据中出现次数最多且至少达两次的数,只出现一次的不是众数,如A组、D组……

教师:讲得很好……(板书"众数"概念)我们再看一看关于众数大家还能够发现什么有趣的特点?

学生8:一组数据的众数可能有多个,如G组,我还可以举个例子:2,2,3,3,4,4的众数是2,3,4。

学生9:几组数据的众数可能一样,如B组、E组与F组。

学生10:一组数据中的各数据交换位置后众数不变,如E组与F组。

学生11:同一个数据组成的一组数据中,众数就是这个数,如H组。

教师:大家讲得都很对……接下来我们谈谈对中位数的理解……

学生12:中位数就是一组数据中最中间的一个数或中间两个数的平

均数……

学生 13：不对，要先排列……（教师示意他讲）要将一组数据从小到大排列后，再找最中间的一个数或中间两个数的平均数……

教师（点头）：能否说得更准确些？（看到大部分同学开始沉默，教师作提示）我的意思是说，何时取最中间一个数，何时取最中间两个数的平均数？

学生 14：奇数个时取最中间一个数，偶数个时取最中间两个数的平均数。

教师：对了，再请问能不能按从大到小排列？（学生 15 立即回答：能。其他同学也同意。）谁来归纳一下中位数的含义？（片刻）

学生 15：所谓中位数，就是按大小顺序排列后的一组数据，若有奇数个数据，最中间一个数就是中位数，若有偶数个数据，最中间两个数的平均数就是中位数。

教师（板书）：很好。简单地说，将一组数据按大小顺序依次排列后，最中间一个数（奇数个）或最中间两个数的平均数（偶数个），就是这组数据的中位数。请问：从小到大排列后的 9 个数，中位数是哪一个？

学生（齐答）：第 5 个。

教师：从小到大排列后的 16 个数，中位数是哪一个？

（有学生说是第 8 个，有学生说是第 9 个，有学生说是第 8 第 9 两个数的平均数。）

教师（提示）：16 是奇数还是偶数？（学生：偶数）中位数该是多少？（学生：第 8 第 9 两个数的平均数）注意：偶数个数据时，中位数是按大小排列后的正中间两个数的平均数（在概念处画线）。再问：从小到大排列后的 n 个数，中位数是哪一个？想好了请举手回答。（约两分钟后）

学生 16：从小到大排列后的 n 个数，当 n 为奇数时，中位数是第 $\frac{n+1}{2}$ 个数；当 n 为偶数时，中位数是第 $\frac{n}{2}$ 与第 $\frac{n}{2}+1$ 个数的平均数。

教师：很好。（并将学生 16 的回答板书在黑板上）大家再看一看关于中位数还能够发现什么有趣的特点？并举例来支持你的说法。

学生 17：一组数据的中位数是唯一的，只有一个值。（其他学生齐答：同意。）

学生 18：一组数据的中位数与众数可能相同，如 H 组。（其他学生齐答：同意。）

教师：我也有几个想法，大家看对不对？（1）两组数据的中位数相同，则两组数据相同。（学生回答：不对）（2）中位数就是一组数据最中间的一个数或最中间的两个数的平均数。(学生回答:不对,要先按大小排列)好的,大家对众数与中位数有了概念性的认识。接下来我们总结一下(板书):(1)平均数、中位数、众数都是反映一组数据的集中趋势的统计量。(2)平均数反映的是平均水平,中位数反映的是中等水平(或一般水平),众数反映的是最大频率数(或最大权重数)。因此应该根据不同的场合选用不同的数据指标。接下来我们看一看上课初提到的问题,相信大家会作出合理的决策。好,现在再看表9-1,小张的工资按总经理的意思应该怎么给?

学生:(片刻,基本上是齐答)给中位数:2 250 元。

教师:好的。我们用掌声祝贺第四小组的英明决策。同时感谢其他几个小组给我们带来的好主意,如果不按总经理的讲法,其他几组的意见也是可行的。

在整堂课中,教师始终使问题处于学生思维水平的最近发展区,强调意义与推理。学生从某个例子出发进行自主猜想、再选择另外的例子进行主动验证。本案例通过师生合作学习,学生从多角度理解了众数与中位数的意义。

三、整体数学教学

数学教学要让学生从整体上把握数学概念和数学思想。但是,教材却必须一个字一个字地写出来,不能整体处理。于是,就需要有"整体的"教学设计。例如进行某性质判定定理的教学,常常是今天教"判定定理 1",明天教"判定定理 2",后天教"判定定理 3"……每个判定定理都是以固定的模式展开:"已知""求证""证明",而且只是注重定理的本身展开,而不思考与其他相关知识的联系。这就造成了人为的知识割裂。

案例 3　三角形相似的判定定理

根据对"三角形相似的判定定理"知识的结构分析(如图 9-7 所示),我们探究整体教学策略的设计。我们把全等三角形的三条判定定理作为整体学习一般三角形相似的判定方法的基础,使学生在较短时间内形成对相似三角形判定方法完整的认知结构,有利于学生面对选择时,作出正确、有效的判断。

(一)教学设计

教学目标:

(1)掌握相似三角形的判定定理,并能初步运用这些知识解决有关问题。

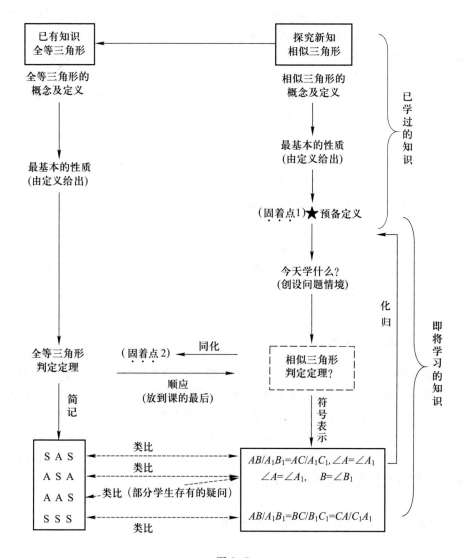

图 9-7

（2）经历"观察—探索—猜测—证明"的学习过程,体验科学发现的一般规律,同时提高几何的图形语言、符号语言、文字语言表达能力。

（3）通过相似三角形的判定定理的探索过程,渗透类比、化归等数学思想。

（4）通过合作交流、自主评价改进学生的学习方式,提高学习质量,逐步形成正确的数学价值观。

教学过程：

教学环节	教师活动	学生活动	板　书
复习提问	你知道的有关相似三角形的知识有哪些	（1）相似三角形的定义及预备定理 （2）全等三角形与相似三角形的关系以及全等三角形的判定	在 $\triangle ABC$ 和 $\triangle A_1B_1C_1$ 中： $\dfrac{AB}{A_1B_1}=\dfrac{BC}{B_1C_1}=\dfrac{AC}{A_1C_1}$, $\angle A=\angle A_1$，$\angle B=\angle B_1$, $\angle C=\angle C_1$ 全等三角形的判定： ASA，AAS，SAS，SSS，HL
创设情境	利用已有知识，能否解此题？如图，在边长为 1 个单位的方格纸上有 $\triangle ABC$ 和 $\triangle BDE$，猜测 $\triangle ABC$ 与 $\triangle BDE$ 是否相似。若相似，能证明吗	当运用已学过的知识（预备定理和定义）来证明这两个三角形相似而面临困难时，产生寻求更为有效的、简便的判定方法需求	课题：相似三角形的判定
探求新知 1. 猜测	根据全等三角形的判定（条件），利用相似三角形定义条件，选择尽可能少的条件判定两个三角形相似	小组讨论，大胆猜测	全等　　相似 ASA　　两角对应相等 AAA SAS　　两边对应成比例且夹角相等 SSS　　三边对应成比例 HL

教学环节	教师活动	学生活动	板　　书
2. 证明	以上猜想是否正确,必须证明,请学生选择他们希望首先证明的命题,逐一证明	小组讨论后,全班交流(第一个命题的证明学生口述,教师板书,强调证明思路;第二、第三个命题证明学生口述)	第一个判定定理证明全过程
简单应用	运用相似三角形的判定定理解"情境问题"	独立思考,完成后全班交流	比较学生的不同证法
小结与自主评价	提问:全等三角形是相似三角形的特例,那么,全等三角形的判定一定也是相似三角形判定的特例,若将全等三角形的判定纳入相似三角形的判定中,全等三角形的判定用相似三角形的判定如何描述	反思和发表对本堂课的体验和收获	
布置作业	必做题:练习册 28 页 4(1) 选做题:将课堂中的例题引申 (1) ∠ABE 为几度 (2) 联结 AE,△ABE 是什么三角形 (3) 将△BED 沿 BD 翻折,再沿 BC 平移后,∠1+∠2+∠3 为几度(运动过程,多媒体展示) 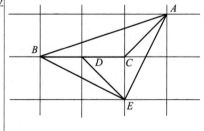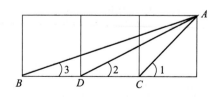		

（二）课堂教学行为的变化

在课堂教学实施过程中,我们特别关注以下几个环节。

1. 基于已有认知准备,学生通过类比猜测判定两个三角形相似的条件

在学生已回顾了全等三角形的判定以及相似三角形的定义后,教师鼓励学生利用已有的知识,大胆猜测判定两个三角形相似的可能条件。请看以下片段:

① 教师:刚才同学们已经回顾了相似三角形的一些性质,以及全等三角形的判定方法,结合这些知识,请你思考一下,在这些条件中,选择尽可能少的条件来判断两个三角形的相似,讨论后回答。

（学生讨论,教师巡视并参与组内讨论。）

② 学生:$\angle A = \angle A_1$,$\angle B = \angle B_1$(学生口述,教师板书)。

③ 教师:还有吗?

④ 学生:$AB/A_1B_1 = AC/A_1C_1$,且$\angle A = \angle A_1$(学生口述,教师板书)。

⑤ 教师:还有吗?

⑥ 学生:$AB/A_1B_1 = AC/A_1C_1 = BC/B_1C_1$(板书),还有比较复杂的。

⑦ 教师:噢,没关系,你说说看。

⑧ 学生:$\angle A = \angle A_1$,$\angle B = \angle B_1$,$AB/A_1B_1 = BC/B_1C_1$(板书)。

⑨ 教师:好,请坐。他们小组得到了四种,其他小组看一看。有什么意见吗?

⑩ 学生:前面三种我们小组同意,最后一种我们不同意,前面已有两个角相等了,只要这两个角相等,就能判定这两个三角形相似的话,后面的比例式$AB/A_1B_1 = BC/B_1C_1$是多余的。

在上述师生互动中,教师鼓励学生根据已有的知识及认知策略,通过学生的合作与讨论猜测三角形相似的判定条件(①~⑥),进一步在同伴的帮助下,明确判定条件(⑧~⑩),经历构建知识的活动体验。

2. 学生自主探究,验证命题

学生意识到通过类比猜测所得到的命题不一定都成立,因此学生有强烈的愿望去证明这些他们亲自构建的命题是否正确。于是,组织小组讨论,探究命题的证明。在这一过程中,充分体现学生的自主合作与交流,倾听与评价。下面这一片段展示了同学之间的互帮互学:

① 教师:请说说你们的想法。

② 学生:已知:在$\triangle ABC$与$\triangle A_1B_1C_1$,$AB/A_1B_1 = AC/A_1C_1 = BC/B_1C_1$。

③ 教师:你要证的是"三边对应成比例,两三角形相似"。

④ 学生:在$\triangle ABC$中取$AD = A_1B_1$。

⑤ 教师：在哪条边上取？

⑥ 学生：在 AB 上截取 $AD = A_1B_1$，在 AC 上截取 $AE = A_1C_1$，联结 DE，可以证出 $\triangle ADE \cong \triangle A_1B_1C_1$。

⑦ 教师：很好，怎么证明这两个三角形全等？

⑧ 学生：$AD = A_1B_1$，$AE = A_1C_1$，然后……（学生证不下去了。）

⑨ 教师：他的想法很好，但在证明两个三角形全等时，遇到了困难谁能帮助他，好，你来说说。

⑩ 学生：因为 $AD = A_1B_1$，$AE = A_1C_1$，且 $A_1B_1/AB = A_1C_1/AC$，所以 $AD/AB = AE/AC$，所以 $DE /\!/ BC$，所以 $AD/AB = DE/BC$，又因为 $A_1B_1/AB = B_1C_1/BC$，所以 $DE = B_1C_1$，所以 $\triangle ADE \cong \triangle A_1B_1C_1$，又因为 $DE /\!/ BC$，所以 $\triangle ADE \backsim \triangle ABC$，所以 $\triangle ABC \backsim \triangle A_1B_1C_1$。

在上述片段中，先是一位同学上黑板报告他们小组讨论的结果：证明"三边对应成比例，两个三角形相似"，可是讲到一半，这位学生"卡"住了（①～⑧）。此时，老师并没有急着将正确的证明教给学生，而是鼓励其他同学帮助这个同学修正和发展这一证明（⑨，⑩）。这样，教师仅作为问题的提供者，而将发言权交给学生，教学任务是在学生自主学习中完成的，学生才是学习的主体。

3. 反思交流，逐渐明晰化

学生对概念或性质的理解通常经历一个从朦胧（也许包含一些错误的理解）到明晰，直到灵活应用的过程，而这一过程需要学生通过不断地实践、交流和反思来完成。自我反思在这一过程中起着关键作用。在这节课中，一开始，史莹璐同学提出"全等三角形的判定定理都可以用在相似三角形的判定中"，而且在教师的追问下，她一再坚持这个说法是正确的，考虑到以学生当时的知识基础，她的说法内含一定的合理成分，老师说"这个问题留着，新课上完后我们再来讨论"。这样很自然地为学生设计了一个反思的问题。等到介绍完了三个判定定理，把学生引向讨论是否"全等三角形的判定定理都可以用在相似三角形的判定中"。

教师：我们再回到史莹璐提出的这个问题。"全等三角形的判定方法都可以用在相似三角形的判定上"。刚才，史莹璐同学还是认为她的观点是对的。噢，你说说。

史莹璐：我现在认为，比如，全等中的 SSS（边边边）只要把它的对应"相等"改为对应"成比例"，就可以用在相似三角形的判定中了。

教师：对，这样就对了。

通过上述对话，学生通过这节课的学习与反思，把自己的观点明晰化，把先前原始的直觉观点，精致成为科学的论断。这种过程的呈现，不仅对这位同学是一个主动学习与内化的过程,也促进了学生之间互相启发、取长补短的学习共同体的形成。

点评:本案例关注一个有一定共性的"相似形"知识的教学问题,大胆地突破了常规处理。这种探究对日常教学有直接的启示作用。在整个课例的设计、实施、反思和改进过程中,始终关注数学学习规律的应用(将新知识建立在学生原有的知识准备之上),强调利用类比和化归思想来主动建构数学知识,追求学习方式的转变(观察—探索—猜测—证明的学习过程)。而实现这一设计理念的一个关键是合适的情境创设。本课例中,一个精心设计的"判定方格纸中两个三角形的相似性"问题,不仅用来激发学生学习新知识的动机,也用来作为应用学习新知识的载体,而且通过适当的变式使问题解决延伸到课堂以外,拓展学生探究的空间。另外,通过自主评价对课堂学习进行质疑、反思和评价,培养学生监控学习过程的元认知能力的做法也值得借鉴。

(注:本案例由李贞执教,叶锦义设计,黄荣金点评。)

四、基于网络环境的数学教学

随着信息技术的普及以及学校教育对信息技术知识的重视,多数学生已经可以熟练地操作计算机,部分学生经常遨游在因特网上,由此获得的信息量在某些方面甚至超过了老师。如何充分利用这些资源改变教师的教学方式和学生的学习方式,已成为新世纪教育工作者面临的巨大挑战。

案例4　二次函数的应用

(一)情境设计说明

本节课置学生于一场虚拟的充满挑战的高尔夫球赛中。由于高尔夫球运动的轨迹是抛物线,所以学生要运用二次函数的有关知识去解决遇到的一个个问题,学生应当做好准备工作,迎接挑战,学生只有解决了当前的问题,才有机会继续神奇之旅。

(二)进入情境

当学生登录网站页面时,即进入打高尔夫球的情境(图9-8)。

图9-8　走,打高尔夫球去!

　　阳光灿烂的五月,和煦的春风荡漾在绿地林间,处处是鸟语花香,春意盎然。这是一个多彩的季节,空气中飘荡着运动的旋律。好啦,咱们准备一下,到户外运动运动,打一场高尔夫球,呼吸呼吸大自然的新鲜空气。

　　热身运动:高尔夫球被击中后,运动的路线是 $y=ax^2+bx$,y 代表球飞的高度,x 代表球离开起点的水平距离(图9-9),你现在能够操纵 a,b 的值用以击球,为了能在正式比赛中取得优秀的成绩,你需要练习一下,热热身,然后才能进入正式比赛,来吧! 让我们尽情享受运动带来的快乐!

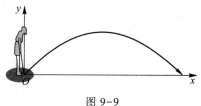

图 9-9

　　此处设计的练习有助于学生加深对函数性质的理解,比如说,二次项系数不为零,并提示出错的原因;又比如说,此处二次项系数不能为正数,输入正数,计算机同样会报错,因为这是一个实际问题,抛物线开口只能向下;学生还可以思考,为什么给出的函数的常数项为 0,假如常数项不为 0,表示怎样一种情况等。

　　(三) 正式比赛

　　规则说明:这是一场虚拟的高尔夫球比赛,但它同真正的高尔夫球比赛一样,是对你能力的一种挑战,如果你能在虚拟比赛中获取好成绩,我们有理由相信,在真正的比赛中,你也会取得好成绩。在虚拟比赛中,你的对手叫 W,一位经验丰富的球手,他每击出一球,都会给你出一点难题,如果你能解决这些问题,那么你就会赢得这一局,如果你能连赢三局,试试看,有什么情况会发生……

　　第一局:第一局由你的对手 W 击球,如图 9-10 所示,你站在离开击球点 1 m 的地方,高尔夫球被击中后,运动的路线是 $y=ax^2+bx+c$(y 代表球飞的高度,x 代表球离开你所站位置的水平距离),球恰好越过离你 21 m 远高为 8 m 的小山丘后,落在离你水平距离 31 m 远的草地上,如果你能求出上述 a,b,c 的具体值,这一局无论如何算你赢,否则……

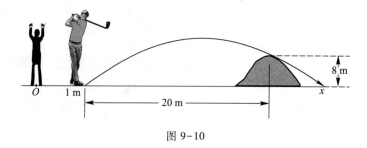

图 9-10

第二局:第二局由你自己击球,如图9-11所示,高尔夫球被击中后,运动的路线是 $y = ax^2 + bx$(y 代表球飞的高度,x 代表球离开起点的水平距离),下面将由你控制 a,b 值用以击球。不过在你击球前,你最好看清楚,图中有一45°的斜坡,如果球落在斜坡上,你知道球会落在斜坡上距地面多高的地方吗?

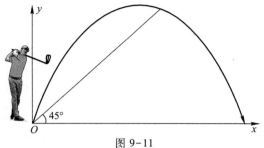

图 9-11

第三局:第三局又由 W 击球,高尔夫球被击中后,运动的路线是 $y = ax^2 + bx$(y 代表球飞的高度,x 代表球离开起点的水平距离),当 $x = 10$ m 时,$y = 12$ m;当 $x = 15$ m 时,球飞到最高处。当高尔夫球再次下落到高度 12 m 处时,不知道你能否知道球离开起点有多远。

（四）本节课的结构

内容呈现	教师活动	学生活动	设计意图
第一页设计了一场虚拟高尔夫球赛的情境,在具体的情境描述及比赛规则的说明后,学生开始做"运动"前的准备工作(准备工作是二次函数的图像及性质的回顾)	1. 引入 我们已经知道为什么二次函数的图像被称为抛物线,现在我们就开展一项与抛物线有关的运动,请同学们登录学习网站("走,打高尔夫球去!") 2. 讲述 大家明白了活动内容及规则后,可以在页面上下载"几何画板"及相关 gsp 文档,利用"几何画板"研究二次函数的图像及性质,完成准备工作 3. 对话 就学生的探索情况提出问题,学生发表自己的意见	1. 学生登录网站"走,打高尔夫球去!",了解活动的细节 2. 学生下载软件,并开始在"几何画板"中研究二次函数,完成填空 3. 学生相互讨论、交流各自的发现	上课伊始就紧紧抓住学生的注意力,给学生创造环境,让学生主动探究二次函数的有关性质

内容呈现	教师活动	学生活动	设计意图
第二页设计的是"热身运动"：高尔夫球被击中后，运动的路线是 $y=ax^2+bx$，y 代表球飞的高度，x 代表球离开起点的水平距离，你现在能够操纵 a,b 的值用以击球，为了能在正式比赛中取得优秀的成绩，你需要练习一下，热热身，然后才能进入正式比赛，来吧！让我们尽情享受运动带来的快乐	1. 讲解 在真正的比赛前，我们先热热身，在热身时，我们学会把实际问题，转化为相应的数学问题，解答好数学问题，再回答实际问题，答案请按要求填写在文本框中，然后提交，网页会根据你的答案给出提示，并决定你能否进入下面的比赛，如果有问题，可以参考在线帮助，或者到交流园地交流，或者直接向旁边的同学或老师请教 2. 教师个别辅导并答疑	1. 学生读题，建立模型求解 2. 学生就不懂的地方提出问题，并相互讨论交流	此处设计的练习有助于学生加深对二次函数性质的理解，比如说，二次项系数不为 0，输入 0 后，计算机会提示出错的原因；在这个实际问题中，二次项系数也不能为正数，输入正数，计算机同样会提示发生错误。学生在学习的过程中还可以思考，为什么给出的函数常数项是 0，假如常数项不为 0，是指怎样一种情况等
接下来的三个页面分别设计了三局比赛，学生同虚拟的对手 W 进行比赛，每过一关，就获得相应的积分，过三关者获得最后的胜利	教师或巡视辅导，或网上答疑	1. 学生读题，建立模型求解 2. 学生就不懂的地方提出问题，并相互讨论交流	通过这里的"三局比赛"，学生会加深对二次函数的三种表达方式、二次函数同直线的交点求解以及对二次函数对称性的理解，提高解决实际问题的能力，加强学生合作学习的意识

续表

内容呈现	教师活动	学生活动	设计意图
交流园地	教师引导学生总结所学到的知识,并在交流园地在线交流心得,共同提高认识	学生在交流园地发表心得体会	学生在完成学习过程后再进行相互交流,有利于知识的消化、巩固,有利于学生能力的共同提高

点评:"教育需要建立与现代课程相应的体验性环境",而信息技术在课堂教学中的介入,是最有可能建立这一虚拟的"体验性环境"的有效途径。然而,在部分人的眼里,信息技术的使用似乎成了课堂教学改革的一个标签。本课例试图走出信息技术使用的误区,将信息技术与数学课程有机地整合,从而在学生真正获得学习主动权的前提下,为他们创造自主探究的平台。本课例中教学设计的三次改进实际上体现了设计者教育观念转变与认识的深化:最初,教师设计课堂演示的 PowerPoint 课件,只是教师"表演的道具",学生是忠实的"听众或观众";到后来,教师设计动态网页,如身临其境的网上"高尔夫球赛"为学生创造了一个体验性环境,所有的学生都"动"了起来,所有的学生都参与到了学习过程中,而此时教师反过来成了"观众",这是一个多么可喜的局面!

二次函数性质的理解和应用,本是一个教学难点,但借助于精心设计的网络环境下良好的人机互动与对话,学生的充分参与和积极活动,体验到数学知识的发生过程,感受到了数学发现的乐趣,教学难点也就在不知不觉中得到了化解,也难怪学生发出"原来二次函数还是很可爱的"这样的感慨。当然,本文中的课例如果能根据学生差异设计不同水平的活动内容,也许会更能促进群体教学中个体的充分发展。将信息技术从"黑板的替代品"到与数学课程的有机整合,还有一段很长的路要走,本文做了一个较好的尝试。

(注:本案例由穆晓东执教,聂必凯点评。)

五、探究命题教学

数学的核心内容是由命题组成的。命题教学采用探究式教学成为当今数学教学改革的热点之一。

● 案例 5　勾股定理探究式教学

（一）设计背景

从某种意义上说,勾股定理的教与学是数学教改的晴雨表:20 世纪五六十年代数学课程中的严格论证,后来提倡的"量一量、算一算"之后的"告诉结论""做中学",直到现在的探究式等,在勾股定理的教学中都有各自的追求。数学教学要培养学生数学计算、数学论证乃至数学推断等能力,勾股定理的教学正是一个恰当的例子。为实施探究水平的教学,在教学设计上存在两个难解的困惑:① 通过度量直角三角形三条边的长,计算它们的平方,再归纳出 $a^2+b^2=c^2$,由于得到的数据不总是整数,学生很难猜想出它们的平方关系,因此教师常常把勾股定理作为一个事实告诉学生;② 勾股定理的证明有难度,一般来说学生很难自行探究,寻得解决的方法。

根据世界各地对勾股定理的处理,我们发现美国和澳大利亚倾向于直接呈现勾股定理,而辅以直观的操作来确认定理的真实性,而捷克、中国的香港和上海倾向通过活动去发现定理,然后介绍多种证明方法,不过捷克和中国香港的证明以直观操作确认为导向,而上海的证明是直观操作及逻辑推理并重。

可见,是否让学生猜想和证明勾股定理是有争论的。事实上,多数教师教勾股定理,基本采用讲解操作的方式,重点在于展示勾股定理的数学价值和文化魅力。另一方面,一部分教师则将重点放在勾股定理的探究与发现上。那么能否通过设计合适的学习情境做铺垫,引发学生的数学猜想? 能否在铺垫的基础上,通过数形结合,引导学生自行论证,并从中懂得反驳与证明的价值呢? 上海青浦的一项研究做了这样的改进:运用"脚手架"理论,通过"工作单"进行铺垫,为学生的学习提供一种教学协助,帮助学生完成在现有能力下对高认知水平学习任务的跨越。

（二）教学过程

通过工作单形式组织如下教学环节:

1. 探究活动:为发现和证明定理作铺垫

工作单 1:在方格纸内斜放一个正方形 $ABCD$〔如图 9-12（a）所示〕,正方形的 4 个顶点都在格点上,每个小方格的边

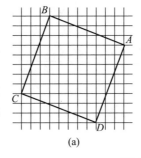
(a)

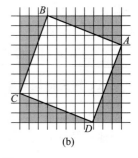
(b)

图 9-12

长为 1 个长度单位,怎样计算正方形 *ABCD* 的面积?

这一环节是教师设置铺垫,为学生的探究提供教学协助。斜放正方形的面积可按图 9-12(b)启示的思路计算(正放的大正方形的面积减去 4 个阴影直角三角形的面积)。这样所得数据都是整数,为下一步发现定理的探究活动(见下面工作单 2)做准备,也为后面定理证明方法(面积补割的方法)的发现做了伏笔。

2. 定理的发现:操作、计算、观察、猜想

工作单 2:直角三角形两条直角边(a,b)和斜边(c)之间有什么关系?用前面提供的方法分别计算下列四图中的 a^2,b^2,$2ab$ 及 c^2 的值(如图 9-13 所示),并填表,然后猜测它们之间的数量关系。

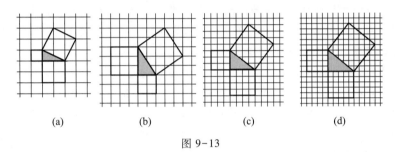

$$(a) \qquad (b) \qquad (c) \qquad (d)$$

图 9-13

学生运用第一份工作单提供的方法,计算并填表(表 9-4),然后归纳表内数据,猜测直角三角形两条直角边和斜边之间可能有的关系。学生通过仔细观察,很容易猜想出"$a^2+b^2=c^2$"。出人意料的是,有的学生根据数据表还归纳出了"$2ab+1=c^2$"的猜想。对这个猜想,教师提问"它是不是一个普遍的规律呢?"。于是,学生投入确认或反驳的争论中去:

表 9-4　由工作单 1 设计的表格

代数项	图(a)	图(b)	图(c)	图(d)
a^2	1	4	9	16
b^2	4	9	16	25
$2ab$	4	12	24	40
c^2	5	13	25	41

注:表内数据是后来填上去的

教师:从上式子,我们可以看出 $a^2+b^2=c^2$,$2ab+1=c^2$,两式都成立吗?那我们来试一下看看。第一图中,$a^2+b^2=1^2+2^2=5=c^2$,$2ab+1=4+1=5=c^2$,对吗?对的!请同学们验证在其他几个图中,这两个关系是否仍成立?(学生独立

验算。)

学生:对于表中的其他数据,这两个关系都成立吗?

教师:下面请同学们自己再画一个不同的三角形来,可以利用现有的方格纸来画图。(学生自画。)

教师:再把你们画的直角三角形的 $a^2,b^2,c^2,2ab$ 写到表格旁边,再看一下这两个关系是否还成立。(学生填表,教师巡视。)

教师:好,现在教师看到两个直角三角形。这个三角形是李斌画的。你的直角三角形的两条直角边分别是多少?

学生:2,2。

教师:他画的直角三角形的两条直角边都是2。那么,算出来 $a^2=4,b^2=4$,$2ab=8,2ab+1=9$,那么 $c^2=9$ 吗? 我们请同学们算一下,同学们算出来(c^2)是8,对不对? 对的。所以 $2ab+1=c^2$ 不成立,但是 $a^2+b^2=c^2$ 仍成立。下面看王涛画的。你的直角三角形的两条直角边是多少?

学生:两条直角边都是1。

教师:这是两条直角边都是1的直角三角形。请坐,那么我们再来验算一下,在这个直角三角形中,$a^2+b^2=1^2+1^2=2=c^2$,仍成立。而 $2ab+1=2+1=3$ 不等于 c^2,所以 $2ab+1=c^2$ 不成立。因此,$2ab+1=c^2$ 在一般直角三角形中是不成立的。但是,根据前面的验算,$a^2+b^2=c^2$ 都成立。那么,这个关系是否在任意直角三角形中都成立? 这是我们接下来要证明的问题。

上面的试验推翻了 $2ab+1=c^2$,那么"$a^2+b^2=c^2$"是否也可举例推翻呢? 例子举不胜举,但都否定不了,看来要确认它为定理,只有依赖逻辑证明这一有力手段了。在这里,学生的尝试错误已被作为一种有效的教学资源,成为他们懂得反驳与证明的价值,激发探究勾股定理证明方法的直接动因。

3. 证明的发现:从特殊到一般

工作单3:直角三角形两直角边的平方和等于斜边的平方,这一命题是从以上几个特殊例子得出的,而对于一般的直角三角形,它是否成立呢? 把图中的方格纸背景撤去,并且隐去 a,b 的具体数值,在直角 $\triangle ABC$ 中,已知 $\angle ACB=90°$,$BC=a,CA=b,AB=c$,试用刚才计算斜放正方形面积的方法证明 $a^2+b^2=c^2$ 这一命题的正确性(如图9-14所示)。

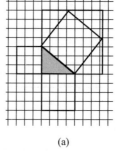
(a)

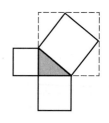
(b)

图 9-14

这一环节拆除了原先的铺垫,通过数形结合,让学生学会逻辑证明的一般方法。之前,第一个环节计算斜放正方形面积的方法,实际上蕴涵了一种通过计算论证定理的思路:$c^2=(a+b)^2-2ab$,第二个环节又强化了这一条思路,到这时定理证明的难度明显降低了,学生完全可以亲自"做出来",如下片段所示:

教师:我们请同学来说说看,他在这时是怎么验证:$a^2+b^2=c^2$,我们刚讲过先求 c^2,怎么求呢? 张洁说说看。

学生:在斜正方形四周补上三个直角三角形。

教师:以这个以 c 为边的正方形四周补上三个直角三角形,然后呢?

学生:大的正方形的面积等于 $(a+b)^2$。

教师:所以 $c^2=(a+b)^2$ 减去……?

学生:减去 $4\times\dfrac{ab}{2}$。

教师:减去 $4\times\dfrac{ab}{2}$,每个小的直角三角形的面积是 $\dfrac{ab}{2}$,那么,这就是我们求的 c^2 了,然后怎么去验证结论呢?

学生:把这个平方展开。

教师:把这个平方计算出来,我们计算一下。

学生:等于 $a^2+2ab+b^2-2ab=a^2+b^2$。(学生口答,教师板书。)

教师:$c^2=a^2+b^2$ 算出来了吗?

学生:出来了。(齐声回答。)

由于在前面两个阶段都对面积计算方法做了铺垫,因此,学生获得定理的证明成为水到渠成之事。学生成功地亲身经历了定理的猜测和验证过程,充分体验了解决问题的愉悦。紧接着,教师又组织学生探究证明的多种方法,开拓学生的思维。

工作单4:请用直角边长为 a,b,斜边为 c 的四个直角三角形,拼成含有至少一个正方形(边长为 a,b 或 c)的正方形,并比较不同拼图之间的面积关系。

学生通过尝试,很快得到了下述的两种拼图(图9-15),然后,教师启发他们计算各种拼图的面积,于是得到了定理的另一种确认。

接着,教师介绍了勾股定理的发现历史及中国古代数学家取得的成就。

4. 定理应用:变式训练

工作单5:

(1)在图9-16(a) Rt△ABC 中,$a=3,b=4$,求 c。

(2)在图9-16(b) Rt△ABC 中,$a=3,b=4$,求 c。

(3)在一个直角三角形中,已知两边边长是3和4,求第三条边的长度。

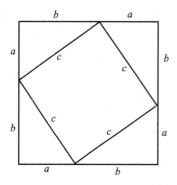

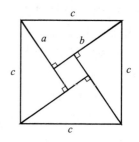

图 9-15

通过这种层层递进的变式训练,促进学生理解和掌握勾股定理,为灵活运用打下了基础。

由上述分析,我们可以发现,由于精心设计了工作单这一"脚手架",使学生在内在的情感和动机驱动下,主动探究,猜测,确定或反驳,体验科学发现的思维过程,从中获得对定理本身及相应思想方式的理解与掌握。最后通过变式训练,让学生体验到自己发现知识解决问题的成功喜悦。

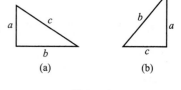

图 9-16

(注:本案例由顾泠沅和王洁提供材料,黄荣金整理。)

六、探究性复习课

复习课是数学教学中一种基本和必不可少的课型。以往,小学高年级与初中数学章节复习课以教师为主体,通过讲解概念、方法,精讲例题来完成,它对整理知识结构,掌握知识和提高解题能力起到一定的教学效果。那么,能不能设计一种学生探究式的复习课呢?以下的教学实录是一种尝试。

案例6　"圆的周长和面积"复习课

教学目标:(1)掌握圆的周长、弧长、圆的面积、扇形的面积计算方法;(2)增强解决实际问题的能力;(3)揭示图形变化规律,培养学生探索精神,提高学习数学的兴趣。

这节复习课由下列三个阶段组成:(1)揭示课题,梳理知识体系;(2)变式题组解决;(3)学生自主小结评价。

1. 合作交流,明辨是非:梳理知识结构

先由各小组报告对本章知识的自我整理,进行互评及补充。接着,展示一组多项选择题进行检测:

(1)下列说法正确的是( )。

(A) π 的值等于 3.14

(B) π 的值与圆的大小无关

(C) π 的值是圆的周长除以半径长所得的商

(D) π 是圆的直径长除它的周长所得的商

(2)下列说法错误的是( )。

(A)圆的一部分是扇形 (B)由两条半径组成的图形是扇形

(C)扇形是圆的一部分 (D)圆的面积一定大于扇形的面积

选题(1)检验学生课后的自主复习成功与否。选题(2)培养学生自我纠错能力。

2. 变式问题探讨:揭示数学思想和提升问题解决能力

原型问题 1:猜一猜,小明从家里到学校有三条路可走(如图 9-17 所示的 r_1,r_2 和 r_3),走哪一条路最近? 想一想,为什么? (由学生讨论出结果。)

学生充分讨论之后,会出现两种结果,一种是一样长,另一种是不一样长,怎么办? 教师让学生用计算的方法来说明,弄清对错。教师提示设半圆的直径为 d,让学生讨论并在工作纸上写出计算过程,用实物投影仪让学生展示并讲解,证明了三条路程一样长。

变式问题 1A:如图 9-18:阴影部分是由三个半圆围成的,求这个阴影部分的周长(图中单位:m)。

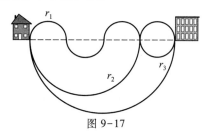

图 9-17

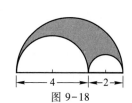

图 9-18

变式问题 1B:在上述问题中,

(1)给出一个怎样的已知条件,也能求出阴影部分的周长?

(2)图形如何变化,使得阴影部分的周长始终是大圆的周长?

本题属开放型命题,结果不唯一(图 9-19)。

图 9-19

原型问题 2:看图解答问题

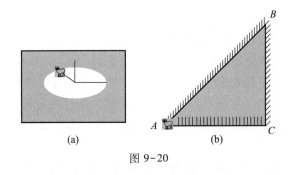

(a)　　　　　　　　(b)

图 9-20

　　问题 2A:如图 9-20(a),用一根长 3 m 的绳子,把一只羊拴在草地中的柱子上(绳扣部分长度不计)。试问羊的最大活动范围是多少?

　　课堂解说:教师边读题,并作动画演示,让同学清楚题意:羊的活动范围是以 3 m 为半径的一个圆。由动画的实际演示,使同学对较抽象的题意,有了清楚的了解,加深了印象。很快同学都完成了本题的计算。

　　问题 2B:如图 9-20(b),一只羊被圈在一块面积为 3.14 m²、形状是等腰直角三角形的草地上,草地的周围有栅栏,现把羊拴在三角形顶点的柱子上。试问这条拴羊的绳子要有多长才能使羊吃到草地上一半的草(假定已知 $2^2=4,1.41^2=2$)?

　　此题比较困难,有的学生可能不知道羊吃草面积是个扇形面积,有的可能不知道等腰直角三角形的一个锐角为 45°,还有的无从着手。

　　这时教师就做适当的提示,让学生思考羊吃掉草的面积是什么形状的? 指导同学作图来表示,并提问等腰三角形的三个角的度数是什么? 教师继续展示以 A 点为出发点,羊吃草的一个动画过程。实际教学中师生之间出现了下面一段对话:

　　教师:本题完成了吗?

　　学生:没有。

　　教师:为什么?

　　学生:题目旁边,还有 $1.41^2=2$,没有用到这个条件,所以没有完成。

　　(当时轻松的气氛一下子又紧张起来了,教室立刻变为一片寂静。同时,大部分同学都目瞪口呆,不知所以然。)

教师:既然有人说还没有完成。我想大家对题意的理解有欠缺,我们不妨再把题目读一遍。读一读,你发现什么?

(同学都轻声地读起题目,并有一点点的讨论声出现,大约 2 分钟后,有同学终于发言了。)

学生:"羊拴在三角形顶点的柱子上"这句话很重要。

教师:重要在哪里?

学生:它没有给出这只羊究竟拴在哪一顶点上。

教师:那我们应该怎么办?

学生:我们把羊拴在 A,B,C 不同的三点上,分别进行计算拴羊的绳长。

教师:很好,同学们明白了吗? 好,让我们用掌声感谢这位同学的发言。

(全班立刻掌声响起。)

顺着学生的思路出现了羊拴在 C 点上的动画过程,由于点 B 的情况和点 A 的情况,答案是一样的。所以,不做动画。经过师生共同的参与讨论,完整地解决了问题。

本题的解答,有助于同学们了解并掌握一个重要的数学思想方法——分类讨论。

变式问题 2C:如图 9-21,用一根长 2 m 的绳子把一只羊拴在形状是任意三角形的草地上,顺次拴在三角形的三个顶点上,草地的周围有栅栏,一整天这只羊吃掉了图中的三块草地,问羊一共吃了多少面积的草?

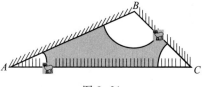

图 9-21

选这题的目的是让同学了解并掌握一个数学思想方法——化归法。

课堂解说:学生看到题目,有点紧张,在巡视中,师生有这样一段对话:

学生:三个角的度数是多少?

教师:为什么要知道三个角的度数。

学生:知道了每个角的度数,半径知道了,三个扇形面积就可计算出来了,再加一下就完成了。

教师:对的,那现在我没有告诉你,你怎么办?

学生:用量角器量一下可以吗?

教师:可以的。可你想过这样做,烦琐吗?

学生:烦琐,但想不出其他方法。

此时一位同学主动走过来和这位同学讨论这道题,帮助他解决问题。很快,有几位同学说出了羊吃掉草的面积是半个圆面积。教师顺着同学的思路、作动画演示(如图9-22所示)来验证同学的解答是完全正确的。全班同学一起拿剪刀进行实际操作。

变式问题 2D:阅读理解操作题。我们知道,要想计算圆的周长和面积,总要用到π,是不是所有曲线的长度,以及它们围起来的面积都与π有关呢?不一定,例如:计算图9-23(a)所示的图形阴影部分的面积,就不需要π帮忙,只要把左图中左边的半圆移到右边去,这样阴影部分面积就等于一个长方形的面积。试用上面的方法,

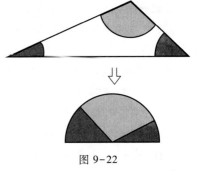

图 9-22

计算图9-23(b)中阴影部分的面积,其中,四个圆的半径均为$\frac{1}{2}$m。

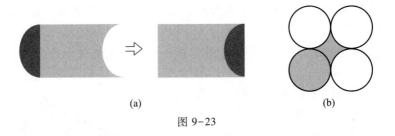

(a)   (b)

图 9-23

选题说明:通过阅读题,进一步加强学生对化归思想的理解。

课堂解说:教师先根据阅读材料,作动画演示,随后让学生在自己的工作纸上,完成阅读后的操作题。同学们都很积极投入。大家互相帮助,懂的同学主动帮助不懂的同学,共同讨论作图,课堂气氛很快热烈起来。学生很快把作好的图展示出来,这里选两位同学的答案[图9-24(a)(b)]。

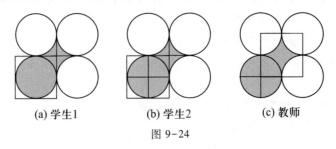

(a)学生1   (b)学生2   (c)教师

图 9-24

几位学生作的图是正确的,可和教师准备的答案不一样,教师及时地表扬这些同学有创新思维,由于临近下课,讨论中没有出现教师准备的答案,最终教师

把答案展示给学生看[图 9-24(c)],让学生又了解了另一种解法。

3. 自主评价和总结:反思性学习

教师叫学生谈谈对这节复习课的体验和收获,同学们积极地发表了他们的感受。

学生 A:我认为陈老师这堂课上得很好,因为有课件与老师两方面的讲解,我真想以后有多一点机会上这样的课。我的收获是在理解圆系列题目时,达到了更加巩固的效果,对复习这一单元很有好处。而且还促进同学们积极举手发言,培养了自己的胆量,真是多方面受益呀!

学生 B:我真希望以后能够多一些这样的课,这样不仅能让一些还有问题没有弄懂又不敢问老师的同学能完全弄懂,还能让大家由被动到主动地去学习。

学生 C:这节课,我觉得对我很有帮助,比如说那些概念,以前看见这种概念,有些糊涂。现在同学们和老师都说过了,我也对此懂了许多。对了!以前像应用题,我最讨厌,那种什么羊跑来跑去之类的问题,我看得头都涨了,我现在才知道,只要一画图,就一目了然。今天,老师您给我们分析的题目,都画出来了,我觉得这样形象一点,我们比较好理解。

学生 D:这节课,我懂得了许多自己不清楚的概念及解题思路,并且学会灵活运用题目中已知的条件来解题,而不是一味地死算,如切割图形后,把切下的部分拼至所需的图形。并且老师上课时还让大家互相讨论,我觉得这样很好,因为有时老师上课时讲得太快,以至于自己没听懂,却又不敢问老师,而同学之间不懂就问,这样也容易搞懂题目。

(注:本案例由陈蓉执教,黄荣金参与设计。)

第四节 一些案例(课堂教学片段)的评析

上一节,我们看了许多完整的一堂课的课例。这一节,我们将考察一些"教学小品",摘录课堂教学中的一些片段,叙述一些发人深省的情节,供大家思考。

一、同一例题的不同"命运"(樊亚东提供)

这是在高三两个班级讲解同一道例题时意外发生的故事。例题如下:

"已知函数 $f(x)=(m-2)x^2-4mx+2m-6$ 的图像与 x 轴的负半轴有公共点,求实数 m 的取值范围。"

以下是发生在甲班的教学过程。

教师:大家在解此类问题时,通常是否考虑作出 $f(x)$ 的草图?(得到肯定回答后)而 $f(x)$ 的图像位置依赖于 m 的取值,那么分类讨论的着眼点该如何确定?

学生甲:讨论图像的"开口"。

学生乙:讨论图像与 x 轴的交点。

教师:好,下面我们选一种思路试试看如何?("试学生甲的",有学生建议)那就讨论"开口"吧。(教师开始板书。)

$$解:\left(讨论"开口",解题结构为\begin{cases}m=2\\m\neq2\begin{cases}m<2\\m>2\end{cases}\end{cases}\right)$$

(1) $m=2$ 时,$f(x)=-8x-2$,符合题意。

(2) $m<2$ 时,符合题意的草图如图 9-25 所示:

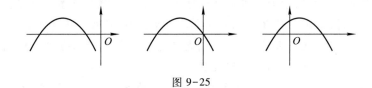

图 9-25

$$\Leftrightarrow\begin{cases}\Delta\geqslant0,\\x_1+x_2<0,\\x_1x_2>0\end{cases}\quad 或\quad\begin{cases}f(0)=0,\\x_1+x_2<0\end{cases}\quad 或\quad f(0)>0$$

$$\Leftrightarrow\begin{cases}m\leqslant-6\ 或\ m\geqslant1,\\\dfrac{4m}{m-2}<0,\\\dfrac{2m-6}{m-2}>0\end{cases}\quad 或\quad\begin{cases}m=3,\\\dfrac{4m}{m-2}<0\end{cases}\quad 或\quad 2m-6>0$$

所以 $1\leqslant m<2$。

(上述第一步主要由教师给出,后两步则主要由学生完成。)

(3) $m>2$ 时,符合题意的草图如图 9-26 所示:

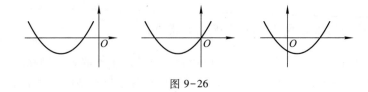

图 9-26

$$\Leftrightarrow \begin{cases} \Delta \geqslant 0, \\ x_1+x_2<0, \\ x_1 x_2>0 \end{cases} \text{或} \quad \begin{cases} f(0)=0, \\ x_1+x_2<0 \end{cases} \text{或} \quad f(0)<0$$

所以 $2<m<3$。

综合(1)(2)(3)得,所求 m 的范围是 $1\leqslant m<3$。

教师:本题就解到此。留两个问题课后自己研究① 本题可否简化? ② 试一试同学乙"讨论交点"的思路。

至此,仅用 13 分钟便完成了这一例题的讲解。教师认为目的已经达到,按预先教案,依次讲完其余四个例题。

以下是乙班的授课记录(教案同甲班)。

与甲班一样,出示例题后教师提问"分类讨论的着眼点该如何确定?"

学生 A:讨论"Δ"。

学生 B:讨论 $f(x)=0$ 的根。

教师(突然想换一种授课方法):请两位同学上黑板尝试一下。

学生 A 的板书:(解不等式过程略)

(1) $\Delta=0$ 时,$m=1$ 或 $m=-6$,经检验,$m=-6$ 时函数图像与 x 轴的负半轴无公共点,舍去。

(2) $\Delta>0$ 时,$\begin{cases} x_1+x_2<0, \\ x_1 x_2>0 \end{cases}$ 或 $\begin{cases} f(0)=0, \\ \dfrac{4m}{2(m-2)}<0 \end{cases}$ 或 $x_1 x_2<0$

$\Leftrightarrow 1<m<2$ 或 $2<m<3$。

综合(1)(2)得 m 的范围是 $1\leqslant m<2$ 或 $2<m<3$。

学生 B 的板书:

(1) $m=2$ 时,$f(x)=0$。即得 $x=-\dfrac{1}{4}$,符合题意。

(2) $m\neq 2$ 时,$f(x)=0$ 的根有三种情形:

$$\begin{cases} x_1<0, \\ x_2<0 \end{cases} \text{或} \quad \begin{cases} x_1<0, \\ x_2=0 \end{cases} \text{或} \quad \begin{cases} x_1<0, \\ x_2>0 \end{cases}$$

$\Leftrightarrow 1\leqslant m<2$ 或 $m\in\varnothing$ 或 $2<m<3$。

综合(1)(2)得 m 的范围是 $1\leqslant m<3$。

教师(讲评):

① A 同学为何会遗漏 $m=2$? (稍许由其自我纠正。)

② B 同学的解题过程有两处细节请大家注意。其一 $\begin{cases} x_1<0, \\ x_2>0 \end{cases} \Leftrightarrow (m-2)f(0)<0$

是怎么回事?(B 同学解释其几何意义);其二 $\begin{cases} x_1<0, \\ x_2<0 \end{cases}$ 与 $\begin{cases} x_1+x_2<0, \\ x_1x_2>0 \end{cases}$ 是否等价?

(这一问,引起一点"波动",但很快也达成了共识。)

至此,该例的教学本应结束,并且课已进行了 25 分钟。可不知是受到学生的感染,还是教师希望出现在甲班上演过的讨论"开门"的方法,教师不经意地问了一声:"有不同解法吗?"不问则罢,一问果真还有下文:

学生 C:我的列式与 A、B 都不同,但结果一样。

学生 D:我不知道自己列的式对不对,好像答案没错。(学生一片笑声。)

教师(教师既受到鼓舞又担心时间,但还是决定让学生继续展示不同的想法):请两位同学到黑板上展示一下自己的过程。

此时,教室内一片寂静,大家都在期待看到新的解法。

学生 C 的板书:

$m=2$ 时,符合题意。

$m\neq2$ 时,$\begin{cases} \Delta\geq0, \\ x_1+x_2<0, \\ x_1x_2>0 \end{cases}$ 或 $\begin{cases} \Delta>0, \\ x_1x_2<0 \end{cases}$。

(教师插话:只要写到这里。)

学生 D 的板书:

$m=2$ 时,符合题意;

$m\neq2$ 时,$x_1x_2<0$ 或 $\begin{cases} \Delta\geq0, \\ \dfrac{4m}{2(m-2)}\leq0 \end{cases}$。

教师(怎么办? 只能继续讲评,并且是边思考,边组织语句):首先,C 同学所列条件有误,但为何不影响最终结果? (与前两位同学所列条件比较后,马上发现不少漏洞,如有一根为零没有考虑,但巧的是,遗漏部分的解集为∅。)其次,D 同学所列的条件也有问题,如 $x_1x_2<0$,是应该 $\begin{cases} \Delta>0, \\ x_1x_2<0, \end{cases}$ 还是 $\begin{cases} \Delta\geq0, \\ x_1x_2<0 \end{cases}$ 呢? 凑巧的是 $x_1x_2<0\Rightarrow\Delta>0$。所以漏掉 $\Delta>0$(或 $\Delta\geq0$)又不影响结论。进一步分析"$x_1x_2<0$ 或 $\begin{cases} \Delta\geq0, \\ \dfrac{4m}{2(m-2)}\leq0 \end{cases}$"的含义,改用"图形"语言,直观地看一看如何(图 9-27)?

从图 9-27 中可见,(a)(b)(c)(d)(e)五种情形中有的被重复考虑了,如(a)和(d)。但重要的是所有可能的情形没有漏掉。所以,结论一定是正确的!

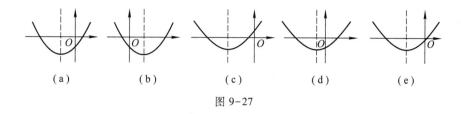

（a）　　　　　（b）　　　　　（c）　　　　　（d）　　　　　（e）

图 9-27

这时,离下课只剩 6 分钟了,再讲其余例题时间来不及,干脆继续让学生彻底地展示他们的想法吧!"还有不同方法吗?"话音刚落,"有!"学生 E 上黑板开始板书:

$m=2$ 时,符合题意;

$m \neq 2$ 时, $\begin{cases} m<2, \\ x_{小}<0 \end{cases}$ 或 $\begin{cases} m>2, \\ x_{小}<0 \end{cases}$

(抬头问是否要写下去? 教师点头示意继续。)

$$\Leftrightarrow \begin{cases} m<2, \\ \dfrac{4m-\sqrt{\Delta}}{2(m-2)}<0 \end{cases} \quad 或 \quad \begin{cases} m>2, \\ \dfrac{4m-\sqrt{\Delta}}{2(m-2)}<0 \end{cases}$$

$$\Leftrightarrow \begin{cases} m\leqslant-6 \ 或 \ 1\leqslant m<2, \\ \dfrac{4m-\sqrt{\Delta}}{2(m-2)}<0 \end{cases} \quad 或 \quad \begin{cases} m>2, \\ \dfrac{4m-\sqrt{\Delta}}{2(m-2)}<0 \end{cases}$$

$$\Leftrightarrow \begin{cases} 当 \ 1\leqslant m<2 \ 时, 4m-\sqrt{\Delta}>0(显然成立) \\ 或当 \ m\leqslant-6 \ 时, 4m-\sqrt{\Delta}>0 \Rightarrow 2<m<3(不成立) \end{cases} \quad 或 \quad m>2 \ 时\cdots\cdots$$

"铃……"写到这里,下课铃响了,该生无奈地回到座位上,最终站着讲了一句话:"我这个方法可称为直接求小根法。"

如此"一发不可收",让教师既意外又激动,高声道:"首先,我们一齐用掌声来欢呼刚刚共度的 45 分钟美好时光(掌声热烈)! 可惜时间有限,不能继续,下一节课我们仍将讨论本例题的解法,说不定,我也来凑凑热闹! 下课!"(掌声又起。)

走出教室,我心潮难平,眼前浮现出学生们一张张灿烂微笑着的脸,我的热情也被调动起来了,仿佛我也是他们中的一员,拿起纸笔演算起来:

$f(x)=m(x^2-4x+2)-2x^2-6$,令 $x^2-4x+2=0 \Rightarrow x=2\pm\sqrt{2}$。

故 $f(x)$ 的图像必过定点 $P(2-\sqrt{2},-18+8\sqrt{2})$ 及 $Q(2+\sqrt{2},-18-8\sqrt{2})$,从而

(1) $m<2$ 时,只有一种情况:

$$\begin{cases} x_1<0, \\ x_2<0 \end{cases} \Leftrightarrow 1\leqslant m<2。$$

（2）$m>2$ 时，也只有一种情况：

$$\begin{cases} x_1<0, \\ x_2>0 \end{cases} \Leftrightarrow 2<m<3。$$

又 $m=2$ 符合题意，故 m 的取值范围是 $1\leqslant m<3$。（图9-28中四种草图所示情形均不可能。故将其中之一遗漏均不影响最后答案。）

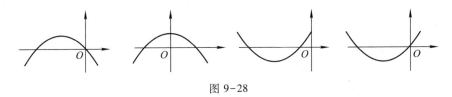

图9-28

第二天，教师在乙班接着完成了下列任务：① 让 E 同学继续展示他的"直接求小根法"；② 介绍甲班"讨论开口"的方法；③ 展示教师的"曲线系"方法，并进行最后小结，一共又花去30分钟。

同一个例题在甲班用13分钟讲完，在乙班却花去将近两课时，如此大的反差出乎我的意料，也对以下三个问题颇感困惑。

（1）怎样处理好教师与学生的关系？教师为主导，学生为主体，这两者能否达到和谐统一？简单地说，学生若真正成了主体，教师就必须围绕学生转，那么，教师如何转，何时必须介入呢？介入太早，教师就可能成为课堂的中心，又成为学生围绕教师转；介入太迟，教师就可能难以体现主导作用，连课时数都得不到控制，知识目标的实现势必受阻。

（2）怎样处理备课与上课的关系？教案是进行课堂教学的"脚本"，但这个"脚本"通常是教师预先按照自己的设想设计的，在实际课堂教学中因为有了学生的参与，这种事先计划很可能会遇到意外，这时，应该把学生拉回到既定的教学计划中来呢，还是舍弃教案与学生共同探索？教案应该怎么写？写详教案好，还是写简教案好？或者，还要不要写教案？

（3）解题教学的目的是什么？仅仅得出答案显然是不够的，应该通过解题，进一步熟悉、理解所学内容，在内容之间建立起联系，此为学科意义上的价值；通过解题，让学生从成功中发现自我，培养自信、坚强、忍耐的品格，此为人生意义上的价值，也是根本所在。那么如何选取有价值的问题呢？如何进行解题教学才能发挥它们丰富的价值呢？

数学课到底怎么上才好？我的想法是："让更多的孩子脸上挂着灿烂的

微笑吧!"

二、为什么扣两分(余丽伟提供)

一所中学进行了高一年级的数学测验,其中的一道题目是这样的:

已知关于 x 的函数:$y=x^2+2ax+a(-1\leq x\leq 1)$,其最小值是 a 的函数,求此最小值函数 $f(a)$。

教师们一起确定评分标准时,达到了以下的共识:(总分 6 分)

写出:$y=(x+a)^2-a^2+a$,得 1 分;

分三种情况讨论,每答对一种得 1 分:

(1) $a<-1$ 时,$f(a)=1+3a$;

(2) $-1\leq a\leq 1$ 时,$f(a)=a-a^2$;

(3) $a>1$ 时,$f(a)=1-a$;

写出下列形式得 2 分:

$$f(a)=\begin{cases} 1+3a, & a<-1, \\ a-a^2, & -1\leq a\leq 1, \\ 1-a, & a>1。 \end{cases}$$

对最后的那"2 分",年级数学组长认为应该这样要求学生,应该锻炼学生的这种能力。至于哪种能力他没有明确说出,大家也没有问。

但考试中绝大部分学生都失去了这最后的 2 分。

在评讲试卷时,"这两分为什么被扣"自然是要讲明的,但教师依据的理由并不相同。

有位教师告诉学生:"就是要训练你们养成总结结论的习惯,不写成统一的形式,就不能算全对。"显然教师心目中明确的衡量标准也只有"对"和"错"。但这种近似粗暴的处理,学生并不认同。事实上,下课后这个班仍有许多学生认为自己的解题完全达到题目的要求,教师的要求是吹毛求疵。

另外一位教师解释为总结结论是解题过程的最后一环:"打个比方,一个农场雇几个工人去采摘果实,劳动结束后,每人必须要把所得果实送去汇总,才算最终完成任务,也只有到此时才能领到工钱。最终若不总结结论,结果就显得不十分清晰。"在此基础上他还提出了解题的"美学标准",引导学生从美学角度去观察、比较答案。结果无一学生对教师的要求提出异议,因为学生注意到了数学中也有美。

过了一段时间以后,这个年级又进行了一次数学测验,其中有一题是这样的:图 9-29 中阴影部分所表示的集合是_____。

学生解题的思路不同,因此答案也有很多。例如:$\overline{A} \cap B$;$\overline{A \cup \overline{B}}$;$\overline{A \cap B \cap B}$ 等等。有趣的是,经统计,在以前提到过数学美的班级里,给出 $\overline{A} \cap B$ 答案的人数明显高于其他班级。为了解释其中的原因,我们调查了一些学生,有两个学生的回答很有意思。

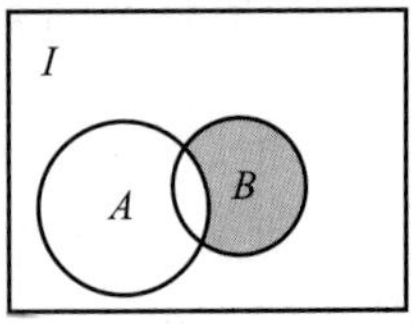

图 9-29

来自提到过"数学美"的班级的 A 同学说:"起先我得出的答案是 $\overline{A \cup \overline{B}}$,但是它看起来很繁,虽然我知道它是对的,但应该还能找到比它更漂亮的答案。我记得老师说过答案不仅要正确还要漂亮。后来,我想起反演律:$\overline{A \cup B} = \overline{A} \cap \overline{B}$,就得出:$\overline{A \cup \overline{B}} = \overline{A} \cap B$。得出这个结果后再来看图,发现这个结果其实也能直接从图中看出,我发现自己开始做这道题时,看这个图的角度不够好,最后我就给出了现在这个漂亮些的答案。"

来自没提到过数学美的班级的 B 同学:"我一看就发现它的答案是 $\overline{A \cup \overline{B}}$,从图上一检验也觉得它肯定正确,就 OK 了。"

这次调查反映出提到还是没有提到数学美,对学生是否自觉主动地审视最后结论是有影响的。在提到数学美的班级,大部分学生开始自觉考虑要使结果符合美的标准,但在没有提到数学美的班级,学生往往依赖于教师事先有没有对答案的最终形式提出要求。

之后,我们还发现,在提到过数学美的班级里,有些学生在过了一段时间以后还能自觉主动地审视结论。那是在一堂学习复数的课上,学生们刚刚学习完解方程 $x^2 + x + 1 = 0$,知道它的解是 $x_1 = -\dfrac{1}{2} + \dfrac{\sqrt{3}}{2}i$;$x_2 = -\dfrac{1}{2} - \dfrac{\sqrt{3}}{2}i$,教师令 $\omega = x_1 = -\dfrac{1}{2} + \dfrac{\sqrt{3}}{2}i$,让学生们证明:

(1) $x_2 = \overline{\omega}$;(2) $\omega^2 = \overline{\omega}$;(3) $\omega^3 = 1$。

学生们都毫无困难地完成了三道题的证明。在证明前两道题时,他们的证法几乎相同。但最后一道题,学生们有三种不同的方法,教师将它们展示在黑板上。

第一种:$\omega^3 = \left(-\dfrac{1}{2} + \dfrac{\sqrt{3}}{2}i\right)^3 = \left(-\dfrac{1}{2} - \dfrac{\sqrt{3}}{2}i\right)\left(-\dfrac{1}{2} + \dfrac{\sqrt{3}}{2}i\right) = 1$。

(可能这是大部分学生的解题方法,因此,看到这种方法时许多学生都不吭声,但也有少部分学生小声说:"可以不运算。")

第二种：$\omega^3 = \omega^2 \omega = \overline{\omega}\,\omega = \left(\dfrac{1}{2}\right)^2 + \left(\dfrac{\sqrt{3}}{2}\right)^2 = 1$。

(看到这种方法时有些学生在下面叫好,但也有个别学生不以为然。)

第三种：因为 ω 是方程 $x^2 + x + 1 = 0$ 的根,$\omega^2 + \omega + 1 = 0$。所以

$$(\omega - 1)(\omega^2 + \omega + 1) = 0, \quad \omega^3 - 1 = 0,$$

即

$$\omega^3 = 1。$$

绝大多数学生认为这种方法"好""真漂亮""确实美"！课堂气氛相当热烈。学生们再次感受到了数学的美,也因为数学的美而更喜爱数学。

三、荒唐的假设(邵德彪提供)

教师刚刚讲完异面直线的概念,宣布下课,A 学生就急切地挤到讲台前："老师,我认为异面直线根本不存在。"还陶醉在课上生动、活跃气氛中的师生以及没走出教室的几位听课教师全都惊愕了。

教师暗暗奇怪,课上讲得够清楚啦,况且这也不是很抽象、很难建立的概念,为什么 A 学生不能接受呢？教师顺手拿起两支粉笔比作"异面直线"的样子,可 A 学生仍不愿接受,她指着教师手中的粉笔说："您这两支粉笔要是再粗些,它们不就相交了吗?"一句话引得大家都乐了,原来,她错误地将"直线没有粗细"理解为"可以任意粗细"。

一年以后,在教师的耐心帮助下,A 学生凭着自己的毅力与自信,尤其是她的善思好问,数学学习有了很明显的进步。在一次习题课上,她的奇思妙想又让教师吃了一惊。

这是一堂讲参数方程应用的习题课,其中有一道例题：如图 9-30 所示,Rt$\triangle ABC$ 的直角顶点 A 与另一顶点 B 分别沿 x 轴、y 轴滑动,设腰长 AB 为定值 a,求：

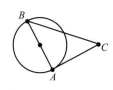

图 9-30

(1) 点 C 的轨迹方程；

(2) OC 的最大值与最小值。

让学生思考几分钟后,教师开始很努力地引导学生分析如何选择适当的参数,建立动点 C 的轨迹参数方程,这是教学中的一个难点。这时 A 学生举手发言："如果只求第(2)问,根本用不着研究动点 C 的轨迹参数方程。假定坐标系绕着 AB 旋转,原点 O 的轨迹是以 AB 为直径的圆,点 C 到圆上的点的距离的最值即为所求。"

利用"相对性",多么精妙的转换！教师带头鼓起掌来。

这以后,教师经常用 A 学生的故事鼓励、教育其他学生。

在 90 届高三总复习时,教师又讲了这个故事。同学们既为 A 学生开始时对直线的荒唐假设感到好笑,又赞叹她后来考虑问题独特的视角和胆量。下课了,B 学生来找教师:"A 学生那个荒唐的假设倒启发我发现'总复习'上的一道题答案是错的,只是我还不知道正确答案是什么。"教师一惊,荒唐的假设居然启发了另一个学生。

"总复习"上的那道题目是这样的:求到两条异面直线 a,b 等距离的点的轨迹。书上的答案是:在公垂线段的中垂面上的两条相交直线。这显然是想当然地加上了"在中垂面上求"的条件。B 学生接着说:"分别以 a,b 为轴做两个等半径的圆柱面,当半径 $r \geqslant \dfrac{d}{2}$(异面直线 a,b 的距离)时,这两个圆柱面的公共点即为所求,肯定不只在中垂面上。对一个给定的 $r > \dfrac{d}{2}$,两个面交出一条曲线,可所有这样的曲线又组成什么呢?"

很明显,这是个"超纲"的问题,可是教师实在不愿意给这个热切的探索者泼冷水,他很乐意地向这位学生介绍了"马鞍面"及其他直纹面,B 学生满意而归。

故事已经过去许多年了,可教师仍不能忘怀。为师者决不要轻视那些看起来"笨"的学生,也不应该嘲笑听起来"荒唐"的问题。若在他们面前不能甚至不想尽心,那便枉为人师了。

四、i 的意义是什么?(李群提供)

在引入虚数单位 i 的概念后,每次都会有学生提出 i 在现实中可表示什么意义的问题。在原有的实数系基础上建构复数系,抽象的 i 的引入总是让学生在认知过程中感到困惑和无奈,这一现象不能不引起我们教师的深思。我感到像教材那样叙述,把新数的产生归结为表示方程的解的需要,并不能使学生心服口服地接纳 i。课间,我的一位学生来到教师办公室。

学生:老师,我有一个问题想问一问。

教师:什么问题? 坐下谈。

学生:你课堂上讲虚数单位 i 是 $x^2 = -1$ 的一个平方根,可我总觉得心里挺别扭的。比如说,"1"在实际中可以表示一支钢笔、一辆汽车,可 i 在现实中表示什么呢?

教师:你这个问题问得很好,说明你肯动脑筋。我们还是停一停,先谈谈数的发展,好吗?

学生:好吧。

教师:假若你是小学一年级学生,当我问你:"1 个苹果我们两人平分,每人得多少"该怎样回答?

学生:每人半个,就是 0.5 个。不过一年级学生还不知道 0.5 这样的小数吧,肯定回答不出来。

教师:是的。随着年龄的增加、年级的升高,当我们把 1 个苹果平均分成 10 份,其中的 5 份就叫作 0.5 个,学生是能接受的。

教师:现在假若你是小学六年级学生,当我问你:"方程 $x+2=1$ 的解是多少",该怎样回答?

学生:$x=-1$? ……不过我在小学的时候还不知道负数,要到初一,老师才教呢。

教师:是的,你原来头脑中是没有 -1 的,初一引入实际中具有相反意义的量以后,-1 在你的生活感知中找到了意义,你也就承认了它的存在。

学生:对呀,找到了数在实际中的意义,我才接受它呀。就像我初中学无理数的时候,老师说 $x^2=2$,$x=\pm\sqrt{2}$,一开始,我就是不理解 $\sqrt{2}$,后来,当我知道边长为 1 的正方形的对角线的长度就是 $\sqrt{2}$ 时,我接受了它。可是虚数 i 代表什么呢?

教师:好的,我们来回顾实数系,每个实数与数轴上的点一一对应,也可以将每个实数与起点在原点、终点为数轴上该点的有向线段一一对应。

有向线段这个概念我们以后要学的,叫作向量,物理学中也叫作矢量。假设一个物体同时受到两个力的作用,一个是水平向前的拉力,一个是水平向后的摩擦力,那么我们就用一个正实数表示这个向前的拉力,再用一个负实数表示那个向后的摩擦力。要求它们的合力的话,就用实数的加减法(如图 9-31 演示其几何意义)。假设这个物体现在受到第三个力的作用,是垂直向上的拉力,那我们就不能再用一个正实数或者负实数表示了,因为力的方向不同。这时,就需要引入新的数来表示垂直向上或向下的拉力,如果水平向前的拉力 1 N 用 $+1$ 表示,水平向后的摩擦力 1 N 用 -1 表示,那么,为了区别起见,这垂直向上的拉力 1 N 就用 i 表示,垂直向下的拉力 1 N 就用 $-$i 表示。

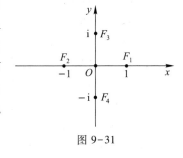

图 9-31

学生:我好像明白一些了。

教师:回去再想想,等你学完复数再回过头来看 i,也许就像你现在看小数、负数和无理数一样清楚了。当你念完大学再来想这个问题,你还会感觉到今天这些说法有坐井观天的味道呢。

我认为教师要积极鼓励学生在学习中主动提出这样的问题,而且,在教学中教师也要重视帮助学生理解抽象的概念、定理和方法。虽然对一部分抽象的数学概念,学生往往不能很快领会,需要较长的时间去体会和领悟,而且,只要我们提出要求,学生凭着出色的记忆力一定能够把书上的黑体字背下来,但是,我们应该记住,不理解的知识是难以运用的。

读了以上的四个案例,大家有什么感受呢?以下的一些体会,供各位读者参考。

首先,我们对四位教师精益求精的教学态度表示由衷的赞佩。他们关注学生,服务学生,引导学生,用自己的智慧点燃学生思考的火花。

其次,四个故事说明,数学教学是丰富多彩的。学生有各自的思考途径,独特的视角,甚至一些荒唐的假设。当教师和学生一起讨论、求得真知、感受数学之美的时候,数学教学显示出特有的光彩,达到完美的境界。这是教师最大的快乐。

再次,数学教师需要良好的数学素养。"要给学生一杯水,教师得有一桶水"。四个案例分别涉及分类讨论的类别选择、数学美的欣赏、特异思维的赏析与引导、数学理解与数学史的关联等,都在考验教师的数学功底是否扎实,知识面是否足够广阔,数学理解是否深刻。这些优秀的有经验的教师尚且需要思考学习,正在准备走进课堂执教的年轻人,更要不断地学习数学,增进数学修养。

最后,数学教师是一个研究者。课堂上发生的事情,经过教师的反思和提炼,就成了发人深省的故事。教育,不能停留在空洞的说教。通过这四个故事,我们看到了数学教育研究的价值。如果我们能够成为一个有心人,长年持久地积累这样的故事,并从中提炼出数学教育的规律,就会为数学教育研究的进步,做出一个普通教师的贡献。

几个数学上的注记:

1. 樊亚东老师在引导学生进行分类讨论时反复强调要把"所有"的情形都考虑到:$m=2, m<2, m>2$ 时三种情形,这样做可能背离了分类讨论追求简洁的宗旨,即让师生在解题过程中讨论了四种根本不存在的情况,走了一段弯路。加强解题后的反思,寻求不同解法之间的内在联系,是提升思维能力的必要途径。

2. 余丽伟老师的问题:"到底要不要扣两分?"从数学规范上看,扣两分是必需的。题目要"求函数 $f(a)$",当然必须完整地写出分段函数的整体,每一段只是这个函数整体的一个部分。没有写出函数的完整解析式,说明仅仅认识了整体的一个个局部。现在的考试评价,不注意书写规范和严密表述,是不对的。

3. 邵德彪老师从学生"荒唐的假设"中,肯定其中蕴含的运动、变化观点并加以指导,是学生 A 走向成功的重要因素。同样,邵老师对学生 B 的态度也值得敬佩,数学直觉思维的训练,是培养创新意识必须直面的话题。由于直觉往往可能是错觉,所以宽容学生的"错误",从中发掘合理的直觉成分,不仅是营造宽松、民主、和谐的课堂氛围以及养成学生良好数学情感的需要,更是努力实践"培养学生的创新能力"的具体体现。不过从数学上看却不无遗憾:两个圆柱面相交,公共部分是一条曲线。但老师却向学生介绍"马鞍面及其他直纹面",恐怕离题了。

4. 虚数单位 i 是什么? 这是一个普遍存在的问题。李群老师用数系扩充的历史,以及学生接受新数的认知过程加以揭示,可以帮助学生理解。不过,复数和实数在几何上的根本区别在于一维和二维。i 的作用就是标志另外的一个维度。也就是说,以前的数系扩充,是在数直线上扩大,不断地填空,到实数系已经填满了。复数就不得不扩大到平面上来,i 就是标志第二个维度的记号。点(a,b)也是二维的,但是不能算。向量也是一个二维的"数学量",但是只有数量积、向量积没有逆运算——除法。但是二维的"复数",具有加减乘除四则运算,结构最完整,所以,点 $P=(a,b)$,向量 $A=(a,b)$ 和 $Z=a+bi$,三位一体,但是以复数系的结构最接近"数",因而非常重要。

思考与练习

1. 你看了以上的案例有什么感想和评论?
2. 你有什么特别的数学教学故事可以说说吗?

参 考 文 献

[1] 郝澎,康晓东.一节以理性思维为主的研究课——三角函数的图像变换[J].中学数学教学参考,2004(9).
[2] 中华人民共和国教育部.普通高中数学课程标准(2017 年版 2020 年修订)[S].北京:人民教育出版社,2020.
[3] 惠州人.数学教学首先要有数学知识结构的明确[J].中学数学教学参考,2001(11).
[4] 甘大旺.课例:"均值不等式"复习课[J].中学数学教学参考,1998(1/2).
[5] 孙维刚.孙维刚谈立志成才——全班 55% 怎样考上北大、清华[M].北京:北京大学出版社,2006.
[6] 课例:"梯形中位线定理"的教学[J].数学教师,1996(3).
[7] KLINE M.Logic versus Pedagogy[J].American Mathematical Monthly,1970,77(3).
[8] 汪晓勤,韩祥临.中学数学中的数学史[M].北京:科学出版社,2002.
[9] 林永伟,叶立军.数学史与数学教育[M].杭州:浙江大学出版社,2004.

第十章　数学课堂教学基本技能训练

教室里显得有些沉闷,靠窗的几个学生趴在桌上睡觉,后几排有几个学生低着头在赶作业,其余学生无精打采地听着汪晓鸥讲"函数的概念"。汪晓鸥讲课的条理是清楚的,但讲得太抽象,不太适合中学生;板书不错,普通话也标准,但音量偏小,后面几排听起来有些吃力;教学情绪不够饱满,可能昨晚太紧张没有睡好,一脸倦容⋯⋯我正在听实习生汪晓鸥的第一节课,准备下课后给她提一些建议,教室后面的门轻轻地推开了,周强神色紧张地示意我出去一下,我一出教室周强就告诉我:苏仪的课讲砸了! 她已离开教室,去教师休息室了。我有些意外:苏仪的试讲是一次通过,教案写得很认真,还曾在年级的师范生素质与讲课比赛中获过一等奖。我让周强去接替苏仪继续上课,评讲昨天的单元测验,然后急忙来到教师休息室。苏仪低着头在擦泪,见我进来竟捂着脸大声地哭起来,我递给她几张餐巾纸,坐在她身旁等待着解释。过了一会,苏仪递给我一张纸条说:"要是当时讲台上有个洞,我就钻进去不出来了。"我展开已被泪水浸湿的纸条,上面写着一首打油诗:你的提问很幼稚⋯⋯标题是:老师下课! 可以想象苏仪当时所面对的尴尬局面,我拍了拍她的肩说:"我们的讲课明星怎么想当老鼠了,你先自己想一想应该如何应对今天课堂上出现的情况,下午我们再一起讨论,好吗?"苏仪不好意思地点了点头。我轻轻地掩上门,返回教室继续听汪晓鸥的课。

"我的课准备得很充分,可是有些学生却让我闭嘴,我该怎么办?"这是很多"准教师"和新教师面对的困惑,这提示我们:要适应当前的基础教育课程改革,就应当加强新教师课堂教学技能的基本训练。

——一位实习带队教师的手记

数学课堂教学是师生互动的思维活动过程,有关研究表明:"学生参与是影响学习结果的重要因素"[1],它决定数学课堂教学效率。从若干的课堂教学案例分析中,我们认为对一个数学教师,尤其对一个新教师来说,怎样吸引学生,怎样启发学生,怎样与学生交流,怎样组织学生都是一些非常基本的、常用的、促进学生参与数学教学活动的课堂教学技能。我们认为只有娴熟地掌握了这些基本的课堂教学技能,并运用自如,才谈得上创造具有审美价值和独特性的教学艺术和风格。本章我们参考了一些书籍,并在我们多年教学实践与研究的基础上,就上述问题逐一探讨,并着意对准备当中学数学教师的高等师范院校学生,进行数学课堂教学基本技能的训练,使这些技能逐步走向艺术化。

第一节　如何吸引学生

　　数学课程设计者基于社会的、数学的、学生的发展需要,以国家"数学教学大纲"或国家"数学课程标准"的文件形式确定了数学教学的目的和内容,并在此基础上设计和编制教科书。但是,教科书内容及要求并不完全是学生的兴趣所在。我国最近出版的一些新教材正在增强美观和趣味性,力求吸引学生。但是,学生在知识基础、思维风格、智力发展、民族文化、性别等方面存在着差异,教材很难做到吸引所有学生。为了达到教学目的,教师除了要调动学生学习的外部动机,教育学生树立远大的理想,勇于战胜学习道路上的各种困难外,还必须想方设法使自己的教学能够最大限度地吸引学生。

　　吸引学生的主要方式归纳起来有这样几个关键词:联系、挑战、变化和魅力。所谓联系是指教学设计要联系学生的客观现实和数学现实,与其已有的生活经验和知识结构有联系。挑战是指教学任务对学生具有挑战性,让学生感到学习很充实,收获大。例如设问:掌握了一道题的常规解法,谁还有其他创新的解法?学完等差数列和等比数列,还有没有等和数列和等积数列可研究?类似具有挑战性的问题都能吸引学生。变化是教师在学生注意力涣散或情绪低落时,改变教学的形式、讲授的语速语调等,重新将学生的注意力拉回到教学上来的手段,比如,上课采用多种教学模式,如猜想、观察、听讲、思考、操作、自学、讨论、演算、小组竞赛等。增加教师自身的魅力也能达到吸引学生的目的,比如精彩幽默的语言,挥洒自如的教态,简练漂亮的板书板画,得体的仪表,亲切的话语,热情的鼓励,信任的目光,敏捷的思维,娴熟的解题技巧等,都有助于建立良好的师生关系。"亲其师而信其道",教师如果能够调动学生的情感和意志这些精神需要,学生的学习效果将会是持久而巨大的。

　　以下是一些教学实例。

● 范例赏析:给公式包上糖衣[2]

教学内容:二次根式的基本公式

$$\sqrt{a^2} = |a| = \begin{cases} a & (a \geqslant 0) \\ -a & (a < 0) \end{cases}$$

(说明:教学程序是按"读、议、讲、练、评"的教学结构进行授课,进行完前4个教学环节,创设了如下情境并引导评述,以下是课堂教学片段实录。)

教师:同学们知道,国家为了青少年儿童免受伤害,健康成长,特别制定了《未成年人保护法》,同样地,为了使该公式免受"伤害"(用彩色粉笔勾画出部分同学在黑板上做练习时出现的诸如 $\sqrt{a^2}=a$ 这类错误),促进该公式的正确运用,我们可否也制定一个"法"来让大家使用该公式时遵守呢?(这时多数同学显出惊喜之态)同学们试试看。(随即,教师巡视点拨,同学们分组讨论,场面热烈。)

教师:谁来发表自己小组的研究成果?

学生甲:从公式看,不论 a 取什么实数,$\sqrt{a^2}=|a|$ 都为非负数,我们定为"非负数保护法"。

(马上有其他两个小组的代表举手示意。)

学生乙:他们小组的"非负数保护法"虽说明了"算术根"的最终结果,但未能很好地体现出"算术根"与"绝对值"的紧密联系,不如制定成"绝对值保护法"更为确切。

(这时没人再举手,都露出赞同神色。)

教师:很好! 我们就为求一个实数的平方的算术平方根制定一个"绝对值保护法"即 $\sqrt{a^2}=|a|$,此法规定:要化简 $\sqrt{a^2}$,必须按以下两条要求办理:

1. 先让 a 从"屋子"(根号 $\sqrt{\ }$)里走到"院子"(绝对值| |)里;

2. 至于如何走出"院子",就取决于 a 的"体质"(非负或负):(1)"体质健壮"($a \geqslant 0$)的直接出去,即 $\sqrt{a^2}=|a|=a$ ($a \geqslant 0$);(2)"体质虚弱"($a<0$)的要"防止感冒",出去时必须系上"一条围巾"(负号"-"),即 $\sqrt{a^2}=|a|=-a$ ($a<0$)。

(这时学生哄堂大笑,并在笑声后交流获得的启迪,教师借此板书练习题,对公式的运用再启发、引申。)

L.H.克拉克和I.S.斯塔尔在他们所著的《中学教学法》中指出:"要让你教的学科使人愉快,看起来是要把它包上糖衣,让它具有吸引力。""能够用来促进学

习的任何正当方法或手段,都是合理的。假如为了促进学习,必须把要教的东西包上糖衣,那么你不应当吝惜糖。"基于此,本案例的主观意图是创设一个幽默的教学情境,把枯燥且难于理解的数学公式包上糖衣使之甜甜的,让学生在品尝甜美中受到启迪,让学生在愉快和兴趣盎然的心境中增强学习效果。从客观上看,案例实施的过程达到了"创造一种学生容易接受的气氛"的佳境,使学生在对所学内容产生浓厚兴趣的情况下,注意力更为集中,更容易接受新知识,获得的新知识更为牢固。

第二节　如何启发学生

孔子主张"不愤不启,不悱不发","愤"是经过积极思考,想弄明白而没有弄通的抑郁的心理状态,孔子认为在这样的条件下教师才去引导学生把问题弄通,即去"启";"悱"是经过思考,想要表达而又表达不出来的困难境地,孔子建议在这样的条件下教师才去指导学生把想法表达出来,即去"发"。所以,学生积极思考探索但又遇到困难是教师进行启发的前提条件。

启发学生数学学习的关键词有:定向、架桥、置疑、揭晓。首先教师要明确希望学生解决什么问题,目标不确定难以完成教学任务。美国匹兹堡大学有一本用于师资培训的教学案例集,其中有这样一个案例,这节课的内容是探究各种集中量数(平均数、中位数、众数、极差)的定义,执教的教师是执教数学仅 1 年的新教师,准备用建构主义的思想教这些定义,先是给每个学习小组一张写有一组数据(5~8 个不超过 30 的自然数),标明该组数据的平均数、中位数、众数、极差各是什么的卡片,让学生自己通过制作图表并归纳,再用其他卡片(共 8 张)检验的办法,得出这几个量的定义。课一开始,教师用了约 5 分钟的时间与学生讨论什么是"发现",怎样发现数学。然后要求各组学生做两件事:一是用方格纸画出每组数据,写下自己的发现;二是根据其他卡片上的数据传达的信息,修改完善自己的发现,写下这四个概念的定义或者有根据的推测。然后教师再次提醒学生寻找线索和模式。可是却出现了学生不知道要做什么的情况,学生不清楚既然卡片上已经写着这组数据的平均数、中位数、众数、极差,为什么还不知道什么是平均数、中位数、众数、极差,而要他们给出猜想。于是教师不得不一个组一个组去说明任务,影响了教学进度,每个组也因为在第一张卡片上花费了过多的时间,无法分析完所有的 8 张卡片,影响了归纳的准确性。这恐怕和这位教师没有做好"定向"就匆匆进入探究活动有关。

教师要考虑:希望学生解决的问题与学生的现实之间有多大距离,应该设计哪些问题或进行哪些活动架桥铺路化解困难。比如:学生在学习用"十字相乘法"分解因式的时候,常常对怎样分常数项和凑一次项感到困难,有一位教师就给学生先布置了这样两道习题:

"(　)内填哪些整数,便可以用'十字相乘法'分解因式?

(1) $x^2+(\ )x+3$;

(2) $x^2+3x+(\ )$。"

因为学生在每道习题中只需要注意常数项和一次项中的一个,分别体会"分"和"凑"的含义,所以化解了原先的困难,明白了"十字相乘法"的思想方法,其教学效果明显优于教师将"十字相乘法"再重复教一遍。

有时教师可以设置一些疑难问题引起学生思想的交锋和深层次的思考,有助于深入理解某些重要的概念和定理的实质。比如,在学习了抛物线和双曲线的图像后,教师提问:抛物线是否双曲线的一部分? 引导学生对这两种曲线从渐近方向等方面做进一步的思考。

最后教师要将学生原先想做而不会做的正确做法,想说而说不出的正确想法用精练而明了的语言重述一遍。

* 范例赏析:车轮为什么做成圆的?[3]

教学内容:圆的特性

教师:车轮为什么做成圆的?

学生:能滚动。

教师:(画出正方形和长方形)看来大家说的是对的,不做成这里画出的形状,就是因为它们不能滚动。那么,为什么不做成这种可以滚动的形状呢?(画"扁圆形")

学生:(感到问题的幽默,活跃)滚起来不平稳。

教师:为什么不平稳呢?

学生:……

这就引发了具有生机的"奋激"状态,同学们都知道问题所在,但却找不到恰当的语言表达。

引发学生"奋激"状态的操作要领:(1) 符合教学内容的需要及情绪特点;(2) 具有能被学生"跳一跳,摘得到"的难度;(3) 有想象的余地,能激发学生的潜力。

第三节　如何与学生交流

教师在数学课堂教学情境中与学生交流是师生之间的教学信息传递与反馈

的行为过程,良好的师生交流能建立并保持高度互动的课堂气氛,教学对话是师生之间、学生之间交流的主要形式,对话的质量是决定数学课堂教学质量的主要因素。教学对话能有效地吸引学生的注意力,启迪学生的思维,提供学生参与教学、相互交流的机会,及时地得到教学反馈。有一些学生就因为一次出色的教学对话,体验到了从未有过的成功感受,从此爱上了数学学习。

教学对话不仅是教师的提问与学生的回答,它还包含语言交流对话和非语言交流对话,在语言交流对话中除了传统课堂上常常采用的"教师提问——→学生回答"的形式外,还包括学生的发问。教师怎样鼓励学生发问也很值得教师关注。为此,教师首先要经常地鼓励发问的学生,还要教给学生发现问题的方法,比如,认真观察式子、图形或数据,从中发现某些规律,产生出某些猜想,或者尝试将已有的问题、结论推广到另一种类似的情境,提出某些猜想。这样的交流与对话对学生创造性思维的培养是非常重要的。另外师生板书是数学课堂教学对话中书面语言常用的交流形式,教师的板书除了合理布局外,板书内容要高度概括精练,不宜一段一段地抄写教案上的内容,使学生注意力分散,又抓不住要领。对学生的板书,不能只看答案的正确与否,培养学生的数学书面语言表达也是数学教学的重要方面。

非语言交流对话包括课堂倾听、面部语、体态语以及服饰语等。课堂倾听由注意、理解和评价三个部分组成。第一是注意学生在对话中说出的信息是否适当、正确,包括强度及传递的时间和情境等;第二是对接收的信息进行心智加工的理解,包括理解说话人呈现的思想、说话人的动机等;第三是对信息进行权衡评价,归纳说话人的主题思想、获知省略的内容、思考怎样完善信息等。面部语的目光对话交流很有技巧,有经验的教师常常通过与学生目光的直接接触来交流鼓励与期待、询问与理解、赞同与反对等信息。体态语与服饰语主要应注意符合教学的情境和自己的风格,比如数学教师上课不可能像钢琴教师上音乐欣赏课一样穿一条拖地长裙。

教师提问的质量关系到师生交流的导向。教师提问技能的几个关键词是:设计、含蓄、等待和开明。

首先,提问需要设计。在教学中加入设计好的问题,可以增加实现教学对话的可能性,可以将问题集中于教学的主要目标。如果完全依赖于自发产生的问题,很容易偏离目标。可以问不同水平的问题,提前预备一些问题,即使学生不会全部用到它们,也会使学生将注意力转向更高水平的思考,使学生能更清晰、简洁地表述问题。

其次,提问应当含蓄,不能太直白。由于简单的问题不具有多少思考性,因此,在课堂提问中所占的比例应很小,尤其是在程度较高的班级和学习内容有相当难度的课上。大部分的课堂提问对学生要有一定的挑战性,能够引导学生积极思考甚至热烈的讨论和争辩,还可以将学生的典型错误设计成辨析题,这些欲擒故纵的手法往往有利于加深学生对概念的理解。另外,停顿也是提问的一个重要技巧,所提的绝大多数问题应该面向全体学生,发问后教师要适当停顿以给学生思考时间,理想的待答时间介于 3~5 秒。

再次,对学生的回答要认真倾听,予以中肯而明确的评价,肯定合理的成分,指出还需改进的地方。如果学生不能或是不肯配合回答问题,教师必须尽快辨明原因,是问题的难度不合适,题意表达得不清楚,思考的时间不够,学生对问题没兴趣,师生之间的感情渠道不通畅,还是班级的学习风气问题? 找出相应的对策。在评价学生的回答或回答学生的发问中,教师有时自己也会犯些错误,学生指出后,教师除了立即改正外,还应真诚地向学生们道歉,展示数学工作者严谨求实的美德和开明的学风,切忌对学生采取对抗态度,强词夺理。

● 范例赏析:"直线和平面平行的判定定理"的教学镜头[4]

教学内容:直线和平面平行的判定定理

镜头 1　教师的准备

1. 引进

直线与平面是否平行,可以直接用定义来检验,但"没有公共点"不好验证,所以,我们来寻找便于验证的"判定定理"。初中学三角形全等、相似时,曾经这样做过。

(解说:下面是通过具体、直观的实例来暴露定理的发现过程。)

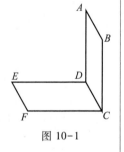

图 10-1

观察我们的教室,侧面墙与天花板有一条交线 AB,地面 $CDEF$ 表示一个平面(如图 10-1),怎样判别交线 AB 与面 $CDEF$ 没有公共点? 无限延长交线 AB 到教室外部吗? 我们有没有一个办法,使得通过对教室内部结构的观察而断定:无论怎么延长,交线 AB 与面 $CDEF$ 都不会有公共点?

(解说:提出了问题,创设好了发现的情境,也就是从图 10-1 中找出 $AB /\!/$ 平面 $CDEF$ 的条件来。)

放开让学生议论,一个可行的分析是:因为 AB 在平面 $ABCD$ 内,CD 在平面 $CDEF$ 内,若 AB 与平面 $CDEF$ 有公共点,则 AB 必与直线 CD 有公共点;反之,若 AB 与 CD 没有公共点,则 AB 也一定与平面 $CDEF$ 没有公共点。从而"发现"直线和平面平行的判定定理:

如果平面外一条直线和这个平面内的一条直线平行,那么这条直线和这个平面平行。

已知：$a\not\subset\alpha,b\subset\alpha,a//b$。

求证：$a//\alpha$。

2. 证明

（1）启发学生使用反证法。

（2）提前设想各种证法：

思路 1　利用与公理 4 矛盾。如图 10-2 所示，因为 $a\not\subset\alpha$，所以只有两种可能，$a//\alpha$ 或 $a\cap\alpha=A$。

若 $a//\alpha$ 不成立，则 $a\cap\alpha=A$。

由 $a//b$，知 A 不在直线 b 上，故可在 α 内过点 A 作 $c//b$，根据公理 4，得 $a//c$。这与 $a\cap c=A$ 矛盾。所以 $a\cap\alpha=A$ 不可能，只有 $a//\alpha$。

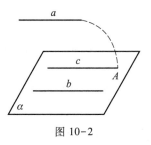

图 10-2

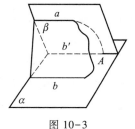

图 10-3

思路 2　利用与公理 2 矛盾（如图 10-3 所示）。

假设直线 a 与平面 α 相交于 A 点，由 $a//b$ 知 A 不在 b 上，但在 α 上。

设平行直线 a,b 确定平面 β，则 b 为 α 与 β 的交线，但平面 α 与 β 又有公共点 A，必定还相交于 A 的另一条直线 b'，这就与两平面相交有且只有一条交线矛盾，所以 $a//\alpha$。

思路 3　与已知 $a//b$ 矛盾（如图 10-4 所示）。

设平行直线 a,b 确定平面 β，有 $a\subset\beta,\alpha\cap\beta=b$。若 $a\cap\alpha=A$，则 $A\in\alpha\cap\beta=b$，得 A 是 a,b 的公共点，与 $a//b$ 矛盾，所以 $a//\alpha$。

思路 4　与已知 a 在 α 外矛盾。

假设 a 与 α 相交于 A，由 $a//b$ 知 A 在直线 b 外，且在 α 内，直线 b 与 A 确定的平面就是 α.

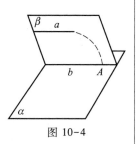

图 10-4

现设平行直线 a,b 确定了平面 β，则 $a\subset\beta,b\subset\beta$。但 A 在 a 上，从而 A 在 β 上，于是平面 α 和 β 有公共线 b 及 b 外的公共点 A，由公理 3 推论 1 知，α 和 β 是同一平面，从而 a 在 α，与已知 $a\not\subset\alpha$ 矛盾，所以 $a//\alpha$。

（解说：与公理矛盾、与已知条件矛盾都考虑到了，估计学生的思维不会超越教师备课的范围。）

3. 思想方法的分析

（1）对定理本身要突出转化的思想，即将线面平行降维，转化为线线平行，这里的转化与其他转化形式不同，是高维与低维的互相转化，反映了立体几何的学科特点。立体几何是平面几何的发展，一方面要从低维向高维前进，另一方面又要以低维为依托并常常将高维问题化归为低维问题来解决。

（2）对定理证明要突出反证法，尤其突出如何正确反设，如何尽快构成矛盾等关键环节。

（解说：这里对思想方法的分析体现了学科结构的特点，体现了对数学素质提高的追求。）

镜头 2　课堂上波澜骤起

（解说：教师胸有成竹地按教学计划进行"定理发现"的启发，进而，充满信心地进行"定理证明"的启发。）

教师：为了证明直线与平面平行，就要证明它们"没有公共点"，即直线上无穷个点中没有一个在平面上，或者平面上无穷个点中没有一个在直线上，怎么证"无穷"与"没有"呢？这实在有点空，不具体，太抽象。所以"正难则反"，我们来考虑它的反面，通过否定反面来肯定正面，用反证法，谁来说一说，反证法如何反设？

（解说：教师的这段分析是紧贴教材而又有启发性的，并且总体框架已经圈定了，下面将不会有"情节"，殊不知，有同学不按预定的思路走。）

学生 1：老师，我觉得问题并不难，要证 a 与 α 没有公共点，只需说明 α 的每一点 A，都落在 a 的某一平行线 c 上（解说：即 $A \in c \subset \alpha$），在 α 上找这条平行线 c 是具体的。

（解说：对于这种"出其不意"的发言，有的教师轻率地回应"不行"，有的教师不耐烦地回应"别胡打岔"，总之是要按预定的思路走，这就是数学教学缺少"风景"的一个原因：既不主动创设情节，又要将情节扼杀在萌芽中。

但是，这位教师没有这样做，他估计学生的思路不会越出备课的范围，充其量只是叙述方式上的不同，于是，鼓励学生说下去。）

教师：好，直线 c 怎么找呢？

学生 1：任取 α 上一点 A，过 A 作直线 $c // b$，由公理 4 便得 $a // c$，这就证完了。

（解说：尽管还有部分学生没有听清楚，但教师意识到这是一个成功的思路，并且与反证法相比，有自然与流畅的特点，需要充实的只是 A 可能在 b 上的这点细节。于是教师将学生的思路复述一遍（让所有同学都听到、听明白）之后，发出追问。）

教师：如果 A 在 b 上怎么办？

学生 1：这时 b 与 c 就重合了，b 与 c 重合？……

（解说：学生敏锐的思维迅速捕捉住问题的实质，但还来不及完善细节，这是常有的事。）

学生 2：由已知 $a/\!/b$，A 还是落在 a 的平行线上。

教师：对了，任取 $A\in\alpha$，若 $A\in b$，则由已知 $a/\!/b$，得 A 不在 a 上，若 $A\notin b$，则在 α 上过 A 作 $c/\!/b$，仍据 $a/\!/b$ 及公理 4，得 $a/\!/c$，所以 A 不在 a 上。

按照直线与平面平行的定义得 $a/\!/\alpha$。

（解说：将上述过程板书下来，记为证明 1。）

教师：这个证法不仅是对的，而且是很好的，只是不知道同学们是怎样想出来的？

（解说：教师万万没有想到，学生的回答是又一次"出其不意"。）

学生 1：就是从老师图 10-1 的分析中得出来的。老师已经说了，要使 AB 与平面 $CDEF$ 没有公共点，只需 AB 与 CD 平行，现在要使 a 与 α 没有公共点 A，同样也应在 α 上找过 A 点的平行线。

（解说：教师没能预想到学生会从自己的分析中引申出这样的联想，也来不及判断这里面的逻辑成分与直觉成分，只觉得不宜多作纠缠。）

教师：说得不错。从这个证明中我们可以看到，对于 α 上的任一点 A，有两个实质步骤：

（1）过 A 作 b 的平行线 c；

（2）对 $a/\!/b$，$b/\!/c$ 用公理 4。

现在我问，保留这些步骤，如果一开始就假定 A 既在 a 上又在 α 上，会产生什么样的情况呢？

学生（齐）：矛盾！

教师：请一个同学回答，具体是什么样的矛盾？

学生 3：一方面 a 与 c 相交于 A，另一方面又平行。

教师：对，那么谁来叙述一下矛盾的形成过程？

（解说：矛盾的形成过程就是课本中的证明过程（即前面的思路 1），由此可顺利完成预定的教学计划，记为证明 2。）

镜头 3　即兴发挥

(解说:本来对这两个证法作一小结,"定理的证明"便可告一段落,然而,受学生思路启发,教师也产生了新的想法。)

教师:我们已经得到定理的两个证明。它们的思考方向恰好相反:一个是正向的,一个是反向的;一个是直接的,一个是间接的,但所运用的知识相同,结论也是同一个,这叫作殊途同归,相辅相成。

现在我提一个问题:既然同学们已经会证 α 上的点不在 a 上,那么反过来,我们可不可以证 a 上的点不在 α 上呢?

(解说:这个提问"于不疑之处生疑",问在学生"应发而未发之前",把以为"已经平安无事"的思维又一次推向高潮。

教师的心中已经有数,按照备课中思路 3 的想法,可以得出证明,他不想在课堂上展开。)

教师:刚才大家议论了一番,这是一条可行的思路,回去作为课外作业完成。好了,关于定理的证明,大家还有什么看法?

(解说:这个最后的征求意见是"明放实收",教师要结束"定理的证明"了。)

镜头 4　树欲静而风不止

学生 4:老师,我有个问题,证明 2 中用公理 4 是多余的。

(解说:这是一个突发事件,教师估计它不会正确,想听听学生的思路再纠正,谁知这是一个更加"出其不意"的问题。)

教师:是吗? 你说说看。

学生 4:一开始假定了 $a\cap\alpha=A$,这说明过 b 外一点 A 有一条 b 的平行线 a,现在又在 α 内作 b 的平行线 c,就得出过 A 有 b 的两条平行线:一条在平面 α 内,一条在平面 α 外,与"经过直线外一点,有且只有一条直线与这条直线平行"(平行公理)矛盾,所以再用公理 4 就是多余的了。

(解说:好精细的问题! 经过数以百计的年月,数以亿计的师生,怎么就都没想到过呢? 教师毫无思想准备,既不能不回答,又无法马上回答,更不能表现出犹豫尴尬,这正是运用教学机智的时候了。)

教师:这是一个很有意思的问题,到底用公理 4 多余不多余呢?

(解说:这是一段巧妙的语言,既有对提问的赞赏,又避开了对问题的性质作出回答;既激发了学生的积极思维,又给自己的冷静考虑留下了时间。同学们经过片刻的沉思后,纷纷发言。)

学生5:刚才说的"平行公理"是初中平面几何的内容,到高中立体几何没有出现,能不能用,是个问题,所以还不能说用"公理4"是多余的。

学生6:初中学过的内容并没有作废,上述证明中"在 α 上过 A 作 b 的平行线 c"时已经用了"平行公理",为什么过 A 能作 b 的平行线? 为什么恰好作一条平行线 c? 不就是根据"平行公理"吗?

学生7:就算可以用"平行公理",那也只不过是用"平行公理"去代替"公理4",一进一出,不是多余,多余应该是"画蛇添足"。有的题目可以一题多解,不能由于有这种解法就说那种解法"多余"。

…………

(解说:同学们进行积极的思维交锋,一时谁也说不服了谁,目光集中到教师的身上,教师利用这段把问题抛给学生的宝贵时间,终于从大学所学的"几何基础"中理出了头绪。)

教师:同学们已经充分发表了意见,集中起来主要有两个问题:

(1) 平行公理在立体几何中成立不成立?

(2) 平行公理与"公理4"的关系。

在更加严谨的几何课本里,"公理4"是一条定理,它的证明要用到"平行公理"。我们的课本为了降低难度,将其承认为"公理4"。因而,它在我们课本中的作用就包括了"平行公理"的作用,考虑到,我们的课本已经给出"公理4",在具体书写中,还是使用"公理4"更好一些。

这里面有些问题的彻底弄清,需要更多的几何知识,希望大家努力学习,将来进入高等院校深造,那时,不仅能彻底弄清这些问题,而且还能研究和解决更多的问题。

(解说:通过学识和经验,解决了一个意想不到的突发事件,当中并不缺少惊险而扣人心弦的情节。)

镜头5　后记

(1) 教师在教案的后面记下了今天发生的几个镜头,并写了三点体会。

① 发现定理的过程与证明定理的过程脱节。

② 书越教越感到不足,自我感觉良好的多年教学,还真有"误人子弟"的遗憾。

③ 学生教我学会聪明。

(2) 一周后,学校举行了一次数学讲座,标题是:平行公理的试证与非欧几何的诞生。

（解说:这是一节感慨良多的课,想说的很多,反而什么也说不出来,还是任凭读者去品头论足吧。但是,不管舆论对这节课会作出怎样的评价,也不管教师在这一波三折的处理中留下了多少遗憾,有一点非常清楚——数学教学是富有情节的。）

镜头 6　故事没有完结

（解说:数学讲座后,教师思维开始平静下来,但学生没有忘记教师曾"提的一个问题":我们可不可以证 a 上的点不在 α 上呢? 学生也没有忘记"树欲静而风不止"的争论。一天,学生拿来了新的证明,避开了平行公理的争论,也不用作辅助线。）

学生 8:课堂上的争论引起了我的思考,过 b 外一点 A 作 b 的平行线,主要是想得出与 $a/\!/b$ 的已知条件矛盾,但矛盾的途径是多方面的,当大家争论要不要用公理 4 时,我在想要不要"过 b 外一点 A 作 b 的平行线"。终于想起了课本 P.10 的一道例题:"过平面外一点与平面内一点的直线,和平面内的不经过该点的直线是异面直线。"这就得出 a,b 为异面直线,与 $a/\!/b$ 矛盾。

教师:我明白了,两条直线有三种位置关系:平行直线、相交直线、异面直线。在 $a/\!/b$ 的大前提下,假若 a 上有一点 A 在 α 上,则当 $A\in b$ 时,a,b 为相交直线,与 $a/\!/b$ 矛盾;又当 $A\notin b$ 时,a,b 为异面直线,也与 $a/\!/b$ 矛盾。所以,a 上的所有点都不在 α 上,有 $a/\!/\alpha$。这就把线面的关系转化为线线的关系来解决,此种转化体现了立体几何的学科结构,也突出了定理的本质:通过线线关系来刻画线面关系。

学生 8:经老师这么一总结,我就更加明确了:

$$\text{任取 } A\in a \begin{cases} \text{若存在 } A\in\alpha \begin{cases} (1)\ \text{当 } A\in b \text{ 时,} \\ a \text{ 与 } b \text{ 为相交直线} \\ (2)\ \text{当 } A\notin b \text{ 时,} \\ a \text{ 与 } b \text{ 为异面直线} \end{cases} \text{与 } a/\!/b \text{ 矛盾} \\ \text{所有 } A\notin\alpha \Rightarrow a/\!/\alpha \end{cases}$$

其实,我是偶然想到用例 10 来代替辅助线,而不是从整体思路上看透它的脉络的。

教师:偶然中有必然,深入钻研课本的长期积累,是产生突然联想的基础;我教了这么多年的书,备了这么多年的课,就没有想到与例 10 联系,又说明必然中有偶然,机遇偏爱有准备的头脑,又并非同时降临所有有准备的头脑。

你的解法体现这样的思路:直线 a 上的点都不在平面 α 上。

（解说:用证明例 10 的思路来证明"直线和平面平行"定理已在备课中考虑到了,但是,直接指出例 10 与定理的联系至少有两个好处:

(1) 提供深入钻研课本的导向;

(2) 使整体思路更加清楚,还不用作辅助线。)

第四节　如何组织学生

　　传统上认为,组织学生是教学开始的纪律整顿,或是针对学生在课堂上捣乱或发生不良行为之后,教师的应对行为,即组织教学。实践表明,这种以控制为中心的组织教学的策略效果很差。20 世纪 70 年代,有研究者将注意力从应对性的惩戒策略转向前瞻性的或预防性的组织策略,得到普遍认同——课堂组织教学策略应当是一套综合的计划,它包括预防性和应对性的组织策略[5]。新一轮课程改革要求数学教师成为学生群体和个体参与数学教学过程的引导者、创造性思维的激发者、有效学习的调控者和良好学习条件的提供者、从事数学活动的组织者。因此,组织学生应该有新的含义,它不仅要约束、控制学生的不良行为,更重要的是要组织学生从事积极的学习活动,提高数学学习的效率。

　　组织学生的几个关键词是:策划、调控、慎惩、公平。首先建议教师策划可预见的课堂规则和惯例,安排清楚、连续、节奏明快的教学程序,学生都投入紧张而有意义的学习活动中,也就不去违纪了。另外创设适合学生的物质的和心理的课堂学习环境。比如:座位的合理安排、学习小组的划分、收发作业的方式等,这样可以预防一些问题的产生;其次在课堂教学中教师应正确导向,用强化的策略督促学生维护课堂规则,养成良好的学习习惯。在产生"突发事件"时要善于调控、正面引导,将学生的情绪调整到有利于激发思维,参与到有趣或富有挑战性的学习活动的状态上来。比如:一位学生给出一个离谱的回答,其他学生不禁哄堂大笑,这时,教师不能附和,应尽快寻找原因,是学生没听清楚问题? 是学生发音不清晰引起大家误会,还是学生上课不专心,走了神? 如果发现错误回答中有合理成分,教师要及时予以肯定,并为学生补充,让大家都受到教育和启发。再次,当学生发生了不良行为,教师应审慎地采取惩罚措施,明确你不喜欢的是他的不良行为,而不是他本人,当他有所改进时,应给予关注。最后教师应当公平对待所有学生,一视同仁。切忌偏爱数学学习成绩好的学生而忽视学困生。

● 范例赏析：艺术的回应[6]

> 　　随着一阵清脆的上课铃声，缪老师精神抖擞地迈进教室。今年，他又接了一个新班。面对这 40 多个陌生的面孔，看到这些熟悉的神色——孩子们总是以种种期待而又疑虑、好奇而又狡黠的神气来观察新老师的，老师开始了他的开场白："同学们，我姓缪——"他正准备转身板书"缪"时，突然不知从哪个座位上发出一声模仿猫咪的叫声："喵——"于是理所当然地引出了哄堂大笑。面对调皮学生的这个不大不小的玩笑，缪老师微笑着说："同学们别忙着先夸我'妙'，从今天起我们一起来学习，到时候再请你们给我作评价，到底妙不妙。"学生们安静了，担心"暴风雨将要来临"的惊恐也消失了。自然，这开场白是成功的。第一堂课，在亲切、平和的气氛中顺利进行。

　　学生听到"缪"，忽又联想到猫咪叫，脱口而出一声"喵——"，这恐怕并非恶意，但是个不适时的玩笑。如何处理这种意想不到的"事件"，可能会出现这样四种情况：

　　A. 脸气得刷白，一瞪眼，一拍桌，拂袖而去，跑到校长或班主任面前大发其火："这个班我是无法教了！"

　　B. 板着脸，竖起眉，威严地说："刚才是谁学的猫叫？站起来……"

　　C. 平静得如同没有发生任何事一样，等学生笑声煞住，他便冷冷地、平缓地开始他的讲课。当然学生们不知他葫芦里卖的什么药，观察他、猜测他，心里怎么也平静不下来。

　　D. 如缪老师那样，恰到好处地处理了这个"突发事件"。

　　教师的教学行为方式对课堂教学有着明显的影响，分析其相关的因素和采取相应的策略，对提高教师的课堂教学技能有重要意义。

第五节　形成教学艺术风格

　　本章的前四节我们以培养数学学科师范生专业技能和对新教师进行职业培训为基础，从促进学生参与数学教学活动的角度，阐述了一些常用的、基本的课堂教学技能，而事实上作为一名数学教师需要的数学教学技能远远不止这些，比如批改作业的技能、课堂分层教学的技能、课外培优补差的技能、测验题的编制技能、运用现代教育技术和媒体传播的技能等，这些都要求教师在工作中根据教学的实际需要去领悟和掌握。另一方面我们也无法回避与课堂教学技能紧密相关的课堂教学艺术和课堂教学风格,课堂教学艺术是对教学技能的超越,是各种教学技能灵活、多样和创造性地运用,是教学内容的组织、教学对象的管理、教学表演技能(口语、体态语、板书语等)有机组成的一曲交响乐章,给人以美感和愉悦。教学融入了执教者对人生的全部体验、情感、理解、思考、志趣,具有鲜明的独特性,即形成了自己的课堂教学风格。作为本章的最后一节我们在注重课堂基本技能训练的基础上,简要介绍课堂教学风格的基本类型和形成一般要经历的阶段,以表明我们本章的观点,对基础的强调和对最高境界的追求。

一、教学风格的基本类型

在长期的教学实践中,许多优秀的教师经过坚持不懈的努力,在教学艺术的百花园里创造出许多独具特色的教学风格。这些带有浓厚个性色彩的精湛的教学风格,大致可以总结为这样几种类型:

1. 儒雅型教学风格

儒雅型教学风格的特点为:韵味醇厚、庄重朴实、娴熟严谨、蕴涵深远。其指导思想,一般都比较信奉经典的、比较权威的或者是经过教学实践反复证明的事实,但在具体的教学活动中信奉经典而不守旧,能够根据时代发展的特点和要求,不断改造、创新与灵活运用;在教学过程的表现方式方法上显现出鲜明的稳健、完善、和谐的特征,教学活动很少出现失误或不妥之处。带有这种风格特征的教学,会使人产生一种很浓、很深、很远的感觉,给人留下无穷的回味与联想。

2. 新奇型教学风格

新奇型教学风格富有个性特征的创造性,教学方式方法比较灵活与多变。这种常教常新的艺术风格在教学过程中呈现出强烈的吸引人的艺术魅力,每一堂课都能表现出教师的新创意,听起来堂堂课都充满新鲜感。新奇正是这种不固定中求稳定的教学艺术风格特征。

3. 理智型教学风格

理智型教学风格的特点为:思维严谨、逻辑严密、条理清晰、注重实质、善于从事物的现象揭示其本质特征,并进行反思与推广;其教学的指导思想是比较认同认知学习理论,长于根据学生的认知结构组织教学过程,每一个环节都丝丝入扣,流畅顺达,整个教学过程浑然一体,展现出一种理性的美感;它强调基本知识和技能的训练,同时也特别注重学生的思维品质的提高,智力和学习能力的循序渐进的发展。

4. 情感型教学风格

情感型教学风格的主要特点是:感情充沛而热烈,教学活动的展现过程具有强烈的感染和震撼力量；教学活动中师生关系和谐融洽，教与学配合默契，整个教学活动表现出非常和谐、热烈的良好气氛。它突出和强调的是情感因素在教学活动中的重要价值，其教学指导思想认为，教学活动本身就是人与人的相互作用、相互交流和相互影响的过程，在这个过程中情感因素发挥着重要的作用，因此，教学活动要以情感为基础。在教学活动中，具有情感型教学风格的教师，能够深层次地挖掘教材中的情感因素，创造充满情感的教学意境，并以教师自身的真情实感启迪学生的情智。

由于教学风格具有的独特性，上面所谈及的不同类型教学风格的划分是相对的、不完备的，所描述的也是实践中教师教学风格的主体性特征。一位优秀教师，一位教学艺术家的教学风格往往不仅仅是上述某个单一类型，有时是不同类型教学风格的交叉与渗透。笔者曾听过一位年长的女教师的数学公开课，她的温柔婉转、娓娓道来、丝丝入扣、朴实典雅、亲切感人、诙谐有趣使听课者如春风拂面，沐浴在春日的阳光之中。

二、教学风格的形成

教学风格的形成，是教师教学艺术达到炉火纯青的标志，教师要经历一个较为长期的实践过程，才能最后形成独具特色的教学风格。一般来说，教师教学风格的形成大致要经历四个阶段：模仿学习→独立探索→创造超越→发展成型。

1. 模仿学习阶段

新教师在教学的开始阶段，积极的模仿是必要的，但教师自身不能消极地停留在这一水平上。新教师在模仿学习阶段停滞期的长短，主要取决于对模仿学习的态度。模仿学习过程中，随着教学实践活动的深入，伴随自己的积极思考和周围的评价活动以及教学研究活动，不断吸收他人的成功经验，独立处理教学中的相关问题的意识和能力的不断增强，会使得教师课堂教学的自立因素和能力不断增强。教师对教学独立性的积极追求和努力实践，促使其课堂教学水平开始向高一级层次跃迁。

2. 独立探索阶段

独立探索阶段是教师教学风格形成与发展过程的关键阶段，是教师课堂教学艺术个性外化的探索与实践过程。在这一阶段，伴随教学经验的积累和教师教学自立意识与能力的增强，教师开始逐步摆脱他人教学模式的影响和束缚，教学的主观能动性开始占据主导地位。在这一阶段的教学活动中，教师的学生意识明显增强，教师开始有意识地实施教与学的有机结合，有意识地关注和关心学生在教学过程中的反馈信息，并努力根据学生反馈信息对教学活动进行调整，注意调动学生在教学过程中的积极性、主动性。

在独立探索阶段,教师课堂教学的个性化特征开始比较明显外露和自由地发挥,教师开始在教学实践中有意识地探索寻找个性特征与教学艺术的结合点,通过积极的观察、思考、领悟、体验,能够将他人的优秀经验有机地吸收,并融入自己的风格与个性特征之中。

3. 创造超越阶段

在创造超越阶段,教师教学的特点突出表现在教师对常见的教学方式方法的改革探索,能够以自己的创造性行为对一般常用的教学方式、方法进行独具特色的灵活运用,自觉探索和研究教学结构、教学方法的最优化,追求最佳的教与学效果。比较扎实的独立教学能力,比较独立的教学个性特征,使得教师教学的自信心增强,在教学实践中呈现出比较强烈的创造性劳动的意向和行为。教师已经具备较强的能力,从自己的个性特征出发,有意识、有目的地进行教学艺术的创新,显现出教学艺术的独创性特色。随着创新与开拓意识的不断增强,教师教学艺术水平也不断提高,教学艺术开始在教学过程中真正发挥其功能效应。教学活动充满着艺术的活力,教学活动明显地显现着常教常新的鲜明特色,学生通过教学活动开始体验到教学艺术的魅力。

4. 发展成型阶段

在发展成型阶段,教师的教学艺术呈现出浓厚的个性风格色彩,锤炼成为一种在教学中经常反复表现出来的个性化的教学模式,对教学艺术的刻意追求达到一种最高的境界,在教学过程的各个环节都有着独特,尤其是稳定的表现,标志着他的教学艺术风格的形成。教师的教学艺术风格直接体现着教师的教学观念、教学思想、教学的技术与能力,是教师教学创造性劳动成果的结晶,这种教学艺术风格在教学过程中会直接或间接影响着学生的个性发展和学习风格的形成。

教师由模仿教学到形成自己特色的教学艺术风格的实践过程中,每个阶段的向上"跃迁",都需要具备一定的主客观条件。其中,最重要的是教师的内在素质、主观追求与不断地开拓创新,这是决定教师在某一阶段"停滞"长短的最主要因素。不断加强教育教学理论修养和教学研究活动,是不断提高自身课堂教学艺术水平的重要途径。在科学理论指导下,结合自身特点,学习、研究和吸收他人的优秀经验,不断在教学实践中充实和提高自己,才能做到常教常新,永葆教学艺术青春不衰。这时候,你从课堂教学中所获得的将不只是学生的认同和赞誉,而是比这些美妙得多的无限人生乐趣!

年轻的朋友们,让我们都能体会到这样的乐趣,一起来分享讲坛上的快乐人生!

思考与练习

1. 技能训练

（1）分析第三节末的案例中,教师是如何准备上这节课的,而在教学过程中出现了哪些情节? 教师是怎样铺路架桥,含蓄启发的? 又是如何对待教学中学生的"发问",使用了哪些处理技能?

（2）观摩一堂录像课,根据本节所述的一些与学生交流的要素,分析师生的语言对话和非语言对话以及所产生的教学效果。

（3）注意在平时的讲课练习中,有意识地训练你的面部语言和板演语言的交流技能。

（4）选择一个中学数学的教学内容,设计一套启发学生的关键性问题,并说明其作用。

2. 实践活动:在小组讲课练习中,讨论你的问题设计的可行性,并尝试付诸实践。

3. 问题探讨:在传统的接受式课堂教学中,以教师的主导为其主要特征,它存在教学对话的因素吗? 这种模式适合怎样的教学内容和情境? 在互动式的课堂教学中,是否需要教师的主导作用?

4. 技能训练

（1）分析第四节中 A、B、C、D 四种回应策略所产生的效果,你还有其他的回应策略吗?

（2）回忆自己当初在中学学习时,有效的课堂规则和良好的学习习惯有哪些?

（3）观察一个教室,当走进教室时,你的感觉和第一印象是什么? 它传递给你什么信息? 当决定安排学生座位时,应该考虑的一些重要因素是什么? 观察学生的座位安排,惯用左手或有特殊需要的学生被满足了吗? 试着亲自坐在学生的座位上,感觉如何? 能够舒服地坐一个上午吗?

（4）请为在本章开始的"一位实习带队教师的手记"中的"准教师"——苏仪同学设计一个应对"打油诗"事件的策略。

（5）观察一节数学课,注意影响课程节奏和过程流畅的学生行为,教师的语言干预和非语言干预的方式。

5. 实践活动:采访三位教师,了解他们通常用什么方法处理课堂上学生发生的不良行为,将这些策略分类整理成问卷调查学生,分析问卷结果,确定哪些策略是学生可以接受并且是有效的。

6. 问题探讨:强化理论提出,对某种行为进行奖励,可以强化这种行为,促使这种行为再次发生,不被奖励的行为可能会逐渐消失。教师常常应用它进行课堂的组织教学。

（1）探讨强化策略的运用原则和常用方法。

（2）有批评家蔑视课堂上强化策略的使用,认为对学生的控制太多,不利于学生的学习(即使这种强化是正面的)。你怎样看待这个问题?

7. 数学课堂教学的基本技能有哪些? 本书提到的是否完备?

8. 你对自己的教学技能有何评价? 怎样改进?

9. 怎样从基本教学技能提升为个人的教学风格? 请回顾你的数学老师们的教学风格。

10. 数学教学是一门艺术,请你举一些例子加以说明。

参 考 文 献

[1] 孔企平.数学教学过程中的学生参与[M].上海:华东师范大学出版社,2003.

[2] 傅道春.教学优秀案例分析——教师行为研究[M].北京:教育科学出版社,2001.

[3] 郭思乐,喻纬.数学思维教育论[M].上海:上海教育出版社,1997.

[4] 罗增儒.中学数学课例分析[M].2版.西安:陕西师范大学出版社,2003.

[5] CRUICKSHANK D R,BAINER D L,METCALF K K.教学行为指导[M].时绮,等,译.北京:中国轻工业出版社,2003.

[6] 傅道春.教育学——情境与原理[M].北京:教育科学出版社,1999.

第十一章　数学教学设计

从第九章的案例可以看到,数学教学具有许多类型。它们构思不同,形式各异,可谓色彩斑斓,美不胜收。如果说,把教育学一般理论比喻为建筑学理论,那么数学教学则是一项建筑工程。一堂优秀的数学课,正如一座美轮美奂的大厦,既要符合科学原理,又能令人赏心悦目。众所周知,工程需要设计,同样数学教学也需要设计。作为数学教师,只有掌握了较高的教学设计技能,才能更有效地组织教学。本章介绍数学教学设计的一般常识,并尝试设计和编制教案,为投入实际教学做好准备[1]。

第一节　教案三要素

教师进行教学设计是为了达到教学活动的预期目的,减少教学中的盲目性和随意性,其最终目的是为了使学生能更高效地学习,开发学生的学习潜能,塑造学生的健全人格,以促进学生的全面发展。既然是设计,就需要思考、立意和创新。因而,数学教学设计是一个既要满足常规教学要求,又要进行个人创造的过程。

数学教学设计,是为数学教学活动制定蓝图的过程。完成数学教学设计,教师需要考虑以下三个方面:

(1) 明确教学目标。课堂教学必须完成课程标准设置的课程目标。针对学生的学习任务,教师应该对教学活动的基本过程有一个整体的把握,按照教学情境的需要和教育对象的特点确定合理的教学目标。

(2) 形成设计意图。根据教学目标,选择适当的教学方法和教学策略,形成科学、合理、实用、艺术化的设计意图。这种设计是一种创造过程,具有自己的个性特征。

(3) 制定教学过程。将设计意图转换为可操作的、有效的教学手段,创设良好的教学环境,有序地实施各个教学环节,拟订可行的评价方案,从而促使教学活动顺利进行,达到原定的目标。

数学教学设计的呈现形式是一份教案,恰如一份工程总体设计蓝图和具体的施工图纸。那么,一份教案要包含些什么内容? 一般形式如何? 以下我们以一个实习生在教育实习过程中撰写的一份普通的教案来说明。

一元二次方程

一、教学目标

(一) 知识目标

(1) 了解一元二次方程的有关概念;

(2) 会用因式分解法解一元二次方程,了解其他的几种解法;

(3) 明确用因式分解法解一元二次方程的依据和"降次"转化的数学思想方法。

(二) 能力目标

(1) 培养学生将实际问题转化为数学问题的能力;

(2) 培养学生观察、比较、抽象、概括的能力;

(3) 训练学生思维的灵活性。

(三) 德育目标

(1) 激发学习的内在动机;

(2) 养成良好的学习习惯。

二、教学的重、难点及教学设计

(一) 教学重点

一元二次方程的有关概念;用因式分解法解一元二次方程。

(二) 教学难点

"降次"转化的思想,解一元二次方程的依据和用途。

(三) 教学设计要点

1. 情境设计

用上周科技活动中展示的"自动翻斗车"的"车斗"(无盖长方体盒子)的制作,设置问题情境,激发学生学习动机,通过将实际问题转化为一元二次方程,引入新课。

2. 教学内容的处理

(1) 补充一组理解一元二次方程相关概念的基本练习。

(写在小黑板 A 面上)

(2) 补充一组解一元二次方程的变式练习。

(写在小黑板 B 面上)

(3) 在作业中,补充思考题: $ab = 1$ 一定有 $a = 1$ 或 $b = 1$ 吗?

3. 教学方法

独立探究,合作交流与教师引导相结合。

点评:将教学目标分解为知识、能力和德育目标,体现了这位"准教师"重视学生的全面发展。其中知识目标定得比较恰当,但能力目标和德育目标可否再具体些? 在本章的第二节,我们将学习如何确定教学目标。

点评:教学重、难点的定位比较准确。更为难得的是围绕重、难点做了相应的教学设计,从中可以看出该教师关注激发学习动机并比较注重基础知识和基本技能的训练。但在教程中如何揭示知识之间微妙深邃的联系,将学程推向高潮的设计尚不足。如何使立意更高,设计更加新颖,将是本章第三节探讨的问题。

教具的准备比较充分。

三、教具准备

无盖长方体盒子、长 20 cm，宽 12 cm 的硬纸片、小黑板、彩色粉笔、幻灯片、投影仪等。

四、教学过程

（一）创设问题情境引入新课（预计 5 分钟）

1. 问题情境

在上周科技活动展示中，同学们看见过一辆漂亮的"自动翻斗车"。车斗是这样一种无盖的长方体盒子（出示教具），它的底面积为 128 cm²，你能用一块长 20 cm，宽 12 cm 的铁片制作它吗？你能用数学知识来解决这样一个实际问题吗？（用幻灯片投影出来）

2. 学生根据已有的生活经验和数学知识独立探究，教师巡视，进行个别指导

3. 合作讨论、交流探究的结果（请一位同学将大家探究认可的结果写在黑板上）

在长方形铁片四个角上剪去相同面积的小正方形，设小正方形的边长为 x cm，那么盒子底面的长和宽分别为 $(20-2x)$ cm 和 $(12-2x)$ cm。

得出　　　　$(20-2x)(12-2x)=128$，

整理　　　　$x^2-16x+28=0$（新方程）。

4. 引导学生观察、比较、概括出新方程的特点，抽象出一元二次方程的概念，引入新课

与学过的一元一次方程比较，如（$3x-8=0$）。

相同点：都是整式方程，合并同类项后方程都只含一个未知数。

不同点：新方程中未知数的最高次数为 2，而一元一次方程未知数的最高次数为 1。

概括新方程的特点：含有一个未知数，合并同类项之后，未知数的最高次数是 2 的整式方程。

揭示课题：一元二次方程（板书课题）

（二）层层递进、探索新知（预计 15 分钟）

1. 一元二次方程的定义

形如 $ax^2+bx+c=0$（$a\neq0$）的方程叫一元二次方程，其中 ax^2 为二次项，bx 为一次项，c 为常数项，a,b 分别称为二次项系数和一次项系数。

点评：新课的引入在教材的基础上作了两处加工：（1）将无盖的长方形盒子放在学生见过的"自动翻斗车"的情境之中，从而更能激发学生的学习积极性；（2）问题的提出作了适当的改动，使其增加了探索的过程，这的确是本节课的一个亮点，但教案在这里的处理还可以细腻些。我们以后将会做进一步的讨论。

提问:为什么 $a \neq 0$? b,c 有限制吗?

2. 基本练习,加深对定义的理解(挂出小黑板 A 面)

> （1）说出下列一元二次方程中二次系数 a,一次项系数 b 和常数项 c:
>
> ① $3x^2 = 5x+2$
>
> ② $(x-3)(x+2) = 5$
>
> ③ $4(x-3)^2 = 9(x+2)^2$
>
> （2）方程 $ax^2+b = bx^2-a$ 是不是关于 x 的一元二次方程?
>
> （强调定义中二次项系数不能为 0。）

点评:补充这组基本练习比较恰当,用意是加深对基本概念的理解,但缺乏"怎么练"的操作计划。

3. 探索一元二次方程的解法,明确解题的依据、基本思想、方法步骤

例 1　尝试解一元二次方程 $(x-2)(x-14) = 0$。说明解题的依据是什么?

解　原方程可化为 $x-2 = 0$ 或 $x-14 = 0$。即 $x = 2$ 或 $x = 14$。

依据 $ab = 0 \Leftrightarrow a = 0$ 或 $b = 0$。

教师点明:我们用了上面这条等式的性质,将一元二次方程化成了两个一次方程求解,这种解方程的基本思想称为"降次"转化。

提问:现在,你能解由实际问题得到的一元二次方程 $x^2-16x+28 = 0$ 吗? 解这道题的关键是什么?

（将左边的整式分解因式即可转化为例 1。）

下面我们将用数学知识解决实际问题的过程表达完整(改写例 1)。

解　设需截去的小正方形的边长为 x cm,那么"车斗"底面的长和宽分别为 $(20-2x)$ cm 和 $(12-2x)$ cm。得出

$$(20-2x)(12-2x) = 128,$$

整理得 $x^2-16x+28 = 0$(引导与前面例 1 的方程做比较),

分解因式

$$(x-2)(x-14) = 0,$$

点评:尝试解这种形式的方程,一是突出讨论如何降次,其依据是什么;二是为用因式分解法解一元二次方程搭上一个台阶。

点评:将所学的知识解决课题引入的实际问题,做到了前后呼应。

即 $x=2$ 或 $x=14$。（提问：小正方形的边长应为 2，还是 14？）

代入题目（实际问题）检验，$x=2$ 符合要求。（而 $x=14$ 使宽（$12-2×14$）为负数，不合题意，舍去。）

答　将这块铁片的四角截去边长为 2 cm 的正方形，剩下的材料即可做成底面积为 128 cm^2 的"车斗"。

归纳解一元二次方程的一般步骤：

（1）将方程化为一般形式 $ax^2+bx+c=0$ （$a≠0$）；

（2）分解因式，将方程左边化为两个一次因式的乘积；

（3）利用"$ab=0 \Leftrightarrow a=0$ 或 $b=0$"将方程转化为两个一元一次方程进行求解；

（4）如果方程由实际问题而来，需要检验，舍去不合题意的根。

（三）变式练习、巩固新知（预计 15 分钟）

（挂出小黑板 B 面）

> 用因式分解法解下列一元二次方程：
> 1. $x^2-9=0$
> 2. $2x^2-5x=0$
> 3. $(3x+1)^2-4=0$
> 4. $(x-3)^2-3(x-3)(2x+1)+2(2x+1)^2=0$

待大部分同学做完后，提出要求：

你还有别的方法解上面的某些一元二次方程吗？

（引导用直接开平方法、配方法、公式法等。）

评讲练习，突出解一元二次方程的基本思想是"降次"。

（四）小结（预计 15 分钟）

（引导学生按下面的思路进行小结）

1. 这堂课的主要内容是什么？

2. 解一元二次方程的基本思想是什么？

3. 你用什么方法达到"降次"转化的目的？

这节课我们学习了一元二次方程的概念及其解法，解法的基本思路是将一元二次方程化为一元一次方程，

点评：解法步骤的归纳和补充变式练习说明教师注重双基训练。可能是对学生缺乏了解，在处理的方式上似乎不够细腻，对变式练习的学程指导可以再深入些，以使本课程的第二个亮点放光彩。

而要达到这一目的,我们主要利用了因式分解"降次"。在今天的学习中,我们还要逐步深入、领会、掌握"转化"这一数学思想方法。

(五)布置作业

60 页习题 1、2、3。

思考题:$ab=1 \Leftrightarrow a=1$ 或 $b=1$,对吗?

五、版书设计

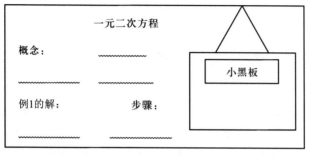

六、后记

　　情境创设调动了学生学习的积极性,课堂比较活跃,也鼓舞了我的教学热情,树立了信心。但引入和讲授新课的时间都超时了,致使没有足够的时间进行课堂小节,仓促结束,有点虎头蛇尾。变式练习第 4 题,有一个同学想到了用"换元法",这是一个很好的主意,但时间太仓促,没有来得及分析,晚自习去讨论一下。

点评:及时将讲课的感受记录下来,积累经验,有利于提高自己的教学水平和教学质量。

　　总评:这是一份完善的、比较优秀的实习生教案。它在教学目标的确定、教学设计的理念和教学过程的展示三个要素上是清晰的,三者之间的联系是紧密的。

　　在教学过程中,教师由一个实际问题引入新方程,要解决这个实际问题需要学习新知识,激发了学生的学习动机。而新知识与已有知识一元一次方程有内在联系,引导学生用比较、概括的方法获得新知识:一元二次方程的概念。通过补充练习,及时加深理解。在例 1 的处理上,教师为学生铺路搭桥,既明确了降次的依据,又为用因式分解法解一元二次方程做了铺垫,学生能够比较顺利地解答原先的实际问题,从而树立了学习的信心。在此基础上,补充变式练习,训练思维的灵活性,并了解其他几种解一元二次方程的方法,从而构建起一元二次方程的概念和解法的认知结构。

　　数学教学的真谛是数学思维过程的教学,学生需要掌握数学知识,但更重要的是学习获得知识的思维活动过程以及所运用的数学思想和方法(本课应突出降次转化的思想和数学建模的思想),本教案虽然有所体现,但由于缺乏对学生的深入了解和教师自身教学经验的不足,在学生思维活动过程指导的设计上和数学思想方法的提炼上还有待提高。

这是一份实习生编制的教案。它写得比较详细,考虑比较周到,格式也是比较通行的,初学者可以借鉴。至于怎样才能编制一份好的教案,还有一些问题需要探讨。以下三节,我们将对上面提到的教案"三要素"分别做进一步的叙述。

第二节　数学教学目标的确定

数学教学目标是教学设计者希望通过数学教学活动达到的理想状态,它是数学教学设计的起点。这就是说,教师进行教学时必须首先确立清晰的教学目标,本节我们首先厘清数学教学目标与课程目标之间的关系,然后简要介绍数学教学目标确定的基本步骤,最后通过具体案例分析点评,探讨教学目标设计需要注意的问题。

一、数学课程目标与数学教学目标的关系

与课程目标和教学目标密切相关的概念还有教育目的、培养目标等。它们之间的关系是:

- 教育目的(一级教育目标)——国家培养人的总目标或称终极目标。
- 培养目标(二级教育目标)——各级、各类学校的教育目标。
- 课程目标(三级教育目标)——各科类、各学科的教育目标。
- 教学目标(四级教育目标)——教师教和学生学的教育目标。

课程目标是在课程标准中制定的目标,体现国家和政府的教育方针,具有某种刚性的指导意义。数学教学目标则是教师为进行教学而自行制定的,它以数学课程标准为上位目标,是数学课程目标的具体化,具有高度的实践性和实效性。

具体说来,数学教学目标是教师根据数学课程标准的要求,结合学生的实际情况,通过科学的设计、并进行有计划的数学教学活动,期望学生所要达到的学习标准或结果。明确具体的教学目标有利于教学策略的制定和教学媒体的选择,同时也为教学评价提供了依据。

教学目标纵向分为学段目标、学年目标、学期目标、单元目标和课时目标。

这一节我们着重探讨课时目标。

近年来,教育界提倡三维教学目标,即细分为知识与技能目标、过程与方法目标、情感态度与价值观目标。以下我们将尝试用三维目标进行教学设计。

需要指出的是,由于数学教学的内容、学生情况、教学环境的多样性,三维目标并非完全适用,更不宜形式主义地机械套用。每节课的重点不同,也不必面面俱到地将三个维度都填空式设置。数学教学目标需要实事求是地设置,不可流于形式和烦琐。

二、数学教学目标确定的操作步骤

数学教学目标确定包括四个基本步骤:教学目标分解、教学任务分析、教学起点落实、教学目标编写。

(一)教学目标分解

数学课程标准中所确定的是总目标和学段目标。这些目标在具体教学过程需要逐层细化为学年目标、学期目标、单元目标、课时目标。因此,教学目标的设计首先要进行目标分解。自上而下地一直分解到课时教学目标。数学教学的学年目标、学期目标和单元目标大多由年级组集体讨论确定,教师则根据班级学生具体情况确定课时教学目标。

(二)教学任务分析

任务分析是一种教学设计技术,旨在揭示学生所要达成本单元教学目标的构成成分及其层次关系。具体方法是瞄准本单元教学目标(终点),不断地分析所要达到的预期学习结果,一步步地厘清所需要的数学基础知识与能力,一直追问到学生现有的数学知识基础与能力为止,从而弄清本单元所学知识与能力的构成成分及其层次关系。

(三)教学起点落实

教学起点落实,是要了解学生面对新的数学学习任务所具备的基础状况,作为教学的起点。内容包括三个方面:一是要弄清学生学习新知识需要具备哪些基础知识和技能;二是要了解学生的现有基础是否足以完成新任务的要求。三是对学生的特征进行分析,包括学生的学习习惯、兴趣、方法、态度以及成熟程度、班级水平、心智发展水平等的分析。教学任务分析和起点落实是密不可分的,在设计教学目标时,对这两者的分析往往是同时进行的。

(四)教学目标编写

最后一步是教学目标的编写。编写教学目标,是进行教学不可缺少的日常工作。但要准确、简明、科学合理地设置,需要对教学内容有深刻的理解,以及具有丰富的教学理论修养与教学经验。这是一个长期的过程。

三、数学教学目标确定需要注意的问题与案例分析

(一)目标的行为主体应是学生,即目标描述的是通过数学教学活动学生在知识、能力和情感等方面达到的标准或发生的变化

◐ **案例 1　"一次函数的图像和性质"的教学目标设计**

- 知识与技能
1. 能熟练作出一次函数的图像。
2. 在认识一次函数图像的基础上,掌握一次函数图像及其简单性质。
- 过程与方法
1. 在结合图像探究一次函数性质的过程中,增强学生数形结合的意识,渗透分类讨论的思想。
2. 通过对一次函数性质的探究培养学生的观察能力、识图能力以及语言表达能力。
- 情感与态度
在一次函数图像及性质的探究过程中,培养学生联系实际、善于观察和勤于思考的习惯。

点评:上述"知识与技能"目标中行为主体是学生,描述得比较准确而又清晰,但后面"过程与方法"和"情感与态度"目标中的行为主体全是教师,描述的是教师教学行为或意图,强调教师要"做什么",而不是学生通过数学教学活动在行为、状态以及情感方面发生的变化,即学生"能做什么"。

教学目标的表述非常重要,如果目标表述正确、清晰,就为实现目标奠定了基础,反之就会对数学教学活动产生误导。

案例 1 的教学目标设计可以修改为:
- 知识与技能
1. 能熟练作出一次函数的图像。
2. 在认识一次函数图像的基础上,掌握一次函数图像及其简单性质。
- 过程与方法
1. 经历对一次函数图像的探究过程,学会解决一次函数问题的一些基本方法和策略。

2. 在结合图像探究一次函数性质的过程中,发展识图能力,并领悟数形结合与分类讨论的思想。

- 情感与态度

养成联系实际、善于观察和勤于思考的习惯。在合作探究一次函数图像及性质的过程中,获得成功体验和团队精神力量。

(二)注意"过程性目标"的价值

前面我们提到教学目标横向分为知识与技能目标、过程与方法目标、情感态度与价值观目标。

这里我们特别需要关注数学课程标准所提出的过程性目标:经历—过程,如:

- 经历将一些实际问题抽象为数与代数问题的过程;
- 经历探究物体与图形的形状、大小、位置关系和变换的过程;
- 经历提出问题,收集、整理、描述和分析数据,作出决策和预测的过程;
- 经历观察、实验、猜想、证明等数学活动过程。

值得提出的是,结果性目标都是我们比较熟悉或能够把握的,因为它能够很快产生出一种"看得见、摸得着"的结果——学会一种运算、能解一种方程、知道一个性质(定理)……而过程性目标,有一点"摸不着边"——经过了一段较长时间的活动,学生似乎没学到什么"实质性"的东西,只是在"操作、思考、交流"。那么它为什么重要呢?

看一个现代版的寓言故事——三个馒头:

有一个人肚子饿了,就吃馒头,吃了一个没有饱,就吃第二个,吃了两个还是没有饱,就吃第三个,吃下去三个肚子饱了。吃饱以后他就后悔了:早知如此,不如就吃第三个馒头了,前面两个都浪费了。这仅仅是一个寓言,相信生活中没有人会真的这么想。

在教学实践中就不一定了,现实中不仅有这样想的,更存在这么做的——只吃第三个馒头!

课题:代数式概念

1. 介绍代数式概念——直接端出第三个馒头。

2. 给出一些代数式、非代数式的例子,带领学生参照概念的定义辨别哪些是代数式,哪些不是代数式——教师示范吃第三个馒头的过程。

3. 提供若干个辨别代数式的练习,让学生仿照刚才的方法解决它们——学生只吃第三个馒头。

数学课程标准将"学习过程"本身作为教学目标,而不只是让它服务于学习结果,如果只是服务于学习结果,那么有其他方法可以获得结果的话,就不需要"过程"了,毕竟,"过程"需要时间。设立"过程性目标"可视为一种"创举",其价值或许可以从下面的例子窥见一斑。

课例:代数式概念

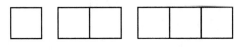

图 11-1

由图 11-1 所示,搭 1 个正方形需要 4 根小棒。搭 2 个正方形需要 7 根小棒,搭 3 个正方形需要 10 根小棒。

搭 10 个这样的正方形需要多少根小棒?

搭 100 个这样的正方形呢? 你是怎样得到的?

如果用 x 表示所搭正方形的个数,那么搭 x 个这样的正方形需要多少根小棒?

你是怎样表示搭 x 个这样的正方形需要多少根小棒的?

与同伴进行交流。

这是一个活动过程,学生在活动中经历了一个有价值的探索过程:如何由若干个特例归纳出其中所蕴含的一般数学规律;同时,尝试用数学符号表达自己的发现,与同伴交流。在活动中,学生不仅接触到了代数式;更了解到为什么要学习代数式;还通过经历应用数学解决问题的过程感受到数学的价值。当然,从事这个探索性活动也非常有益于学生归纳能力的发展。进一步说,活动过程本身也是一个锻炼克服困难的意志、建立自信心的过程,实现数学思考、解决问题、情感与态度等目标的途径。

由上可见,作为数学教学设计第一步的"确立目标",是给整个数学教学设计定位。确立了不同的目标,将会导致截然不同的数学教学设计。

(三) 数学教学目标的远期目标与近期目标

1. 数学教学的远期目标

数学教学的远期目标可以是数学课程学习或某一阶段学习结束后所要达到的目标,是数学教学活动中体现教育价值的主要方面。形象地说,远期目标是数学教学活动的一个方向,对数学教学设计具有指导性意义——远期目标确定以后,所有的相关教学活动都应当作为实现目标的一个(些)环节,而具体的教学设计虽然在一定的范围内可以呈"自封闭"形式,但从更大的背景上来看,它们应当服务于这些目标。

值得注意的是,远期目标的实现周期很长,通常是数学教学所孜孜追求的。

例如：

"发展学生'用数学'的意识和能力"就是整个数学课程教学追求的远期目标之一；"发展学生的空间观念"就是几何教学所追求的远期目标之一；"培养学生'方程思想'"则是所有方程内容教学所追求的远期目标之一。

在实际的教学设计过程中，需要避免的现象是远期目标的设立流于形式——只在教学设计中的"教学目标"部分出现，而在"教学内容""教学过程"等实践部分不再有所反映。这样一来，远期目标就会显得非常"空洞"，得不到落实。所以，确立远期数学教学目标时，应当注意它与所授课任务的实质性联系，以避免目标空洞、无法落实。事实上，它也是在数学教学活动的层面实现数学教育价值的一种具体措施，因为数学教育对于学生发展的帮助，多是在丰富多彩的数学教学活动中落实的。

例如，学生数学推理能力的培养是一个远期数学教学目标，不可能在一天、几天、甚至几个月之内完成，但它又是一个实实在在需要不断落实的数学教学目标。怎样落实？自然不能主要依赖专门的"数学推理"课程。难道只在这样的课上，学生才学习怎样从事数学推理，而在其他类型的数学课上，他们就不学习数学推理吗？事实上，几乎所有的数学课，都应当有培养学生数学推理能力的意识，无论是探索对象之间的数学关系，还是研究图形的性质，当然更包括数学证明的学习活动。

因此，在相应内容的教学设计中，应当把培养学生数学推理能力列为明确的教学目标，同时辅以相应的教学素材和教学活动，使这个目标得到更好的落实。例如，在下面内容的教学设计中，就可以有意识地渗透这样的想法：

- 探索三角形全等的条件

具体的教学活动可以是：画一个三角形与已知三角形全等，需要几个与边或角的大小有关的条件呢？一个条件、两个条件、三个条件……即使具体的探索活动没有逻辑证明的要求，但在教学目标中也应当明确列入诸如"在探索三角形全等条件及其运用的过程中，能够进行有条理的思考并进行简单的推理"的目的。而在教学过程中则要求学生对自己活动结论的正确性做出解释——为什么一个条件、两个条件不行，而三个条件就有可能。

- 了解变量之间的关系

图像是表达变量之间关系的一种有效形式，因此，"读图"——从图像中获取信息，和"作图像"——用图像来表达变量之间的关系，就是函数学习的一个重要内容。其中，有许多推理活动可做。例如：根据图 11-2 思考：

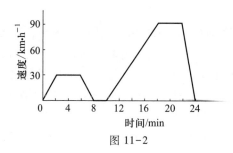

图 11-2

汽车从出发到最后停止共经过了多少时间,它的最高时速是多少?

汽车在哪段时间内保持匀速、哪段时间加速最大,为什么?

汽车出发后 8 分钟到 10 分钟可能发生了什么情况? 为什么?

2. 数学教学的近期目标

近期目标则是某一课程内容学习过程中,或者某一学习环节(比如一堂或几堂课)结束时所要达到的目标。一般而言,它与特定的教学内容密切相关,具有很强的针对性、可操作性。

例如:"等可能性"内容的教学目标。

• 让学生经历掷骰子、抛硬币、玩转盘等活动,在活动中体会等可能性的含义。

• 让学生在玩获胜可能性相等的游戏中,了解游戏公平的含义,进一步体会等可能性现象。

• 让学生观察生活中包含等可能性的现象,说明等可能性与事件发生的概率之间的联系。

近期目标在实际教学过程中常常充当两个角色。首先,它本身是通过目前的教学活动就应当实现的目标;其次,它往往也是实现远期目标的一个环节。比如,对"等可能性"的认识可以算作一个近期目标,它可以通过上述数学教学活动(也许需要几节课)来实现。但是,对"等可能性"的认识又可以看作是培养"随机"观念的一个环节。

确立近期数学教学目标时,不仅要考虑自身的"封闭性",还应当注意它与远期数学教学目标之间的联系,即所谓数学教学活动要设法体现数学的教育价值——数学教学的目的不仅仅是让学生获得一些数学知识和方法,更重要的是落实数学教学活动对促进学生发展的教育功能。

 案例 2　解二元一次方程组

作为一个具体的数学知识,解二元一次方程组就是一个近期目标,它基本上

可以在 1~2 个课时内完成。然而,若仅仅把它的教学目的定位于让学生学会解
方程组的技术,那么就意味着我们放弃了培养学生思维能力、提高学生对数学整
体性认识的极好机会:

　　首先,无论是"代入消元法"还是"加减消元法",它们所反映的都是一种基
本的数学思想方法——化归(具体表现为"消元"):把"二元"问题化归为"一
元"问题,而"一元"(一次)方程是我们能够解的。这一基本思想方法可以毫无
障碍地推广到 n 元,而"代入消元法"与"加减消元法"都只是实现化归的具体手
段。当学生们不求解方程组的时候,也许用不到"代入消元法"或"加减消元
法",但化归的思想方法所体现的——把不熟悉的问题变为熟悉的或者已经解
决的问题,则对他们来说是终身有用的,而这应当是数学教育给学生留下的痕
迹——把细节忘记以后留下来的东西。

　　其次,从数学的角度来看,解二元一次方程组,或者更一般地,解 n 元一次方
程组(线性方程组)体现出来的数学解题策略具有很强的"普适性"——在几何
作图问题中表现为"交轨法":由条件 α 得到轨迹(点集)A_α;由条件 β 得到轨迹
(点集)A_β;所求 A 点即两轨迹的交点 $A_\alpha \cap A_\beta$。

　　解方程组 $f_1(x,y)=0, f_2(x,y)=0$ 就是求集合 $A_1 \cap A_2$,其中

$$A_1 = \{(x,y): f_1(x,y)=0\},$$
$$A_2 = \{(x,y): f_2(x,y)=0\}。$$

　　因此,"解二元一次方程组"的教学目标就可以与数学教学的远期目标挂上
钩,从而定位成:

　　● 让学生了解解二元一次方程组的基本思路,掌握解二元一次方程组的基
本方法;

　　● 使学生体会到化归的思想方法——将不熟悉的转变为熟悉的,将未知的
转变为已知的,以提高其数学思维的能力。

第三节　设计意图的形成

　　在教学目标确定之后,就要进入教学设计的核心部分:形成设计意图。正如
任何工程设计一样,既要遵循通常必须考虑的一些设计规范,又要有设计师个人
独到的创新意念。建筑是凝固的艺术,服装是流动的线条,音乐美术需要有意
境、灵感、布局、构思,一堂好的数学课,也需要有执教者的个人构想,教学是创造
性的劳动,是一门艺术,这绝非虚言。

　　那么,怎样形成数学教学的设计意图呢?

第一,需要整体设计。一堂数学课是整个单元乃至整门课程的组成部分。教师必须把握整体,才能看清局部。正如一座大厦,必须和周围的环境协调。一堂好的数学课,既要和以前的课相衔接,又要为后续课做准备。例如,在一元二次方程求解过程中,在提到判别式小于零的时候,一般总是说"无解"。有的教师说:"在实数范围内无解。"个别老师则说:"这时没有实数解,只有复数解,复数是高中要学的内容。"哪一种好? 个人应该思考,作出选择。

第二,需要分析教学内容的重点和难点。教学目标确定之后,具体实行起来,必须抓住重点,解决主要矛盾。同时,又要分析这些数学内容的难点,设法克服。有些难点是理解上的困难,如无理数、复数、指数、函数、对应等等;有些是技巧性的,如因式分解、三角恒等变换、不等式缩放等。在所有教案中,都有重点、难点这一栏,是教案设计的常规部分。这一部分主要靠教师的数学能力加以把握。

一般地,在学习中那些贯穿全局、带动全面、应用广泛、对学生认知结构起核心作用、在进一步学习中起基础作用和纽带作用的内容是教学的重点。它由在教材的知识结构中所处的地位和作用来确定。通常教材中的定义、定理、公式、法则、数学思想方法、基本技能的训练等,都是教学的重点。

例如,平面几何中"三角形"是基本的直线形,其他平面直线形大多数可以转化为三角形来研究,三角形在以后的章节和生产实践中应用广泛,而且对于培养学生的逻辑思维能力、推理论证能力都起着重要的作用,因此,"三角形"是整个几何教学内容的重点。

教学中的难点是指学生接受起来比较困难的知识点,往往是由于学生的认知能力、接受水平与新老知识之间的矛盾造成的,也可能是学新知识时,所用到的旧知识不牢固造成的。一般地,知识过于抽象,知识的内在结构过于复杂,概念的本质属性比较隐蔽,知识由旧到新要求用新的观点和方法去研究,以及各种逆运算都是产生难点的因素。分析教学难点是一个相当复杂的工作,教师要从教材本身的特点、教学过程的矛盾、学生学习心理障碍等各种角度进行考虑和综合分析。

关键点是指对掌握某一部分知识或解决某一个问题能起决定作用的知识内容,掌握了这部分内容,其余内容就容易掌握,或者整个问题就迎刃而解。如,掌握同底数幂的乘法公式 $a^m \cdot a^n = a^{m+n}$ 与幂的乘方公式 $(a^m)^n = a^{mn}$,必须抓住幂的意义这个关键。

第三,分析学生的状况。教学目标是根据"数学课程标准"确定的,对同一年级的所有学生,基本相同。但是,学生的水平又是各不相同的,所以还要考虑所执教班级学生的数学程度,适合他们的认知水平。设计时还要注意有多少资优生和学困生,关注他们的特殊需要。

以上三点,是常规的背景考虑,设计意图必须符合这些基本的要求。有了这些准备之后,教学设计进入关键阶段:构思阶段。教师个人的创新,在这里得到充分体现。让我们看一些优秀的创意。

创意一:巨人的手(弗赖登塔尔)[2]

在引进相似概念的时候,教师在黑板上画了一只"巨人的手"。教师对学生说:"昨晚外星人访问我校,在黑板上留下了一个巨大的手印。今天晚上他还要来。请大家为巨人设计所用书的大小,坐的椅子的高度和大小,桌子的高度和大小。"

这是一个十分经典的情境创设。学生们用自己的手和巨人的手进行比较,得出"相似比",然后把教科书、桌子、椅子按此比例尺放大,得到巨人使用物品的尺寸。

大家知道通常引入"相似"概念,是用照片放大和地图比例尺等的背景。这当然也很好。但是,学生在形成相似概念时缺乏自身的体验,被动地思考知识。弗赖登塔尔的设计,十分适合孩子们的喜好,具有一定的悬念,成为解决问题的情境,能够激起求知的欲望。

这样的教学设计,具有个人的灵感和创意。我们在学习的同时,也可以变通处理,进行第二次创造。

创意二:球的体积(马明)[3]

球的体积如何求?马明老师设计了"细沙实验",用自测、猜想、实验、证明的方法,得到球体积公式。如图11-3,用细沙装满半球。将锥体放入圆桶,再将半球的细沙倒入圆桶,恰好填满圆桶除去圆锥的部分。于是猜想:

$$\pi R^3 - \frac{1}{3}\pi R^3 = \frac{2}{3}\pi R^3。$$

因此,球的体积是 $\frac{4}{3}\pi R^3$。然后,再运用祖暅原理加以证明。

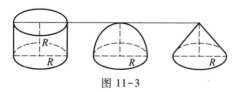

图 11-3

由于 $V_{圆柱} = \pi R^3$,$V_{圆锥} = \frac{1}{3}\pi R^3$ 是已知的,便得 $\pi R^3 > V_{半球} > \frac{1}{3}\pi R^3$。

用实验的方法学习数学是一个很好的创意。数学并非数学家头脑里的自由创造物,数学归根结底需要和实践相联系。猜想和证明是数学前进的两个轮子。

创意三:糖水浓度(罗增儒)[4]

在不等式教学时,我们常常感到很抽象。例如

$$\frac{a}{b} < \frac{a+m}{b+m} \quad (a,b,m \text{ 均为正数且 } a<b)。$$

好像是"天上掉下来的"。但是罗增儒教授从糖水浓度的思考来看,一切都显得十分简单自然。用 a 表示糖的质量,b 表示糖水的质量,m 表示新加进去的糖。加糖 m 以后,糖水变得更甜了,即浓度增加了。所以应该有上述的不等式。然后我们可以用各种不同的方法加以证明,学生学起来兴味盎然,一点不觉得枯燥。这样的设计,确实具有创见。

创意四:"玩"坐标(上海长宁区教师)[3]

坐标系的引入,通常和电影院找位置相联系,很形象,明白易懂。但是,上海长宁区的一些数学老师想到用学生的肢体动作来体验坐标系的功能。具体做法如下:

(1)教师拿两根长的塑料绳进课堂,每根绳的一头绑上一个红色的箭头。

(2)学生的课桌全部并拢。将两根绳子垂直交叉放置,交叉处的学生定为原点。

(3)每个学生都有一个坐标。教师读一对整数坐标 (m,n),相应的学生站起来。同样,请学生站起来说出你的坐标。

(4)让所有横、纵坐标为正数的同学站起来,形成第一象限。

(5)请所有"纵坐标和横坐标相同"的同学站起来,形成一条直线。

(6)让坐标原点移到另一个同学手里,形成坐标平移。

这节课在一些数学学习水平比较低的班级里实行,尤其受到欢迎。

这样的创意,构成了课堂教学设计的灵魂。显示出教学设计者的匠心独运,令人赏心悦目,闪耀着智慧的光芒。这需要有一个不断学习、长期积累的过程,但是也绝不是"高不可攀"的。

第四节　教学过程的展示

明确了一堂课的教学目标,又形成了总体上的设计意图,教案的最后一步就是设计具体的可操作的教学过程。

常规数学教学的基本结构有复习、引入、讲授、巩固和布置作业等几个基本步骤。提出问题、形成概念、论证命题、建模应用,以及组织复习讨论是经常要运

用的教学环节。以下我们将分别叙述这些教学环节的教学设计,给出组织教学过程的一般建议。至于具体写出教学过程,需要实际演练,不能在这里一一叙述。

一、数学问题的教学设计

数学问题(提出问题)理念下的教学设计的中心任务就是设计出一个或一组问题,把数学教学活动组织成提出问题和解决问题的过程,让学生在解决问题的过程中"做数学"、学数学、增长知识、发展能力。数学问题在数学教学设计中的作用不仅仅是创设出一个数学问题情境,更重要的是为学生的思维活动提供了一个好的切入口,为学生的学习活动找到了一个好的载体,从而给学生更多的思考、动手和交流的机会。

好的数学问题应该具有以下特点:

(1)问题具有较强的探索性,它要求人们具有某种程度的独立性、判断性、能动性和创造精神。

(2)问题具有现实意义或与学生的实际生活有着直接的联系,有趣味和魅力。

(3)问题具有多种不同的解法或有多种可能的解答,即开放性。

(4)问题能推广或扩充到各种情形。

在具体设计问题时还要注意以下几点:

● 要选择在学生能力的"最近发展区"内的问题,教师在细致地钻研教材、研究学生的思维发展规律和知识水平等基础上,提出既有一定难度又是学生力所能及的问题。

● 问题的提出要有艺术性、新颖性、趣味性、现实性。

● 问题的安排要有层次性,要由浅入深,由易到难。

● 能将数学思想和模型用于探索所提出的问题。

下面我们探讨如何创设数学问题情境。

(1)以数学故事和数学史实创设问题情境,吸引学生的注意力,激发学生的学习兴趣。如勾股定理的开头可简介其历史。

(2)以数学知识的产生、发展过程创设问题情境,激发学生的学习兴趣。

让学生了解数学知识的实际发现过程,学习数学家探索和发现数学知识的思想和方法,实现对数学知识的再发现过程。这种方法尤其适用于定理教学和公式教学。如,三角形内角和定理、锥体体积均可用实验观察使学生发现结论;平行线的性质定理和判断定理,可以通过平行线的作图或者通过度量同位角来发现;数的运算律可通过计算结果来发现。

在抽象概念的教学中,要关注概念的实际背景与形成过程,帮助学生克服机械记忆概念的学习方式。比如函数概念,不应只关注对其表达式、定义域和值域的讨论,而应选择具体实例,使学生体会函数能够反映实际事物的变化规律。

(3)以数学知识的现实价值创设问题情境,让学生领会学好数学的社会意义,激发学生的学习兴趣。

数学具有广泛的应用性,如果我们在数学教学中能恰当地揭示数学的现实价值,就能在一定程度上激发学生的学习兴趣,有利于学生的学习。如,教师可用下面的例子来引导学生学习统计与概率的知识。有一则广告称"有75%的人使用本公司的产品",你听了这则广告有什么想法? 通过对这个问题的讨论,学生可以知道对75%这样的数据,要用统计的观念去分析。比如说,样本是如何选取的、样本的容量多大等。若公司调查了4个人,其中有3个人用了这个产品,就说"有75%的人使用本公司的产品",这样的数据显然不可信。因此应对这个数据的真实性、可靠性提出质疑。

(4)以数学悬念来创设问题情境,激发学生的学习兴趣。

设置悬念是利用一些违背学生已有观念的事例或互相矛盾的推理造成学生的认知冲突,引发学生的思维活动,激发他们的学习兴趣。如讲 $\sin(x+y) = ?$ 时,可让学生判断 $\sin 30° + \sin 60° = \sin 90°$ 是否成立。以便避免 $\sin(x+y) = \sin x + \sin y$ 的错误猜想,通过这一反例,不仅给学生留下了深刻的印象,也进一步唤起了他们要探索 $\sin(x+y)$ 究竟等于什么的求知欲。

(5)以数学活动和数学实验创设问题情境,让学生通过动脑思考、动手操作,在"做数学"中学到知识,获得成就感,体会到学习数学的无穷乐趣。

在义务教育第四学段图形与几何的内容的教学中,可组织学生进行观察、操作、猜想、推理等活动,并交流活动的体验,帮助学生积累数学活动的经验,发展空间观念和有条理地思考。比如在讲对顶角的概念时,可组织学生进行如下活动:用硬纸片制作一个角,把这个角放在白纸上,描出 $\angle AOB$;再把硬纸片绕着点 O 旋转 $180°$,并画出 $\angle A'OB'$;探索从这个过程中,你能得到什么结论。

在这样的活动中,学生不仅能主动地获取知识,而且能不断丰富数学活动的经验,学会探索,学会学习。

(6)以计算机作为创设数学情境的工具,充分发挥现代教育技术的创新教育功能。

目前,计算机已进入中学课堂,成为教师教学不可多得的得力助手。在实际教学过程中,我们可以利用计算机制作课件,增强数学课堂教学的生动性和趣味性,吸引学生的注意力,激发学生的学习兴趣,使学生能积极参与教学的全过程,提高教学效率和教学质量。例如,进行函数 $y = A\sin(\omega x + \varphi)$ 的图像教学,可通过一定的程序,在计算机屏幕上展现由 $y = \sin x$ 的图像经变化相位、周期、振幅等得到 $y = A\sin(\omega x + \varphi)$ 图像的动态变化过程,同时可以针对学生的认识误区,通过画面图像的闪烁和不同色彩,清楚地表示相位、周期的变化顺序所带来的不同。

良好的问题情境可以使教学内容触及学生的情绪和意志领域,成为提高教学效率的重要手段。

二、数学概念的教学设计

数学概念是数学知识的细胞,也是思维的单元,是学生在学习数学中赖以思考的基础。只有树立了正确的概念,才能牢固地掌握基础知识。同时,在深入理解数学概念的过程中能使学生的抽象思维得到发展。

数学概念的教学设计过程一般分引入、形成、巩固、运用等几个阶段,除了要注意前面数学问题的设计以外,还需注意以下几个方面。

(1) 形成。在人们的思维中,对某一类事物的本质属性有了完整的反映,才能说形成了这一类事物的概念,而只有运用抽象思维概括出本质属性,才能从整体上、从内部规律上把握概念所反映的对象。因此,概念教学必须注意:

(i) 讲清概念的定义。充分揭示概念的本质特征,使学生确切理解所讲概念。如椭圆定义:到两定点的距离的和等于定长的点的轨迹。讲清组成定义的关键因素和词句:两个定点、和为定长、动点的轨迹这三条,基本上就可以描述椭圆定义的发生过程,并可画出图形帮助理解和记忆。同时,在利用图形引入概念时,要注意图形的变式,以舍弃无关特征,突出对象的关键属性,使获得的概念更准确、易于迁移。而且,应使学生明确表示概念的符号的含义。数学中的概念常用符号表示,这是数学的特点,也是数学的优点。但在实际教学中要防止两种脱节:一是概念与实际对象脱节,二是概念与符号脱节。

(ii) 掌握内涵。概念的定义,并不反映概念所包含的全部本质属性,因此概念的形成,还必须掌握概念的内涵。概念的内涵有的是由定义推演得到的,例如,由平行四边形的定义可以推演:两对边相等,两对角分别相等,对角线互相平分;有的还必须借助其他概念和知识的积累而趋于完善。例如正方形的内涵:正方形有内切圆、外接圆,在周长一定的四边形中正方形所围的面积最大等。因此,认识概念的过程是逐步深化的过程,只有对事物的本质属性达到比较完整的认识时,才能形成概念。

(iii) 完成分类。掌握概念不仅要掌握概念的内涵,而且要掌握概念的外延,这是概念的质和量的表现,二者是不可分割的。完成分类也是形成概念的必要条件和具体标志之一。

（iv）掌握有关概念间的逻辑联系。每一个概念都处在和其他一些概念的一定关系、一定联系中，引导学生正确地认识有关数学概念之间的逻辑联系，认识它们外延之间的关系，通过比较加深对概念的理解，促使知识系统化、条理化。

下面给出函数概念教学设计的例子。

提出问题：出于防洪灌溉的需要，某水库常需要知道它的实际储水量，你能设计出一个简单易行的测量储水量的方案吗？具体地应该做哪些工作？

学生容易知道，直接测量水库的储水量是困难的，但是测量水库在某一点的水深却是很容易的。那么，能不能通过测量水深来间接地测量储水量呢？

通过对以上问题（及类似问题）的讨论，让学生理解建立函数关系的目标（即用较容易刻画的变量来刻画另一个变量），产生建立函数概念的意识。

揭示函数概念的内涵：当然，并不是任意两个互不相关的变量都可以实现用其中的一个来表示另一个的目的。这样就有了问题：当两个变量具有什么样的联系时，才能实现用一个变量来刻画另一个变量？

这样，在此问题的指引下，寻找函数概念本质属性的活动就可以展开了，于是学生就可以利用其原有的认知结构来进行建构函数概念的活动，从而掌握了学习与思考的主动权。

（2）巩固。由于概念具有高度的抽象性，不易达到牢固掌握，而且数学概念数目不少，不易记忆，故巩固概念的教学十分重要。可采取以下做法：

（i）引入新概念后，让学生及时做一些巩固练习。例如，为使学生理解和明确"集合"的"三性"，可提问"大数的集合""老年人的集合""胖子的集合"对吗？

（ii）后次复习前次概念，进行知识的"返回""再现"。新概念必然涉及一系列旧概念，可通过复习回顾原有概念，为新概念的引入铺平道路，做到承前启后，进一步巩固原有概念。

（iii）注意概念的比较。针对数学概念中容易出错的地方、易混淆和难理解的概念，有目的地设计一些问题，运用分析比较的方法，指出它们的相同点和不同点，供学生鉴别，以加深印象。例如，"排列"与"组合"，"随机现象"与"随机事件"等都是有区别的。

（iv）及时小结或总结。在讲完某一节或某一单元后，注意引导学生进行知识内容的小结和总结。概念是其中的主要内容，包括概念间的区别及联系等，使学生的概念知识系统化、条理化。

（v）解题及反思。解题是使学生熟练掌握概念和数学方法的手段。

（3）运用。数学概念的运用是指学生在理解概念的基础上，运用它去解决同类事物的过程。数学概念的运用有两个层次：一种是知觉水平上的运用，是指学生在获得同类事物的概念以后,当遇到这类事物的特例时,就能立即把它看作这类事物中的具体例子,将它归入一定的知觉类型;另一种是思维水平上的运用,是指学生学习的新概念被纳入水平较高的原有概念中,新概念的运用必须对原有概念重新组织和加工,以满足解当时问题的需要。因此数学概念运用的设计应注意精心设计例题和习题。

(i)数学概念的简单运用。编制一组问题对所概括的数学概念加以运用,这组问题应当是递进的,有一定的变化,难度不宜过高。

(ii)数学概念的灵活运用。有时直接利用概念的定义来解决问题,常常可以把问题化难为易,如利用椭圆、双曲线和抛物线的定义解有关焦点半径、焦点弦的问题,往往比较简单,教师可以选择有关的问题作为例题和习题,培养学生灵活运用数学概念解决问题的能力。

数学概念的运用应充分体现学生在教学中的主体地位,广泛发动学生寻找新旧概念的联系和区别,鼓励学生自行设计能说明概念的例子,使学生对概念的本质属性有更为深刻的理解。

三、数学命题的教学设计

数学命题包括公式、定理等。公式、定理是进行正确推理的依据,也是论证方法的依据,教学设计应有利于学生透彻理解并灵活地运用。

数学命题的设计一般分命题的提出、命题的明确、命题的证明与推导、命题的运用与系统化等。数学命题的教学设计需注意以下几个方面:

(1)命题的明确。在设计时,要分清已知条件、结论和其应用范围。每个命题都是在条件完全具备之后才能适用,反之,在不具备这些条件时使用就会出现错误。同样地,应用范围变了,命题则有可能不成立。例如,公式$\frac{a+b}{2} \geqslant \sqrt{ab}$,必须以$a, b \geqslant 0$为前提。还有一些公式的条件是隐含的,如二次函数的极值公式就隐含着顶点横坐标包含在x的取值范围之中。

另外,公式的外形与特点,命题中的关键性词语,都是我们在设计时需考虑的方面。

(2)命题的证明与推导。命题的教学设计的重点是让学生理解命题证明的思路与方法,对那些思路、方法和技巧上具有典型意义的要加以总结,从中让学生学会数学思想方法,以提高学生的思维能力和分析、解决问题的能力。

(3)命题的应用和系统化。命题的教学目的之一在于应用,其应用也是培养学生能力的重要途径。

数学命题的教学设计的重点是结论的发现过程与推导的思考过程。例如,

"三角形内角和定理",可通过下面若干个实验操作来引导学生发现和认识。

实验1:自己画一个三角形,用量角器量它的三个角。

实验2:先将纸片三角形一角折向其对边使顶点落在对边上,折线与对边平行[图11-4(a)];然后把另外两角相向对折,使其顶点与已折角的顶点相嵌合[图11-4(b)];最后得图11-4(c)所示结果。观察、猜想三角形内角的和。

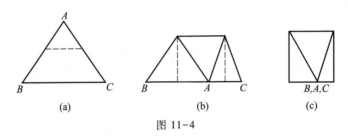

图 11-4

实验3:将纸片三角形的顶点剪下,观察是否可拼成一个平角。

实验4:用橡皮筋构成 $\triangle ABC$,其中顶点 B,C 是定点,A 为动点,放松橡皮筋后,点 A 自动收缩于 BC 上,让学生观察点 A 变动后形成的一系列的三角形 $\triangle A_3BC$,$\triangle A_2BC$,$\triangle A_1BC$,…其内角会产生怎样的变化(图11-5)。

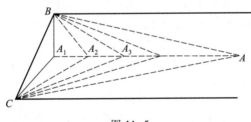

图 11-5

启发学生在观察的基础上得出下面的结论:

(i) 三角形各内角的大小在变化过程中是相互联系和相互制约的;

(ii) 三角形的最大内角不会等于或大于 $180°$;

(iii) 当点 A 离 BC 越来越近时,$\angle A$ 越来越接近 $180°$,而其他两角越来越接近 $0°$;

(iv) 当点 A 远离 BC 时,$\angle A$ 越来越小,逐渐趋近于 $0°$,而 AB 与 AC 逐渐趋向平行,$\angle B$,$\angle C$ 逐渐接近为互补的两同旁内角,即 $\angle B + \angle C \to 180°$,让学生去猜想三角形的内角和可能是多少?

……

以上是几个不同水平的实验,其中实验 4 不仅显示了三角形变化的规律,而且还蕴涵了极限思想。

四、数学知识应用的教学设计

常规课堂教学,从应用的用途上分:有数学例题、数学习题、数学讨论等几种。

1. 数学例题的设计

数学例题的设计具有引入新知识、解题示范、加深理解、提高能力等功能。例题的选择应具有目的性、典型性、启发性、科学性、变通性和有序性。课本例题一般具有典型性和示范性,但设计时不排除对课本例题的深入剖析、改造与深化。

例题设计一般分例题的选择、例题的编制和例题的编排。

例 1 不查表,求值:

① $\tan 75°$;

② $\dfrac{\tan 12°+\tan 33°}{1-\tan 12°\tan 33°}$;

③ $\dfrac{\tan(60°+\alpha)-\tan(30°+\alpha)}{1+\tan(60°+\alpha)\tan(30°+\alpha)}$;

④ $\dfrac{1+\tan 75°}{1-\tan 75°}$;

⑤ $\tan 15°+\tan 30°+\tan 15°\tan 30°$;

⑥ $\tan 17°\tan 43°+\tan 17°\tan 30°+\tan 43°\tan 30°$。

例 2 已知 $\tan \alpha$ 与 $\tan \beta$ 是一元二次方程 $3x^2+5x-2=0$ 的两个根,且 $0°<\alpha<90°,90°<\beta<180°$,求 $\alpha+\beta$ 的值及 $\cot(\alpha-\beta)$。

例 1 中的几道典型的例题包含了将一般角转化成特殊角计算求值的化归思想,单角与复角的辩证处理方法和三角公式的正、逆运用技巧,对学生学习三角恒等变形的方法与技巧极富启发性,而例 2 则更添创造性。

有时还可以设计一些融知识、思想、方法为一体,内容和形式新颖、灵活、多样的题组,使学生的学习更富有情趣。

2. 数学习题的设计

习题按题型可分封闭性习题和开放性习题,按使用方式可分为课堂练习、课内作业、课外作业、单元复习、总复习参考题等。通过做习题可帮助学生加深和巩固知识,形成技能和培养能力,促进数学思考,获得解决问题的经验等。对每一类、每一道习题都要明确它的具体要求,把握习题的分量,确定习题的使用方式。

习题的设计除上述要求外,还应贯彻以下原则:温故原则,即选择容纳尽可能多的知识点的习题;解惑原则,即针对学生的学习误区设计习题;普化原则,即设计能从中提炼数学通性,通法以及可以普遍化的习题。

例如在不等式证明的习题中,"已知 $x,y,z \in \mathbf{R}_+$,求证 $\dfrac{x^2}{y}+\dfrac{y^2}{z}+\dfrac{z^2}{x} \geq x+y+z$"就是一道很好的习题,它需要掌握一定的策略,需要运用不等式证明的多种方法,结论还可以进一步引申和推广。

又例如在学习了一元二次方程的一般解法后,可选用下面的开放性习题:在一个长为 50 m、宽为 30 m 的矩形空地上建造一个有圆形图案的花园,要求种植花草的面积是整块空地面积的一半,请展示你的设计。

这个问题的参与性很强,每个学生都可以展开想象的翅膀,按照自己思考的设计原则,设计出不同的图案,并尽量使自己的方案定量化,在一些方案的定量化过程中,学生可以体会到一元二次方程在处理数量关系上的作用,认识到解一元二次方程不是一个机械的计算,得到的结果必须是对具体情况有意义的,需要恰当地选择解和检验解。

3. 数学讨论的设计

讨论是教师与学生、学生与学生之间的一种互动方式,通过相互交流观点,形成对某一个问题的较一致的评价或判断。在讨论中,教师和学生可以获得同一知识不同侧面理解的信息,使学生更深刻地理解数学知识。讨论有以下功能:培养批判思维的能力、激发学生学习的主动性和积极性、培养数学交流能力、相互启发共同提高。

数学课的讨论有师生之间的讨论、学生之间的讨论,有全班的讨论、也有小组讨论或同桌两人的讨论。不论哪一种讨论,在讨论前教师都要确定并准确地表达有待讨论的问题。一般来说,可以这样来设计讨论的问题:

(1)使学生明确讨论的问题。考虑学生已有知识、能力情况是讨论的起点,教师在准备讨论问题时必须注意问题难度以及学生的知识、能力水平。而且要考虑学生的动机,组织具有挑战性、激励性的问题,增加问题的不一致性,从而起到激发学生讨论的目的。

(2)给学生充分讨论空间。在整个讨论中,要留给学生充分的讨论时间,使学生自由地思考,在体验中学习。教师完全不必也不能去干涉学生的讨论,除非学生的讨论完全偏离了学习活动的方向。在学生讨论时,教师应多看、多听、多感受而少说话,要及时肯定那些新颖的想法。在心里记下学生发现的问题,在必要时给学生鼓励和支持。为学生创造更多的创新机遇和氛围。当学生陷于混乱和无谓的争论时,教师应强调指出互相矛盾的发现或说法,既不粗暴地加以干涉,也不能任其自然发展,而应当机立断,采取一定方法把讨论引导到主题。教师同时要鼓励学生自由正确地表达自己在学习中的经历和感受,提出问题,解决问题并对收集到的信息做出自己的解释。

（3）反馈调节。讨论课的反馈信息很多,教师不可能全部顾及,教学反馈从内容上分,主要有学生学习兴趣的反馈、知识理解程度的反馈、掌握知识与运用能力的反馈、思维发展情况的反馈等,从而有针对性地采取调节手段,解决学生所遇到的问题。

例如给出一道讨论题:如图 11-6,PM 切 $\odot O$ 于 A,PBC 为割线,$AD \perp BC$ 于 D,$BE \perp PM$ 于 E,$CF \perp PM$ 于 F,求证:$AD^2 = BE \cdot CF$。

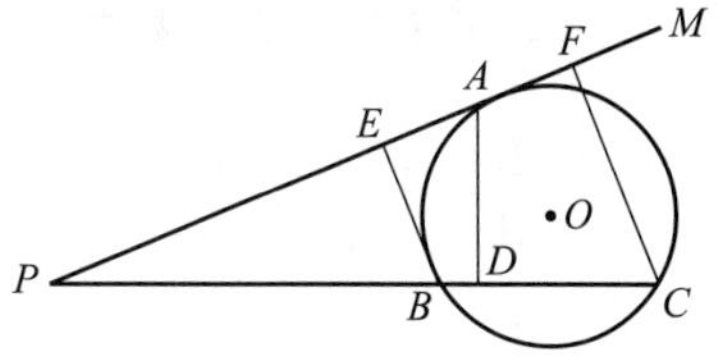

学生进行讨论的大致思路是:

① 能分解成几个重要的基本图形？它们分别有什么主要的性质？

② 证明形如 $a^2 = bc$ 问题有几种思考方法？

③ 如何证明本题？有几种方法？

④ 如何推广此题？（把 PA 转化为割线,结论仍然成立吗？）证明你的结论。

⑤ 你能总结出证明"推广后的命题"的基本思考方法吗？

图 11-6

五、巩固课的教学设计

巩固类的课程可以分为练习课、讲评课和复习课。

（1）练习课。基本结构是复习、典型问题分析、示范、练习、小结、布置作业。

（2）讲评课。对课外作业或考试情况进行总结,纠正存在的问题。基本结构是介绍一般情况,分析评议、总结、布置作业。

（3）复习课。基本结构是提出复习提纲、复习、总结、布置作业。优秀的复习课有以下几种处理方法:

 • 高密度、大容量、快节奏的解题讲解。教师准备系列的套题,逐步展开,步步深入,将知识和解题方法串起来。这样,可以在较短时间内讲解大量的数学问题。

 • 以一个基本问题为核心,不断地采用变式,形成由简到繁的解题过程。变式练习是我国数学教育的特点,在复习课中也常常使用。

 • 用开放题展开复习。例如用以下开放题:"给定直角三角形以及在斜边上的高。请尽可能多地找出有关的边角关系。"学生可以充分发挥想象和猜想能力,并通过证明得到正确的结论。这样做,实际上是一次复习。

第五节　优秀教学设计的基本要求

数学教学设计,是教师从教学的角度对数学知识进行反思,是知识的学术形态转化为教育形态的过程。

在数学教学设计中,必须充分考虑数学的学科特点、学生的心理特点、对数学具体内容的再创造等,具体来说数学教学设计应体现以下几个方面:

一、创造性地使用数学教材,关注数学知识的发生、发展过程

从古至今,数学上的概念、定理、问题浩如烟海,不计其数,而能进入中学课堂中的只是极小的部分。数学教材由于篇幅的限制,往往以精练、浓缩的编排形式呈现丰富的数学内容[3],是一种简单、静态、结果性的内容,是抽象的数学表达的形式化。而学生对数学的思考往往来自个别范例和具体活动,所以教师应极力发挥自身的主导作用,结合学生的心理规律和认知背景,对教材进行再加工,设计成丰富、生动、过程化的内容,把数学化的过程尽可能变成学生的可操作的活动,让学生在经历数学知识发生、发展、形成的"再创造"过程中,获取广泛的数学活动经验,深刻认识数学的本质。

例如,前已提及"比和比例"的教学设计("巨人的手"):一天早晨,学生走进教室,发现窗开着,黑板上有个大手印,学生都认为一定是巨人来了。他们很惊讶,不知巨人有多高。老师把手放在巨人的手印上,看上去巨人的手比老师的大四倍。学生对老师的身高进行测量,然后他们剪了一根线,线是老师高度的四倍长,并在黑板上留了一封信,将这根线挂在墙上,表示巨人的高度。根据这段经历,学生开始一系列调查,描述巨人课桌、巨人靴子、特大蛋糕、特大报纸等的长度、面积、体积。这样的教学设计、这样的数学活动,把比和比例的数学内涵和底蕴,揭露得淋漓尽致。

当然,数学教学不能只停留在操作层面,还应上升到抽象层面去理解数学,使数学知识由"过程"向"对象"转换,从而达到"凝聚"[2]。这里还要注意,"活动"要反映相应数学内容的本质,有助于学生对数学的认识和理解,有助于激发他们学习数学的兴趣。

二、教学内容的设计要注意体现数学的文化价值和人文精神

数学作为一种文化现象,早已是人们的常识。数学的发展与人类文化休戚

相关,数学一直是人类文明主要的文化力量,同时人类文化的发展又极大地影响着数学的进步。科学史表明,一些划时代的科学理论成就的出现,无一不借助于数学的力量。数学的文化价值对人的影响之大自不待言。在数学教学内容的设计和编写中,应将数学的文化价值渗透在各部分内容之中,使学生在学习数学过程中真正受到文化感染,产生文化共鸣,体会数学的文化品位和世俗的人情味[3]。

三、进行教学内容组织的设计,要关注相关数学内容之间的联系,帮助学生全面地理解和认识数学

数学各部分内容之间的知识是相互联系的,而学生的数学学习是循序渐进、逐步发展的,在进行教学设计时,需要对数学教学内容整体把握,将不同的数学教学内容相互沟通,使学生在已有知识的基础上螺旋上升、稳步提高,加深学生对数学的认识和本质的理解。

四、提供必要的数学情境,按照数学学科形式化的特点,选择符合学生数学认知规律的教学方式

数学是符号化的形式化语言,数学就是用数字、字母和运算符号、依照逻辑联结、描述数量关系和空间形式的知识体系。可以说,数学的世界是一个符号化的世界。用形式化数学语言表达的数学内容,是它的学术形态:严谨、简明、准确,体现了"冰冷的美丽"。数学教学的一个重要目标,就是进行再创造,通过火热的思考,将这种学术形态转换为学生易于接受的教育形态。

数学的产生和发展,始终与人类社会的生产、生活有着密不可分的联系。任何一个数学概念的引入,总有它的现实或数学理论发展的需要,这使得数学又具有"直观性"。首先,基于学生数学认知的规律和数学内容的抽象性,具体学习时就要创设一定的情境,协调"抽象与直观"的相互作用。但情境不一定非得到大自然中、社会中去寻找,即不一定是真实情境。学生的学习现实包括两方面:生活的现实和数学的现实,而且中学生的数学现实占据多数,这就需要在学生已有知识的基础上,用"抽象的直观"观点来学习新知识。当然,数学中有些最原始的知识直接抽象于生活中的现实,如"角"的概念,学习时就可以直接从圆规、钟表的时针和分针模型中去感知,然后再上升到抽象层面的学习。但过多的"真实情境"的渲染,反而会分散学生的注意力,干扰学生的思维。

其次,根据学生的特点和具体的数学内容选择恰当的教学方法,运用恰当的教学策略。教学是一门艺术,教师就像一个优秀的节目主持人,课堂引入、课堂控制、课堂提问、情境设计、师生交流、课堂板书等都需要一定的"策略"。经教师"精心策划"的数学课堂,会充分调动学生的积极性和主动性,学生就乐学上

进,大敞心扉,思维活跃,或浮想联翩,或低首心折,或畅所欲言,或流连教境……而且感到越学越甜,越学越美,越学越喜欢你所"教"的东西,学习"入了迷"。课堂教学策略的运用要适当,不可流于形式,掩盖数学的本质。

一堂数学课是否成功,首先应看是否理解和掌握了数学,包括对数学本质的理解、数学知识的掌握、数学能力的形成,教学情境的设置、教学手段的运用不可游离于数学本身之外[2]。

五、编制合适的数学问题,用问题驱动数学学习

数学知识的获得源于问题,数学发现源于问题,数学意识与能力的培养与提高源于问题,一句话,数学中到处充满着问题,正是问题激发我们去学习,去观察,去发现,去实践,去探索,也正是问题激发着学生数学学习的兴趣,驱动着数学的发展与完善。正因为数学是由问题驱动的,所以数学教学也必须编制合适的数学问题,用数学问题贯彻始终、构成线索、驱动教学。什么样的问题,就决定什么样的思考,思考决定行动。数学教学既要让学生会解常规问题,也能解决非常规问题,在解决问题的过程中学习数学。数学问题可以直接来源于现实情境,也可以人为地编制数学问题。这就是说,提出数学问题的情境可以是现实情境,也可以是纯数学情境。在数学教学实践中,问题驱动是十分有效的教学方式。我们总是从创设问题情境开始,寻求解题策略,求出问题的答案,评析问题解决的结果。

从学习的角度看,"数学是做出来的"。数学学习是解决"问题",课后练习是演练"问题",数学考试是回答"问题",研究性学习也是研究"问题"。可以说,问题是贯穿数学教学活动的一条主线,是学生数学学习的驱动力之一。

学生是教学活动的主体,学生的发展是教学活动的出发点和归宿,而数学学习是发展学生心智、形成健全人格的重要途径。所以,在教学过程中要根据学生的特点、学习内容的特点,编制合适的数学问题,用问题驱动学生的数学学习:问题要能引起学生的质疑、探究、发现,使学生在这其中获得知识和经验。

当然,教学设计还必须保障教学目标的实现、有利于学生健全人格和全面素质的形成、关注学生的情感和意志等方面、重视外显素材性资源与外显条件性资源的利用,更要注意内隐素材性资源和内隐条件性资源的开发等。

思考与练习

1. 你对本章的案例有何评论? 指出它们的长处和不足。

2. 按照你的设计意图,对有关内容进行教学设计。

3. 你还注意到有哪些好的教学设计,与本章的课例进行比较。

参 考 文 献

[1]　奚定华.数学教学设计[M].上海:华东师范大学出版社,2001.

[2]　FREUDENTHAL.Mathematics starting and staying in reality[M]//Development in school mathematics education around the world.USA:NCTM,1987.

[3]　张奠宙.数学素质教育教案精编[M].北京:中国青年出版社,2000.

[4]　罗增儒.中学数学课例分析[M].西安:陕西师范大学出版社,2001.

第十二章 数学教育实习前的准备

教育实习有广义的准备阶段和狭义的准备阶段。

广义的教育实习准备,从进入师范院校就开始了。师范生要系统地学习普通文化知识课程、数学专业知识课程、教育学科课程等,为教育实习做好前期的准备工作;狭义的教育实习准备,则专指师范生走上讲台所需要的心理调整、技能训练以及模拟教学实践等。这一章我们从狭义的层面陈述数学教育实习前准备阶段的工作。

第一节 从学生到教师身份的转换

教师与学生关注数学知识的角度不尽相同,实现学生到教师角色的转换,对师范生而言是一个艰苦的学习过程。

一、师范生身份转换的困难

一个称职的教师,在课堂上要能做到眼观六路、耳听八方;会用脑子思考、用目光交流、用语言表述、用手板书或演示、用身体语言暗示、用人格魅力感化;在教学中能够关注学生的前概念、能够围绕着核心概念组织知识、能够培养学生的元认知技能;对于"教什么"和"怎么教"有着清醒的认识和处理各种问题的实践经验。师范生由于缺乏经验,往往出现以下的困难。

1. 对学生的学习关注不够

应该说,师范生对课堂教学有一定的感性认识——十几年学生生涯带来的感悟。不过,由于在课堂教学中所扮演的角色不一样,他们更多的是作为一名学习者去看待教学,偏重自己、偏重知识、偏重教科书。至于教师如何组织、启发、引导学生进行学习,则缺乏认识。因此,在备课阶段,师范生习惯于像学生一样,把主要的精力放在教科书中数学知识的消化,按教科书的顺序加以呈现。到了课堂上,只管自己讲,不看学生的反应;对学生的回答不会引申、明确与评判,特别是对学生提出的意料之外的想法难以应对。

2. 对教学技能的掌握不足

教学是一门艺术,需要长期的实践积累。缺乏实践经验的师范生在一些基本的技能上存在欠缺与不足:

(1)语言运用:声音小,语调平淡、不生动;语速太快,语言含糊;表达不够准确,条理不够清晰;表情动作与语言的配合脱节;不同数学语言之间的转换困难;课堂用语难以根据教学的需要在数学语言、教学型数学语言、通俗语言之间灵活地转换。

(2)课堂导入:导入的目的比较明确,但方法单一、生硬;对导入的方式与讲授的内容之间的联系理解不深,存在为导入而导入的现象;导入环节与其他环节脱节。

(3)教学讲解:面对学生讲解的时间少,师生互动差;讲解的速度过快、思维跳跃大,学生跟不上;停顿的时间基本上没有,无法接受学生的反馈信息;讲解经常会脱离学生实际,让学生不知所云;启发的目的性不强,对学生的思维点拨太少;讲解时不注意强调,不归纳重点、方法、思想;讲解的方式单一,与其他教学技能的配合较差。

(4)提问运用:问题设计不够合理,难易程度把握不当,对学生水平及认知特点认识不足;问题不明确;过分偏向低级认知提问,尤其是知识性的问题太多,而理解性提问、应用性提问比较少,分析性问题、综合性问题以及评价性问题则更少;问题的启发性不强,停顿的时间太少,提问的时机不当,应变能力不够。

(5)板书表达:书写过多,较乱;字体不够美观、整洁,板书不规范;板书、板画能力弱;板书的计划性不够;对板书在优化理解内容、强化信息记忆、增加教学趣味等方面所体现的功能关注太少。

(6)变化技能运用:能运用不同的变化类型调节教学节奏,引起学生的注意,但衔接过渡不自然;能注意强化信息,但往往只注重表层的内容,对数学本质以及思想方法的强化比较生硬;在运用的流畅性、针对性等方面做得较差。

(7)强化技能运用:能引起学生的注意,激发学习兴趣,但在促进学生积极主动参与、加强师生交流方面关注不够;会采用表扬让学生的努力在心理上得到适当的满足,但运用比较牵强、刻板;强化类型的应用较为单调,尤其在多种方式的协调使用上缺乏尝试与实践;在运用强化技能时与学科特点的结合不够紧密,如利用符号进行强化方面思考太少;强化时未能顾及强化对象的个性及行为方式,强化的方法与学生的年龄特征和学生的表现不相称。

(8)课堂结束处理:重点不够突出,面面俱到,内容偏多;对不同的结束类型之间的联系与区别认识不深,把握不住;在承前启后,突出知识的纵向与横向联系方面所下的功夫太少;促进学生思维,进一步诱发学生学习的积极性,引导学生课后进行针对性的复习等环节做得不足。

(9) 课堂组织管理:不可否认,"新教师"对于中学生而言有新鲜感、吸引力。但由于他们对知识的理解较浅,难以与学生进行良好的交流,结果往往导致课堂上"骚乱"不断。面对课堂上的突发情况,师范生更是束手无策。所以,绝大多数师范生所教班级的课堂纪律不太好,教学组织的计划性不强、手忙脚乱。课堂组织不仅要控制、约束学生的不良行为,更要组织学生从事积极的学习活动,提高数学学习的效率。

3. 对数学知识的教育形态认识不清

由于对知识之间的内在联系把握不准,师范生讲课时想当然地用自己现时的思维看待中小学数学,缺乏仔细探究、推敲,因而教学关键把握不准、教学重点不够突出、教学难点不能化解,甚至背读讲稿。他们无法将数学知识的展开线索与学生的学习过程整合,因而无法将数学知识的学术形态转化为基于学生已有经验的教育形态。

4. 对数学教学的规律把握不准

相当一部分师范生对教学目标认识不到位,认为所谓的目标都是写在大纲或课程标准上供人在备课时抄用的,因而对其重视不够、思考不足。在各个教学环节上,呈现的方式单一,缺乏准确流畅的美感,前后环节之间的连接生硬,使得学生的思维不能自然延续。

二、师范生身份转换的策略

对于那些立志成为一名合格教师的师范生而言,理论知识可以在工作中弥补和巩固,自信的心也可以在工作中培养和建立,自然的教态完全可以在工作中形成,但是,树立"投身数学教育"的志向却必须在职前确立。著名数学教育家弗赖登塔尔说过:"教也是属于人们通过做而学习的一种活动,教学法显然也是。一位教师在开始教学工作以前只要学少量的理论,主要通过自己和别人的例子来学习,分析人们准备进行、正在进行、已进行的教学"[1]。

我们的建议是,首先要做好心理上的准备,意识到自己的"双重身份",形成教师意识并实现心理角色的转换。

其次要不断强化"投身数学教育"的心向,热爱教师职业,热爱数学。数学教师若具有一颗热爱数学的心、"真懂"数学、享受数学的"有趣、好玩",那么他的"数学神情"就会折射到数学课堂上,他的数学课堂就会充满灵性[2]。学生耳濡目染,自然会潜移默化地感受到这一切,从而增强对数学学习的兴趣。教师只要热爱学生,想方设法地"教"好学生,尊重学生,了解学生的特点,就会出现师生愉快合作的教学场景。陶行知有句名言:你的教鞭下有瓦特,你的冷眼里有牛顿,你的讥笑中有爱迪生!"爱心启迪,严慈相济",有了这种爱,就能出奇出巧,就能产生千变万化的教育机智,就能赢得学生的尊重和爱戴,取得最佳教学效果。

另外对数学教师而言,掌握扎实的数学专业知识,了解数学的发展过程与现代进展动态,自然也是必不可少的,而且可以使师范生形成良好的数学思维。从可持续发展的角度而言,具有较高数学专业知识和数学素质的人更有发展"后劲"。

然而,"学者未必是良师"(教师像医师、技师一样是一种专门人才,只有懂得数学教学规律、知道数学学习是如何进行的、掌握数学教学艺术的人才能当好教师),"良师多是学者"(一个称职的数学教师,必须在学术上有较深的造诣、具备广博的知识背景和数学学科专业知识)。师范生要"师范性"和"学术性"并重。如果说深厚的数学功底是优秀教师的基础,那么良好的数学教学思维则是优秀教师的核心[3]。

最后,要实现角色转换,参与教学实践是唯一的道路。没有体验,就没有感悟;没有感悟,就没有认同;没有认同,就没有判断;没有判断,就没有理解,就很难内化为自己的东西。下面就角色转换的具体活动,给出几种常见的渠道:

1. 细心观察不同教师的教学特色

师范生首先是学生,平时听老师讲课,可以有意识地训练自己以教师的角色来看待大学教师的授课(也包括一切可以利用的资源),了解有经验的教师的教学思路及如何控制语速、如何调节课堂气氛、如何启发学生思维、如何把握重点难点、如何控制课堂纪律、如何处理偶发事件等[4]。

2. 开展班级试讲和"数学教育读书报告"活动

进行教育类读书学习活动,由志趣相投的同学组成学习小组,在大家的讨论的基础上制订小组学习计划,每一成员依此写出自己的计划。小组应经常组织试讲或报告活动,每人依次担任主讲,其他人则提问、质疑、反驳等,以提高自己的交流、交往与合作的能力,增强教学意识,提升教育理论水平[5]。

3. 加强与中学教师、中学生的联系

中学数学教师的成长经历和切身体会,是个人的宝贵资源,能给予我们真切的思想激励和丰富的学术反思;中学生的思维习惯、学习特点则给我们提供了最基础最重要的教学资源。多接触中学数学教师和中学生,会让我们更深切、细致地了解中学数学教学,增强教育工作者的使命感和责任心。

4. 充分利用网络、微格教学等资源

充分利用网络资源,了解"市场需求";利用各种实践机会,观察数学教育、思考数学教育,尽快地迈入数学教育的广阔天地;另一方面,要把握微格教学提供的机会,在微格教学中认真对待、有效训练[6]。

总之,由学生到教师的身份转换是心理和行为的双重转换。因此,我们要在求索中体验,在实践中积累,从而形成深厚的数学文化底蕴、坚实的数学专业知识和数学教学知识,并认清自己的优势和不足,扬长补短,根据自己的实际情况,规划自己的职业生涯,设计自己的专业成长道路。

第二节 学习说课

说课,由于其具有利于交流、适于研究、易于操作、便于参与等特点,近年来广泛用于教学研究活动及考核、评比、选拔之中[7]。因而成为不少学校招聘新教师的手段之一,所以,说课已成为师范生必须了解和掌握的一项技能之一。

一、说课的内容和要求

说课,是以语言为主要表述工具,在备课的基础上,面向同行、专家,概要解说自己对具体课程的理解,包括阐述教学观点,表述执教设想、方法、策略以及组织教学的理论依据。可见,说课是对课程的理解、备课的解说、上课的反思。它重在预设,主要关注教学设计中的思想方法、策略手段[8]。说课主要展现以下几方面:

(1)点题:点明说课课题——教材版本,章节内容,课时。

(2)分析教学背景:分析教学基础、剖析教学任务、描述教学环境。

(3)展示教学过程:激发学生动机、铺开教学内容、安排教学环节、选择反馈方式。

(4)评价教学设计与实施结果:自评与预测、他评与反思。

二、一个案例

这里介绍一个说课稿,作为样例。

【说课稿】 不等式的应用

(1)教材分析

① 教材地位和作用

不等式的应用是"不等式"一章的重要内容,是中学数学知识的重要交汇点,在高等数学中应用广泛。它以不等式的性质、不等式的解法、均值不等式为基础,与函数、方程等知识相结合,在概括知识体系与培养学生综合运用能力方面有着重要的价值。

② 教学内容

不等式的应用是广泛的,一节课不可能全部展开,考虑到均值不等式既是教材的重点又是难点,因此选择利用均值不等式求最值的问题作为本节的内容。数学知识的应用包括在数学中的应用和在实践中的应用,本节课通过探讨利用一块长方形铁皮制作一个尽可能大的长方体盒子的问题展开教学,力图通过引导学生观察和思考,抽出其中的数学问题,并联系均值不等式予以解决,从而使有关的基础知识在理解与应用中得到深化。

③ 教学重点、难点

本节课的教学重点是均值不等式的应用、对数学模型的评价;难点是数学模型的建立、完善过程以及将均值不等式用于求最值时应该注意的条件。

(2)教学目标的确定

根据这节课的内容和课程标准确定的教学要求,结合学生身心发展的需要,确定教学目标如下:

① 掌握均值不等式,能在实际背景中运用均值不等式解决问题。会根据实际情况恰当地评价数学模型。

② 通过对所建立的数学模型的完善过程,在较高的认知水平上展开思考,发展思维能力、探究能力以及应用能力。

③ 经历师生、生生交流、合作与探究,在对建立的数学模型的批判、反思、完善、评价的过程中,体会数学知识运用的价值,促进批判性思维习惯的养成,并获得成功的体验[9]。

(3)教学方法的选择

学生已学完不等式的性质、解法、均值不等式,但对应用了解不多。在这节课之前,刚学过:把一个长方形截去四角小正方形后折成一个长方体,问截去的小正方形的边长为多少时长方体的体积最大? 这个问题对本节课的思考有一定的帮助,但思维定式带来的负面影响也不可忽视。因此,本节课采用"问题驱动、启发探究"的教学方法,在教学中重点突出以下几个方面:

① 重视内隐性素材资源的利用:利用学生的思维定式所带来的"负面效应"作为课堂教学资源,关注课堂的动态生成,强调过程性知识的学习。

② 由学生的特点确立自主探索式的学习方法。在教学过程中通过教师创设问题情境,启发引导学生进行自主探究;注意将学生的独立思考、自主探究、交流讨论等探索活动贯穿于课堂教学的全过程,突出学生的主体地位。

③ 除使用常规的教学手段外,还用多媒体辅助教学。多媒体的应用一方面

为师生交流与讨论提供了平台,另一方面通过演示模型的制作过程有助于学生建模和化解难点。

（4）教学过程的设计

为了实现教学目标,把教学过程设计为如下几个阶段：

① 创设问题情境

上课开始,教师利用多媒体展示一个现实问题："某人想用一张长 80 cm,宽 50 cm 的长方形铁皮,做一只无盖长方体铁皮盒(焊接处厚度与耗损不计),问这只铁皮盒尽可能大的体积是多少？"。设计这个问题的意图是：一是创设一个能引起学生思考的情境,这个情境不论在生活上还是在数学上都是为学生所熟悉的；二是提供均值不等式的实际背景,开展"数学建模"的学习活动,力求使学生体验数学在解决某些实际问题中的作用；三是刚学过的一个例题既为今天要探究的问题做了铺垫,但也有可能把学生的思路引向旁路,成为新的、生成的教学资源,进而为教学实施创造更为广阔的空间；四是由此引出对思维定式负效应的分析,使学生认识到对问题了解的重要性。

② 建立、求解模型

这一阶段具体安排下面几个环节：

（i）学生独立建构模型、求解。问题提出以后,给 3~4 分钟的时间由学生自主建模。教师巡视,了解学生所建立的模型与解答情况。

（ii）课堂交流。让一位学生讲述自己的制作方法与相应的数学模型：$V = (80-2x)(50-2x)x$ 以及对它的求解(即截去四角小正方形做成长方体,得到的数学模型称为模型 1),V 的表达式变形后得：$V = \dfrac{1}{4}(80-2x)(50-2x)(4x)$,由均值不等式得：$V \leqslant \dfrac{1}{4}\left(\dfrac{130}{3}\right)^3$。教师将学生的制作方法利用投影展示,并将学生的想法进一步明确、引申,但不进行直接评价,目的在于让全体学生明确回答者的想法。通过"这就是最大值吗？""同意他(她)的话吗？ 不同意？ 这个解法有问题吗？ 大家看看应该怎么办？"等问题并引导学生进行反思和再思考,并找出上述解法的错误。

（iii）探究模型 1 的解法。模型 1 的建立不难,但要求出最大值,需要一定的技巧和变形能力。因为 V 要取得最大值,需要四个条件同时满足：一是各项为正；二是和为定值；三是各部分相等；四是与现实相吻合。对 V 的表达式变形后得 $V = \dfrac{1}{4}(80-2x)(50-2x)(4x)$,要满足前面两个条件不难,但 $80-2x = 50-2x = 4x$ 不成立。为此,先由学生探究模型 1 的解法,然后交流。如果学生探究困难,则由教师一边启发,学生或师生一起探究,通过对 $V=\dfrac{1}{4}(80-2x)(50-2x)(4x)$ 变形:

$$V=\dfrac{1}{2ab(a+b)}[a(80-2x)][b(50-2x)][2(a+b)x]\leqslant\dfrac{1}{2ab(a+b)}\left(\dfrac{80a+50b}{3}\right)^{3},\quad ①$$

当且仅当满足

$$a(80-2x)=b(50-2x)=2(a+b)x\qquad\qquad ②$$

时①取得等号。解方程②得到 $b=2a$ 或者 $b=-\dfrac{4}{5}a$(但此时 $50-2x<0$,制作方法不存在),把 $b=2a$ 代入②得 $x=10$,从而得 $V_{max}=18\,000(cm^{3})$。由此完成对模型1的求解。

③ 探究、完善模型

解出模型 1 后,引导学生反思:“它的体积尽可能大吗?”以此为切入点,引发新的探究。

(i) 质疑、引导反思。提出问题:刚才求出的结果是不是所求的尽可能大的体积? 让学生进行讨论。

(ii) 师生交流。通过讨论,得出结论:要使体积尽可能大,必须不浪费材料。由此引出新的探究问题:长方体盒子应该怎样做? 这一步的目的是要引导学生走出课本例题带给学生的思维定式,并引发新一轮的探究活动。

(iii) 探究新的模型。围绕“是不是尽可能大?”这个中心问题,引导学生不断深入思考,得出不同的、新的方法:加高;重新裁剪铁皮,让底面方一些;理想化方法,即假设盒子已经做好,直接利用均值不等式求解等,不断完善所建立的模型。同时教师利用动画,演示各种不同的制作方法,反映相应的数学模型,并组织学生求出其解。

(iv) 引导归纳。总结出不同模型中共同的要素:数学模型——均值不等式,以及利用均值不等式求解具有现实背景的最值问题应该注意的四个方面:一正、二定、三等、四合。

④ 评价模型

任何模型的建立,都有一定的合理性。因此引导学生对不同模型进行比较,了解它们在使用、制作等方面的特点,让学生体验数学在解决实际问题中的作用、数学与日常生活及其他学科的联系,这有利于促进学生逐步形成和发展数学应用意识,进而提高他们的实践能力。为此,通过下列问题引导学生进行模型评价:

(i) 刚才我们在讨论尽可能大的过程中产生了这么多结果,你最喜欢哪一种？为什么？

（ii）有没有喜欢第一种的？

（iii）如果你是卖水产的老板（或者是工厂生产），你觉得他们会采用哪种制作方法？

（iv）如果不限制形状，做成哪·种形状可能体积还要大？

⑤ 总结反思

引导学生回顾，并由教师小结：对模型的评价；数学思想方法的渗透；实际问题背景下均值不等式的应用要点。布置课后作业。

三、说课训练的关键——突出交流

说课训练的价值，在于帮助师范生像教师那样去分析、设计教学，并将自己教学设计的思维活动过程从隐性变为显性——将自己关于课题设计的静态的个人行为转化为动态的学术讨论，形成一种研讨氛围。最后由有经验的教师形成评价性意见。

说课的特点，一是重分析，二是重交流。其中，分析是基础、是手段，是为交流服务的；交流是过程、是目的，是分析要实现的目的。

说课交流有以下四种基本的对话方式。

（1）自我对话——交流的基础

面对给定的课题，首先应该进行深入的思考：要设计此课题的教学，我的总体意图是什么？怎样设计教学目标？怎样安排教学过程与设计典型的教学环节？在说课活动之前，应先同自己展开深刻的对话。然后写出说课的提纲和要点，说课者应写出详细的说课稿。自我对话是说课中交流的基础，没有这一过程，说课中的交流很难深入，只能走向肤浅、片面而流于形式。

（2）文本对话——交流的定向

听课者拿到说课稿以后，应认真研读，仔细比较说课者与自己在教学设计上的差异。特别要细心推究说课稿背后所体现的课程观、数学观、教学观、学生观、评价观以及信息技术观，然后记下准备与说课教师进一步交流的问题。这样，在说课过程中听者就能做到心中有数，并把握住听课的重点。

（3）言语对话——交流的深入

听者不仅应认真倾听原来准备好的问题，适当做些记录，也可用一些微型的录音设备。说课后，即开展语言对话，就阅读文本以及听课过程中准备的问题与说课教师进行深入的交流。由于彼此准备充分，交流容易展开，可就说课的科学性、理论性、实践性、逻辑性、艺术性以及时间性[16]等方面进行广泛而深入的探讨。

（4）评价对话——交流的反思

充分交流后,应对说课进行评价。重点应放在教学设计上,客观评价设计的科学性、可行性、艺术性、创造性[15]。科学性体现在教材分析、教学内容的确定、教学目标的制定、教学程序的设计等方面[16];可行性就是指实践性;艺术性是对说课者的语言表达、演讲能力的要求;创造性体现在说课者对于教学的创造之中,体现在他对于教学准确而独到的见解,对于教学环节独具一格的安排,对于教学策略独具匠心的理解和独特的运用技巧[8]。

第三节　参与微格教学

通过说课,可以把教育理念和数学知识结合起来,形成科学合理的教学设计。不过,这仍旧是“纸上谈兵”。要再进一步,便是模拟上课。以微型班、组为学习对象,采用微型课的方式,用录像记录教学实践过程,以供反复观看,进行反思和评论。这便是微格教学的学习模式。

微格教学的特点,是采用“解剖麻雀”式的方法,将课堂教学的实施过程分解为单项技能,每一单项技能的训练目标与操作相对简单而具体。这样,就容易在每一个单项技能的训练中获得成功,从而能很好地激发训练热情,提高练习的积极性。由于可以看到自己的教学录像,结合师生的共同评议,师范生就能准确地得到反馈信息,弥补通常评课时本人对教学过程缺乏整体、客观、准确感知的缺陷,获得“换位”观察的机会,从而更好地认识自己,以扬长避短。

一、微格教学的基本训练技能——课堂教学技能

1. 语言技能

课堂上,教师的语言直接影响着学生对数学知识、数学方法、数学思想的学习,进而影响他们数学能力与数学素养的形成。由于数学是一种通用、简约的科学语言,学生主要通过数学学习来学习数学语言,因此教师的数学语言能力直接影响学生数学语言能力的形成。著名教育家马卡连柯指出:“教育技巧,也表现在教师运用声调和控制面部表情上”“我相信在高等师范院校里,将来必然要教授关于声调、姿态、运用器官、运用表情等课程,没有这样的训练,我是想象不出来可能进行教师工作的”[17]。

2. 导入技能

德国教育家第斯多惠在《德国教师培养指南》一书中指出:“教学艺术本质不在于传授,而在于激励、唤醒、鼓舞”[18],导入的功能正在于此。通过问题情境

的创设,起到引起学生注意、激发学生求知欲、深化学生思维、帮助学生形成知识联结、让学生产生学习期待、促进学生参与、沟通师生感情的作用。

3. 讲授技能

讲授法仍然是课堂教学最基本的教学方法。讲授通过数学语言、教学型数学语言、通俗语言的配合运用,启发学生的求知欲望,揭示数学本质和内在联系,形成知识的教育形态,展示教师掌握数学知识的示范作用。

4. 提问技能

宋代朱熹说:"读书无疑者,须教有疑。有疑者却要无疑,至此方是长进"。出色的提问能够引导学生去探索所要达到目标的途径,获得知识智慧,养成善于思考的习惯和能力。教学实践表明,教师提问效果的好坏,往往成为一堂课成败的关键[17]。

5. 板书技能

板书是教师利用黑板、投影、多媒体课件等向学生呈现的文字、符号、图表和图形等教学信息的总称。板书是反映教材内容的"镜子",是展示作品场面的"屏幕";是进入知识宝库的"大门";是一堂课的"眼睛",是教师教学引人入胜的"导游图",是开启学生思路的"钥匙"[19]。

6. 变化技能

在教学过程中准确、顺利、有效地变换信息的传递、控制方式的教学行为就是变化技能。利用变化能使学生保持较高的学习积极性、较旺盛的精力,使教学信息、教学方法等处于更清晰、更富有节奏、更具有启发性的状态,从而为学生的感知理解、巩固、运用知识创造一个更加适宜的条件,提高学生学习的效果和效率[19]。

7. 强化技能

对学生的反应采取各种肯定或奖励的方式,使教学材料的刺激与教师希望学生的反映之间建立稳固的联系,帮助学生形成正确的行为,促进学生思维发展的一类教学行为就是强化技能[20]。

8. 结束技能

成功的课堂结尾或对一个教学环节的小结,能够进一步使新的数学知识与旧知识系统化,进而巩固新建构的数学知识,起到系统概括、画龙点睛和提炼升华的作用。

二、师范生微格教学的自评和他评

对师范生而言,微格教学训练的价值不仅在于学习与掌握数学教学的基本技能,而且也是帮助自己实现心理角色转换的重要途径。在训练过程中,边自学、边练习、边反省、边交流,逐步尝试着从教师的角度去观察和分析"教师的教学行为",尝试着把所学的教育教学理论与实践艰难地结合起来,不断积累、不断改进、不断提高。实习生在正式走上讲台之前,需要评析自己和其他同学的微格教学案例,提高自己的数学教学能力。关键要理解并把握评价标准。

怎样评析呢? 我们摘录对两位师范生训练不同技能时的评论,供读者参考。

对同学 A 的自评和他评

① 关于语言技能(他评)

课题引入很有新意,不过以一根橡皮筋作材料不利于操作,应选取没有伸缩性的绳子来画椭圆会好些。面带微笑,语速适中,语言亲切;问题设置较好,与学生交流不错。字和图较小;讲解有时过渡不自然,也不透彻,个别地方表达生硬;时间把握不够好;板书也凌乱。

② 关于导入技能(他评)

从生活实例中导出分段函数,过渡较为自然。表情丰富,能面对学生讲课;语言、语调和语速都控制得较好;总体感觉不错。板书有进步;对各区间端点没有进行说明;准备有些不足。

③ 关于讲解技能(自评)

最大的特点是能较好地进入教师角色。反应灵敏,知识面广,表情丰富。讲解比较到位。板书不是很好,希望以后在板书上多加练习。

④ 关于提问技能(他评)

与以往一样,能够很自然地进入教师角色。善于引导学生,能很好地分析、补充与引申学生的回答,并注意多种提问类型的运用;选材比较好,重点突出,注意了难点的突破。尽管有进步,板书还是不够工整;停顿的时间和留给学生思考的时间太长了一些;话语衔接不够流畅,讲解也不够深入。希望进一步加强粉笔字的训练,另外讲解时多注意知识之间的联系与拓展会更完美一些。

⑤ 关于板书技能(他评)

讲授的内容是"圆的参数方程",先通过 $x^2+y^2=r^2$ 的图像找到圆上任意一点 $P(x,y)$ 的坐标与半径 OP 和 x 轴夹角 θ 的关系,从而导出圆的参数方程;接着类似推导出圆心为 (a,b),半径为 r 的圆的参数方程。从整个教学结构来看,采用了从特殊到一般的方法,这有利于学生对新知识的接受、理解;从板书来看,将圆的标准方程与圆的参数方程相互推出构成一个三角形结构,形式美观,有利于学生对知识结构体系的理解与掌握。总的来说,这堂课整体把握得很好。但也存在一些缺点,如讲解特殊情形与一般情形的联系时有些乱。

⑥ 关于变化技能(他评)

很好、很快地进入角色。讲课语速适中,语言流畅;变化技能的运用起到了很好的效果。能灵活处理学生的不同看法；课堂活跃,互动多,课堂充满魅力。

⑦ 关于强化技能(他评)

部分用语不准,有些啰唆;在揭示方程与不等式、函数三者关系时不够简练、准确,兜的圈子较大,有关一元二次不等式的解法讲得不透彻;用语不太适宜高中,建议多了解学生的年龄特征。教态非常自然,强化技能应用比较好。

⑧ 关于结束技能(他评)

讲解清晰、透彻;板书工整、大方。语速较慢,有些"也就是——说"之类的重复语;由于过于注重讲解,没能很好地体现结束技能的训练。

对同学 B 的自评和他评

① 关于语言技能(他评)

声音洪亮。准备不够充分,讲解的时间太少,语言不够流畅;对定义强调不清楚,概念模糊;不能脱离教案,逻辑性不强;内容太多(5 分钟讲了函数的定义、定义域、值域、对应法则,函数相等,一一对应,象与原象);过度紧张。

② 关于导入技能(他评)

能利用自制教具导入新课,比较有新意。不敢面对学生,说话吞吞吐吐,有时不知所云;板书较差。第一次上讲台只讲了一分多钟,无法讲下去。待其他成员讲完后再次上台讲课,衣服全湿了。

③ 关于讲解技能(自评)

通过例子让学生体会数学归纳法,形象具体,强调了数学归纳法的应用要点;普通话较好。板书不够工整;备课不够充分;虽然脱离了教案讲课,但面对学生的时间太少,师生互动明显不足。

④ 关于提问技能(他评)

主要讲导数的应用,通过函数的单调性引出导数在函数单调性中的应用。讲课气氛较为轻松,但略显随意,神态自然。问题的设计不够合理,提问时缺少必要的提示;声音也小了一些。

⑤ 关于板书技能(他评)

较以前讲课更为大胆,声音洪亮;语速适中,但有时仍紧张。注意了板书的安排;能有较多的时间面对学生;知识容量恰当。粉笔字得加强练习;要注意提炼要点。

⑥ 关于变化技能(他评)

讲解导数的概念:由平均变化率的极限得到函数在一点处的导数的定义,然后从定义中得出求某一点处导数的方法与步骤。运用了多种变化技能,变化的方式也多;板书安排较为合理;备课充分,讲解透彻、明了。教态还不够自然,有些小动作;语调无甚变化;对内容的强调还不够。

⑦ 关于强化技能(他评)

在教学过程中采用了多种强化技能的类型,灵活多样,目的明确。如在书写定义时能用不同色彩的粉笔对比进行强化,注意表扬的运用等。教态自然,能较好地与学生交流。在拓展学生思路方面做得不够,特别是对一位学生提出的新的解法重视不够,缺少引申与分析。

⑧ 关于结束技能(他评)

教学过程的安排:回忆主要概念→复数的三角形式的表达式→小结、作业。教态自然,进步较大;板书整齐;注意了结束技能的运用;师生互动较多。对学生思维的训练、引导不够深入,多停留在表层上;思考题较空洞,过于宽泛。

三、一位师范生参加微格教学以后的体会

微格教学训练使我很快地适应从"学生角色"到"教师角色"的转化与扮演,在处理教学问题时比较得心应手,增强了信心。

回想那段让人刻骨铭心的微格教学训练,现在还记忆犹新,我们小组第一次进行微格教学的场面至今还在脑海浮现,可以用"紧张、浑身不自在;语言结结巴巴;板书歪歪斜斜;目光时不时望着教案;仿佛是一个人在台上唱独角戏"来形容那个难忘的第一次。看到自己如此的杰作,我们忍不住笑了,笑的同时庆幸下面听课的幸好不是学生,不然可真是误人子弟。在教师的细心指导和引导下,我们小组成员都比较认真地投入训练,经常在一起交流讨论,常常为一个问题争论好久,大家都能开诚布公地说出自己的想法,都能虚心地接受同学的意见和建议,我们能亲自感受到自己的教学行为和教学效果在逐渐地提高和改善。功夫不负有心人,经过长时间的微格教学训练,可以说我们已经初步具备了教学基本功。

第四节 学 习 评 课

在教育实习中,经常要参加评课活动。

首先是实习生要聆听专家、教师对某堂课的讲评。这是实习生丰富教学知识、积累教学经验的最好机会,应该认真听讲,做好笔记,对照思考。一般地说,专家或指导教师的讲评,会涉及以下几个方面:

(1)评教学目标。教学目标是否达成,乃衡量一节课好坏的主要尺度。评析一节课要对三维目标制订和落实情况进行分析。

(2)评教材处理。讲评者对教材的组织和处理是否突出了重点、突破了难

点、抓住了关键点。

（3）评教学程序。一堂课的教学程序有教学思路和课堂结构两方面。教学思路侧重教材处理，反映教师纵向教学的脉络，课堂结构侧重教法设计，反映教学横向的层次和环节。课堂结构也称为教学环节或步骤，主要看教学过程各部分内容的确定，以及它们之间的联系、顺序和时间分配。

（4）评教法学法。评析教师教学方法、教学手段的选择和运用是否合理，尤其关注把"教"与"学"统一起来。

（5）评教师教学基本功。教学基本功是教师上好课的一个重要方面，通常包括板书、教态、语言、多媒体的运用等方面的内容。

（6）评教学效果。主要从目标是否达成、思维是否活跃、学生负担是否合理等方面考虑。不仅要分析知识与技能掌握的情况，还包括解决问题的能力、数学思考能力以及情感、态度、价值观的发展。

实习生在听取讲评时，要对照自己听该堂课时的感受，看看自己的感受和专家的评论有什么不同，经过思考，吸取讲评者的教学智慧。

其次，在实习过程中，也会要求实习生对其他实习同学的课进行评论。这同样是一次绝好的学习机会。这时，首先要肯定被评者的优点，作为自己学习的样例。然后也要实事求是地指出被评者的不足。但是，由于自己还是实习生，经验非常有限，所以要用商榷的口吻，提供自己的不成熟的意见，进行探讨。这样做，有利于同学间的团结，更有益于彼此切磋共同提高。

最后，实习生自己可能是被评者。在评课活动中，被评者要做一个自我回顾，谈自己的体会。这时，除了要汇报课前进行教学设计时的思考之外，还要谈实际教学过程中的临时处理和即时效果。同时，把自己的一些思考和困惑的问题说出来，求教于老师和同学。

实习生初次上课，自己的基本功表现如何，值得检讨。基本功包括以下几方面：

1. 板书：黑板上的书写，要科学合理，言简意赅，字迹工整美观。

2. 教态：仪表端庄，举止从容，态度热情，热爱学生，师生情感交融。风格要明朗、快活、庄重，富有感染力。

3. 语言：教师的课堂语言要准确清楚，说普通话，精当简练，生动形象有启发性。教学语言的语调要高低适宜，快慢适度，抑扬顿挫，富于变化。

4. 操作：熟练运用教具，操作投影仪、录音机、计算机等。

此外，实习生初上课容易犯的错误是出现"四个一"现象：

1. 一讲到底满堂灌。很少给学生自读、讨论、思考交流时间。

2. 一练到底。教师给题单，讲解对答案。学生从头练到底。

3.一看到底,满堂看。上课便叫学生看书,缺乏指导,没有反馈。

4.一问到底,满堂问。提的问题,缺少精心设计,提问走形式。

实习生要对照自己的教学看看是否有类似的问题,值得警惕。

我们知道,教学有法,但无定法,贵在得法。教学是一种复杂多变的系统工程,总是因课程,因学生,因教师自身特点而相应变化。因此,我们在评课过程中,要坚持实事求是的精神,用切磋的态度彼此探讨,不要用一种固定的模式去套。时下的某些评课,具有刻板的模式,只问用不用多媒体技术,学生是否活跃,教学情境是否生活化等,而且用一张统一的表格定量化地打分。这种评课,对于某种"教学竞赛"而言也许是不得已而为之。但对于教育实习的评课,显然是不适合的。

参 考 文 献

[1] 张奠宙.数学教育经纬[M].南京:江苏教育出版社,2003.

[2] 孙维刚.孙维刚谈立志成才——全班55%怎样考上北大、清华[M].北京:北京大学出版社,2006.

[3] 唐瑞芬,王高峡,邱红松.数学教师培养中的两个问题——兼谈高师数学系教育系列课程的设置[J].数学教育学报,1999(2).

[4] 柴俊.中学数学教育实习[M].北京:高等教育出版社,2000.

[5] 叶萍恺.地方高师院校数学教师职前教育若干问题的思考[J].教育与职业,2007(6).

[6] 王子兴.论数学教师专业化的内涵[J].数学教育学报,2002,11(4).

[7] 曹新,钟陕云,胡桂英.交流——发挥评比型说课功能的关键[J].中学数学教学,2007(2).

[8] 鲁献蓉.新课程改革理念下的说课[J].课程·教材·教法,2003(7).

[9] 中华人民共和国教育部.普通高中数学课程标准(2017年版2020年修订)[S].北京:人民教育出版社,2020.

[10] 涂荣豹,王光明,宁连华.新编数学教学论[M].上海:华东师范大学出版社,2006.

[11] 王志刚.对说课活动的认识和思考[J].中学数学教学参考,1998(5).

[12] 周勇,赵宪宇.说课、听课与评课[M].北京:教育科学出版社,2004.

[13] 饶汉昌.关于"说课"的几点思考[J].数学通报,1999(1).

[14] 苏继红.高师院校学生微格训练中"说课"问题探讨[J].黑龙江高教研究,2006(6).

［15］　罗增儒.点评:愿说课活动更加繁荣［J］.中学数学教学参考,1996(12).

［16］　叶锦义.关于数学学科"说课"的思考［J］.数学教学,1998(6).

［17］　胡淑珍,等.教学技能［M］.长沙:湖南师范大学出版社,2000.

［18］　高艳.现代教学基本技能［M］.青岛:青岛海洋大学出版社,2000.

［19］　杨国全.课堂教学技能训练指导［M］.北京:中国林业出版社,2001.

［20］　孙连众.中学数学微格教学教程［M］.北京:科学出版社,1999.

郑重声明

高等教育出版社依法对本书享有专有出版权。任何未经许可的复制、销售行为均违反《中华人民共和国著作权法》,其行为人将承担相应的民事责任和行政责任;构成犯罪的,将被依法追究刑事责任。为了维护市场秩序,保护读者的合法权益,避免读者误用盗版书造成不良后果,我社将配合行政执法部门和司法机关对违法犯罪的单位和个人进行严厉打击。社会各界人士如发现上述侵权行为,希望及时举报,我社将奖励举报有功人员。

反盗版举报电话　(010)58581999　58582371

反盗版举报邮箱　dd@hep.com.cn

通信地址　北京市西城区德外大街 4 号
　　　　　高等教育出版社法律事务部

邮政编码　100120

读者意见反馈

为收集对教材的意见建议,进一步完善教材编写并做好服务工作,读者可将对本教材的意见建议通过如下渠道反馈至我社。

咨询电话　400-810-0598

反馈邮箱　hepsci@pub.hep.cn

通信地址　北京市朝阳区惠新东街 4 号富盛大厦 1 座
　　　　　高等教育出版社理科事业部

邮政编码　100029

防伪查询说明

用户购书后刮开封底防伪涂层,使用手机微信等软件扫描二维码,会跳转至防伪查询网页,获得所购图书详细信息。

防伪客服电话

(010)58582300